中国轻工业"十四五"规划教材
"互联网+"新形态立体化教学资源精品教材
高等职业教育机电类专业新形态项目化精品教材

机械制图

主　编◎曾泽恩　冯志辉　向程谕
副主编◎温够萍
参　编◎何腾飞　刘大慧　李　芳
主　审◎周　献

中国轻工业出版社

图书在版编目（CIP）数据

机械制图 / 曾泽恩，冯志辉，向程谕主编. -- 北京 ：中国轻工业出版社，2025. 9. -- ISBN 978-7-5184-5479-2

Ⅰ. TH126

中国国家版本馆 CIP 数据核字第 2025SG5653 号

责任编辑：王　淳　　责任终审：李建华

文字编辑：宋　博　　责任校对：刘小透　晋　洁　　封面设计：锋尚设计

策划编辑：宋　博　　版式设计：致诚图文　　责任监印：张　可

出版发行：中国轻工业出版社（北京鲁谷东街 5 号，邮编：100040）

印　　刷：三河市万龙印装有限公司

经　　销：各地新华书店

版　　次：2025 年 9 月第 1 版第 1 次印刷

开　　本：787×1092　1/16　印张：20.5

字　　数：446 千字

书　　号：ISBN 978-7-5184-5479-2　定价：49.00 元

邮购电话：010-85119873

发行电话：010-85119832　010-85119912

网　　址：http://www.chlip.com.cn

Email：club@chlip.com.cn

231108J2X101ZBW

前言

PREFACE

机械制图是机械类、机电类专业必修的一门重要技术基础课，是研究如何利用正投影的原理和方法来表达空间几何形体，并进行绘制和识读工程图样的课程，既有系统的理论又有较强的实践性，主要培养学生读图、绘图，运用各种作图手段来构思、分析和表达工程问题，并能识读零件图、装配图，以及图中相关技术要求如表面粗糙度、形状和位置公差、零件相互配合等符号和含义的能力，为后续专业课程的学习及今后的就业打下坚实的基础。

本书根据教育部制定的《高职高专教育工程制图基本规定》和专业培养要求，在听取多所高职院校教师及企业专家的意见和建议，总结作者长期教学实践经验的基础上编写而成。在编写时力图体现以下特点。

（1）将专业所需的制图知识与技能训练融为一体，实现机电绘图和识图的“教、学、做”合一，让学生在“做中学”，让老师在“做中教”，调动学生的学习积极性，培养学生解决工程实际问题的能力。

（2）以培养学生空间想象、空间构形能力为主线，围绕专业行业企业实际产品实例，图形由简单到复杂，按项目工作任务讲述方法步骤。

（3）从感性到理性，以“实用、会做、够用”为原则，选取教学内容，如将投影理论部分的内容恰当压缩，把识读零件图、装配图结合在一起等。

（4）重识图，轻绘图，本书重在如何看懂零件图及装配图而不是绘制。

（5）本书配套资源丰富，包括课件、视频、习题及答案等，扫描书中二维码即可获取。同时本书开发了在线开放课程：《机械制图》《计算机辅助设计（AutoCAD）》（省级精品课程），网址：http://www. chlip. com. cn/qrcode/231108J2X101ZBW/QR2001. htm; http://www. chlip. com. cn/qrcode/231108J2X101ZBW/QR2002. htm。

（6）本书同步编写了**《机械制图习题集》**，由曾泽恩主编，中国轻工业出版社出版。需配套使用，着力于培养学生扎实的绘图、读图能力。

本书由湖南电气职业技术学院曾泽恩、冯志辉、向程谕担任主编，由温够萍担任副主编，参与编写的有何腾飞、刘大慧、李芳。具体编写分工为：曾泽恩编写项目一、三；冯志辉编写项目二、八；温够萍编写项目四；刘大慧、李芳编写项目五；何腾飞编写项目六；向程谕编写项目七。本书由曾泽恩负责统稿，周献负责审稿。

编　者

目 录

CONTENTS

模块一 制图基础知识及技能

模块三　计算机绘图

模块一

制图基础知识及技能

“图样”是根据投影原理、国家标准及有关规定表示工程对象，并有必要技术要求的图，是工程界通用的技术“语言”。机械制图是运用正投影原理，绘制和阅读机械图样的课程，是机械类、机电类学生必修的技术基础课，能为后续课程的学习及今后就业打下坚实的基础。

机器及零部件在生产、装配、安装过程中使用的图形均是机械图，而平面图形是构成机械图的基础，因此画好平面图是学习机械制图的首要条件。

职业素养：没有规矩，不成方圆。图样既然是交流的依据，就必须遵守统一的准则，否则各自为政，就无法交流，因此，我们有必要学习制图的国家标准，按标准绘制和阅读图样。

项目一

绘制平面图形

零件的轮廓由一些平面与曲面组成，根据机械强度与使用要求，零件轮廓均应圆滑过渡。通常用圆弧将轮廓光滑连接。如图 1-1-1 所示为手柄立体图，可以看出该手柄的轮廓是由直线圆弧组成的，绘制平面图就需要圆弧连接的相关知识，通过绘制手柄平面图，就能达到基本的作图能力。

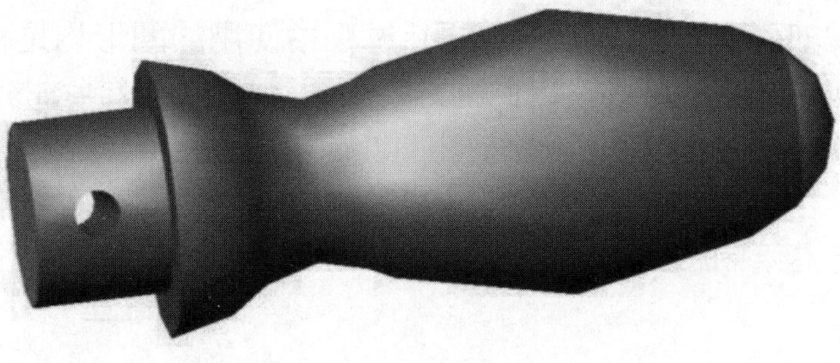

图 1-1-1 手柄立体图

任务一 运用制图标准规定绘图

配套课件 配套视频

项目一任务一

学习目标

（1）熟悉国家标准《技术制图》和《机械制图》中有关图纸幅面、图框格式、比例、字体、图线类型与应用等规定。

（2）正确理解和使用国家标准中有关尺寸注法。

学习任务单

任务名称	运用制图标准规定绘图
任务描述及要求	1. 按如下图例，抄画图形 2. 用 A4 图纸，竖放，标注尺寸，比例 1 : 1

续表

任务描述及要求	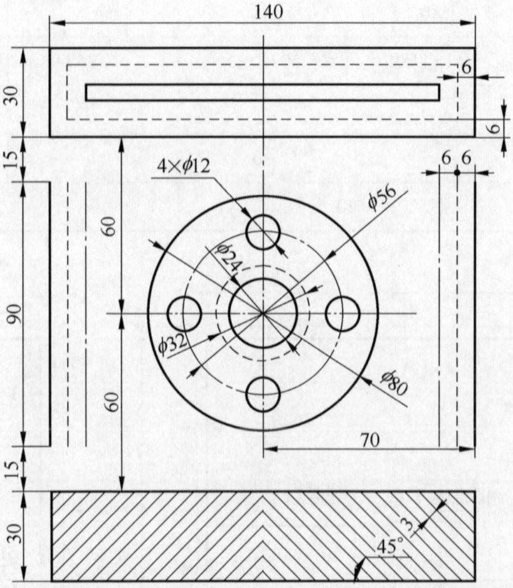
任务分析	1. 绘图前，预先考虑图例所占的面积，将其布置在图纸有效幅面的中心区 2. 要熟悉主要线型的规格，正确使用制图工具绘制，绘图后再标尺寸
任务评价	采用教师讲评与学生互评相结合。评价内容：活动是否积极，是否能正确使用绘图工具，作图步骤是否正确，图形是否正确，线条是否规范，布图是否合理。将绘制的图形评分，计入平时成绩

知识导航

一、《技术制图》与《机械制图》国家标准的有关规定

要正确绘制和阅读图样，必须熟悉国家标准的有关规定。

（一）图纸幅面和格式、标题栏

为了便于图样的绘制、使用和保管，图样均应画在规定幅面和格式的图纸上。

1. 图纸幅面和格式

国家标准代码如图 1-1-2 所示。

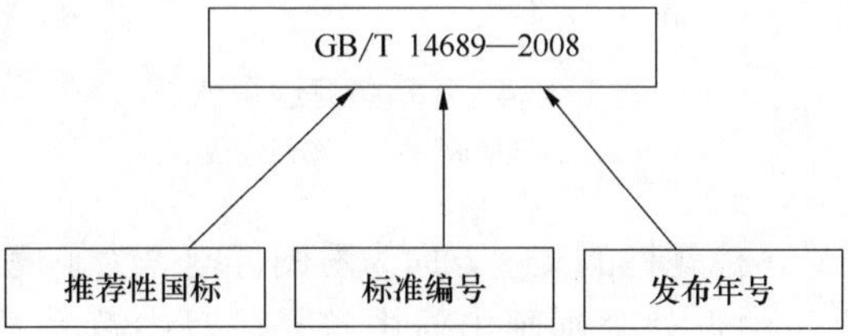

图 1-1-2 国家标准代码

图样中的内外两框：外框表示图纸边界，用细实线绘制，尺寸为：$B×L$；内框表示绘图区域，用粗实线绘制；尺寸如表 1-1-1 所示。留装订边图纸和不留装订边图纸如图 1-1-3、图 1-1-4 所示。

表 1-1-1　　图框尺寸

幅面代号		A0	A1	A2	A3	A4
尺寸 $B\times L$		841×1189	594×841	420×594	297×420	210×297
边框	c	25				
	a	10			5	
	e	20		10		

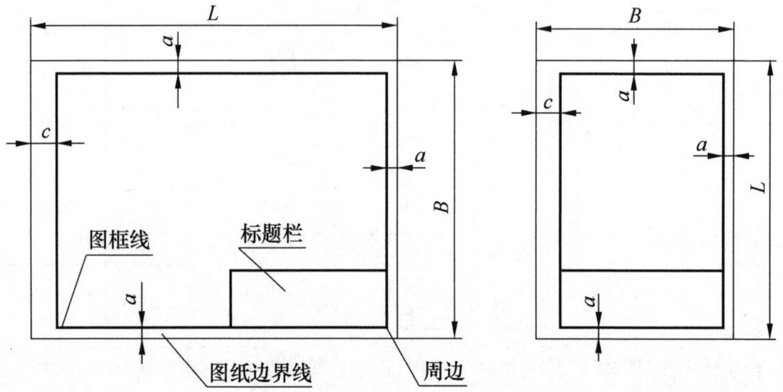

(a)　(b)

图 1-1-3　留装订边图纸

（a）图纸横放　（b）图纸竖放

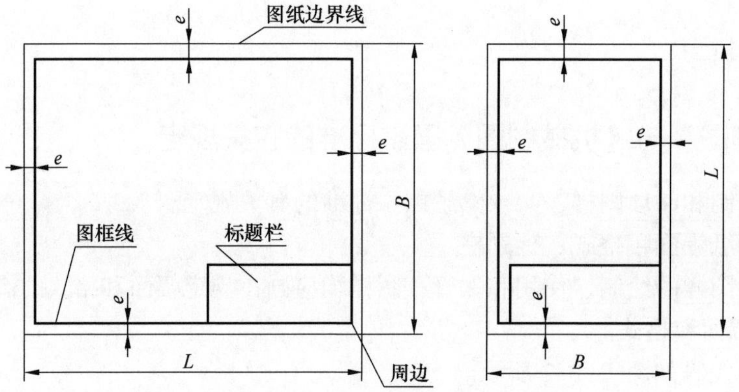

(a)　(b)

图 1-1-4　不留装订边图纸

（a）图纸横放　（b）图纸竖放

对中符号和方向符号：标题栏的文字方向为看图方向。为了使图样复制和微缩时定位方便，应在图纸的各边长中点处分别画出对中符号。对中符号是从周边画入图框内约5mm 的一段粗实线，如图 1-1-5 所示。

2. 标题栏（GB/T 10609. 1—2008）

标题栏的位置一般在图框的右下角。看图的方向应与标题栏的方向一致，如图 1-1-6、图 1-1-7 所示。

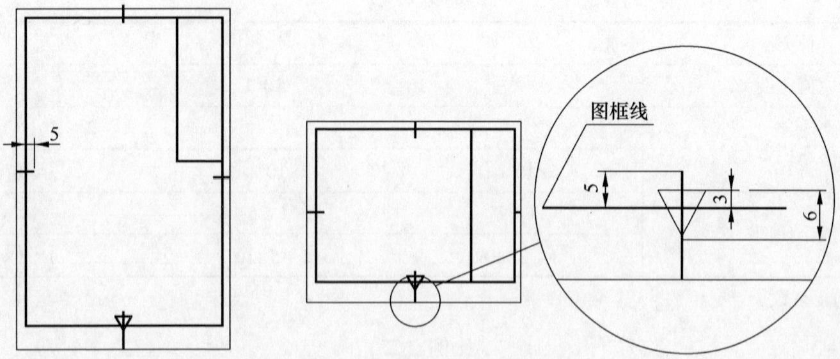

图 1-1-5　对中符号和方向符号

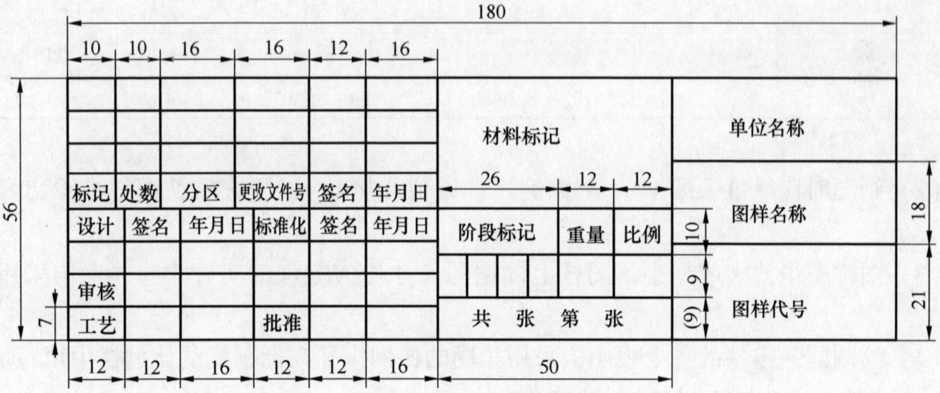

图 1-1-6　标题栏格式

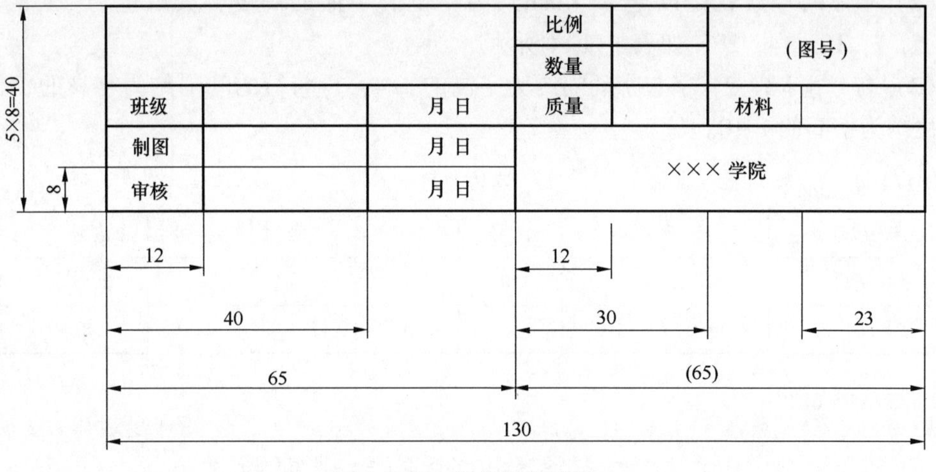

图 1-1-7　学生用标题栏

（二）比例（GB/T 14690—2008）

比例是图样中零件要素的线性尺寸与实际零件相应要素的线性尺寸之比。

(1) 比例规范化，不可随意确定，按照表 1-1-2、表 1-1-3 选取。

表 1-1-2　　比例（一）

种类	比例		
原值比例	1 : 1		
放大比例	5 : 1		2 : 1
	$5\times10^{n}:1$	$2\times10^{n}:1$	$1\times10^{n}:1$
缩小比例	1 : 2	1 : 5	1 : 10
	$1:2\times10^{n}$	$1:5\times10^{n}$	$1:1\times10^{n}$

注：n 为正整数。

表 1-1-3　　比例（二）

种类	比例				
放大比例	4 : 1			25 : 1	
	$4\times10^{n}:1$			$2.5\times10^{n}:1$	
缩小比例	1 : 15	1 : 25	1 : 3	1 : 6	
	$1:1.5\times10^{n}$	$1:2.5\times10^{n}$	$1:3\times10^{n}$	$1:4\times10^{n}$	$1:6\times10^{n}$

注：n 为正整数。

（2）画图时应尽量采用 1 : 1 的比例（即原值比例），以便直接从图样中看出零件的真实大小。

（3）图样不论放大或缩小，图样上标注的尺寸均为零件的实际大小，而与采用的比例无关。

（4）绘制同一零件的各个视图应采用相同的比例，并在标题栏的比例栏中填写。

（三）字体（GB/T 14691—2008）

（1）汉字要写成长仿宋体，要求做到：字体工整，笔画清楚，排列整齐，间隔均匀。

（2）字体的号数就是以毫米（mm）为单位的字体的高度，其取值为：1.8，2.5，3.5，5，7，10，14，20，如表 1-1-4 所示。

（3）高 : 宽=3 : 2；字与字间隔约为字高的 1/4，行与行的间隔约为字高的 1/3，笔画宽度约为字高的 1/10。

表 1-1-4　　字体号数

字体的代号	20 号	14 号	10 号	7 号	5 号	3.5 号	2.5 号	1.8 号
字高(h)	20	14	10	7	5	3.5	2.5	1.8
字宽(d)	14	10	7	5	3.5	2.5	1.8	1.3

书写示例如下：

10号汉字

字体工整笔画清楚间隔均匀排列整齐

7号字

横平竖直注意起落结构均匀填满方格

5号字

技术制图机械电子汽车航空船舶土木建筑矿山井坑港口纺织服装

（4）数字和字母均可写成斜体字，向右倾斜，与水平线成 75°角。3 与 8 的区别，9 与 6 的区别，0 的写法。具体示例如图 1-1-8 所示。

（5）规定用铅笔书写。纯数字书写格式，如图 1-1-9 所示。

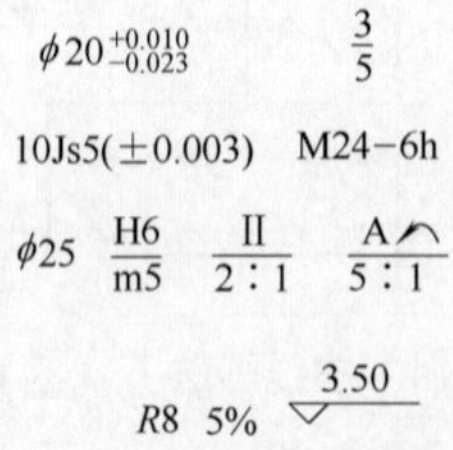

图 1-1-8　数字和字母的书写

图 1-1-9　数字书写格式

（四）图线（GB/T 17450—1998、 GB/T 4457. 4—2002）

（1）图线分粗、细两种。粗线的宽度 b 应按照图的大小及复杂程度，在 0. 5~2mm 之间选择，细线的宽度约为 $b/2$。

（2）图线宽度的推荐系列为：0. 18、0. 25、0. 35、0. 5、0. 7、1、1. 4、2mm。制图作业中一般选择 0. 7mm 为宜。同一图样中，同类图线的宽度应基本一致。图线的线型与应用如表 1-1-5 所示。

表 1-1-5　　**图线线型与应用**

名称代号	线型	宽度	主要用途
粗实线		b(0. 5~2mm)	可见轮廓线
细实线		约 $b/2$	尺寸线、尺寸界限、剖面线引出线等
虚线		约 $b/2$	不可见轮廓线
细点画线		约 $b/2$	轴线、对称中心线
粗点画线		b	有特殊要求的表面的表示线
双点画线		约 $b/2$	假想投影轮廓线、极限位置轮廓线
双折线		约 $b/2$	断裂处的边界线
波浪线		约 $b/2$	断裂处的边界线、视图和剖视的分界线

（3）图线画法。

① 在同一图样中，同类图线的宽度应基本一致。虚线、点画线及双点画线的线段长度和间隔各自相等。

② 两平行线之间的距离应不小于粗实线宽度的两倍，其最小距离不得小于 0. 7mm。

③ 画圆的中心线时，点画线的两端应超出轮廓线 2~5mm；首末两端应是线段而不是短划；圆心应是线段的交点，较小圆的中心线可用细实线代替。

④ 虚线或点画线与其图线相交时，应在线段处相交，而不是在间隙处相交。如图 1-1-10、图 1-1-11 所示。

⑤ 虚线在实线的延长线上时，虚线与实线之间应留出间隙，当有两种或更多的图线重

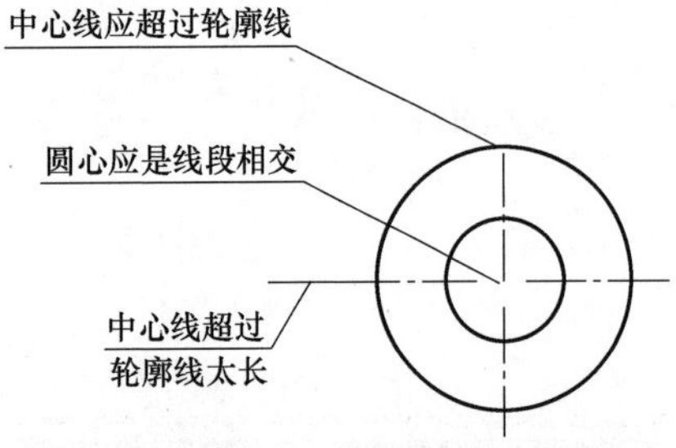

图 1-1-10 点画线画法

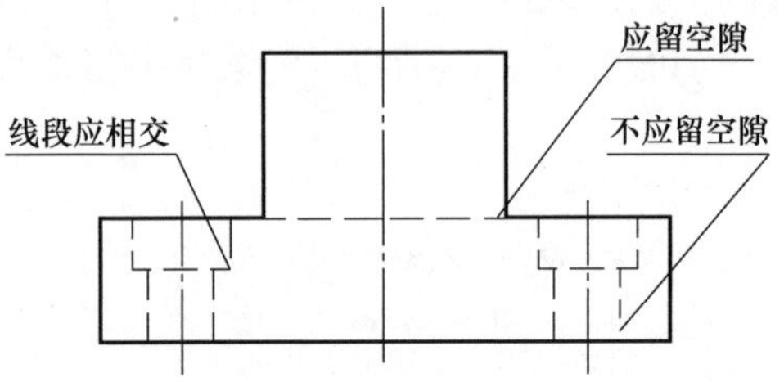

图 1-1-11 虚线画法

合时，通常按图线所表达对象的重要程度优先选择绘制顺序：可见轮廓线-不可见轮廓线-尺寸线-各种用途的细实线-轴线和对称中心线-假想线。图线的应用示例如图 1-1-12 所示。

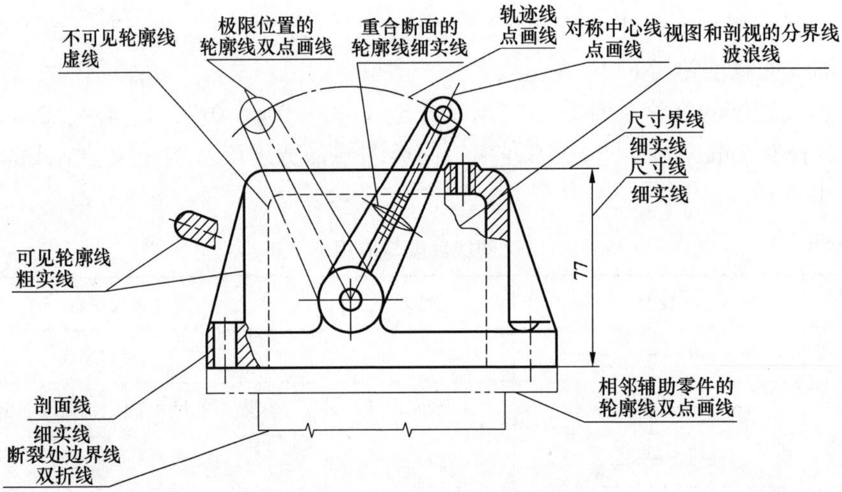

图 1-1-12 图线的应用示例

（五）尺寸标注方法（GB/T 4458.4—2003、GB/T 16675.2—2012）

在图样中，除需要表达零件的结构形状外，还需要标注尺寸，以确定零件的大小。

1. 基本规则

(1) 零件的真实大小应以图样上所注的尺寸数值为依据，与图形的大小及绘图的准确度无关。

(2) 图样中（包括技术要求和其他说明）的尺寸，一般以 mm（毫米）为单位。以 mm 为单位时，不注计量单位的代号或名称，如采用其他单位，则必须注明相应的计量单位的代号或名称。

(3) 图样中所标注的尺寸，为该图样所表示零件的最后完工尺寸，否则应另加说明。

(4) 零件的每一尺寸，一般只标注一次，并应标注在反映该结构最清晰的图形上。

2. 尺寸的组成

完整的尺寸标注包含下列四个要素：尺寸界线、尺寸线、尺寸线终端（箭头或斜线）和尺寸数字。

(1) 尺寸界线。作用：表示所注尺寸的起始和终止位置，用细实线绘制。尺寸界线由图形的轮廓线、轴线或对称中心线处引出。也可利用轮廓线、轴线或对称中心线本身作尺寸界线。

注意：尺寸界线一般应与尺寸线垂直，必要时允许与尺寸线成适当的角度；尺寸界线超出尺寸线 2mm 左右，如图 1-1-13 所示。

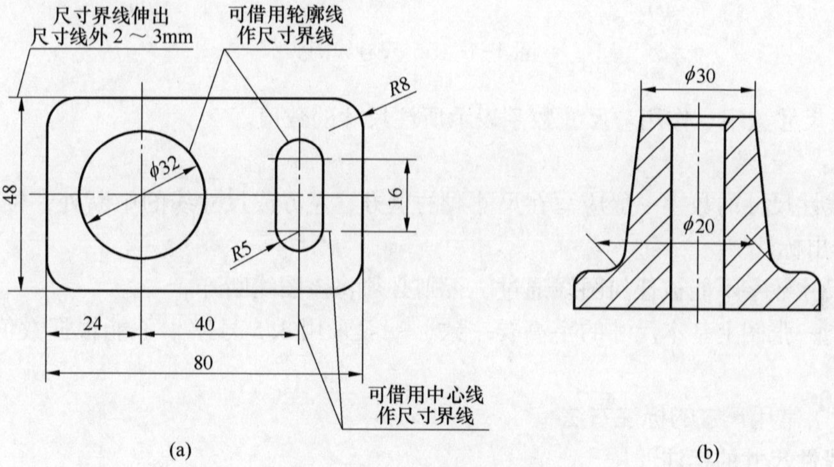

图 1-1-13　尺寸界线示例

(2) 尺寸线。作用：表示所注尺寸的范围，用细实线绘制。尺寸线不能用其他图线代替，不得与其他图线重合或画在其延长线上，并应尽量避免尺寸线之间及尺寸线与尺寸界线相交。标注线性尺寸时，尺寸线必须与所标注的线段平行，相互平行的尺寸线，小尺寸在内，大尺寸在外，依次排列整齐。并且各尺寸线的间距要均匀，间隔应大于 5mm，以便注写尺寸数字和有关符号。尺寸线参照图 1-1-14 说明。

(3) 尺寸线终端。尺寸线终端有两种形式：箭头和细斜线。机械图样一般用箭头形式，箭头尖端与尺寸界线接触，不得超出也不得离开，如图 1-1-15（a）所示。

当尺寸线太短，没有足够的位置画箭头时，允许将箭头画在尺寸线外边；标注连续的小尺寸时可用圆点代替箭头，如图 1-1-15（b）所示。

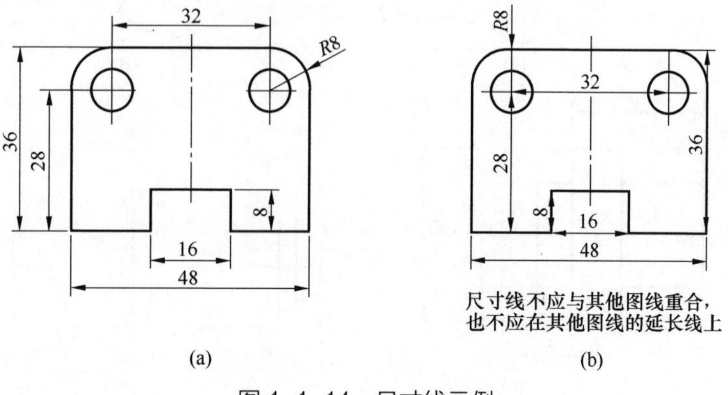

图 1-1-14　尺寸线示例

（a）正确　（b）错误

图 1-1-15　尺寸线箭头

（4）尺寸数字。作用：尺寸数字表示所注尺寸的数值。

注意：

① 线性尺寸的数字一般应写在尺寸线的上方、左方或尺寸线的中断处，位置不够时，也可以引出标注。

② 尺寸数字不能被任何图线通过，否则必须将该图线断开。

③ 同一张图上基本尺寸的字高要一致，一般采用 3.5 号字，不能根据数值的大小而改变。

（六）常用尺寸的标注方法

1. 线性尺寸的标注

线性尺寸的数字应按图 1-1-16（a）所示的方向填写，图示 30°范围内，应按图 1-1-16（b）形式标注。尺寸数字一般应写在尺寸线的上方，当尺寸线为垂直方向时，应注写在尺寸线的左方，也允许注写在尺寸线的中断处，如图 1-1-16（c）所示。狭小部位的尺寸数字按图 1-1-16（d）所示方式注写。

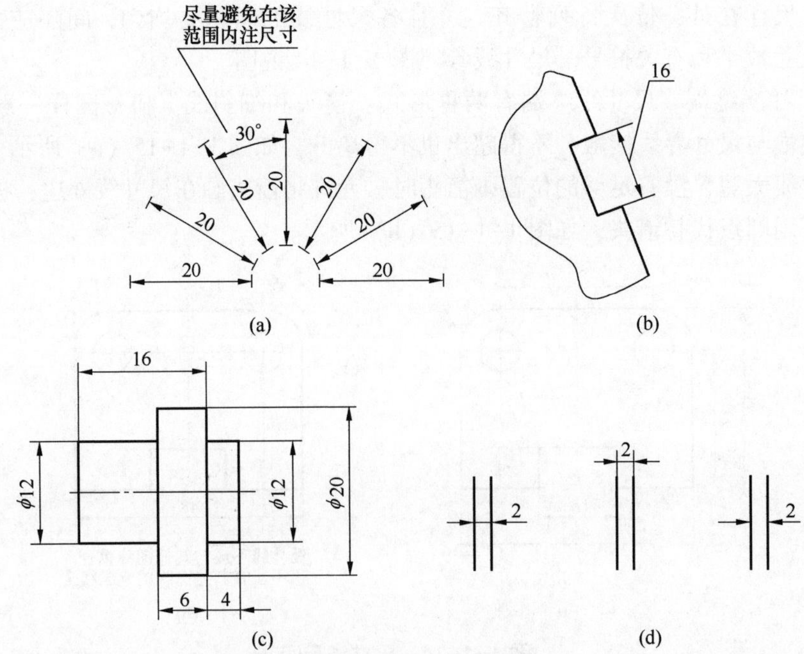

图 1-1-16　线性尺寸标注示例

2. 角度尺寸的标注

角度的尺寸界线应沿径向引出，尺寸线是以角的顶点为圆心画出的圆弧线。角度的数字应水平书写，一般注写在尺寸线的中断处，必要时也可写在尺寸线的上方或外侧。角度较小时也可以用指引线引出标注。角度尺寸必须注出单位，如图 1-1-17 所示。

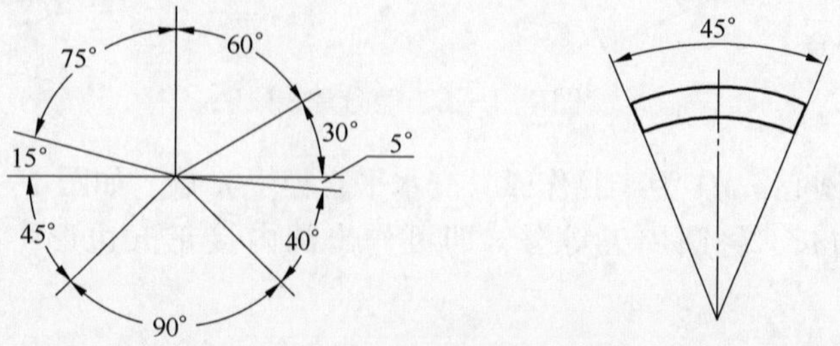

图 1-1-17　角度尺寸标注示例

3. 圆和圆弧尺寸的标注

标注圆及圆弧的尺寸时，一般可将轮廓线作为尺寸界线，尺寸线或其延长线要通过圆心。大于半圆的圆弧标注直径，在尺寸数字前加注符号“ϕ”，小于和等于半圆的圆弧标注半径，在尺寸数字前加注符号“R”。没有足够的空间时，尺寸数字也可写在尺寸界线的外侧或引出标注。圆和圆弧的小尺寸的标注如图 1-1-18 所示。

4. 球体尺寸的标注

圆球在尺寸数字前加注符号“$S\phi$”，半球在尺寸数字前加注符号“SR”。标注如图 1-1-19 所示。

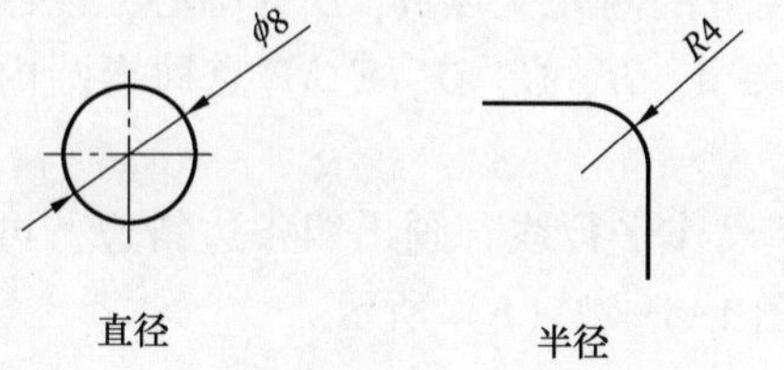

图 1-1-18　圆和圆弧小尺寸标注示例

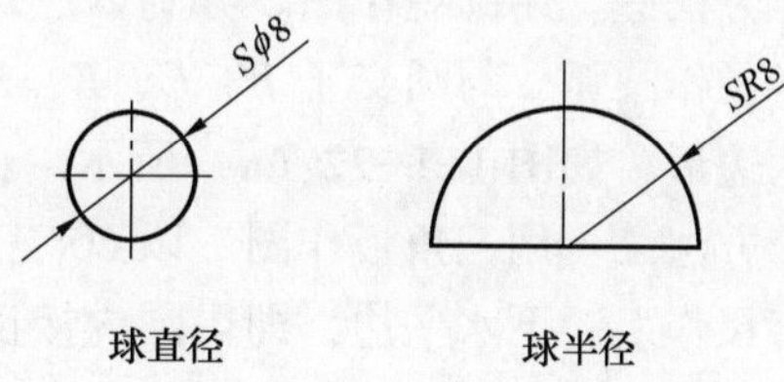

图 1-1-19　球体尺寸标注示例

二、几何作图

（一）线段和圆周的等分

1. 等分直线段

（1）过已知线段的一个端点，画任意角度的直线，并用分规自线段的起点量取 n 个线段。

（2）将等分的最末点与已知线段的另一端点相连。

（3）过各等分点作该线的平行线与已知线段相交即得到等分点，即推画平行线法，如图 1-1-20 所示。

2. 等分圆周

（1）正五边形。

方法：① 作 OA 的中点 M，如图 1-1-21（a）所示。

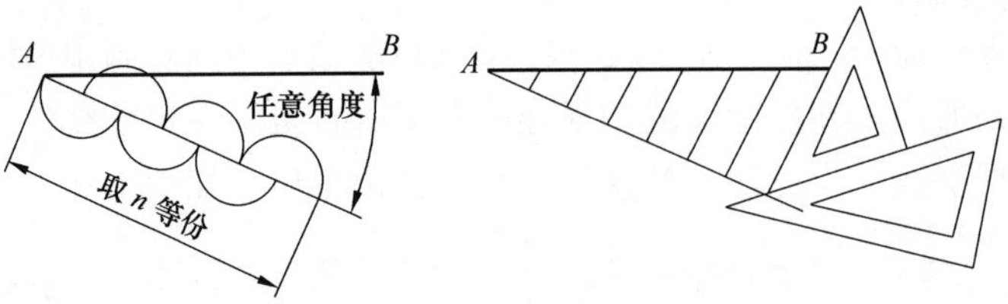

图 1-1-20　等分直线段

② 以 M 点为圆心，$M1$ 为半径作弧，交水平直径于 K 点，如图 1-1-21（b）所示。

③ 以 $1K$ 为边长，将圆周五等分，即可作出圆内接正五边形，如图 1-1-21（c）所示。

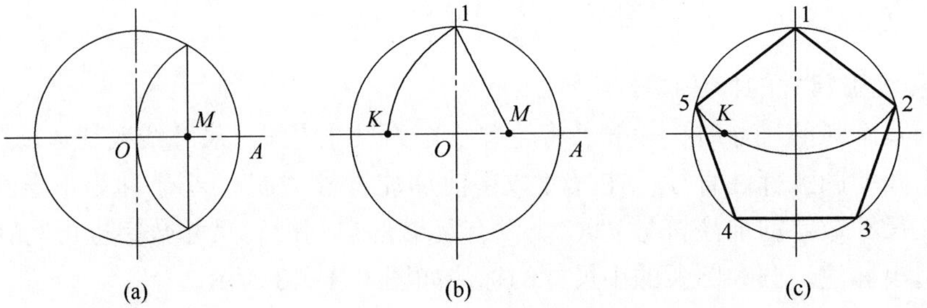

图 1-1-21　正五边形画法

（2）正六边形。

方法一：用圆规作图。分别以已知圆在水平直径上的两处交点 A、D 为圆心，以已知圆半径作圆弧，与圆交于 B、C、E、F 点，依次连接 A、B、C、D、E、F 点即得圆内接正六边形，如图 1-1-22（a）所示。

方法二：用三角板作图。以 60°三角板配合丁字尺作平行线，画出四条边斜边，再以丁字尺作上、下水平边，即得圆内接正六边形，如图 1-1-22（b）所示。

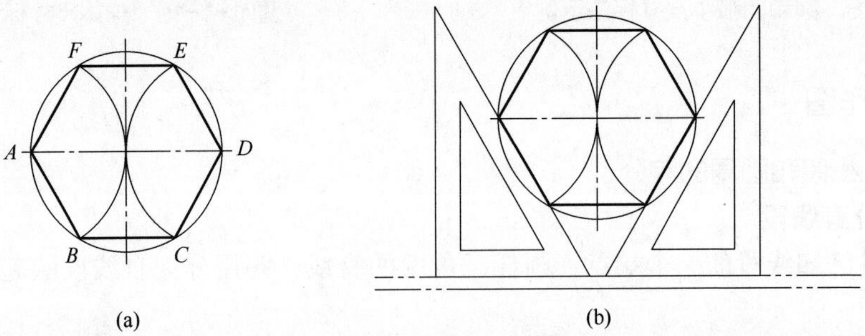

图 1-1-22　正六边形画法

（3）正 n 边形（以正七边形为例）。

n 等分铅垂直径 AK（在图中 $n=7$），以 A 点为圆心，AK 为半径作弧，交水平中心线于点 S，延长连线 $S2$、$S4$、$S6$，与圆周交得点 G、F、E，再作出它们的对称点，即可作出圆内接正 n 边形。如图 1-1-23 所示。

（二）斜度和锥度

1. 概念

斜度是指一直线（或平面）对另一直线（或平面）的倾斜程度。特点是单向分布。

锥度是指正圆锥底圆直径与其高度之比，或正圆台的两底圆直径差与其高度之比。它的特点是双向分布。

2. 计算

斜度：高度差与长度之比　斜度 $=H/L=1:n$

锥度：直径差与长度之比　锥度 $=D/L=(D-d)/l=1:n$

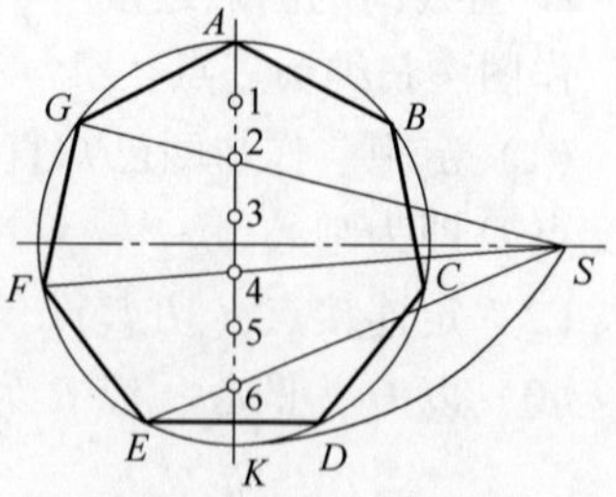

图 1-1-23　正 n 边形画法

注意：计算时，均把比例前项化为 1，在图中以 $1:n$ 的形式标注，如图 1-1-24 所示。

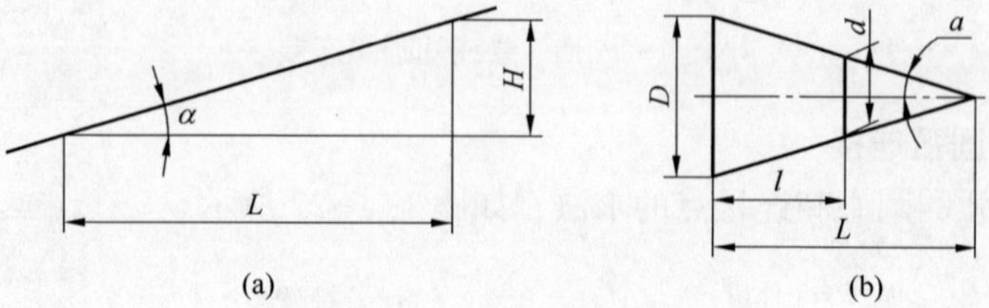

图 1-1-24　斜度和锥度

（a）斜度及斜度符号　（b）锥度及锥度符号

3. 画法

以图为例说明斜度、锥度的画法，如图 1-1-25 所示。

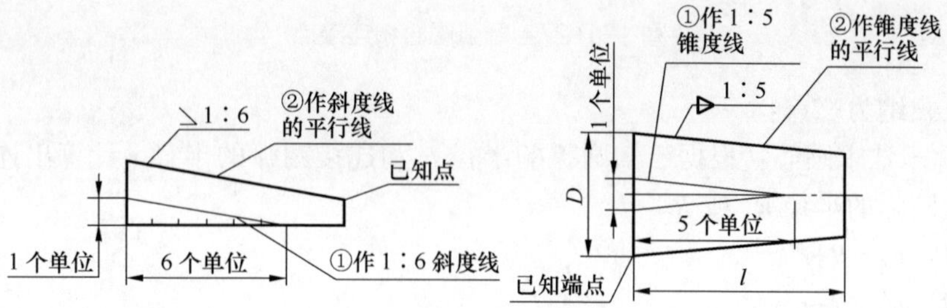

图 1-1-25　斜度及锥度的画法

（三）圆弧的连接

1. 圆弧连接作图的基本步骤

首先求连接圆弧的圆心，它应满足到两被连接线段的距离均为连接圆弧的半径的条件。然后找出连接点，即连接圆弧与被连接线段的切点。最后在两连接点之间画连接圆弧。

已知条件：已知连接圆弧的半径。

实质：就是使连接圆弧和被连接的直线或被连接的圆弧相切。

关键：找出连接圆弧的圆心和连接点（即切点）。

2. 直线间的圆弧连接

作图法归纳为三点：

（1）定距。作与两已知直线分别相距为 R（连接圆弧的半径）的平行线。两平行线的交点 O 即为圆心。

（2）定连接点（切点）。从圆心 O 向两已知直线作垂线，垂足即为连接点（切点）。

（3）以 O 为圆心，以 R 为半径，在两连接点（切点）之间画弧。如图 1-1-26 所示。

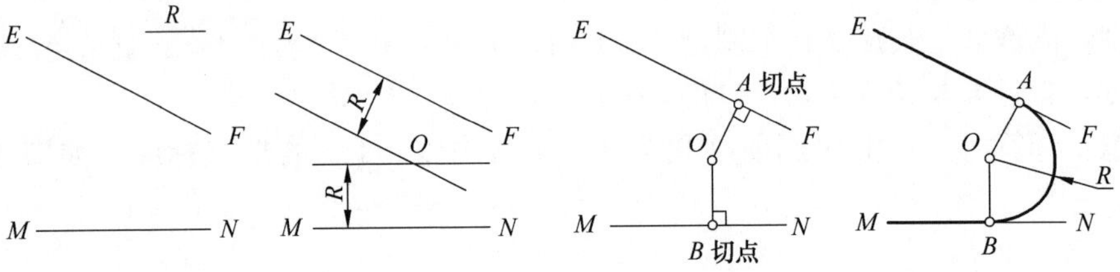

图 1-1-26　直线间圆弧连接

3. 圆弧间的圆弧连接

（1）连接圆弧的圆心和连接点的求法，如图 1-1-27 所示。

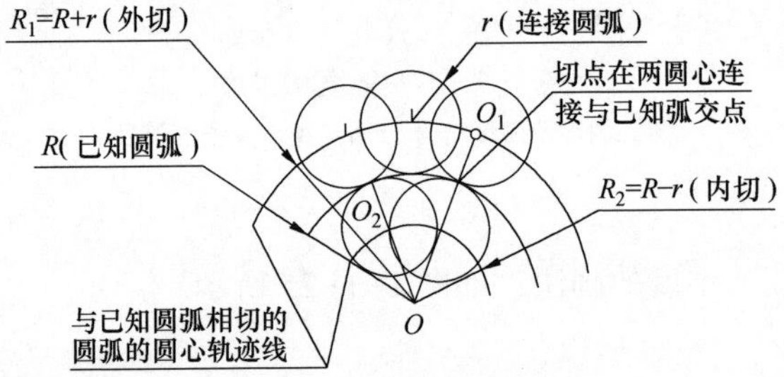

图 1-1-27　圆弧圆心和连接点

作图法归纳为三点：

① 用算术法求圆心：根据已知圆弧的半径 R 和连接圆弧的半径 r 计算出连接圆弧的圆心轨迹线圆弧的半径 R_1 或 R_2：

外切时：$R_1=R+r$

内切时：$R_2=R-r$

② 用连心线法求连接点（切点），如图 1-1-28 所示。

外切时：连接点在已知圆弧和圆心轨迹线圆弧的圆心连线上。

内切时：连接点在已知圆弧和圆心轨迹线圆弧的圆心连线的延长线。

③ 以 O 为圆心，以 R 为半径，在两连接点（切点）之间画弧。

（2）圆弧间的圆弧连接的两种形式。

① 外连接：连接圆弧和已知圆弧的弧向相反（外切）。

② 内连接：连接圆弧和已知圆弧的弧向相同（内切）。

4. 作与已知圆相切的直线

与圆相切的直线，垂直于该圆心与切点的连线。因此，利用三角板的两直角边，便可作圆的切线。方法如图 1-1-29 所示。

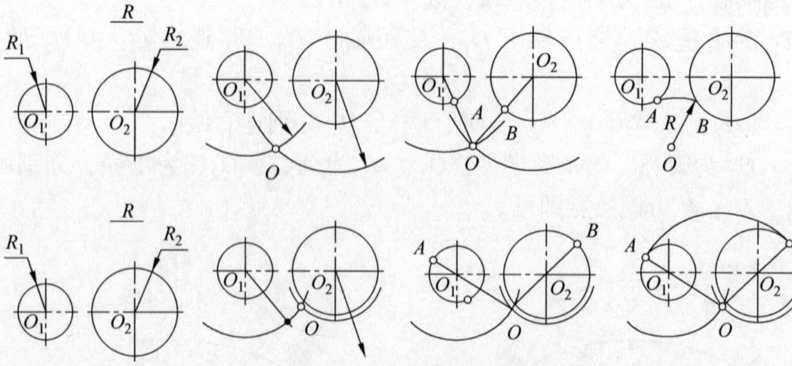
图 1-1-28 连心线法求连接点

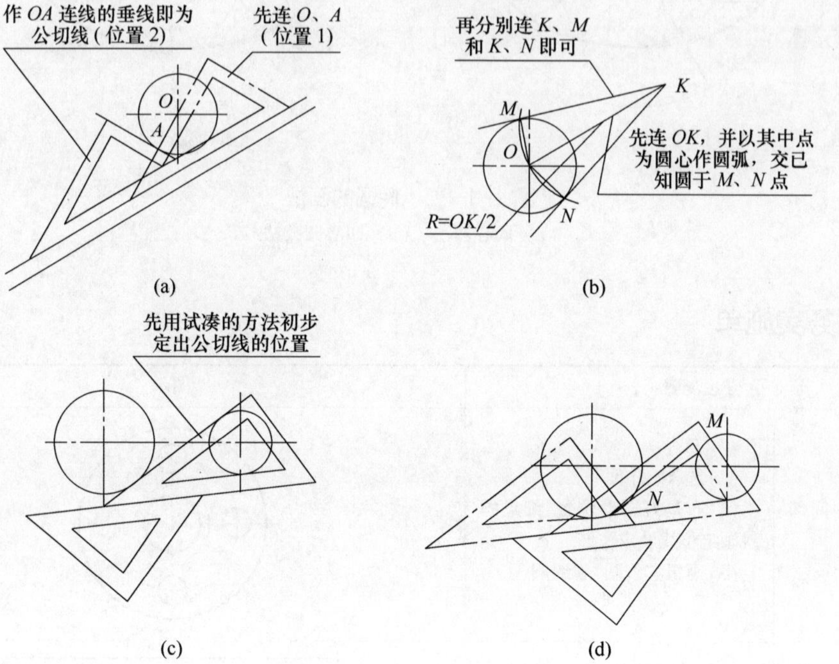

图 1-1-29 作圆的切线

（四）椭圆的画法

椭圆常用画法有同心圆法和四心圆弧法两种：

1. 同心圆法

如图 1-1-30（a）所示，以 *AB* 和 *CD* 为直径画同心圆，然后过圆心作一系列直径与两圆相交。由各交点分别作与长轴、短轴平行的直线，即可相应找到椭圆上各点。最后，光滑连接各点即可。

2. 椭圆的近似画法（四心圆弧法）

如图 1-1-30（b）所示，已知椭圆的长轴 *AB* 与短轴 *CD*。

① 连 *AC*，以 *O* 为圆心，*OA* 为半径画圆弧，交 *CD* 延长线于 *E*。

② 以 C 为圆心，CE 为半径画圆弧，截 AC 于 E_1。

③ 作 AE_1 的中垂线，交长轴于 O_1，交短轴于 O_2，并找出 O_1 和 O_2 的对称点 O_3 和 O_4。

④ 把 O_1 与 O_2、O_2 与 O_3、O_3 与 O_4、O_4 与 O_1 分别连直线。

⑤ 以 O_1、O_3 为圆心，O_1A 为半径；O_2、O_4 为圆心，O_2C 为半径，分别画圆弧到连心线，K、K_1、N_1、N 为连接点即可。

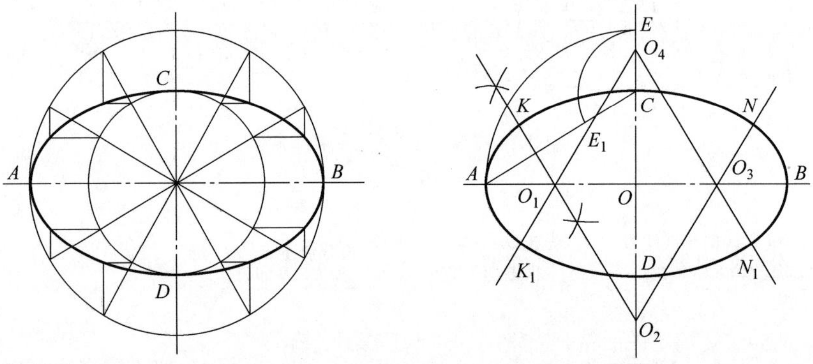

(a)　(b)

图 1-1-30　椭圆的画法

（a）同心圆法　（b）四心圆弧法

任务实施单

方法步骤		图示
1. 画中间部分图形	(1)选 A4 图纸 (2)布局好图形位置，细点画线画定位线及定位圆 (3)画粗实线圆、虚线圆	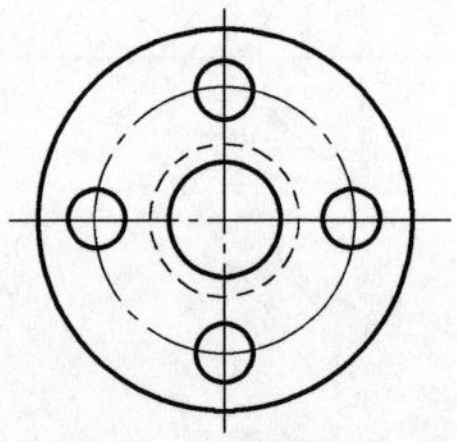
2. 画上、下部分图形	(1)以粗实线、虚线、细实线画上部图形 (2)以粗实线、细实线画下部图形	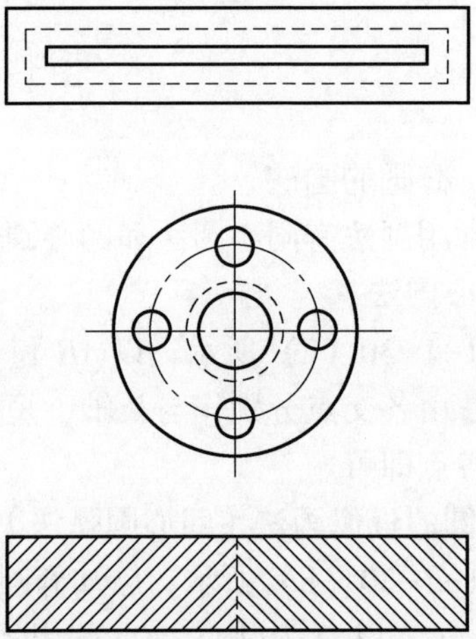

续表

	方法步骤	图示
3. 画左、右部分图形	(1)以粗实线、虚线、细点画线画左部图形 (2)以粗实线、虚线、细点画线画右部图形	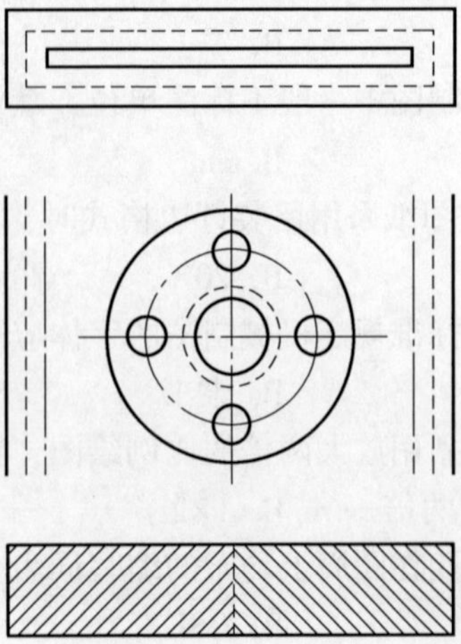
4. 标注尺寸	(1)按制图国家标准标注线性尺寸 (2)按标准标注圆直径、角度	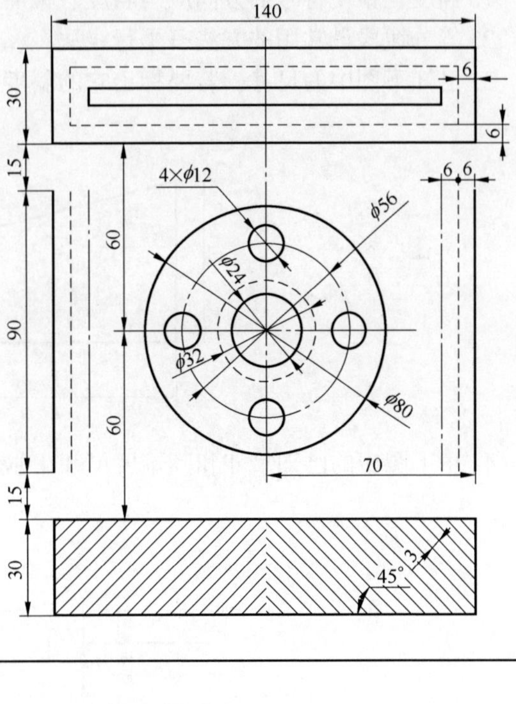

实作练习

一、填空题

1. 标注尺寸的三要素________、________和________。

2. 尺寸标注中的符号：*R* 表示________，ϕ 表示________，$S\phi$ 表示________，*t* 表示________，*C* 表示________。

3. 绘图时应尽量采用________比例，需要时也可采用________或________的比例。

无论采用何种比例，图样中所注的尺寸，均为零件的________。

二、选择题

1. A0 图纸是 A2 图纸的（　　）倍大。

A. 1　　B. 2　　C. 3　　D. 4

2. 机械制图中一般不标注单位，默认单位是（　　）。

A. cm　　B. mm　　C. km　　D. m

3. A4 号图纸采用留装订边格式时，非装订边图框到纸的边缘距离为（　　）。

A. 25　　B. 20　　C. 10　　D. 5

4. 国家标准规定机械制图的字体应写成（　　）。

A. 楷书　　B. 隶书　　C. 宋体　　D. 长仿宋体

5. 某产品用放大两倍的比例绘图，在标题栏比例项中应填（　　）。

A. 放大两倍　　B. 1×2　　C. 1∶2　　D. 2∶1

6. 表示孔在圆周上均布的缩写词为（　　）。

A. ECS　　B. QSE　　C. EQS　　D. SEQ

三、判断题

1. 斜度、锥度符号的方向应与斜度、锥度的方向一致。(　　)

2. 等分线段最常用的方法有平行线法。(　　)

3. 已知下图中的尺寸，若要标出它的斜度，则 X 应写成 1∶2。(　　)

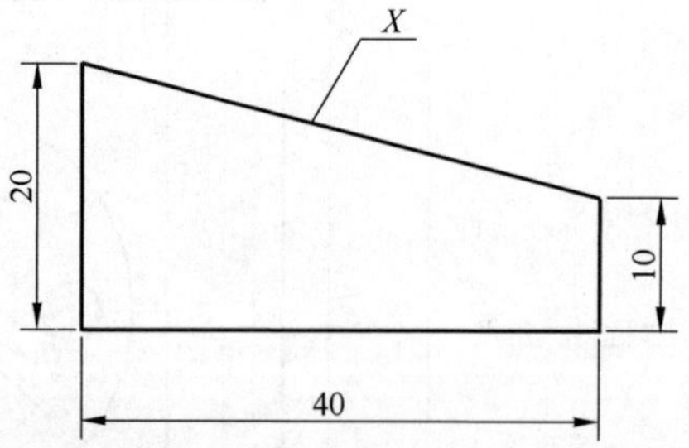

4. 由下图中的已知尺寸和其锥度可知 X 应为 $\phi 8$。(　　)

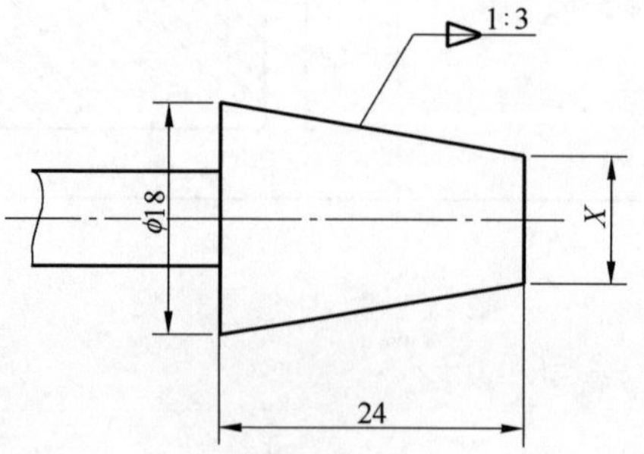

5. 求作已知圆弧的外切圆弧，用半径之和找圆心。(　　)

6. 求作已知圆弧的内切圆弧，用半径之差找圆心。(　　)

7. 画椭圆的方法有同心圆法及四心圆法。(　　)

配套课件　配套视频

项目一任务二

任务二　手工绘制吊钩平面图

学习目标

（1）学会平面图形的线段分析与绘制方法。

（2）正确使用绘图仪器；掌握绘图技巧以提高绘图技能。

学习任务单

任务名称	手工绘制吊钩平面图
任务描述及要求	1. 按如下吊钩，抄画图形 2. 用 A4 图纸，竖放，标注尺寸，比例 1 : 1 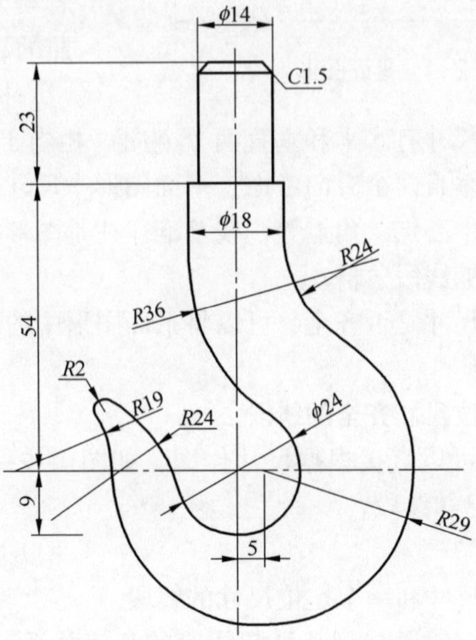
任务分析	1. 绘图前，分析吊钩平面图尺寸，分析线段间的连接关系，确定绘图的顺序 2. 按制图国家标准，在绘图准确无误后标注尺寸
任务评价	采用教师讲评与学生互评相结合。评价内容：活动是否积极，是否能正确使用绘图工具，作图步骤是否正确，图形是否正确，线条是否规范，布图是否合理。将绘制的图形评分，计入平时成绩

知识导航

一、平面图形的分析与绘图方法

（一）平面图形的尺寸分析

平面图形的尺寸按其作用可分为定形尺寸、定位尺寸、尺寸基准。

1. 定形尺寸

定形尺寸是指确定平面图形上几何元素形状大小的尺寸，如图 1-2-1 所示中的 $\phi12$、

$R13$、$R26$、$R7$、$R8$、48 和 10。一般情况下确定几何图形所需定形尺寸的个数是一定的，如直线的定形尺寸是长度，圆的定形尺寸是直径，圆弧的定形尺寸是半径，正多边形的定形尺寸是边长，矩形的定形尺寸是长和宽两个尺寸等。

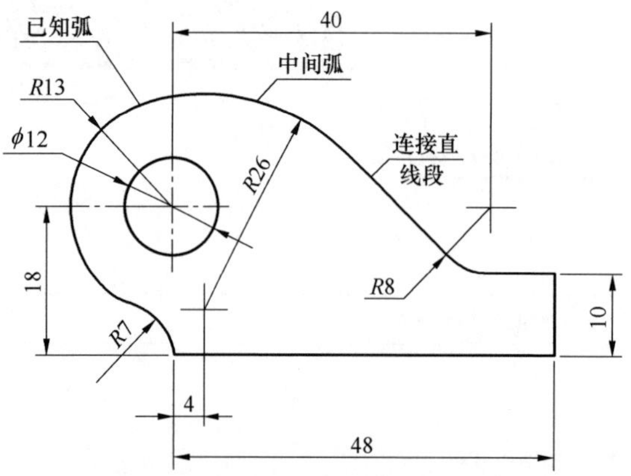

图 1-2-1　平面图形

2. 定位尺寸

定位尺寸是指确定各几何元素相对位置的尺寸，如图 1-2-1 中的 18、40。确定平面图形位置需要两个方向的定位尺寸，即水平方向和垂直方向，也可以以极坐标的形式定位，即半径加角度。

3. 尺寸基准

任意两个平面图形之间必然存在着相对位置，就是说必有一个是参照的。

标注尺寸的起点称为尺寸基准，简称基准。平面图形尺寸有水平和垂直两个方向（相当于坐标轴 x 方向和 y 方向），因此基准也必须从水平和垂直两个方向考虑。平面图形中尺寸基准是点或线。常用的点基准有圆心、球心、多边形中心点、角点等，线基准往往是图形的对称中心线或图形中的边线。

（二）平面图形的线段分析

根据定形、定位尺寸是否齐全，可以将平面图形中的图线分为以下三大类。

1. 已知线段

概念：定形、定位尺寸齐全的线段。

作图时该类线段可以直接根据尺寸作图，如图 1-2-1 中的 $\phi12$ 的圆、$R13$ 的圆弧、48 和 10 的直线均属已知线段。

2. 中间线段

概念：只有定形尺寸和一个定位尺寸的线段。

作图时必须根据该线段与相邻已知线段的几何关系，通过几何作图的方法求出，如图 1-2-1 中的 $R26$ 和 $R8$ 两段圆弧。

3. 连接线段

概念：只有定形尺寸没有定位尺寸的线段。其定位尺寸需根据与线段相邻的两线段的几何关系，通过几何作图的方法求出，如图 1-2-1 中的 $R7$ 圆弧段、$R26$ 和 $R8$ 间的连接直线段。

在两条已知线段之间，可以有多条中间线段，但必须且只能有一条连接线段。否则，尺寸将出现缺少或多余。

（三）平面图形的画图步骤

以手柄平面图画法为例，如图 1-2-2、图 1-2-3 所示。

画图步骤：

① 画基准线。

② 画已知线段 15、$\phi20$、$\phi5$、$R15$、$R10$。

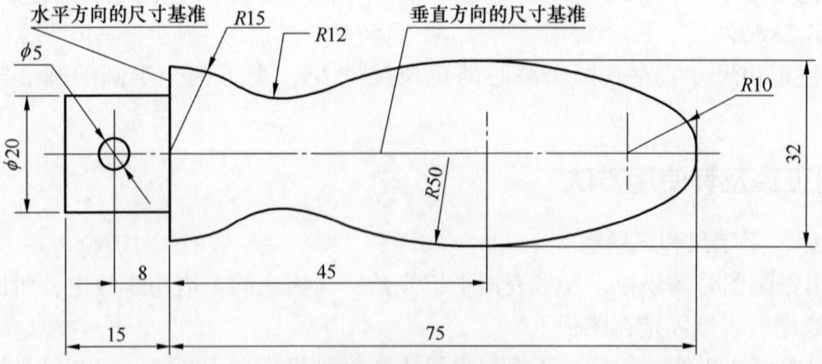

图 1-2-2　手柄平面图

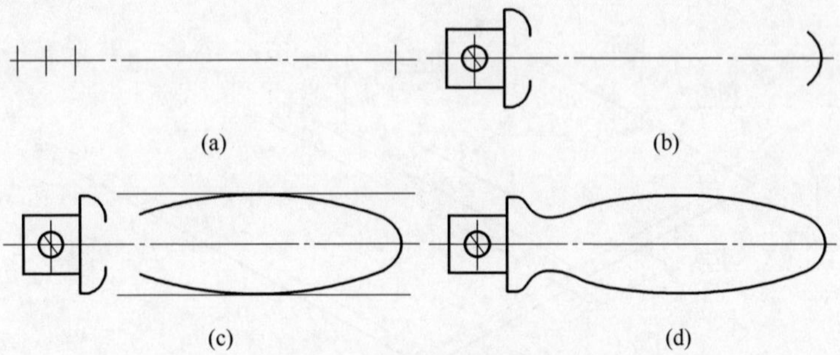

图 1-2-3　手柄平面图画法

③ 画中间线段 $R50$，与 32 直线和 $R10$ 相切。

④ 画连接线段 $R12$，与 $R15$ 和 $R50$ 相外切。

（四）平面图形的尺寸注法

平面图形中标注的尺寸，必须能唯一地确定图形的形状和大小，不遗漏、不多余地标注出确定各线段的相对位置及其大小。

（1）标注尺寸的方法和步骤。

① 先选择水平和垂直方向的基准线。

② 确定图形中各线段的性质。

③ 按已知线段、中间线段、连接线段的次序逐个标注尺寸。

（2）以图 1-2-4 所示的平面图形为例，分析尺寸标注。

① 分析图形。确定基准图形由外线框、内线框和两个小圆构成。整个图形左右是对称的，所以选择对称中心线为水平方向基准。垂直方向基准选两个小圆的中心线。

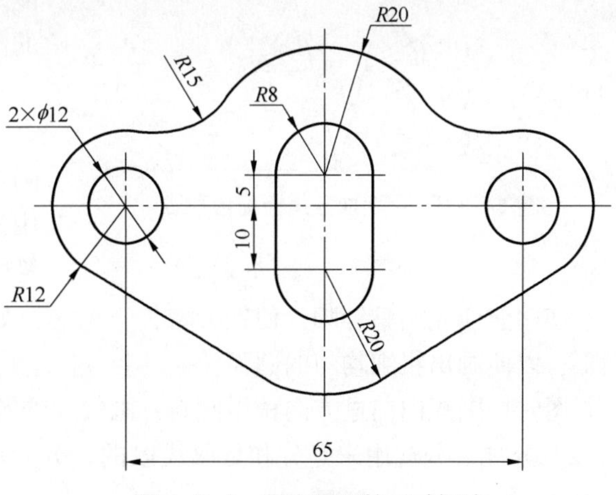

图 1-2-4　平面图形的尺寸标注

② 标注定形尺寸。外线框需注出 $R12$ 和两个 $R20$ 以及 $R15$；内线框需注出 $R8$，两个小圆要注出 2×ϕ12。

③ 标注定位尺寸。左右两个圆心的定位尺寸 65，上下两个半圆的圆心定位尺寸 5 和 10。

二、绘图工具及其使用方法

1. 图板、丁字尺和三角板

图板用作画图时的垫板，要求表面平坦光洁；又因它的左边用作导边，所以左边必须平直（图纸用胶带纸固定在图板上）。

丁字尺是画水平线的长尺。丁字尺由尺头和尺身组成，画图时，应使尺头靠着图板左侧的导边。画水平线必须自左向右画，如图 1-2-5 所示。

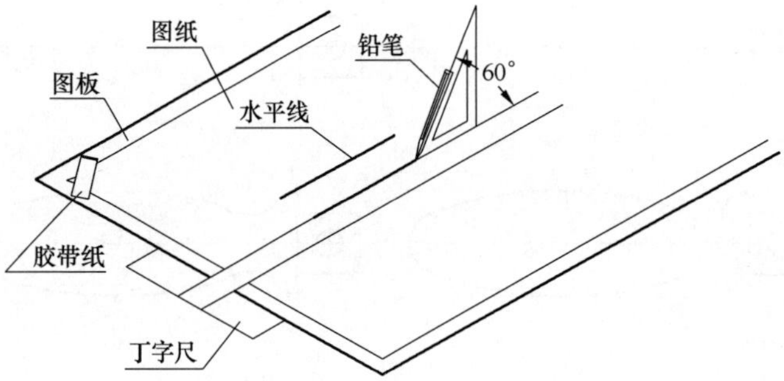

图 1-2-5　图板和丁字尺

一副三角板有两块，一块是 45°三角板，另一块是 30°和 60°三角板。除了直接用它们来画直线外，也可配合丁字尺画铅垂线和其他倾斜线。用一块三角板能画与水平线成 30°、45°、60°的倾斜线。用两块三角板能画与水平线成 15°、75°、105°和 165°的倾斜线，如图 1-2-6 所示。

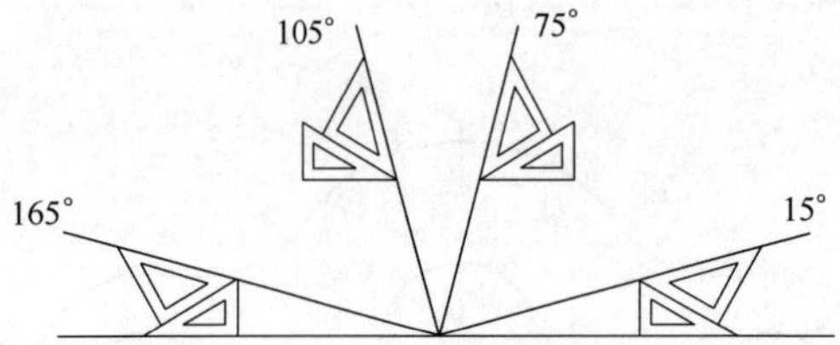

图 1-2-6　用两块三角板配合画线

2. 圆规和分规

（1）圆规。圆规用来画圆和圆弧。圆规的一个脚上装有钢针，称为针脚，用来定圆心；另一个脚可装铅芯，称为笔脚。

在使用前应先调整针脚，使针尖略长于铅芯，如图 1-2-7 所示。笔脚上的铅芯应削成楔形，以便画出粗细均匀的圆弧。

画图时，圆规向前进方向稍微倾斜；画较大的圆时，应使圆规两脚都与纸面垂直。

（2）分规。分规用来等分和量取线段的。分规两脚的针尖在并拢后，应能对齐，如图 1-2-8 所示。

（3）曲线板。曲线板是用来绘制非圆曲线的。首先要定出曲线上足够数量的点，再徒手用铅笔轻轻地将各点光滑地连接起来，然后选择曲线板上曲率与之相吻合的部分分段画出各段曲线。注意应留出各段曲线末端的一小段不画，用于连接下一段曲线，这样曲线才显得圆滑，如图 1-2-9 所示。

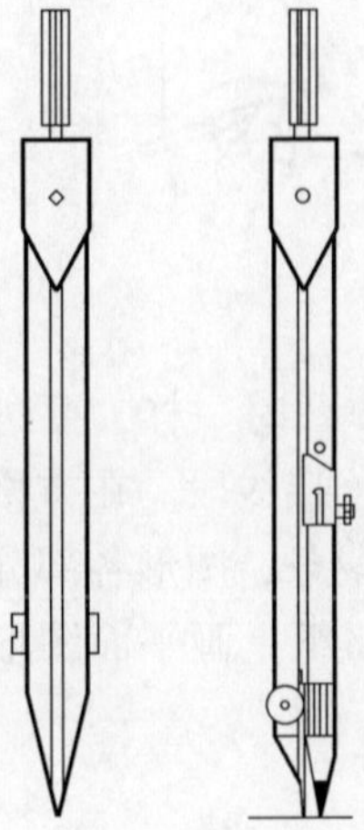

图 1-2-7　圆规

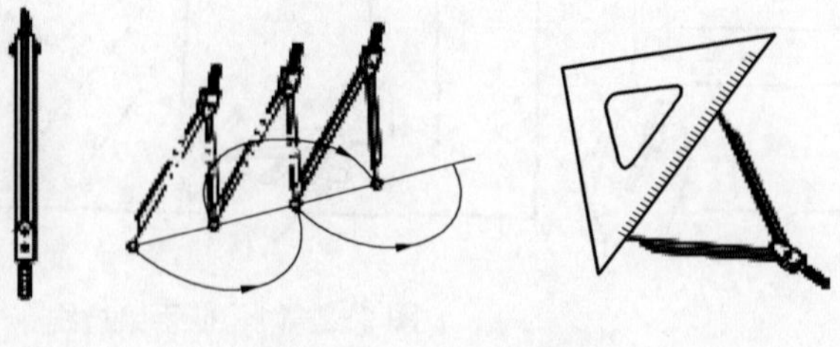

(a)　(b)

图 1-2-8　分规使用

图 1-2-9　用曲线板作图

3. 铅笔

画图时，通常用 H 或 2H 铅笔画底稿（细线）；用 B 或 HB 铅笔加粗加深全图（粗实线）；写字时用 HB 铅笔。

（1）2H、H、HB 铅笔：修磨成圆锥形。

（2）B 铅笔：修磨成扁铲形。

铅笔削法如图 1-2-10 所示。

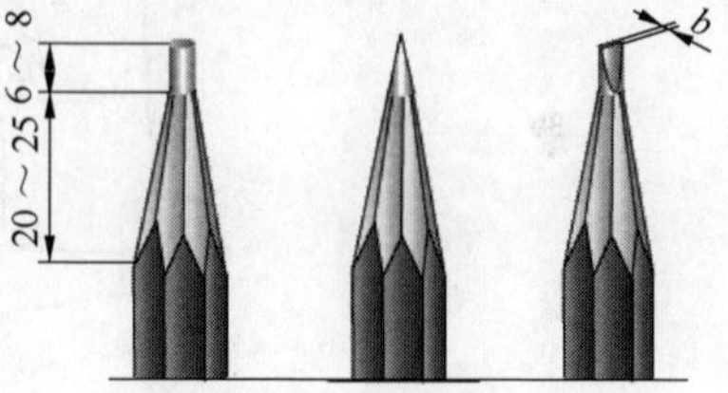

图 1-2-10　铅笔削法

4. 徒手绘图

依靠目测来估计物体各部分的尺寸比例、徒手绘制的图样称为草图。在设计、测绘、修配机器时，都要绘制草图。所以，徒手绘图是和使用仪器绘图同样重要的绘图技能。

绘制草图时使用软一些的铅笔（如 HB、B 或者 2B），铅笔削长一些，铅芯呈圆形，粗细各一支，分别用于绘制粗、细线。

画草图时，可以用有方格的专用草图纸，或者在白纸下面垫一张有格子的纸，以便控制图线的平直和图形的大小。

（1）直线的画法。画直线时，可先标出直线的两端点，在两点之间先画一些短线，再连成一条直线。运笔时手腕要灵活，目光应注视线的端点，不可只盯着笔尖。

水平线应自左至右画出；垂直线自上而下画出；斜线斜度较大时可自左向右下或自右向左下画出，如图 1-2-11 所示。

（2）圆的画法。画圆时，应先画中心线。四点画小圆；八点画中圆；小指支撑于圆心，转动图纸画大圆。也可在一纸条上作出半径长度的记号，使其一端置于圆心，另一端置于铅笔，旋转纸条，便可以画出所需圆，如图 1-2-12 所示。

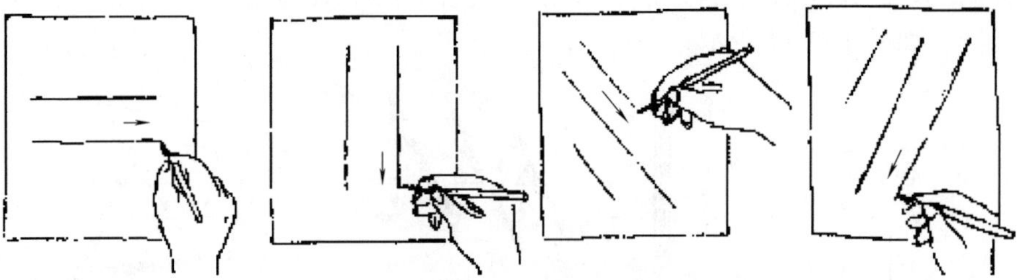

图 1-2-11　徒手绘直线

（3）徒手绘制平面图形。徒手绘制平面图形时，也和使用尺、规作图时一样，要进行图形的尺寸分析和线段分析，先画已知线段，再画中间线段，最后画连接线段。在方格纸上画平面图形时，主要轮廓线和定位中心线应尽可能利用方格纸上的线条，图形各部分之间的比例可按方格纸上的格数来确定。如图 1-2-13 所示为徒手在方格纸上画平面图形的示例。

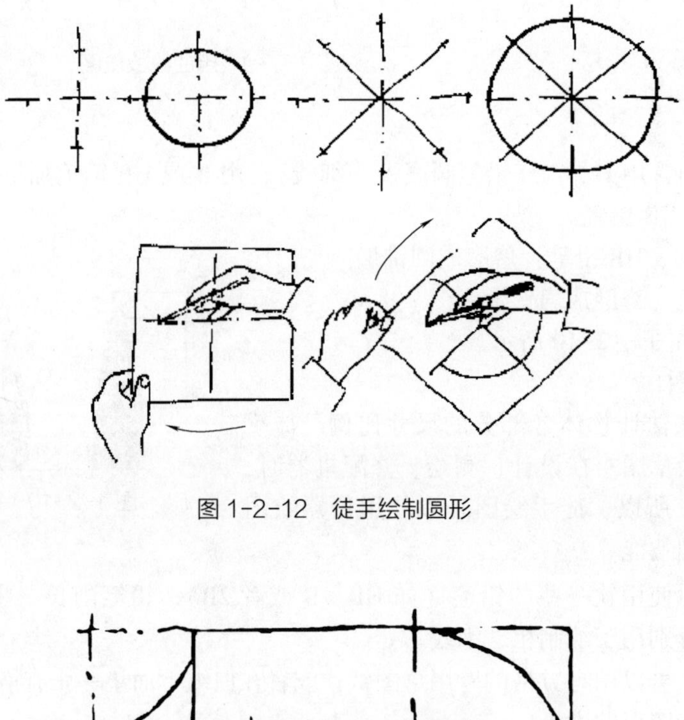

图 1-2-12　徒手绘制圆形

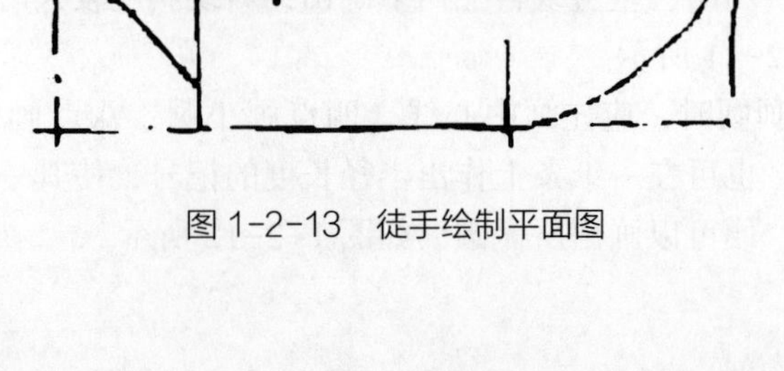

图 1-2-13　徒手绘制平面图

任务实施单

<table>
<tr><th colspan="2">方法步骤</th><th>图示</th></tr>
<tr><td>1. 绘图前的准备工作</td><td>(1) 准备绘图场所、绘图工具和图纸
(2) 分析图形的线段和尺寸，拟定画图顺序
(3) 确定比例，选用图幅，固定图纸
(4) 画出图框和标题栏</td><td>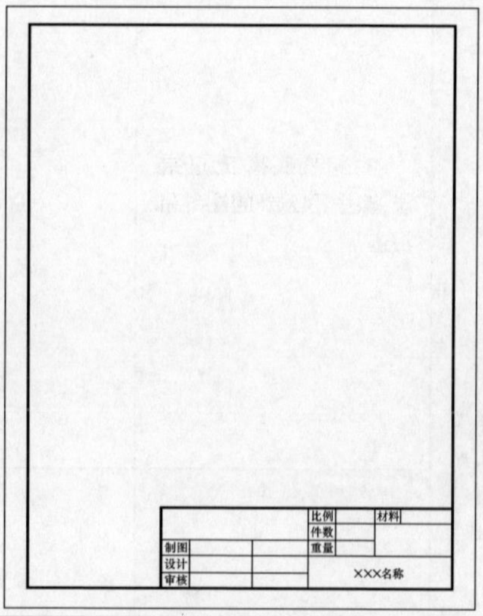
</td></tr>
<tr><td rowspan="2">2. 画底稿
注意：底稿要求位置恰当，所有图线轻细一致，准确清晰，整洁干净</td><td>(1) 画出基准线、定位线，确定画图位置</td><td>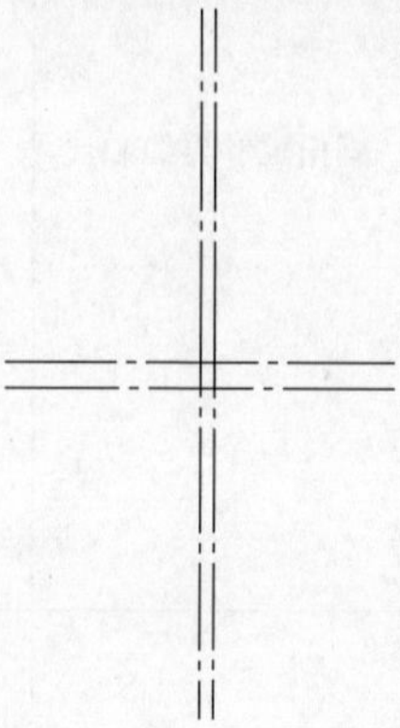</td></tr>
<tr><td>(2) 依顺序画出已知线段、中间线段和连接线段</td><td>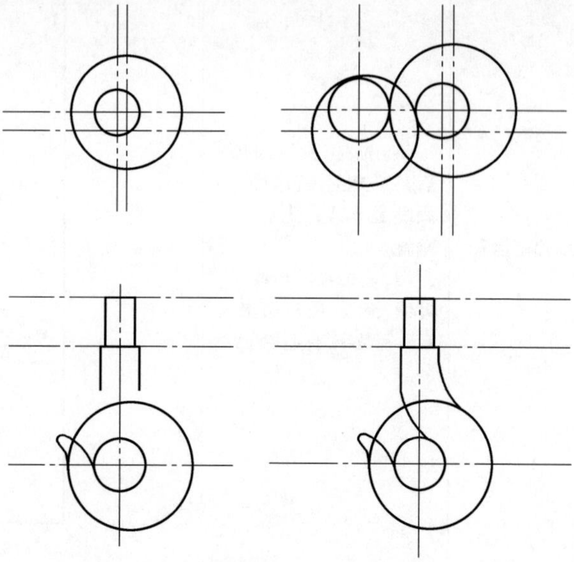</td></tr>
</table>

续表

方法步骤		图示
2. 画底稿 注意:底稿要求位置恰当,所有图线轻细一致,准确清晰,整洁干净	(3)检查底稿,改正错误,擦去不必要的图线和污迹	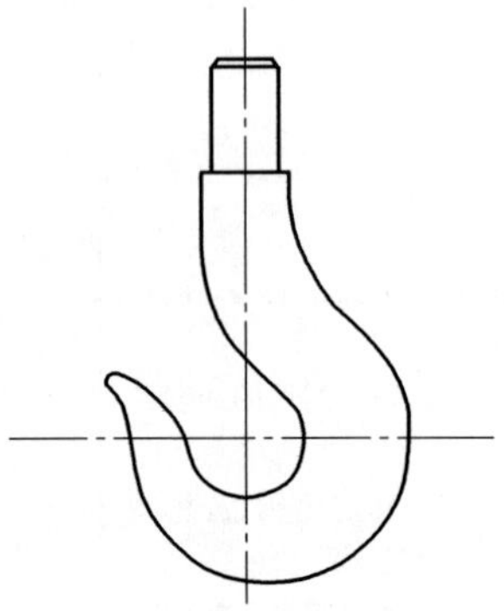
	(4)画出尺寸界线和尺寸线	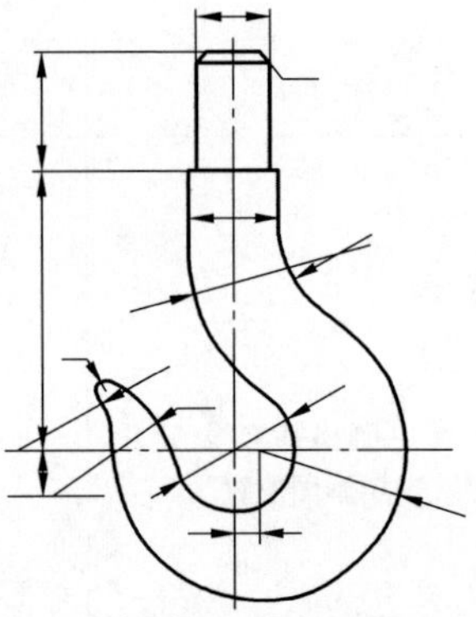
3. 铅笔描深	(1)先曲(圆及圆弧)后直,先粗后细(虚线、点画线、细实线),先水平后垂斜 (2)先标尺寸界线、尺寸线、箭头,图形加深完后再写数字、标题栏	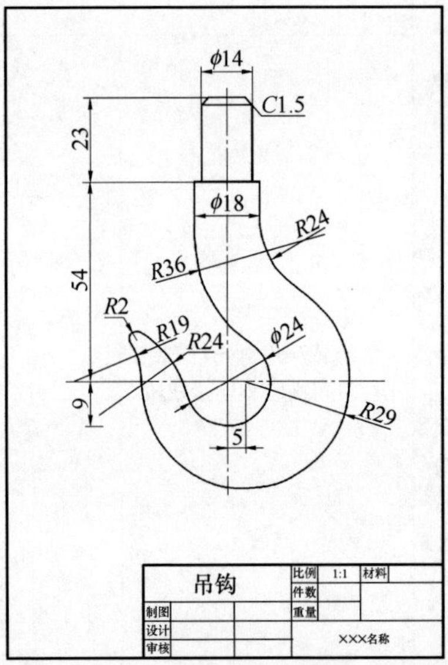

实作练习

1. 绘制如图 1-2-14 所示平面图形。

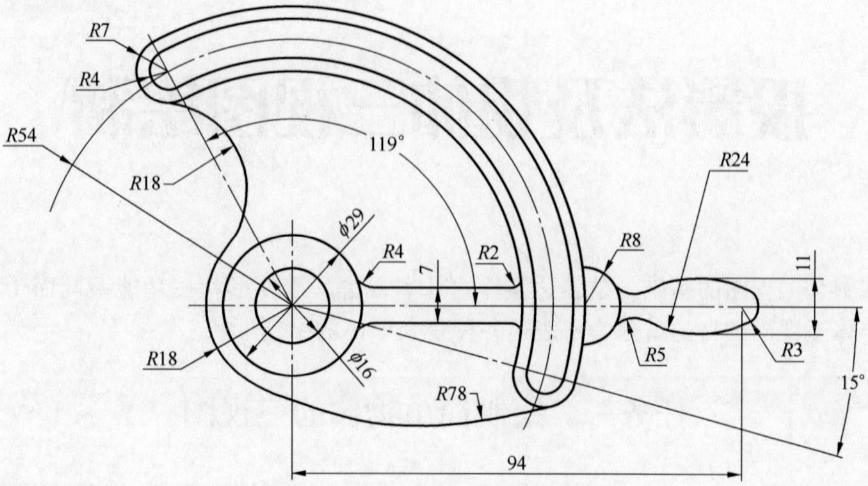

图 1-2-14　平面图绘制练习

2. 绘制如图 1-2-15 所示扳手平面图形。

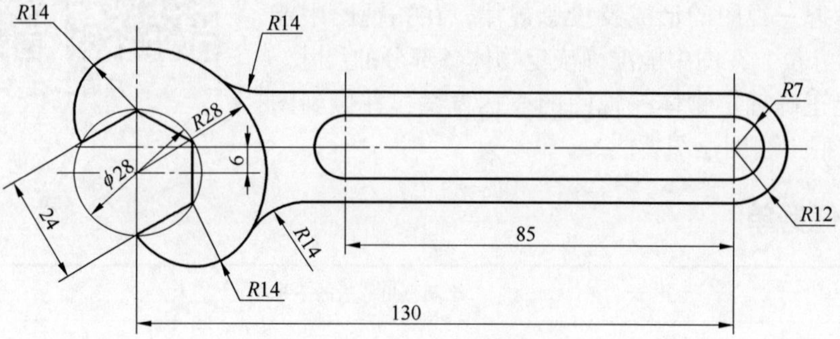

图 1-2-15　扳手平面图绘制

项目二

投影法及物体三视图绘制

三视图是工程图的基础，是表达零件的基本方法。零件形状按功能不同而千差万别，学习组合体三视图的目的就是为了表达各种复杂形体的结构形状。

任务一　绘制简单物体的三视图

配套课件　配套视频

项目二任务一

学习目标

（1）正确理解正投影的基本原理与投影特性。

（2）掌握三视图的形成及投影规律，在三视图中能分辨物体的方位，在图中能准确确定物体各部分的尺寸。

（3）能正确确定物体三视图的表达方案，并做到图线正确，掌握三视图绘图技能。

学习任务单

任务名称	绘制直角弯板的三视图
任务描述及要求	1. 观察图 2-1-1，虽然立体感较强，但立体的形状发生了变形（矩形变成了平行四边形，直角也发生了改变，各边的长度均有变化） 2. 用 A4 图纸，竖放，截取图上尺寸，比例 1∶1 绘制三视图 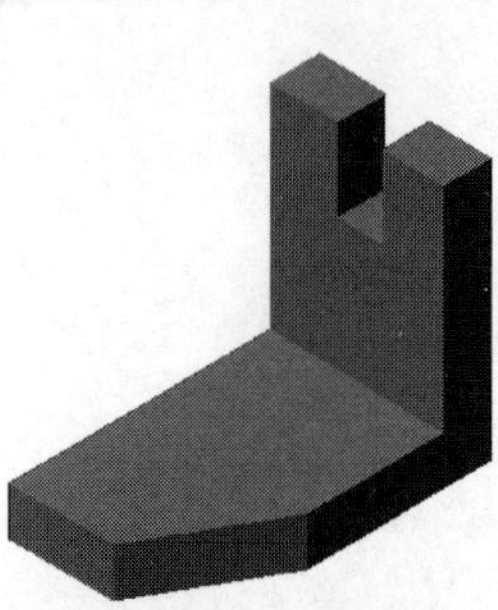 图 2-1-1　直角弯板
任务分析	1. 绘图前，预先考虑图例所占的面积，将其布置在图纸有效幅面的中心区 2. 利用三视图投影规律，正确应用线型，清晰整洁运用绘图工具完成绘制
任务评价	采用教师讲评与学生互评相结合。评价内容：活动是否积极，表达方案是否合理，图线是否正确，投影有无错误，三个视图的投影规律是否展现，布图是否合理。将绘制的三视图评分，计入平时成绩

知识导航

一、投影法基本知识

我国的三视图采用的是第一视角，而国际上很多国家如美国、日本、德国、加拿大、澳大利亚、英国、法国等采用的是第三视角。两者的区别是第一视角是穿透性投影，而第三视角是镜面投影。

（一）投影法的概念

在日常生活中，人们看到太阳光或灯光照射物体时，在地面或墙壁上出现物体的影子，这就是一种投影现象。我们把光线称为投射线（或称为投影线），地面或墙壁称为投影面，影子称为物体在投影面上的投影。

下面进一步从几何观点来分析投影的形成。设空间有一定点 S 和任一点 A，以及不通过点 S 和点 A 的平面 P，如图 2-1-2 所示，从点 S 经过点 A 作直线 SA，直线 SA 必然与平面 P 相交于一点 a，则称点 a 为空间任一点 A 在平面 P 上的投影，称定点 S 为投影中心，称平面 P 为投影面，称直线 SA 为投影线。据此，要作出空间物体在投影面上的投影，其实质就是通过物体上的点、线、面作出一系列的投影线与投影面的交点，并根据物体上的线、面关系，对交点进行恰当的连线。

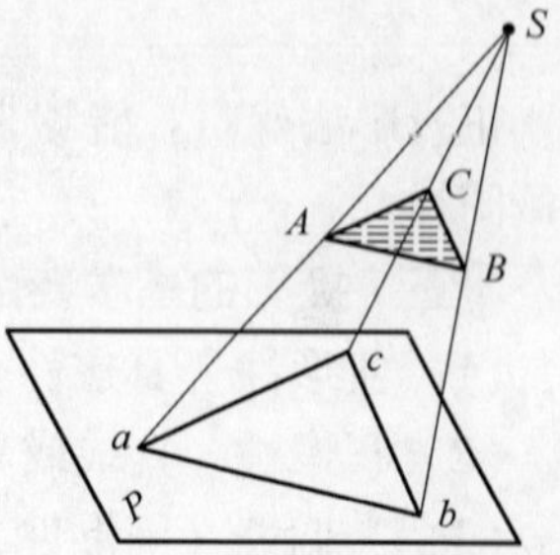

图 2-1-2　投影法的概念

如图 2-1-2 所示，作 $\triangle ABC$ 在投影面上的投影。先自点 S 过点 A、B、C 分别作直线 SA、SB、SC 与投影面 P 的交点 a、b、c，再过点 a、b、c 作直线，连成 $\triangle abc$。$\triangle abc$ 即为空间的 $\triangle ABC$ 在投影面上的投影。

上述这种用投射线（投影线）通过物体，向选定的面投影，并在该面上得到图形的方法称为投影法。

（二）投影法的种类及应用

（1）中心投影法。投影中心距离投影面在有限远的地方，投影时投影线汇交于投影中心的投影法称为中心投影法，如图 2-1-3 所示。

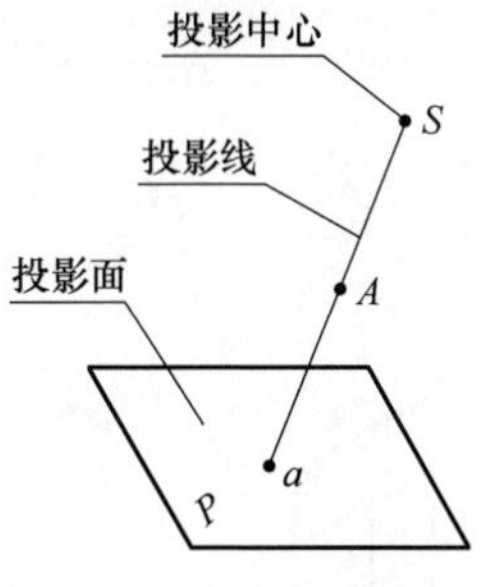

图 2-1-3　中心投影法

缺点：中心投影不能真实地反映物体的形状和大小，不适用于绘制机械图样。

优点：有立体感，工程上常用这种方法绘制建筑物的透视图。

（2）平行投影法。投影中心距离投影面在无限远的地方，投影时投影线都相互平行的投影法称为平行投影法，如图 2-1-4 所示。根据投影线与投影面是否垂直，平行投影法又可以分为两种：

① 斜投影法：投影线与投影面相倾斜的平行投影法，如图 2-1-4（a）所示。

② 正投影法：投影线与投影面相垂直的平行投影法，如图 2-1-4（b）所示。

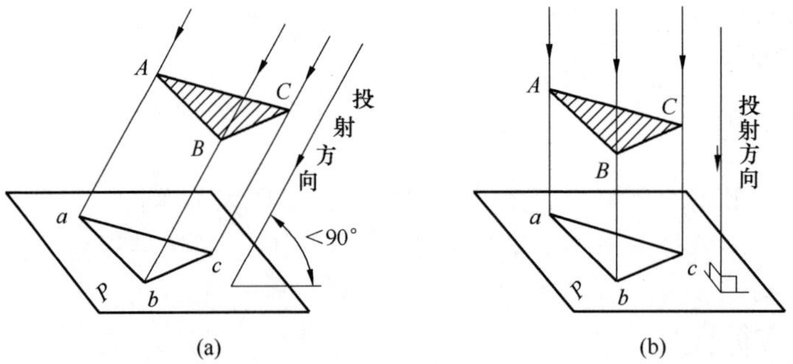

图 2-1-4 平行投影法

（a）斜投影法 （b）正投影法

正投影法优点：能够表达物体的真实形状和大小，作图方法也较简单，广泛用于绘制机械图样。

（三）投影的基本特性

（1）实形性（真迹性）。线段或平面图形平行于投影面，其投影反映实形或实长。

（2）积聚性。直线或平面图形垂直于投射线，其投影积聚成点或直线。

（3）类似性（同形性）。当直线或平面图倾斜于投影面时，直线的投影仍为直线，平面图形的投影是原图形的类似形。正投影时，其投影小于实长或实形。

（4）平行性。两相互平行直线，其投影平行。

（5）定比性。两平行线段长度之比，等于其投影长之比。如图 2-1-5 所示平行投影法的投影特性直线上两线段长度之比，等于其投影长之比。

（6）从属性。直线上的点或平面上的点和直线，其投影必在直线或平面的投影上。

二、三视图的形成与投影规律

在机械制图中，通常假设人的视线为一组平行的，且垂直于投影面的投影线，这样在投影面上所得到的正投影称为视图。

一般情况下，一个视图不能确定物体的形状。如图 2-1-6 所示，两个形状不同的物体，它们在投影面上的投影都相同。因此，要反映物体的完整形状，必须增加由不同投影方向所得到的几个视图，互相补充，才能将物体表达清楚。工程上常用的是三视图。

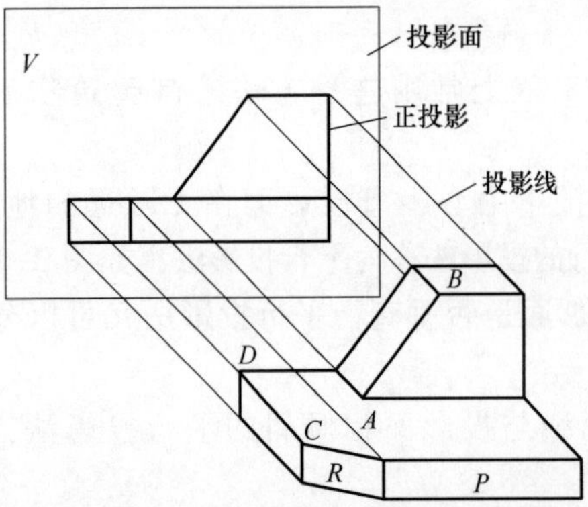

图 2-1-5 平行投影法的投影特性

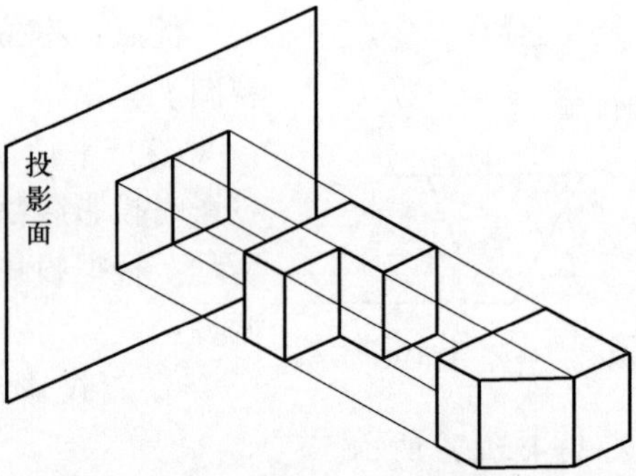

图 2-1-6 一个视图不能确定物体的形状

（一）三投影面体系与三视图的形成

（1）三投影面体系的建立。三投影面体系由三个互相垂直的投影面组成，如图 2-1-7 所示。

在三投影面体系中，三个投影面分别为：

正立投影面：简称为正面，用 V 表示；

水平投影面：简称为水平面，用 H 表示；

侧立投影面：简称为侧面，用 W 表示。

三个投影面的相互交线，称为投影轴。它们分别为：

OX 轴：是 V 面和 H 面的交线，它代表长度方向；

OY 轴：是 H 面和 W 面的交线，它代表宽度方向；

OZ 轴：是 V 面和 W 面的交线，它代表高度方向。

三个投影轴垂直相交的交点 O，称为原点。

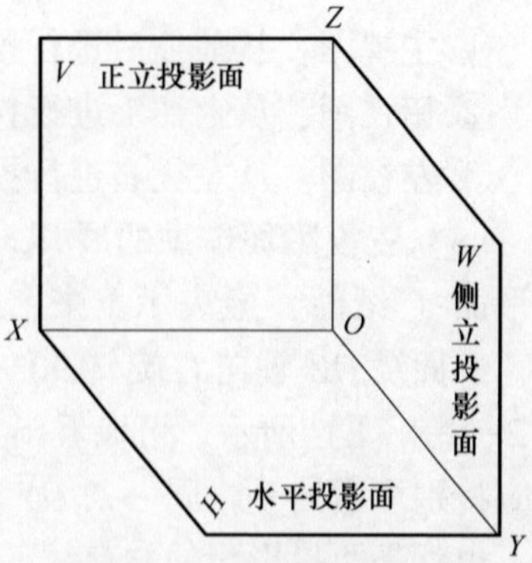

图 2-1-7　三投影面体系

（2）三视图的形成。将物体放在三投影面体系中，物体的位置处在人与投影面之间，然后将物体对各个投影面进行投影，得到三个视图，这样才能把物体的长、宽、高三个方向，上下、左右、前后六个方位的形状表达出来，如图 2-1-8（a）所示。三个视图分

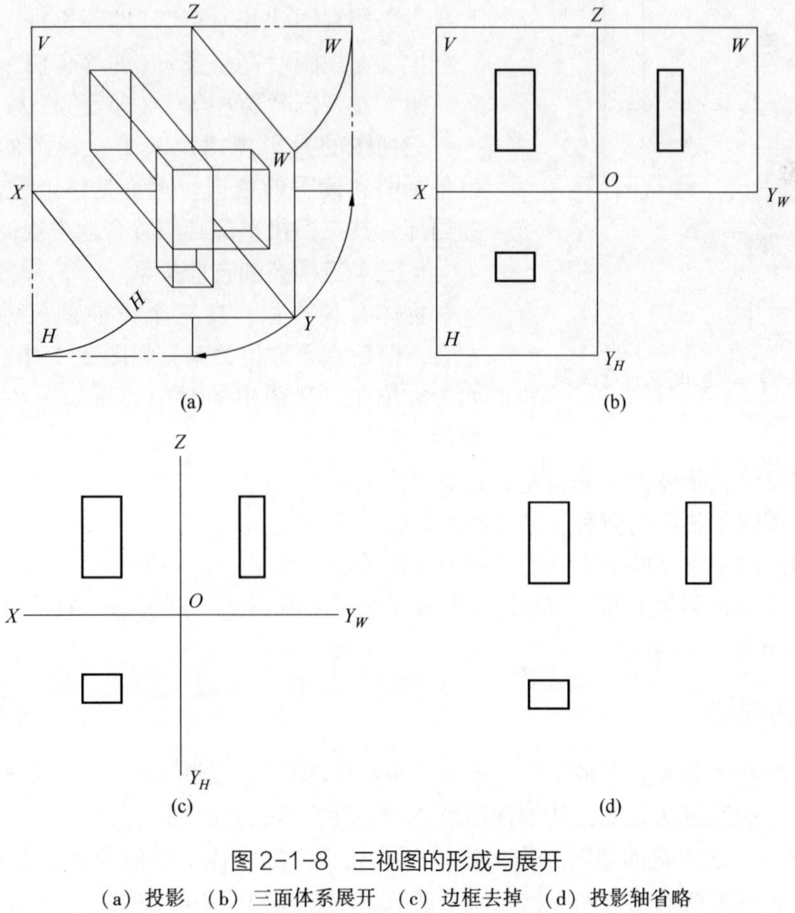

图 2-1-8　三视图的形成与展开

（a）投影　（b）三面体系展开　（c）边框去掉　（d）投影轴省略

别为：

① 主视图：从前往后进行投影，在正立投影面（*V* 面）上所得到的视图。

② 俯视图：从上往下进行投影，在水平投影面（*H* 面）上所得到的视图。

③ 左视图：从左往右进行投影，在侧平投影面（*W* 面）上得到的视图。

（3）三投影面体系的展开。在实际作图中，为了画图方便，需要将三个投影面在一个平面（纸面）上表示出来，规定：使 *V* 面不动，*H* 面绕 *OX* 轴向下旋转 90°与 *V* 面重合，*W* 面绕 *OZ* 轴向右旋转 90°与 *V* 面重合，这样就得到了在同一平面上的三视图，如图 2-1-8（b）所示。可以看出，俯视图在主视图的下方，左视图在主视图的右方。在这里应特别注意的是：同一条 *OY* 轴旋转后出现了两个位置，因为 *OY* 是 *H* 面和 *W* 面的交线，也就是两投影面的共有线，所以 *OY* 轴随着 *H* 面旋转到 *OYH* 的位置，同时又随着 *W* 面旋转到 *OYW* 的位置。为了作图简便，投影图中不必画出投影面的边框，如图 2-1-8（c）所示。由于画三视图时主要依据投影规律，所以投影轴也可以进一步省略，如图 2-1-8（d）所示。

（二）三视图的投影规律

从图 2-1-9 可以看出，一个视图只能反映两个方向的尺寸，主视图反映了物体的长度和高度，俯视图反映了物体的长度和宽度，左视图反映了物体的宽度和高度。由此可以归纳出三视图的投影规律：

主、俯视图“长对正”（即等长）；

主、左视图“高平齐”（即等高）；

俯、左视图“宽相等”（即等宽）。

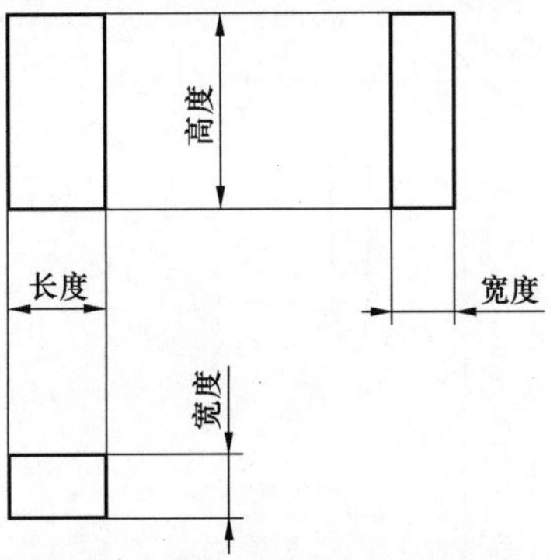

图 2-1-9　视图间的三等关系

三视图的投影规律反映了三视图的重要特性，也是画图和读图的依据。无论是整个物体还是物体的局部，其三面投影都必须符合这一规律。

（三）三视图的方位关系

物体有长、宽、高三个方向的尺寸，有上下、左右、前后六个方位关系，如图 2-1-10（a）所示。六个方位在三视图中的对应关系如图 2-1-10（b）所示。

主视图反映了物体的上下、左右四个方位关系；

俯视图反映了物体的前后、左右四个方位关系；

左视图反映了物体的上下、前后四个方位关系。

注意：以主视图为中心，俯视图、左视图靠近主视图的一侧为物体的后面，远离主视图的 一侧为物体的前面。

三、三视图画法

对给出的物体不要急于画图，应先弄清楚物体的形状、结构特征、各部分尺寸，然后制定出多种三视图表达方案，从中选择最好的一种，再正式画图。

（1）确定表达方案的原则。先把物体摆平放正，把物体上最能反映形状结构特征的那个方向作为画主视图的方向，同时尽可能减少俯、左视图中的虚线，使图线清晰合理。

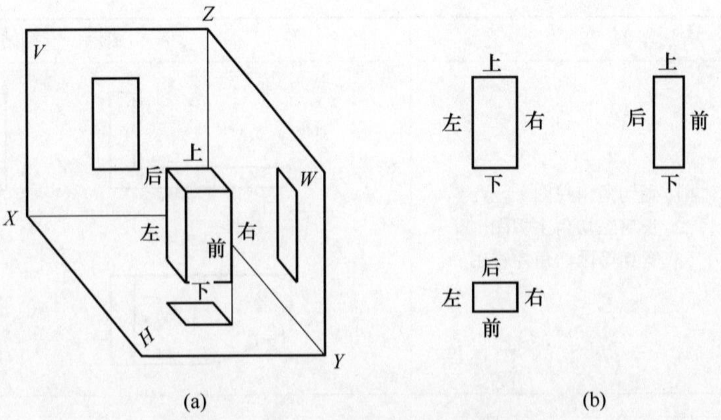

图 2-1-10　三视图的方位关系

（a）立体图　（b）投影图

（2）画线原则。可见轮廓线粗实线，不可见轮廓线虚线，对称图形应画出对称中心线，孔与轴应画轴线。

（3）确定各视图的位置。根据图纸和视图尺寸的大小确定各视图的位置，画出主要基准线，要注意各视图之间应留有一定的距离。

（4）根据物体三面投影规律，一般宜先画出具有真实性或积聚性的表面。

（5）画图时一般从主视图开始，并按先大后小、先主后次的作图顺序绘制三视图。

任务实施单

方法步骤		图示
1. 选择视图表达方案	(1)选 A4 图纸 (2)布局好图形位置，细实线画定位线	
2. 画直角弯板的三面投影	(1)画主视图 (2)结合长宽尺寸画俯视图 (3)结合高宽尺寸画左视图	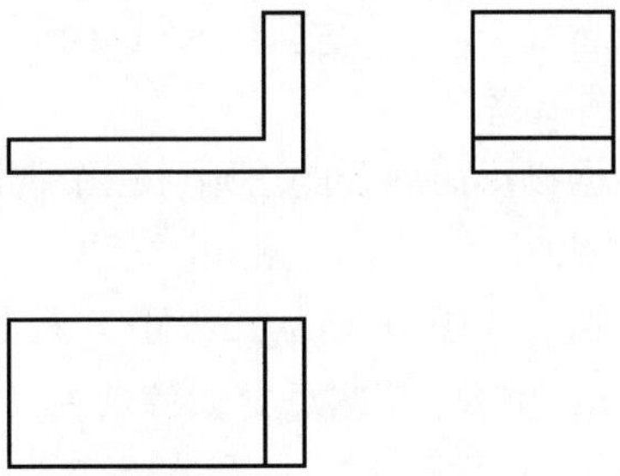

续表

方法步骤		图示
3. 画切角的三面投影	(1)画切角俯视图 (2)长对正切角主视图 (3)宽相等画切角左视图	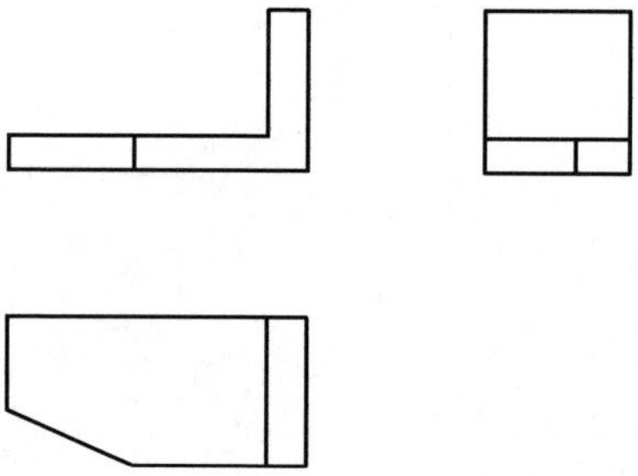
4. 画切槽的三面投影	(1)画槽左视图 (2)高平齐画槽主视图,用虚线线型 (3)宽相等画槽俯视图	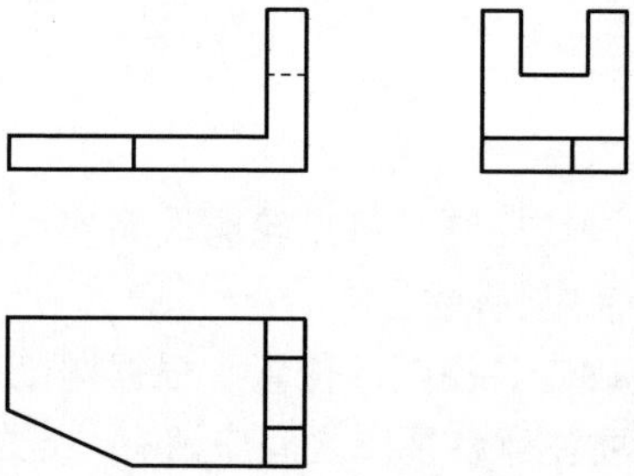
5. 检查视图	(1)检查视图是否有遗漏 (2)描粗加深	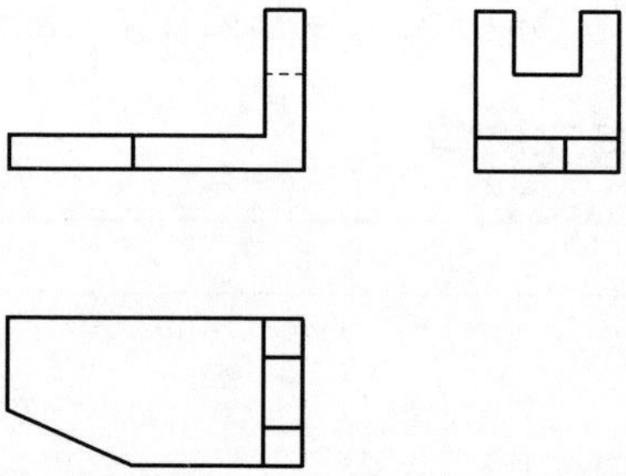

实作练习

一、填空题

1. 投影法分为________投影法和________投影法两大类，我们绘图时使用的是________投影法中的________投影法。

2. 当直线________垂直于投影面时，其投影________，这种性质称为________性。

二、选择题

1. 根据投影面展开的法则，三个视图的相互位置必然是以（　　）为主。

A. 左视图　　B. 主视图　　C. 俯视图　　D. 任一视图

2. 已知点 *A* 距 *H* 面为 12，距 *V* 面为 15，距 *W* 面为 10，点 *B* 在点 *A* 的左方 5，后方 10，上方 8，则 *A*、*B* 两点坐标分别为（　　）。

A. *A*（10，15，12）　*B*（15，5，20）　B. *A*（12，15，10）　*B*（15，5，20）

C. *A*（10，15，12）　*B*（5，15，20）　D. *A*（10，15，12）　*B*（20，5，15）

三、作图题

已知点 A 距 H 面为 12，距 V 面为 15，距 W 面为 10，点 B 在点 A 的左方 5，后方 10，上方 8，试在图 2-1-11 上作 A、B 两点的三面投影。

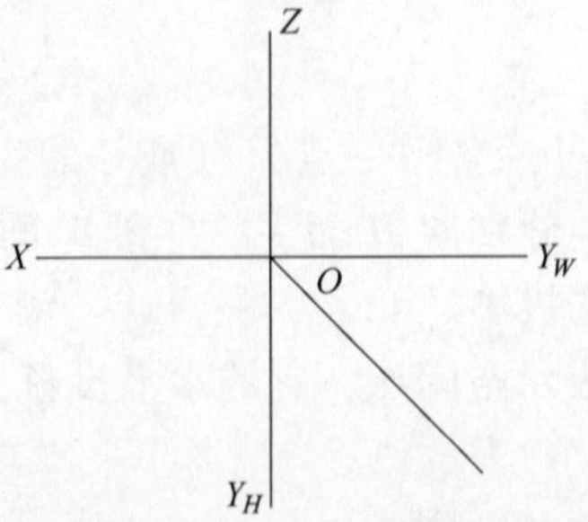

图 2-1-11　习题图

任务二　求作基本体表面上的点、线、面

学习目标

（1）巩固三视图基本知识，加深对三视图投影规律的理解。

（2）熟悉点、线、面的投影，在面上熟练作出点、线的投影。

（3）掌握基本体的线面分析与绘图方法，正确绘制基本体的三视图。

（4）学会基本体表面上点、线的求作方法。

配套课件　配套视频

项目二任务二

学习任务单

任务名称	补全平行四边形 *ABCD* 的水平投影
任务描述及要求	观察如下图例，已知直线 *AC* 为正平线，试补全平行四边形 *ABCD* 的水平投影 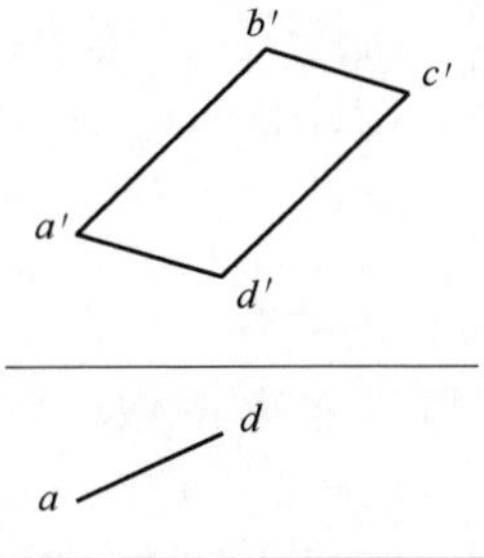
任务分析	1. *AC* 为正平线，投影规律是正平面反映实长，水平面投影和 *X* 轴平行 2. 利用直线投影规律，长对正，清晰整洁运用绘图工具完成绘制
任务评价	采用教师讲评与学生互评相结合。评价内容：活动是否积极，投影表达是否合理，图线是否正确，投影有无错误。将绘制的图形评分，计入平时成绩

知识导航

一、点的投影

（一）点的投影及其标记

当投影面和投影方向确定时，空间一点只有唯一的一个投影。如图2-2-1（a）所示，假设空间有一点A，过点A分别向H面、V面和W面作垂线，得到三个垂足a、a'、a''，便是点A在三个投影面上的投影。

规定用大写字母（如A）表示空间点，它的水平投影、正面投影和侧面投影，分别用相应的小写字母（如a、a'和a''）表示。

注意：要与平面直角坐标系相区别。

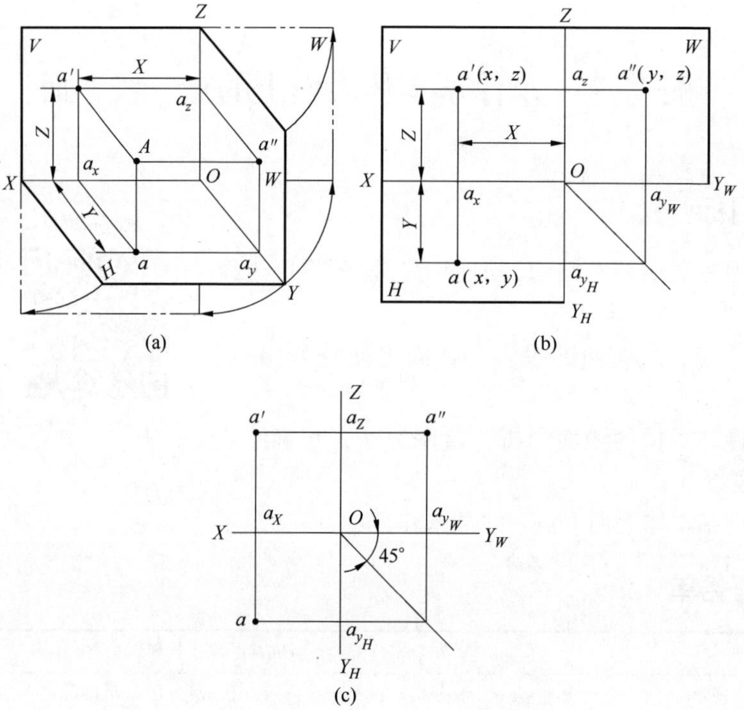

图2-2-1　点的三面投影

（a）A点的投影　（b）展开图　（c）去边框线

（二）点的三面投影规律

1. 点的投影与点的空间位置的关系

从图2-2-1（a）、（b）可以看出，Aa、Aa'、Aa''分别为点A到H、V、W面的距离，即：

$Aa=a'a_x=a''a_y$（即$a''a_{y_W}$），反映空间点A到H面的距离；

$Aa'=aa_x=a''a_z$，反映空间点A到V面的距离；

$Aa''=a'a_z=aa_y$（即aa_{y_H}），反映空间点A到W面的距离。

上述即点的投影与点的空间位置的关系，根据这个关系，若已知点的空间位置，就可以画出点的投影。反之，若已知点的投影，就可以完全确定点在空间的位置。

2. 点的三面投影规律

由图 2-2-1 中还可以看出：

$aa_{yH}=a'a_z$　　　　即 $a'a \perp OX$；

$a'a_x=a''a_{y_W}$　　　　即 $a'a'' \perp OZ$；

$aa_x=a''a_z$。

这说明点的三个投影不是孤立的，而是彼此之间有一定的位置关系。而且这个关系不因空间点的位置改变而改变，因此可以把它概括为普遍性的投影规律：

（1）点的正面投影和水平投影的连线垂直 OX 轴，即 $a'a \perp OX$。

（2）点的正面投影和侧面投影的连线垂直 OZ 轴，即 $a'a'' \perp OZ$。

（3）点的水平投影 a 和到 OX 轴的距离等于侧面投影 a''到 OZ 轴的距离，即 $aa_x=a''a_z$（可以用 45°辅助线或以原点为圆心作弧线来反映这一投影关系）。

根据上述投影规律，若已知点的任何两个投影，就可求出它的第三个投影。

【例 2-1】 已知点 A 的正面投影 a'和侧面投影 a''（图 2-2-2），求作其水平投影 a。

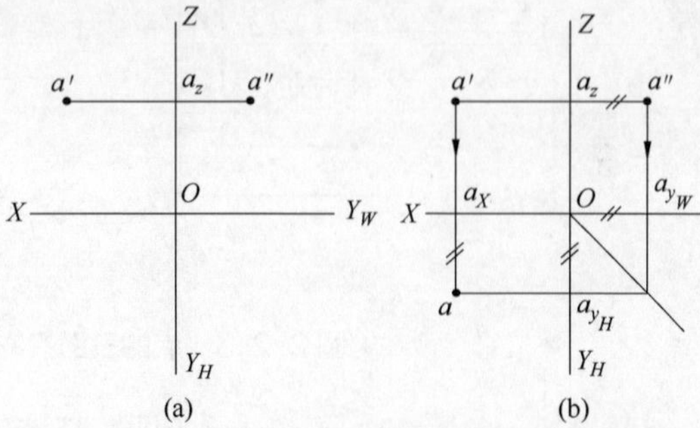

图 2-2-2　已知点的两面投影求第三面投影

（a）题目　（b）解答

注意：一般在作图过程中，应自点 O 作辅助线（与水平方向夹角为 45°），以表明 $aa_x=a''a_z$ 的关系。

（三）点的三面投影与直角坐标

三投影面体系可以看成是一个空间直角坐标系，因此可用直角坐标确定点的空间位置。投影面 H、V、W 作为坐标面，三条投影轴 OX、OY、OZ 作为坐标轴，三轴的交点 O 作为坐标原点。

由图 2-2-3 可以看出 A 点的直角坐标与其三个投影的关系：

点 A 到 W 面的距离 $=Oa_x=a'a_z=aa_{y_H}=x$ 坐标；

点 A 到 V 面的距离 $=oa_{y_H}=aa_x=a''a_z=y$ 坐标；

点 A 到 H 面的距离 $=oa_z=a'a_x=a''a_{y_W}=z$ 坐标。

用坐标来表示空间点位置比较简单，可以写成 A（x，y，z）的形式。由图 2-2-3（b）可知，坐标 x 和 z 决定点的正面投影 a'，坐标 x 和 y 决定点的水平投影 a，坐标 y 和 z 决定点的侧面投影 a''，若用坐标表示，则为 a（x，y，0），a'（x，0，z），a''（0，y，z）。

因此，已知一点的三面投影，就可以量出该点的三个坐标；反之，已知一点的三个坐标，就可以量出该点的三面投影。

【例 2-2】 已知点 A 的坐标（20，10，18），作出点的三面投影，并画出其立体图。

其作图方法与步骤如图 2-2-4 所示。

立体图的作图步骤如图 2-2-5 所示。

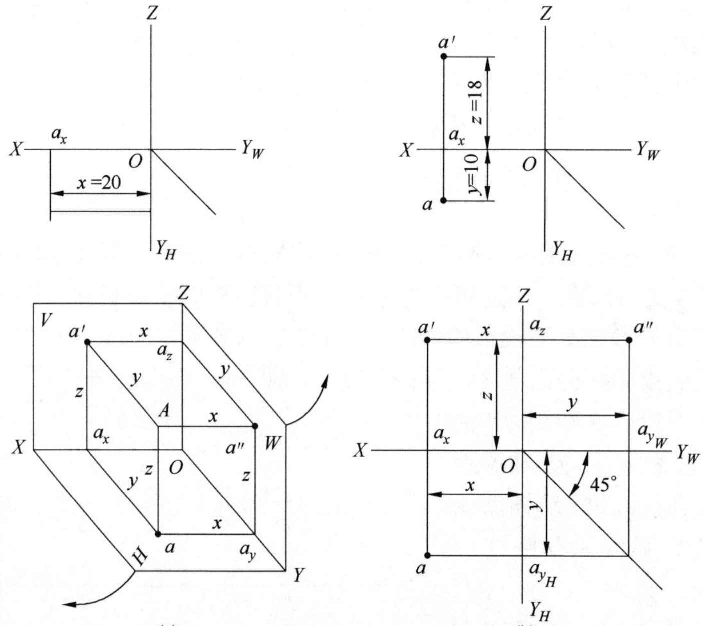

(a) (b)

图 2-2-3 点的三面投影与直角坐标

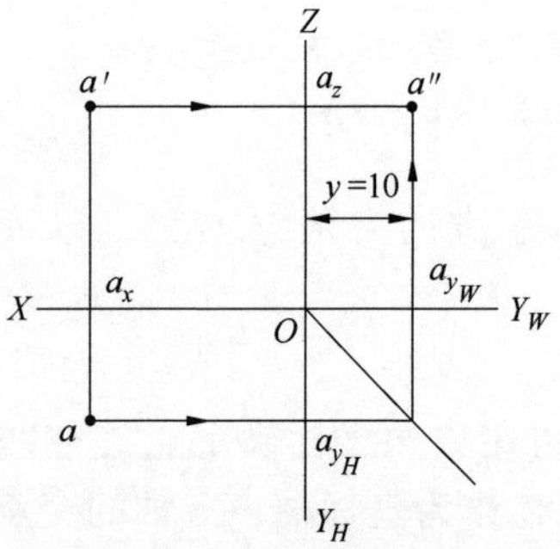

图 2-2-4 由点的坐标作点的三面投影

（四）特殊位置点的投影

1. 在投影面上的点（有一个坐标为 0）

有两个投影在投影轴上，另一个投影和其空间点本身重合。例如，在 V 面上的点 A，如图 2-2-6（a）所示。

2. 在投影轴上的点（有两个坐标为 0）

有一个投影在原点上，另两个投影和其空间点本身重合。例如，在 OZ 轴上的点 A，如图 2-2-6（b）所示。

3. 在原点上的空间点（有三个坐标都为 0）

它的三个投影必定都在原点上，如图 2-2-6（c）所示。

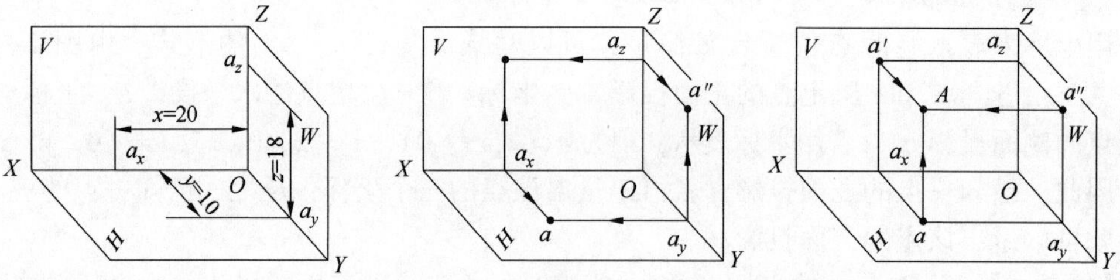

(a) (b) (c)

图 2-2-5 由点的坐标作立体图

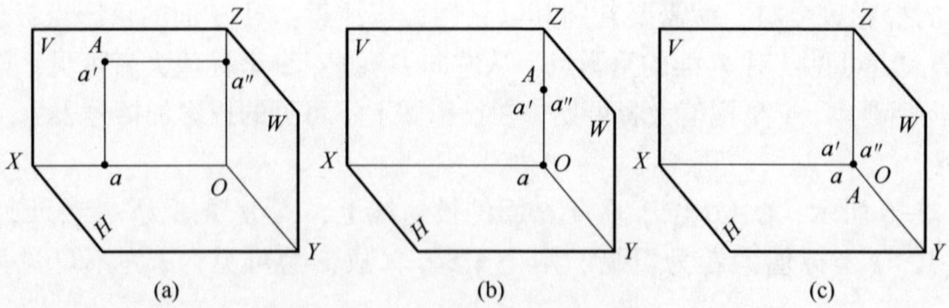

图 2-2-6　特殊位置点的投影

（五）两点的相对位置

1. 两点的相对位置

设已知空间点 *A*，由原来的位置向上（或向下）移动，则 *z* 坐标随着改变，也就是 *A* 点对 *H* 面的距离改变。

如果点 *A*，由原来的位置向前（或向后）移动，则 *y* 坐标随着改变，也就是 *A* 点对 *V* 面的距离改变；

如果点 *A*，由原来的位置向左（或向右）移动，则 *x* 坐标随着改变，也就是 *A* 点对 *W* 面的距离改变。

综上所述，对于空间两点 *A*、*B* 的相对位置：

（1）距 *W* 面远者在左（*x* 坐标大）；近者在右（*x* 坐标小）。

（2）距 *V* 面远者在前（*y* 坐标大）；近者在后（*y* 坐标小）。

（3）距 *H* 面远者在上（*z* 坐标大）；近者在下（*z* 坐标小）。

2. 举例

如图 2-2-7 所示，若已知空间两点的投影，即点 *A* 的三个投影 *a*、*a*′、*a*″和点 *B* 的三个投影 *b*、*b*′、*b*″，用 *A*、*B* 两点同面投影坐标差就可判别 *A*、*B* 两点的相对位置。由于 $x_A>x_B$，表示 *B* 点在 *A* 点的右方；$z_B>z_A$，表示 *B* 点在 *A* 点的上方；$y_A>y_B$，表示 *B* 点在点的 *A* 后方。总之，就是 *B* 点在 *A* 点的右、后、上方。

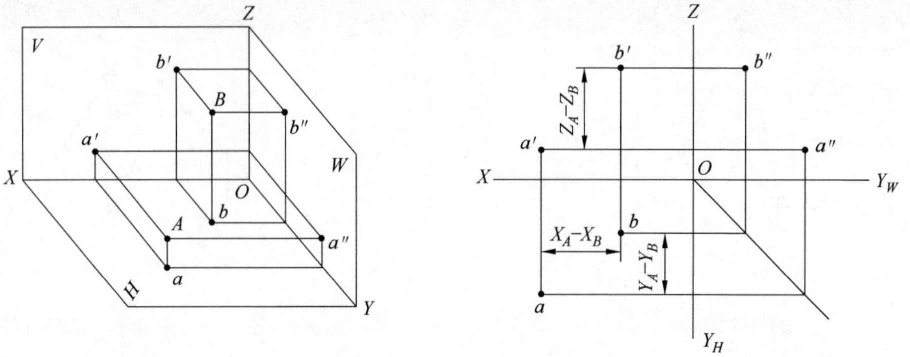

图 2-2-7　两点的相对位置

3. 重影点

若空间两点在某一投影面上的投影重合，则这两点是该投影面的重影点。这时空间两点的某两坐标相同，并在同一投射线上。

当两点的投影重合时，就需要判别其可见性，应注意：对 H 面的重影点，从上向下观察，z 坐标值大者可见；对 W 面的重影点，从左向右观察，x 坐标值大者可见；对 V 面的重影点，从前向后观察，y 坐标值大者可见。在投影图上不可见的投影加括号表示，如（a'）。

4. 举例

如图 2-2-8 所示，C、D 位于垂直 H 面的投射线上，c、d 重影为一点，则 C、D 为对 H 面的重影点，z 坐标值大者为可见，图中 $z_c>z_D$，故 c 为可见，d 为不可见，用 c（d）表示。

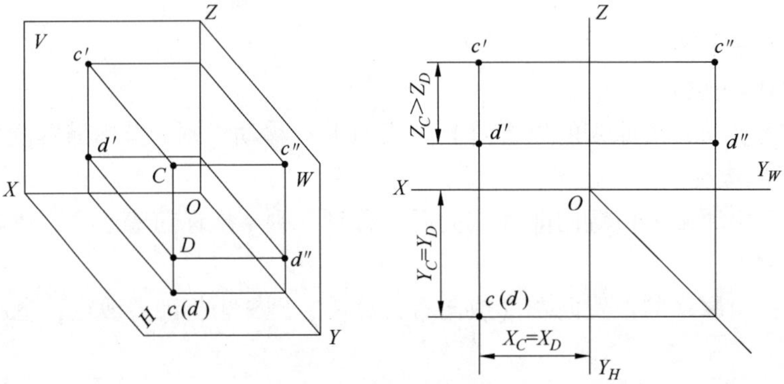

图 2-2-8　重影点

二、直线的投影

（一）直线的投影图

空间一直线的投影可由直线上的两点（通常取线段两个端点）的同面投影来确定。如图 2-2-9 所示的直线 AB，求作它的三面投影图时，可分别作出 A、B 两端点的投影（a、a'、a''）、（b、b'、b''），然后将其同面投影连接起来即得直线 AB 的三面投影图（ab、$a'b'$、$a''b''$）。

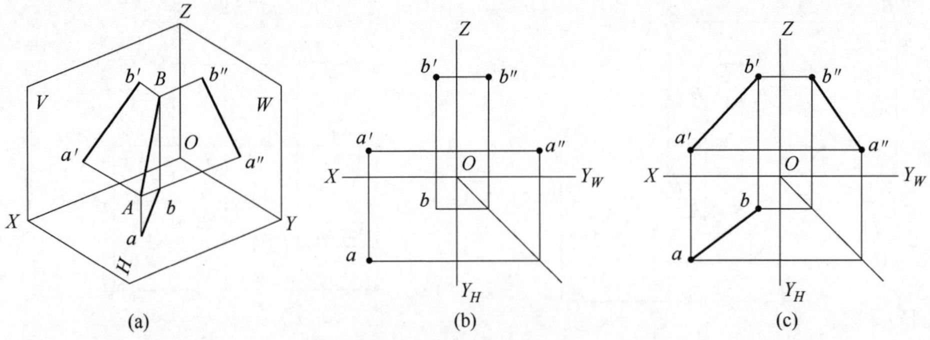

图 2-2-9　直线的投影

（二）直线的投影特性

1. 直线对一个投影面的投影特性

空间直线相对于一个投影面的位置有平行、垂直、倾斜三种，三种位置有不同的投影特性。

① 真实性。当直线与投影面平行时，则直线的投影为实长，如图 2-2-10（a）所示。

② 积聚性。当直线与投影面垂直时，则直线的投影积聚为一点，如图 2-2-10（b）所示。

③ 收缩性。当直线与投影面倾斜时，则直线的投影小于直线的实长，如图 2-2-10（c）所示。

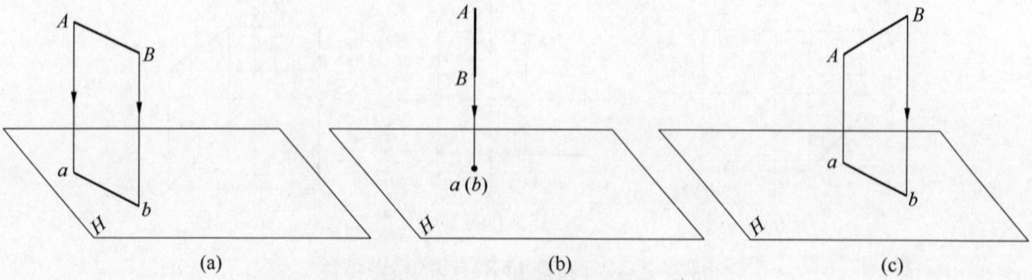

图 2-2-10　直线投影特性

2. 直线在三投影面体系的投影特性

根据直线在三投影面体系中的位置可分为投影面倾斜线、投影面平行线、投影面垂直线三类。前一类直线称为一般位置直线，后两类直线称为特殊位置直线。

（1）投影面平行线。平行于一个投影面且同时倾斜于另外两个投影面的直线称为投影面平行线。平行于 V 面的称为正平线；平行于 H 面的称为水平线；平行于 W 面的称为侧平线。

直线与投影面所夹的角称为直线对投影面的倾角。α、β、γ 分别表示直线对 H 面、V 面、W 面的倾角。

注意：

① 斜线反映实长，如图 2-2-11 所示；

② 直线的倾角 α、γ，如图 2-2-11 所示。

总结投影面平行线的投影特性：两平一斜。

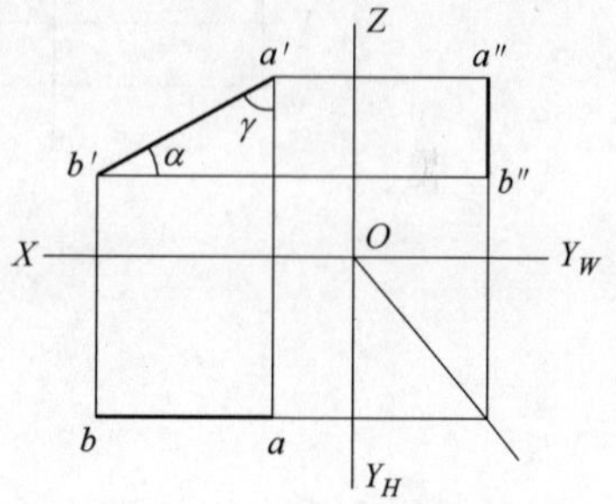

图 2-2-11　直线与投影面的关系

对于投影面平行线的辨认：当直线的投影有两个平行于投影轴，第三投影与投影轴倾斜时，则该直线一定是投影面平行线，且一定平行于其投影为倾斜线的投影面，如图 2-2-12 所示。

【例 2-3】　如图 2-2-13 所示，已知空间点 A，试作线段 AB，长度为 15mm，并使其平行 V 面，与 H 面倾角 $\alpha=30°$（只需一解）。

（2）投影面垂直线。垂直于一个投影面且同时平行于另外两个投影面的直线称为投影面垂直线。垂直于 V 面的称为正垂线；垂直于 H 面的称为铅垂线；垂直于 W 面的称为侧垂线。

注意：

① 两个投影反映实长；

② 一个投影积聚为一点。

总结投影面平行线的投影特性：两线一点。

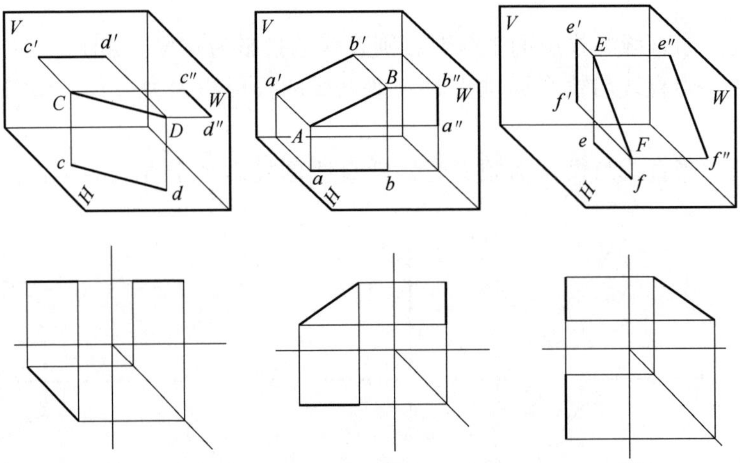

(a) (b) (c)

图 2-2-12 投影面平行线的投影特性

(a) 水平线 (b) 正平线 (c) 侧平线

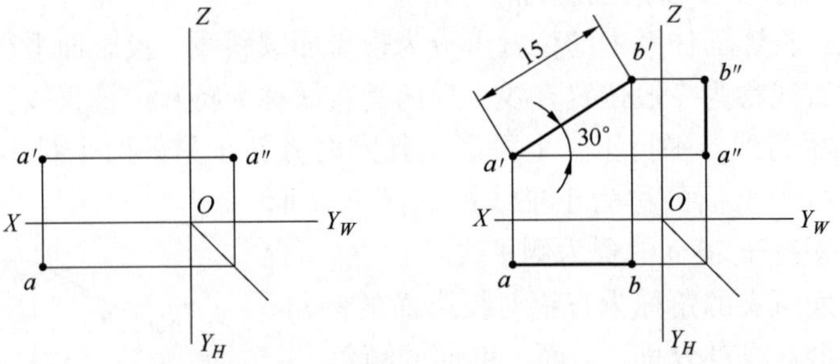

(a) (b)

图 2-2-13 作正平线 *AB*

(a) 题目 (b) 解答

对于投影面垂直线的辨认：直线的投影中只要有一个投影积聚为一点，则该直线一定是投影面垂直线，且一定垂直于其投影积聚为一点的那个投影面。如图 2-2-14 所示。

【例 2-4】 如图 2-2-15 所示，已知正垂线 *AB* 的点 *A* 的投影，直线 *AB* 长度为 10mm，试作直线 *AB* 的三面投影（只需一解）。

（3）一般位置直线。与三个投影面都处于倾斜位置的直线称为一般位置直线。

举例：如图 2-2-16（a）所示，直线 *AB* 与 *H*、*V*、*W* 面都处于倾斜位置，倾角分别为 α、β、γ。其投影如图 2-2-16（b）所示。

一般位置直线的投影特征可归纳为：

① 直线的三个投影和投影轴都倾斜，各投影和投影轴所夹的角度不等于空间线段对相应投影面的倾角。

② 任何投影都小于空间线段的实长，也不能积聚为一点。

对于一般位置直线的辨认：直线的投影如果与三个投影轴都倾斜，则可判定该直线为一般位置直线。

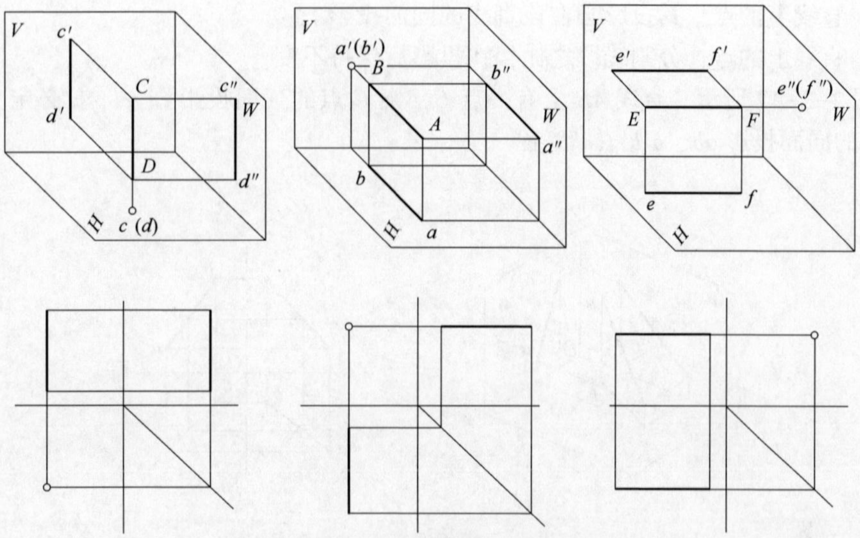

(a)　(b)　(c)

图 2-2-14　投影面垂直线的投影特性

（a）铅垂线　（b）正垂线　（c）侧垂线

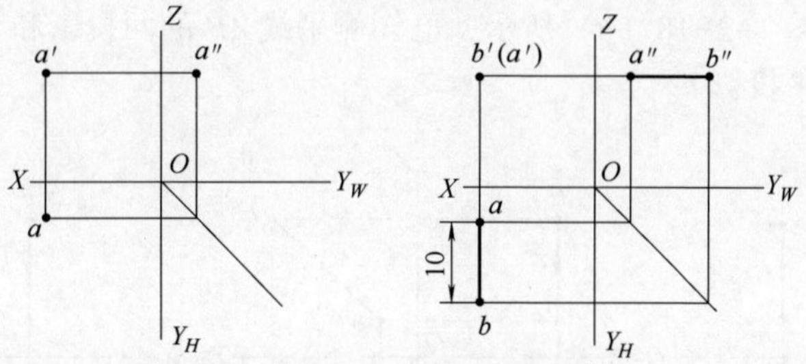

(a)　(b)

图 2-2-15　作正垂线 *AB*

（a）题目　（b）解答

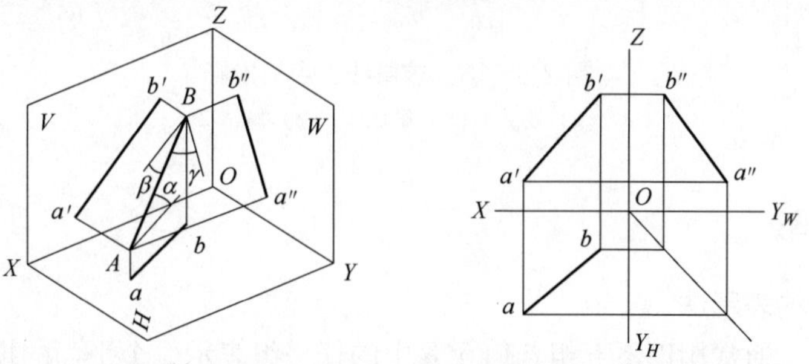

(a)　(b)

图 2-2-16　一般位置线

（三）直线上点的投影

1. 直线上点的投影

直线与其上的点有如下关系：

（1）直线上的点，其投影必在该直线的同面投影上。

（2）直线上的点，分割线段之比，在投影后保持不变。

如图 2-2-17 所示，直线 AB 上有一点 C，则 C 点的三面投影 c、c'、c''必定分别在该直线 AB 的同面投影 ab、$a'b'$、$a''b''$上。

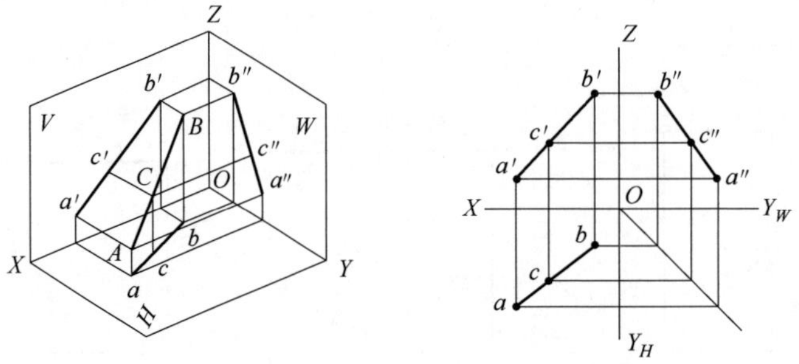

(a) (b)

图 2-2-17 直线上点的投影

$AC : CB = ac : cb = a'c' : c'b' = a''c'' : c''b''$。

2. 求直线上点的投影

【例 2-5】 如图 2-2-18（a）所示，已知侧平线 AB 的两投影和直线上 K 点的正面投影 k'，求 K 点的水平投影 k。

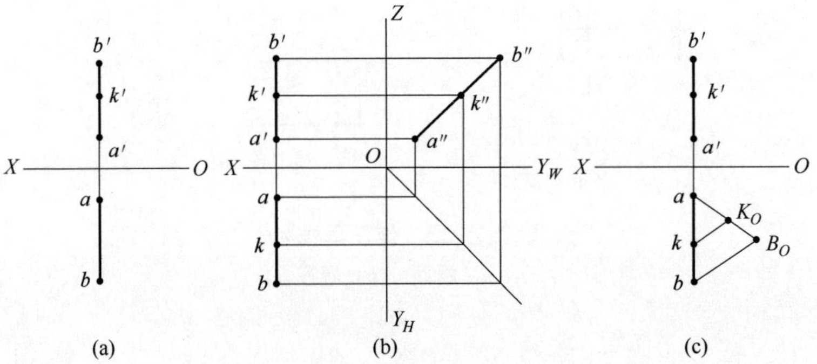

(a) (b) (c)

图 2-2-18 求直线上点的投影

（a）题目 （b）解法 1 （c）解法 2

三、平面的投影

（一）平面的表示法

在投影图上，通常用以下五组几何元素中的任一组表示一个平面的投影：

（1）不在同一直线上的三点，如图 2-2-19（a）所示。

（2）一直线和直线外一点，如图 2-2-19（b）所示。

（3）相交两直线，如图 2-2-19（c）所示。

（4）平行两直线，如图 2-2-19（d）所示。

（5）任意平面图形，如三角形、四边形、圆形等，如图 2-2-19（e）所示。

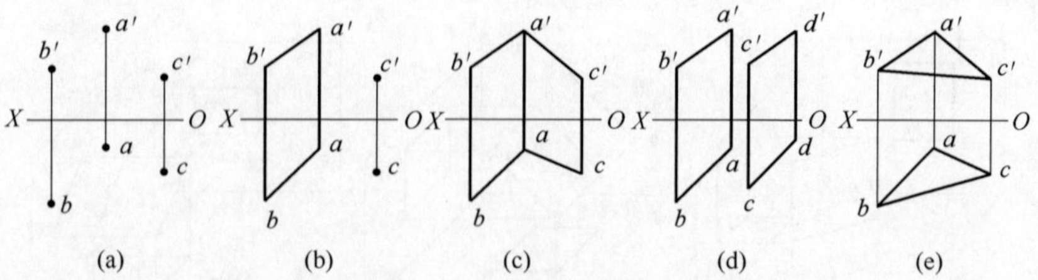

图 2-2-19 用几何元素表示平面

注意：为了解题的方便，常常用一个平面图形（如三角形）表示平面。

（二）平面对于一个投影面的投影特性

空间平面相对于一个投影面的位置有平行、垂直、倾斜三种，三种位置有不同的投影特性。

（1）真实性。当平面与投影面平行时，则平面的投影为实形，如图 2-2-20（a）所示。

（2）积聚性。当平面与投影面垂直时，则平面的投影积聚成一条直线，如图 2-2-20（b）所示。

（3）类似性。当直线或平面与投影面倾斜时，则平面的投影是小于平面实形的类似形，如图 2-2-20（c）所示。

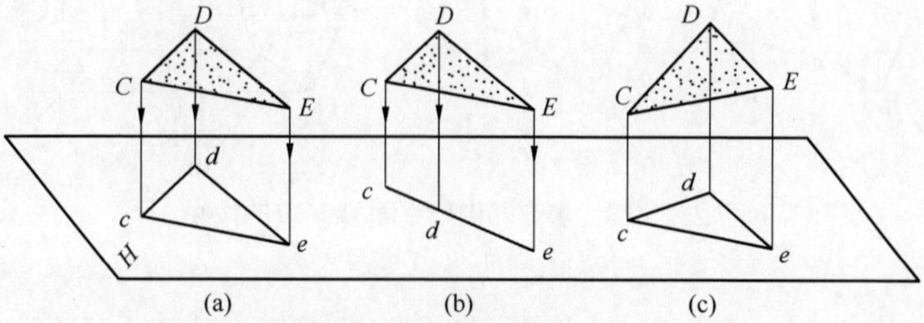

图 2-2-20 平面的投影特性

（三）平面对于三投影面体系的投影特性

根据平面在三投影面体系中的位置可分为投影面倾斜面、投影面平行面、投影面垂直面三类。前一类平面称为一般位置平面，后两类平面称为特殊位置平面。

（1）投影面垂直面。垂直于一个投影面且同时倾斜于另外两个投影面的平面称为投影面垂直面。垂直于 V 面的称为正垂面；垂直于 H 面的称为铅垂面；垂直于 W 面的称为侧垂面。平面与投影面所夹的角度称为平面对投影面的倾角。α、β、γ 分别表示平面对 H 面、V 面、W 面的倾角。

注意：

① 两个投影均为类似形，如图 2-2-21 所示；

② 一个投影积聚为直线，并反映 β、γ 角。

总结投影面平行线的投影特性：两面一线。

对于投影面垂直面的辨认：如果空间平面在某一投影面上的投影积聚为一条与投影轴倾斜的直线，

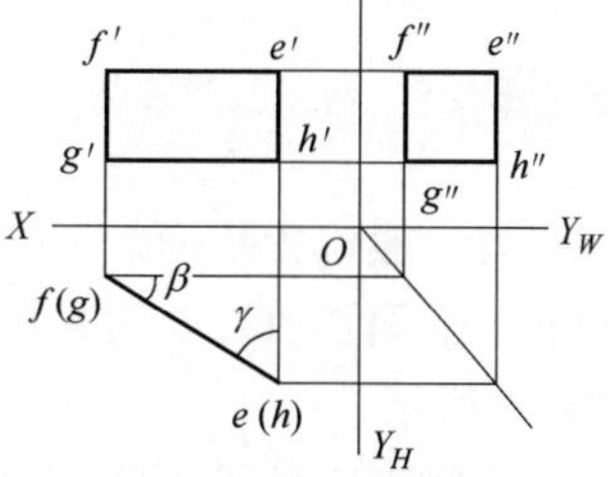

图 2-2-21 投影面垂直面的关系

则此平面垂直于该投影面，如图 2-2-22 所示。

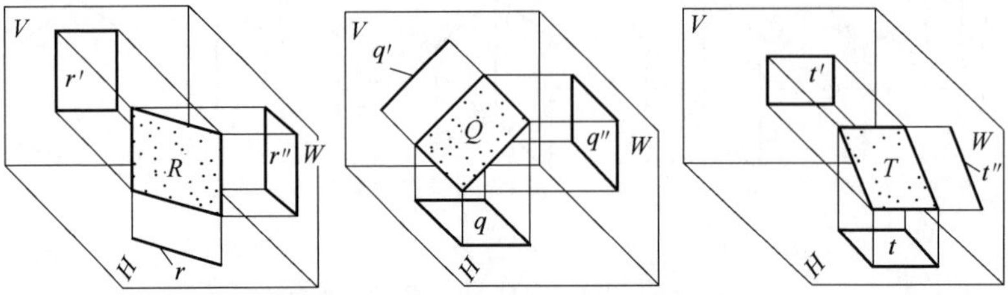

(a) (b) (c)

图 2-2-22　投影面垂直面的投影特性

（a）铅垂面　（b）正垂面　（c）侧垂面

【例 2-6】　如图 2-2-23（a）所示，四边形 *ABCD* 垂直于 *V* 面，已知 *H* 面的投影 *abcd* 及 *B* 点的 *V* 面投影 *b′*，且于 *H* 面的倾角 $\alpha=45°$，求作该平面的 *V* 面和 *W* 面投影。

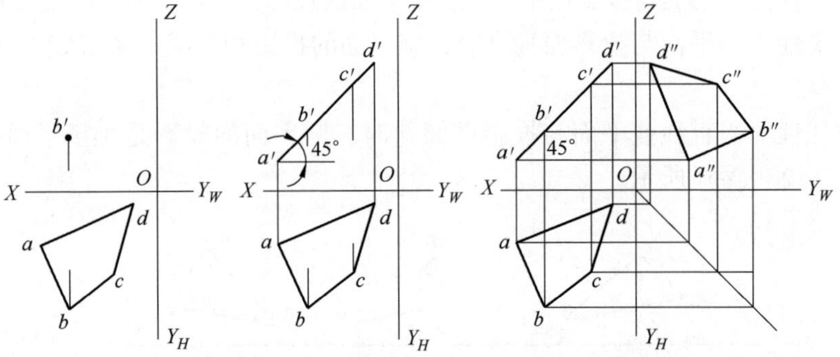

(a) (b)

图 2-2-23　求作四边形平面 *ABCD* 的投影

（a）题目　（b）解答

（2）投影面平行面。平行于一个投影面且同时垂直于另外两个投影面的平面称为投影面平行面。平行于 *V* 面的称为正平面；平行于 *H* 面的称为水平面；平行于 *W* 面的称为侧平面。

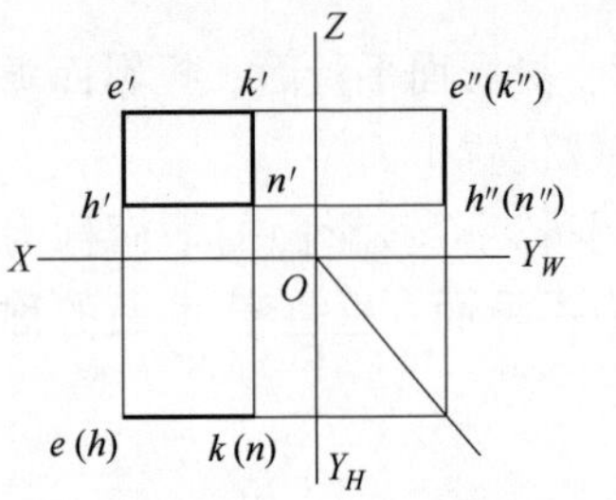

图 2-2-24　两投影的关系

注意：

① 两个投影积聚为直线，如图 2-2-24 所示；

② 一个投影反映实形，如图 2-2-24 所示。

总结投影面平行线的投影特性：两线一面。

对于投影面垂直面的辨认：如果空间平面在某一投影面上的投影为反映实形的平面，则此平面垂直于该投影面，如图 2-2-25 所示。

（3）一般位置平面。与三个投影面都处于倾斜位置的平面称为一般位置平面。

例如，平面△*ABC* 与 *H*、*V*、*W* 面都处于倾斜位置，倾角分别为 α、β、γ。其投影如图 2-2-26 所示。

一般位置平面的投影特征可归纳为：一般位置平面的三面投影，既不反映实形，也无积聚性，而都为类似形。

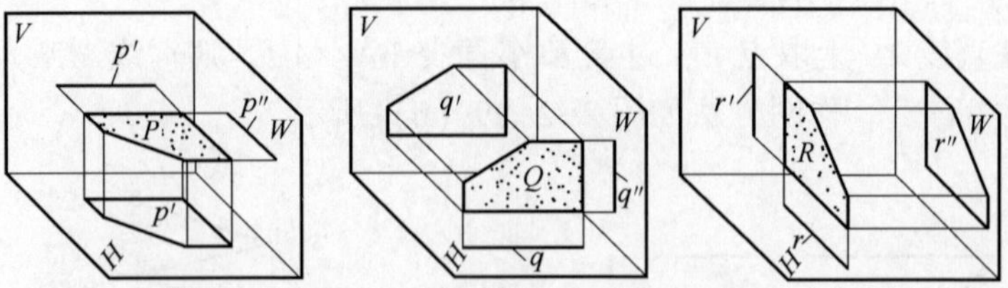

(a)　　(b)　　(c)

图 2-2-25　投影面平行面的投影特性

（a）水平面　（b）正平面　（c）侧垂面

对于一般位置平面的辨认：如果平面的三面投影都是类似的几何图形的投影，则可判定该平面一定是一般位置平面。

（四）平面上的点和直线

1. 平面上的点

点在平面上的几何条件是：点在平面内的一直线上，则该点必在平面上。因此在平面上取点，必须先在平面上取一直线，然后再在该直线上取点。这是在平面的投影图上确定点所在位置的依据。

如图 2-2-27 所示，相交两直线 *AB*、*AC* 确定一平面 *P*，点 *K* 取自直线 *AB*，所以点 *K* 必在平面 *P* 上。

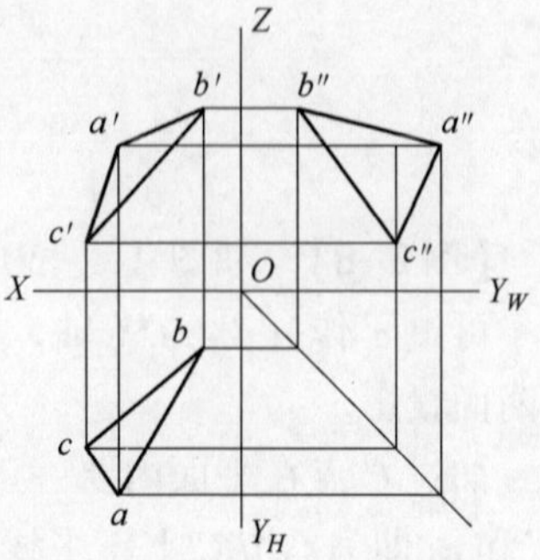

图 2-2-26　一般位置平面

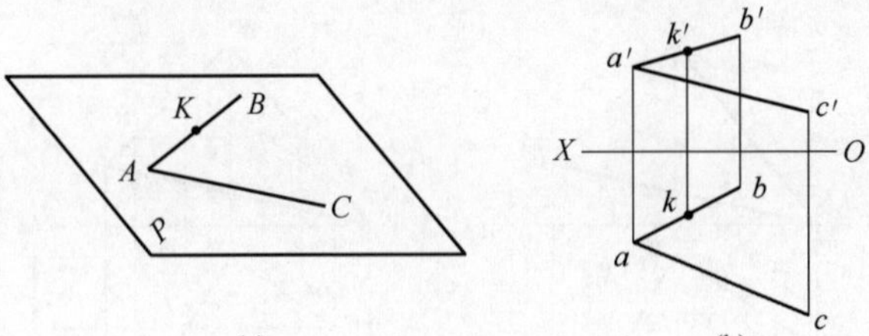

(a)　　(b)

图 2-2-27　平面上的点

2. 平面上的直线

直线在平面上的几何条件：

（1）若一直线通过平面上的两个点，则此直线必定在该平面上。

（2）若一直线通过平面上的一点并平行于平面上的另一直线，则此直线必定在该平面上。

【例 2-7】 如图 2-2-28 所示，相交两直线 *AB*、*AC* 确定一平面 *P*，在平面内任作一条直线。

解法一：分别在直线 *AB*、*AC* 上取点 *E*、*F*，连接 *EF*，则直线 *EF* 为平面 *P* 上的直线

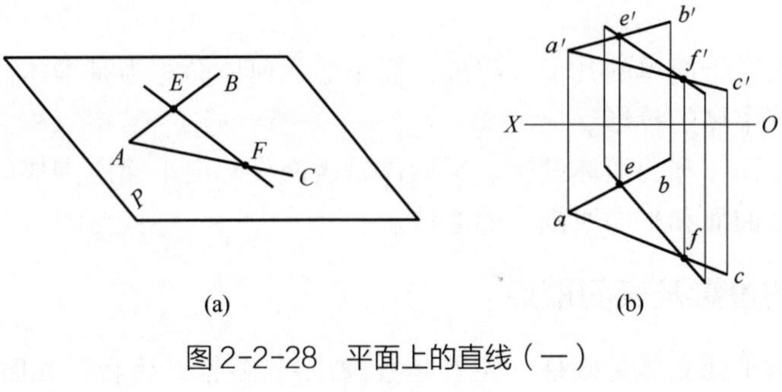

(a)　　(b)

图 2-2-28　平面上的直线（一）

［图 2-2-28（a）］。作图方法如 2-2-28（b）所示。

解法二：在直线 *AC* 上取点 *E*，过点 *E* 作直线 *MN*//*AB*，则直线 *MN* 为平面 *P* 上的直线［图 2-2-29（a）］。作图方法如图 2-2-29（b）所示。

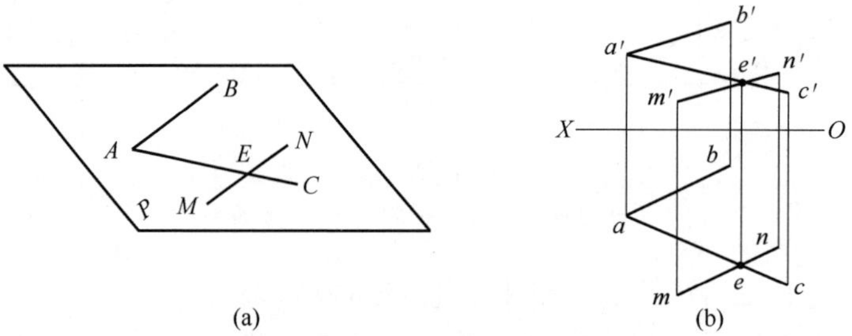

(a) (b)

图 2-2-29　平面上的直线（二）

【例 2-8】 如图 2-2-30 所示，过 *A* 点在平面内要作一条水平线 *AD*。

可过 *a*′作 *a*′*d*′//*OX* 轴，再求出它的水平投影 *ad*，*a*′*d*′和 *ad* 即为△*ABC* 上水平线 *AD* 的两面投影。

如过 *C* 点在平面内要一正平线 *CE*，可过 *c* 作 *ce*//*OX* 轴，再求出它的正面投影 *c*′*e*′，*c*′*e*′和 *ce* 即为△*ABC* 上正平线 *CE* 的两面投影。

【例 2-9】 如图 2-2-31 所示，要求在△*ABC* 平面上取一点 *K*，使 *K* 点在 *A* 点之下 15mm，在 *A* 点之前 10mm，试求出 *K* 点的两面投影。

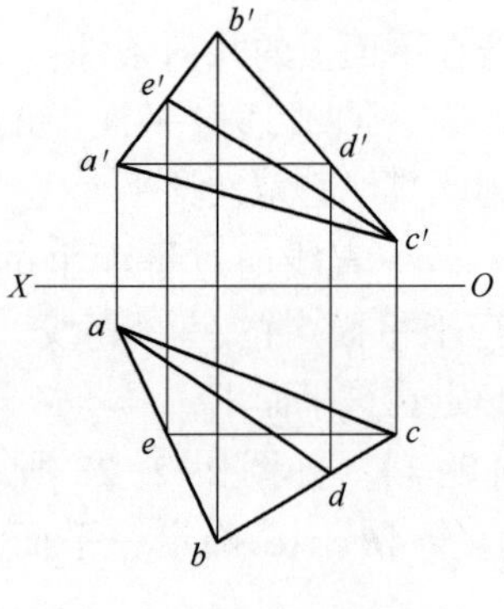

图 2-2-30　在平面内作一条水平线

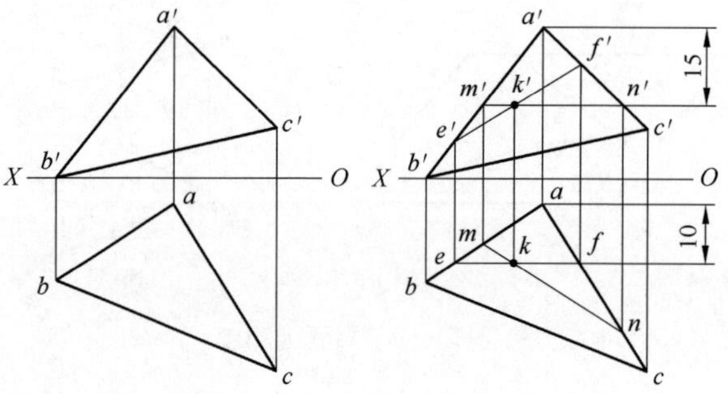

(a) (b)

图 2-2-31　平面上取点

（a）题目　（b）解答

一般零件均由若干简单的几何体组成，简单的几何体简称为基本体。要研究零件的投影，首先得研究基本体的投影。

基本体分为平面体和曲面体两类。平面体是表面全部由平面所围成的立体；曲面体是表面全部由曲面或曲面和平面所围成的立体。

四、平面立体的投影及表面取点

工程上常用的平面立体是棱柱（主要是直棱柱）、棱锥、棱台，如图 2-2-32 所示。

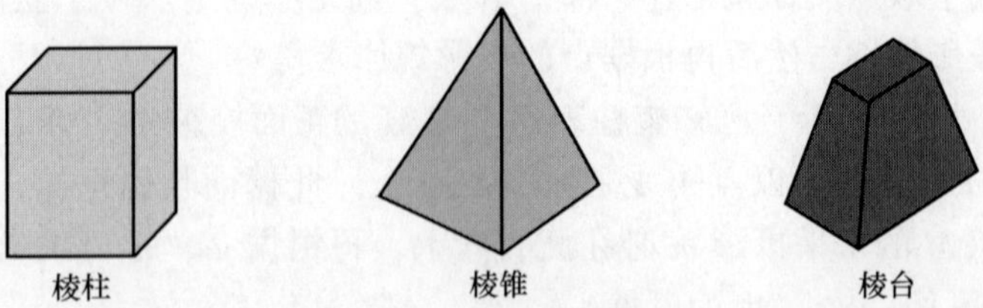

图 2-2-32　常用的平面立体

1. 棱柱

棱柱由两个底面和棱面组成，棱面与棱面的交线称为棱线，棱线互相平行。棱线与底面垂直的棱柱称为正棱柱。本节仅讨论正棱柱的投影。

（1）棱柱的投影。以正六棱柱为例。如图 2-2-33（a）所示为一正六棱柱，由上、下两个底面（正六边形）和六个棱面（长方形）组成。设将其放置成上、下底面与水平投影面平行，并有两个棱面平行于正投影面。

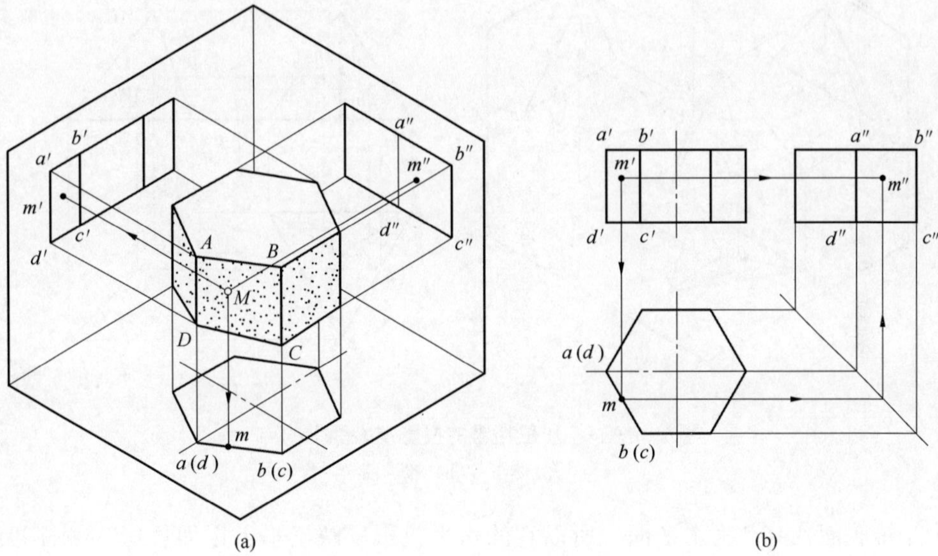

图 2-2-33　正六棱柱的投影及表面上的点

（a）立体图　（b）投影图

上、下两底面均为水平面，它们的水平投影重合并反映实形，正面及侧面投影积聚为两条相互平行的直线。六个棱面中的前、后两个为正平面，它们的正面投影反映实形，水平投影及侧面投影积聚为一直线。其他四个棱面均为铅垂面，其水平投影均积聚为直线，正面投影和侧面投影均为类似形。

总结正棱柱的投影特征：当棱柱的底面平行某一个投影面时，则棱柱在该投影面上投影的外轮廓为与其底面全等的正多边形，而另外两个投影则由若干个相邻的矩形线框所组成。

（2）棱柱表面上点的投影方法。利用点所在的面的积聚性法（因为正棱柱的各个面均为特殊位置面，均具有积聚性）。

平面立体表面上取点实际就是在平面上取点。首先应确定点位于立体的哪个平面上，并分析该平面的投影特性，然后再根据点的投影规律求得。

如图 2-2-33（b）所示，已知棱柱表面上点 M 的正面投影 m'，求作它的其他两面投影 m、m''。因为 m' 可见，所以点 M 必在面 $ABCD$ 上。此棱面是铅垂面，其水平投影积聚成一条直线，故点 M 的水平投影 m 必在此直线上，再根据 m、m' 可求出 m''。由于面 $ABCD$ 的侧面投影为可见，故 m'' 也为可见。

注意：点与积聚成直线的平面重影时，不加括号。

2. 棱锥

（1）棱锥的投影。以正三棱锥为例。如图 2-2-34（a）所示为正三棱锥，它的表面由一个底面（正三边形）和三个侧棱面（等腰三角形）围成，设将其放置成底面与水平投影面平行，并有一个棱面垂直于侧投影面。

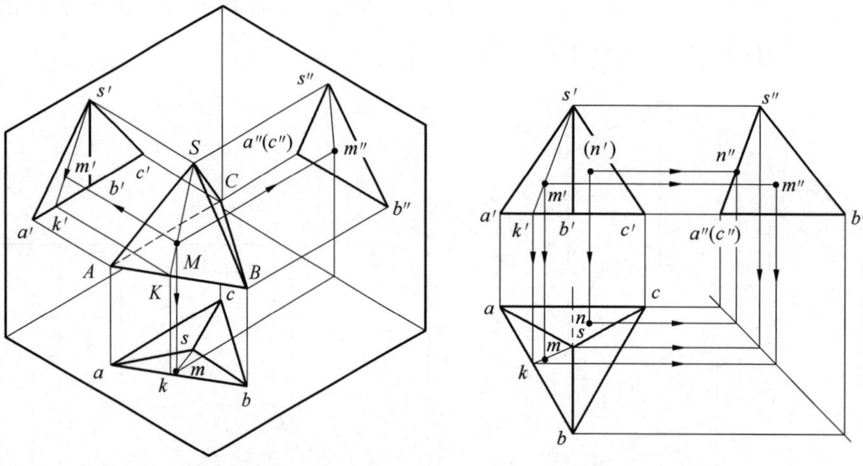

(a)　　(b)

图 2-2-34　正三棱锥的投影及表面上的点

（a）立体图　（b）投影图

由于锥底面 $\triangle ABC$ 为水平面，所以它的水平投影反映实形，正面投影和侧面投影分别积聚为直线段 $a'b'c'$ 和 a''（c''）b''。棱面 $\triangle SAC$ 为侧垂面，它的侧面投影积聚为一段斜线 $s''a''$（c''），正面投影和水平投影为类似形 $\triangle s'a'c'$ 和 $\triangle sac$，前者为不可见，后者可见。棱面 $\triangle SAB$ 和 $\triangle SBC$ 均为一般位置平面，它们的三面投影均为类似形。

棱线 SB 为侧平线，棱线 SA、SC 为一般位置直线，棱线 AC 为侧垂线，棱线 AB、BC 为水平线。

总结正棱锥的投影特征：当棱锥的底面平行某一个投影面时，则棱锥在该投影面上投影的外轮廓为与其底面全等的正多边形，而另外两个投影则由若干个相邻的三角形线框所组成。

（2）棱锥表面上点的投影。有以下两种方法：

① 利用点所在的面的积聚性法。属于特殊位置上点的投影，可利用该平面投影的积聚性直接作图。

② 辅助线法。首先确定点位于棱锥的哪个平面上，再分析该平面的投影特性。若该

平面为特殊位置平面，可利用投影的积聚性直接求得点的投影；若该平面为一般位置平面，可通过辅助线法求得。

如图 2-2-34（b）所示，已知正三棱锥表面上点 M 的正面投影 m' 和点 N 的水平面投影 n，求作 M、N 两点的其余投影。

因为 m' 可见，因此点 M 必定在 $\triangle SAB$ 上。$\triangle SAB$ 是一般位置平面，采用辅助线法，过点 M 及锥顶点 S 作一条直线 SK，与底边 AB 交于点 K。图 2-2-34 中即过 m' 作 $s'k'$，再作出其水平投影 sk。由于点 M 属于直线 SK，根据点在直线上的从属性质可知 m 必在 sk 上，求出水平投影 m，再根据 m、m' 可求出 m''。

因为点 N 不可见，故点 N 必定在棱面 $\triangle SAC$ 上。棱面 $\triangle SAC$ 为侧垂面，它的侧面投影积聚为直线段 $s''a''$（c''），因此 n'' 必在 $s''a''$（c''）上，由 n、n'' 即可求出 n'。

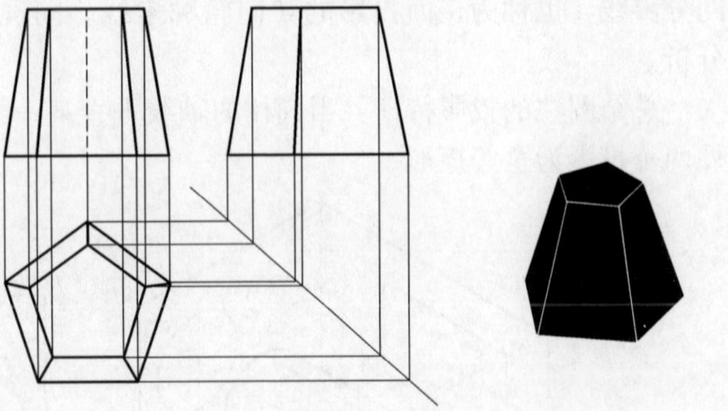

图 2-2-35　正五棱锥台

3. 棱锥台的投影

以正五棱锥台为例。如图 2-2-35 所示为一正五棱锥台，它的表面由一个底面（正五边形）和三个侧棱面（等腰梯形）围成，设将其放置成底面与水平投影面平行，并有一个棱面垂直于侧投影面。

五、曲面立体的投影及表面取点

曲面立体的曲面是由一条母线（直线或曲线）绕定轴回转而形成的。在投影图上表示曲面立体就是把围成立体的回转面或平面与回转面表示出来。

工程上常见的回转体有圆柱、圆锥、圆球、圆环等，如图 2-2-36 所示。

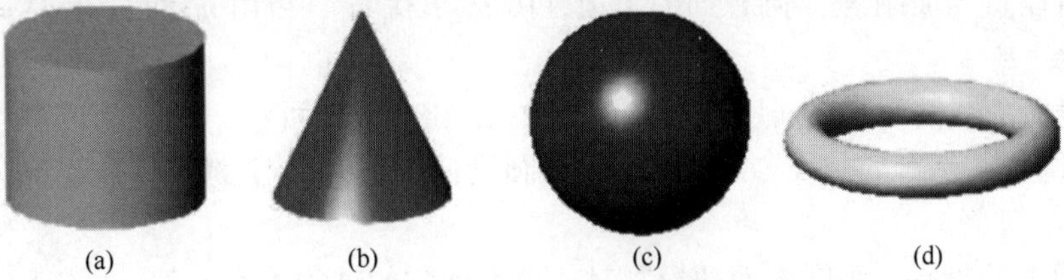

(a)　(b)　(c)　(d)

图 2-2-36　常见回转体

（a）圆柱　（b）圆锥　（c）圆球　（d）圆环

1. 圆柱

圆柱表面由圆柱面和两底面所围成。圆柱面可看作一条直母线 AB 围绕与它平行的轴线回转而成。圆柱面上任意一条平行于轴线的直线，称为圆柱面的素线。

（1）圆柱的投影。画图时，一般常使它的轴线垂直于某个投影面。

如图 2-2-37（a）所示，圆柱的轴线垂直于侧面，圆柱面上所有素线都是侧垂线，因此圆柱面的侧面投影积聚成为一个圆。圆柱左、右两个底面的侧面投影反映实形并与该圆重合。两条相互垂直的点画线，表示确定圆心的对称中心线。圆柱面的正面投影是一个矩形，是圆柱面前半部与后半部的重合投影，其左右两边分别为左右两底面的积聚性投影，上下两边 $b'a_1'$、$a'b_1'$分别是圆柱最上、最下素线的投影。最上、最下两条素线 AA_1、BB_1 是圆柱面由前向后的转向线，是正面投影中可见的前半圆柱面和不可见的后半圆柱面的分界线，也称为正面投影的转向轮廓素线。同理，可对水平投影中的矩形进行类似的分析。

总结圆柱的投影特征：当圆柱的轴线垂直某一个投影面时，必有一个投影为圆形，另外两个投影为全等矩形。

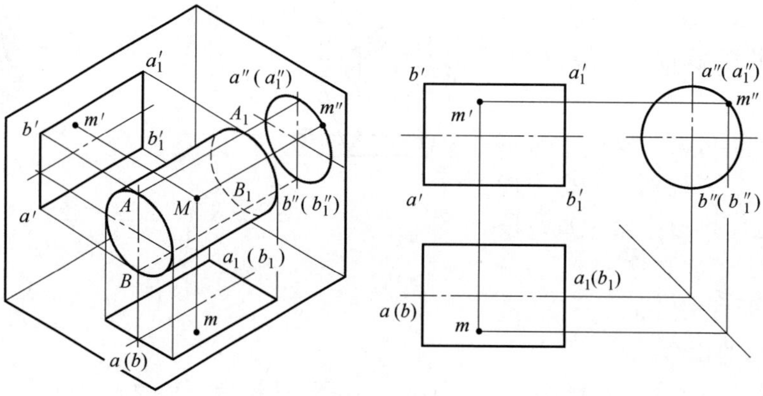

图 2-2-37　圆柱的投影及表面上的点

（a）立体图　（b）投影图

（2）圆柱面上点的投影。方法：利用点所在的面的积聚性法（因为圆柱的圆柱面和两底面均至少有一个投影具有积聚性。）。

如图 2-2-37（b）所示，已知圆柱面上点 M 的正面投影 m'，求作点 M 的其余两个投影。因为圆柱面的投影具有积聚性，圆柱面上点的侧面投影一定重影在圆周上。又因为 m'可见，所以点 M 必在前半圆柱面的上边，由 m'求得 m''，再由 m'和 m''求得 m。

2. 圆锥

圆锥表面由圆锥面和底面所围成。如图 2-2-38（a）所示，圆锥面可看作是一条直母线 SA 围绕与它平行的轴线 SO 回转而成在圆锥面上通过锥顶的任一直线称为圆锥面的素线。

（1）圆锥的投影。画圆锥面的投影时，也常使它的轴线垂直于某一投影面。

如图 2-2-38（a）所示圆锥的轴线是铅垂线，底面是水平面，图 2-2-38（b）是它的投影图。圆锥的水平投影为一个圆，反映底面的实形，同时也表示圆锥面的投影。圆锥的正面、侧面投影均为等腰三角形，其底边均为圆锥底面的积聚投影。正面投影中三角形的两腰 $s'a'$、$s'c'$分别表示圆锥面最左、最右轮廓素线 SA、SC 的投影，他们是圆锥面正面投影可见与不可见的分界线。SA、SC 的水平投影 sa、sc 和横向中心线重合，侧面投影 $s''a''$（c''）与轴线重合。同理可对侧面投影中三角形的两腰进行类似的分析。

总结圆锥的投影特征：当圆锥的轴线垂直某一个投影面时，则圆锥在该投影面上投影

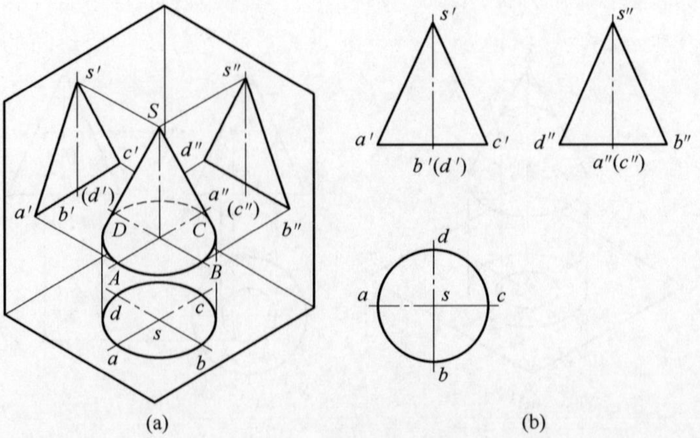

图2-2-38 圆锥的投影

(a) 立体图 (b) 投影图

为与其底面全等的圆形，另外两个投影为全等的等腰三角形。

(2) 圆锥面上点的投影。有两种方法：①辅助素线法；②辅助纬圆法。

如图2-2-39所示，已知圆锥表面上M的正面投影m'，求作点M的其余两个投影。因为m'可见，所以M必在前半个圆锥面的左边，故可判定点M的另两面投影均为可见。作图方法有两种：

作法一：辅助素线法。如图2-2-39（a）所示，过锥顶S和M作一直线SA，与底面交于点A。点M的各个投影必在此SA的相应投影上。在图2-2-39（b）中过m'作$s'a'$，然后求出其水平投影sa。由于点M属于直线SA，根据点在直线上的从属性质可知m必在sa上，求出水平投影m，再根据m、m'可求出m''。

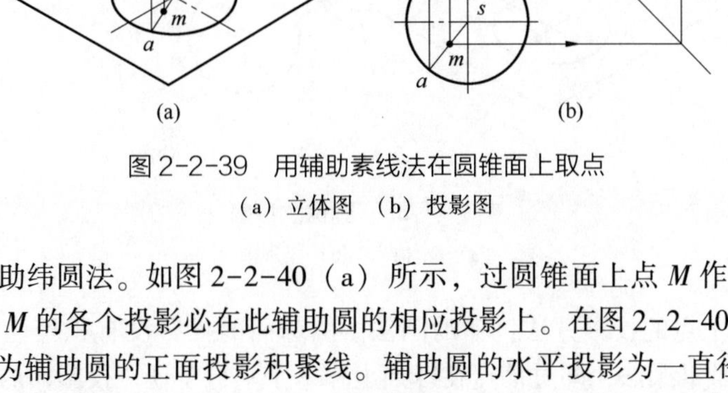

图2-2-39 用辅助素线法在圆锥面上取点

(a) 立体图 (b) 投影图

作法二：辅助纬圆法。如图2-2-40（a）所示，过圆锥面上点M作一垂直于圆锥轴线的辅助圆，点M的各个投影必在此辅助圆的相应投影上。在图2-2-40（b）中过m'作水平线$a'b'$，此为辅助圆的正面投影积聚线。辅助圆的水平投影为一直径等于$a'b'$的圆，圆心为s'。由m'向下引垂线与此圆相交，且根据点M的可见性，即可求出m，然后再由

m'和 m 可求出 m''。

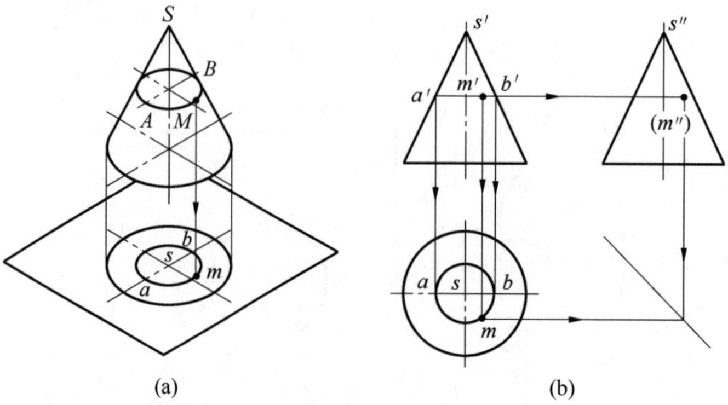

图 2-2-40　用辅助纬圆在圆锥面上取点

（a）立体图　（b）投影图

3. 圆球

圆球的表面是球面，如图 2-2-41（a）所示，圆球面可看作是一条圆母线绕通过其圆心的轴线回转而成。

（1）圆球的投影。如图 2-2-41（a）所示为圆球的立体图，如图 2-2-41（b）所示为圆球的投影。圆球在三个投影面上的投影都是直径相等的圆，但这三个圆分别表示三个不同方向的圆球面轮廓素线的投影。正面投影的圆是平行于 V 面的圆素线 A（它是前面可见半球与后面不可见半球的分界线）的投影。与此类似，侧面投影的圆是平行于 W 面的圆素线 C 的投影；水平投影的圆是平行于 H 面的圆素线 B 的投影。这三条圆素线的其他两面投影，都与相应圆的中心线重合，不应画出。

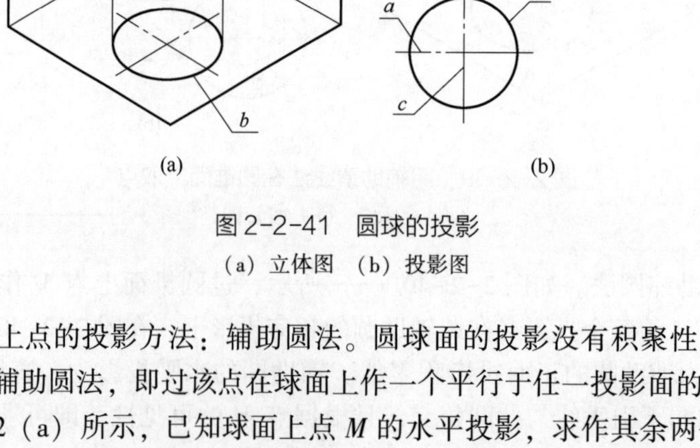

图 2-2-41　圆球的投影

（a）立体图　（b）投影图

（2）圆球面上点的投影方法：辅助圆法。圆球面的投影没有积聚性，求作其表面上点的投影需采用辅助圆法，即过该点在球面上作一个平行于任一投影面的辅助圆。

如图 2-2-42（a）所示，已知球面上点 M 的水平投影，求作其余两个投影。过点 M

作一平行于正面的辅助圆，它的水平投影为过 m 的直线 ab，正面投影为直径等于 ab 长度的圆。自 m 向上引垂线，在正面投影上与辅助圆相交于两点。又由于 m 可见，故点 M 必在上半个圆周上，据此可确定位置偏上的点即为 m'，再由 m、m'可求出 m''，如图 2-2-42（b）所示。

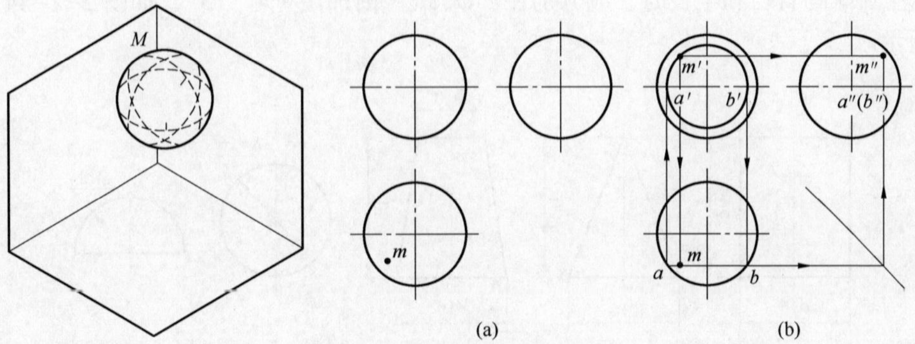

图 2-2-42 圆球面上点的投影

六、基本体的尺寸标注

1. 平面立体的尺寸标注

平面立体一般标注长、宽、高三个方向的尺寸，如图 2-2-43 所示。其中正方形的尺寸可采用如 2-2-43（f）所示的形式注出，即在边长尺寸数字前加注“□”符号。图 2-2-43（d）、（g）中加“(　)”的尺寸称为参考尺寸。

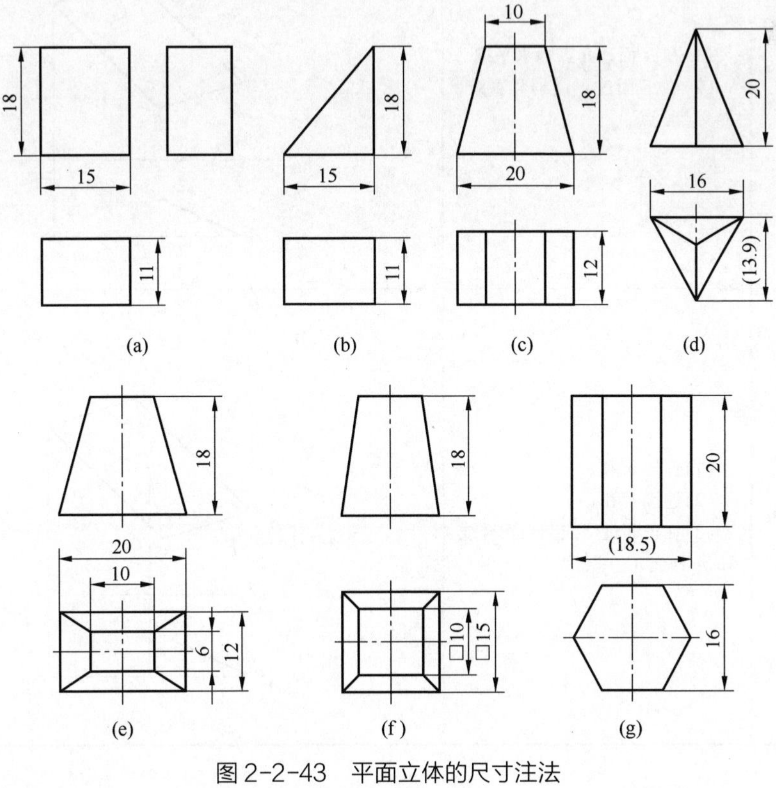

图 2-2-43 平面立体的尺寸注法

2. 曲面立体的尺寸标注

圆柱和圆锥应注出底圆直径和高度尺寸，圆锥台还应加注顶圆的直径。直径尺寸应在其数字前加注符号“ϕ”，一般注在非圆视图上。这种标注形式用一个视图就能确定其形状和大小，其他视图就可省略，如图 2-2-44（a）、（b）、（c）所示。

标注圆球的直径和半径时，应分别在“ϕ、R”前加注符号“S”，如图 2-2-44（d）、（e）所示。

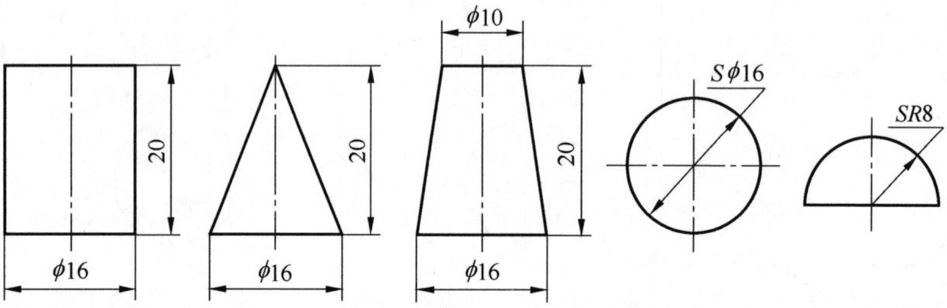

(a) (b) (c) (d) (e)

图 2-2-44 曲面立体的尺寸注法

任务实施单

方法步骤		图示
1. 作 AC 的水平投影	(1)在 H 面过 a 点画水平线 (2)在 V 面过 c'点画竖直线。得交点 c 点	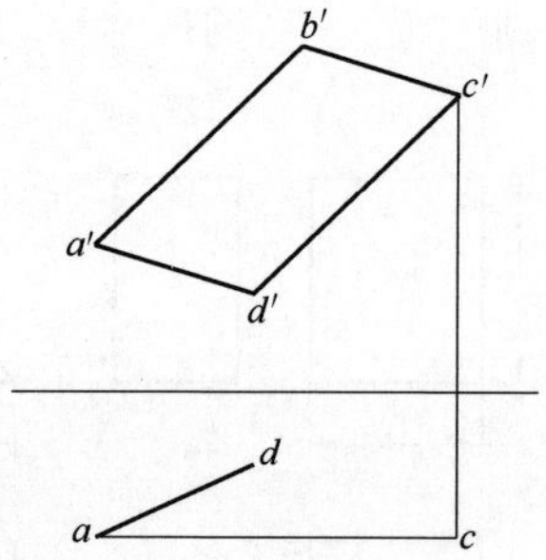
2. 作对角线交点的水平投影	(1)连接 a'和 c' (2)连接 b'和 d' (3)在正面过交线交点作竖线和 ac 相交 o	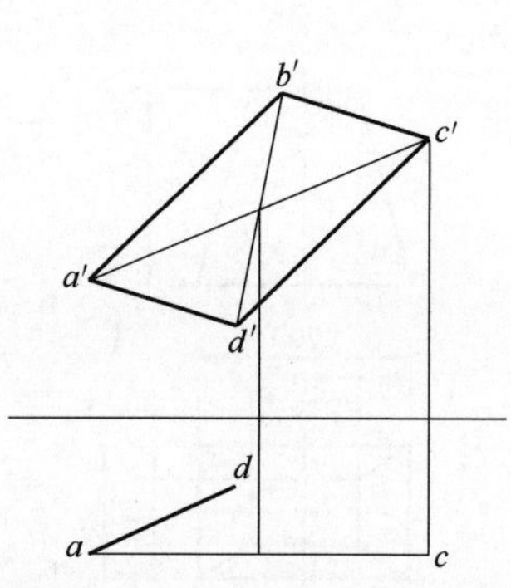

续表

<table>
<tr><th colspan="2">方法步骤</th><th>图示</th></tr>
<tr><td>3. 作 DC 线，AB 线和 BC 线水平投影</td><td>(1)连接 d 和 c 点
(2)连接 d 和 o 点并延长
(3)过 b′点作竖线交 do 的延长线于 b 点
(4)连接 ab 点和 bc 点</td><td>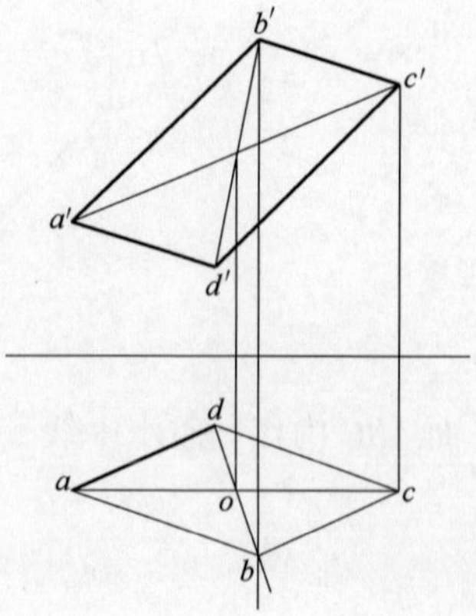
</td></tr>
<tr><td>4. 检查投影视图</td><td>检查视图是否有遗漏，描粗加深</td><td>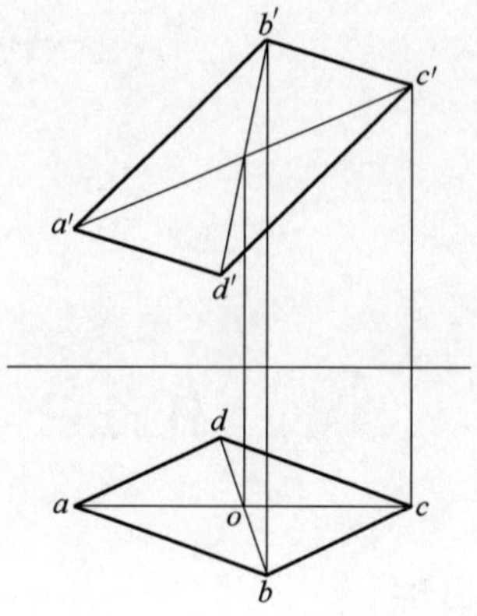
</td></tr>
</table>

实作练习

一、填空题

1. 直线按其对投影面的相对位置不同，可分为________、________和________三种。

2. 与一个投影面垂直，而与其他两个投影面________的平面，称为投影面的________，具体又可分为________、________、________。

二、作图题

1. 已知直线 AB 的两面投影，设直线 AB 上一点 C 将 AB 分成 3∶2，求 C 点的三面投影。

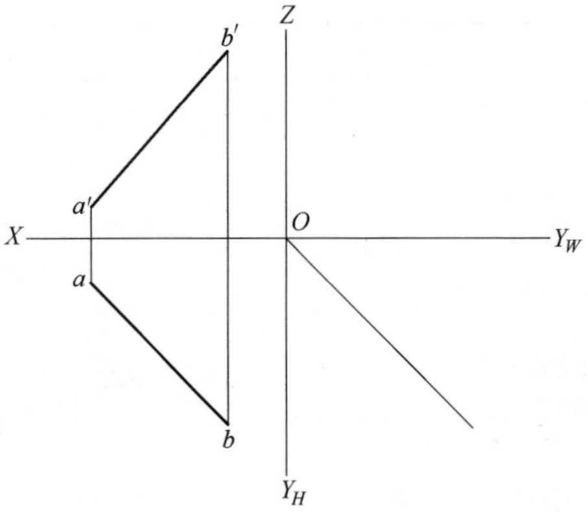

2. 在平面 *ABC* 内作一条水平线，使其到 *H* 面的距离为 10mm。

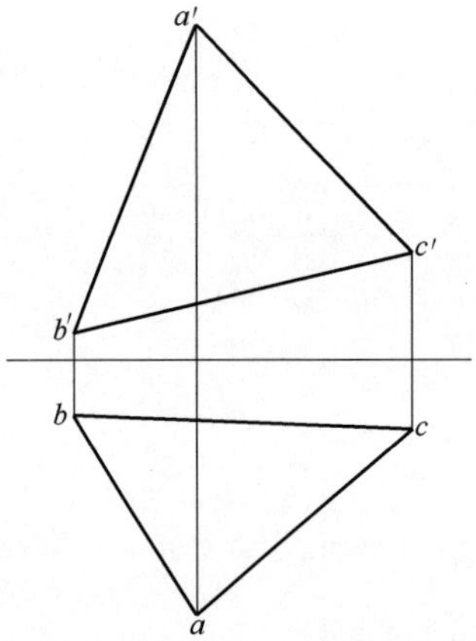

任务三　求作立体的截交线

配套课件　配套视频

项目二任务三

学习目标

（1）巩固三视图的相关知识。

（2）知道平面立体和曲面立体截交线相关概念。

（3）掌握平面立体和曲面立体截交线特性。

（4）能熟练运用表面取点法求解截交线简单画法。

学习任务单

任务名称	绘制曲面立体的截交线
任务描述及要求	1. 观察图 2-3-1，该立体原基本图形由圆锥体和圆柱体同轴叠加而成，轴线水平放置，由两个截切平面切割而成，求截切后的立体三视图 2. 用 A4 图纸，竖放，截取图上尺寸，比例 1∶1 绘制三视图

续表

任务描述及要求	 图 2-3-1　顶尖立体图
任务分析	1. 绘图前，预先考虑图例所占的面积，将其布置在图纸有效幅面的中心区 2. 利用投影规律作出截交线在三视图上特殊位置点，然后一般位置点，光滑连接曲线，清晰整洁运用绘图工具完成绘制
任务评价	采用教师讲评与学生互评相结合。评价内容：活动是否积极，截交线交点投影是否正确，纬圆法是否正确，利用 45°辅助线投影有无错误，三个视图的投影规律是否展现，布图是否合理。将绘制的三视图截交线作图评分，计入平时成绩

知识导航

一、截交线概念及性质

1. 截交线的概念

平面与立体表面相交，可以认为是立体被平面截切，此平面通常称为截平面，截平面与立体表面的交线称为截交线。图 2-3-2 为平面与立体表面相交示例。

2. 截交线的性质

（1）截交线一定是一个封闭的平面图形。

（2）截交线既在截平面上，又在立体表面上，截交线是截平面和立体表面的共有线。截交线上的点都是截平面与立体表面上的共有点。

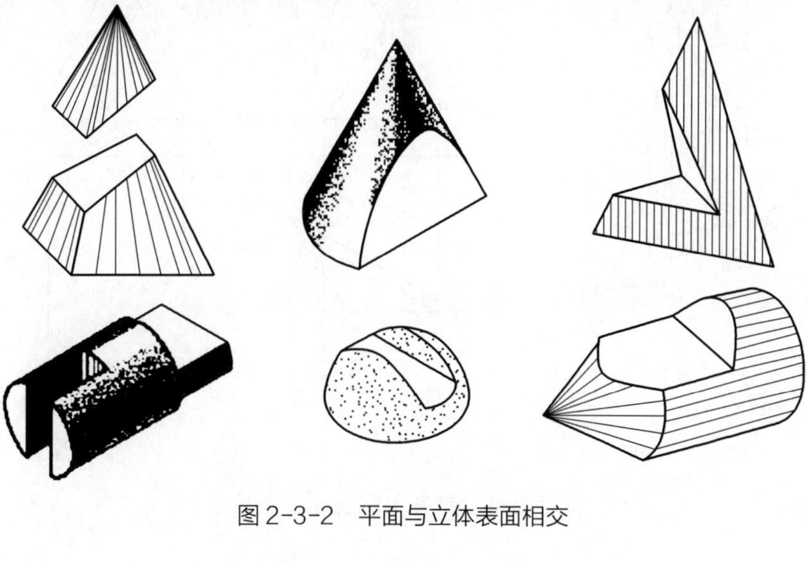

图 2-3-2　平面与立体表面相交

因为截交线是截平面与立体表面的共有线，所以求作截交线的实质，就是求出截平面与立体表面的共有点。

二、平面立体截交线

平面立体的表面是平面图形，因此平面与平面立体的截交线为封闭的平面多边形。多边形的各个顶点是截平面与立体的棱线或底边的交点，多边形的各条边是截平面与平面立体表面的交线。

【例 3-1】 如图 2-3-3（a）所示，求作正垂面 P 斜切正四棱锥的截交线。

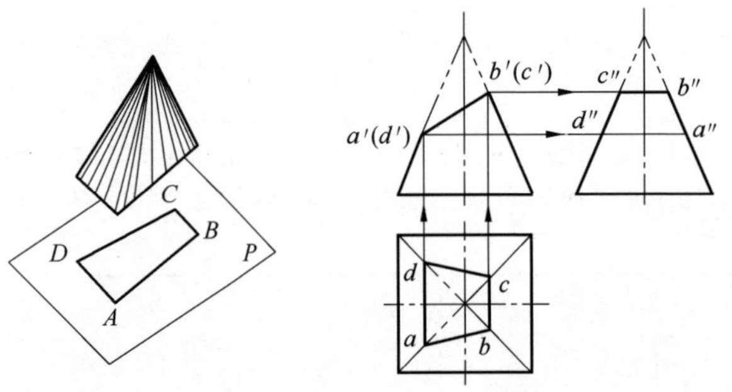

(a) (b)

图 2-3-3 四棱锥的截交线

分析：截平面与棱锥的四条棱线相交，可判定截交线是四边形，其四个顶点分别是四条棱线与截平面的交点。因此，只要求出截交线的四个顶点在各投影面上的投影，然后依次连接顶点的同名投影，即得截交线的投影，如图 2-3-3（b）所示。

当用两个以上平面截切平面立体时，在立体上会出现切口、凹槽或穿孔等。作图时，只要作出各个截平面与平面立体的截交线，并画出各截平面之间的交线，就可作出这些平面立体的投影。

【例 3-2】 如图 2-3-4（a）所示，带切口的正三棱锥，已知它的正面投影，求其另两面投影。

分析：该正三棱锥的切口是由两个相交的截平面切割而形成。两个截平面一个是水平

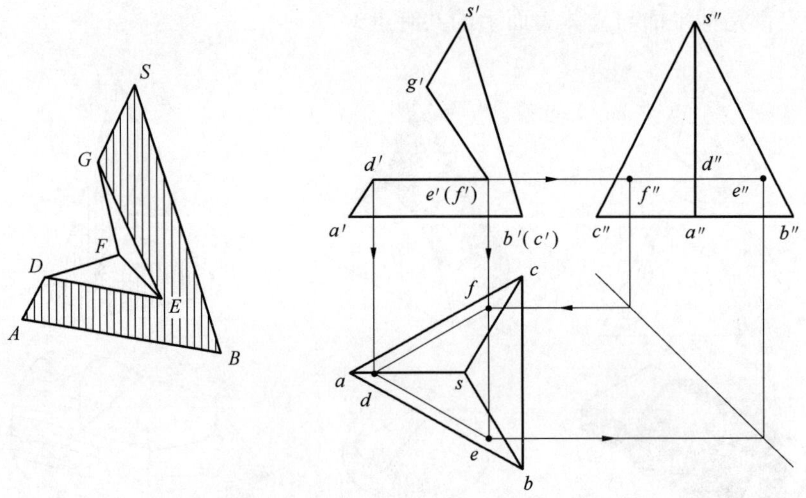

(a) (b)

图 2-3-4 带切口正三棱锥的投影

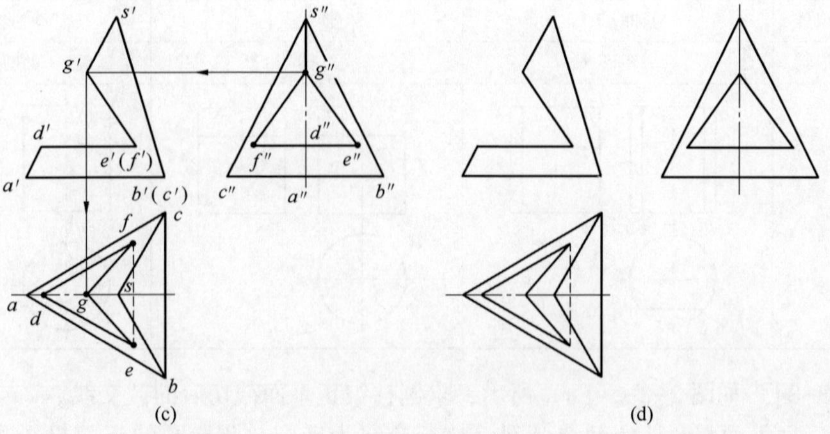

图 2-3-4　带切口正三棱锥的投影（续）

面，一个是正垂面，它们都垂直于正面，因此切口的正面投影具有积聚性。水平截面与三棱锥的底面平行，因此它与棱面△*SAB* 和△*SAC* 的交线 *DE*、*DF* 必分别平行于底边 *AB* 和 *AC*，水平截面的侧面投影积聚成一条直线。正垂截面分别与棱面△*SAB* 和△*SAC* 交于直线 *GE*、*GF*。由于两个截平面都垂直于正面，所以两截平面的交线一定是正垂线，作出以上交线的投影即可得出所求投影，如图 2-3-4（b）、（c）、（d）所示。

三、曲面立体截交线

曲面立体的截交线，就是求截平面与曲面立体表面的共有点的投影，然后把各点的同名投影依次光滑连接起来。

当截平面或曲面立体的表面垂直于某一投影面时，则截交线在该投影面上的投影具有积聚性，可直接利用面上取点的方法作图。

圆柱截交线基本类型。平面截切圆柱时，根据截平面与圆柱轴线的相对位置不同，其截交线有三种不同的形状，如表 2-3-1 所示。

表 2-3-1　　圆柱截交线三种情况——圆、椭圆和矩形

截平面的位置	与轴线平行	与轴线垂直	与轴线倾斜
截交线的形状	矩形	圆	椭圆
立体图			

续表

截平面的位置	与轴线平行	与轴线垂直	与轴线倾斜
截交线的形状	矩形	圆	椭圆
投影图	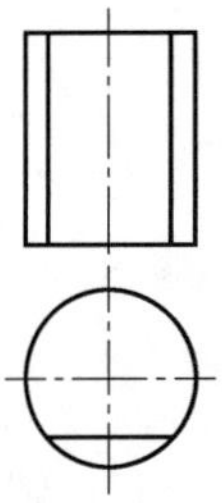	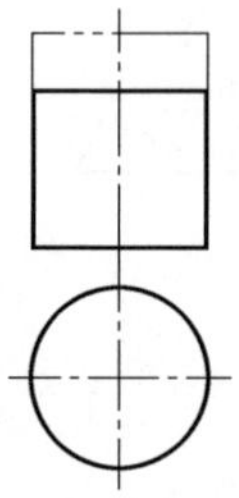	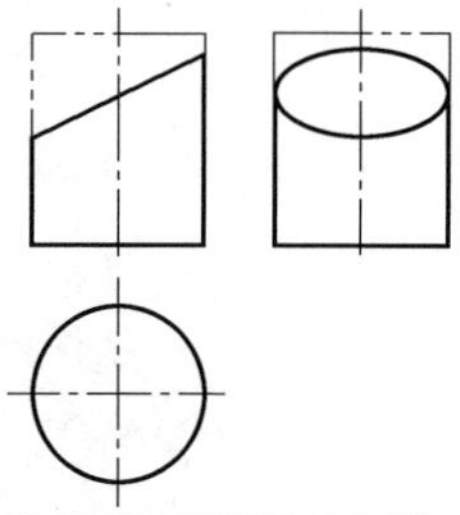

【例 3-3】 如图 2-3-5（a）所示，求圆柱被正垂面截切后的截交线。

分析：截平面与圆柱的轴线倾斜，故截交线为椭圆。此椭圆的正面投影积聚为一直线。由于圆柱面的水平投影积聚为圆，而椭圆位于圆柱面上，故椭圆的水平投影与圆柱面水平投影重合。椭圆的侧面投影是它的类似形，仍为椭圆。可根据投影规律由正面投影和水平投影求出侧面投影，如图 2-3-5（b）、（c）、（d）所示。

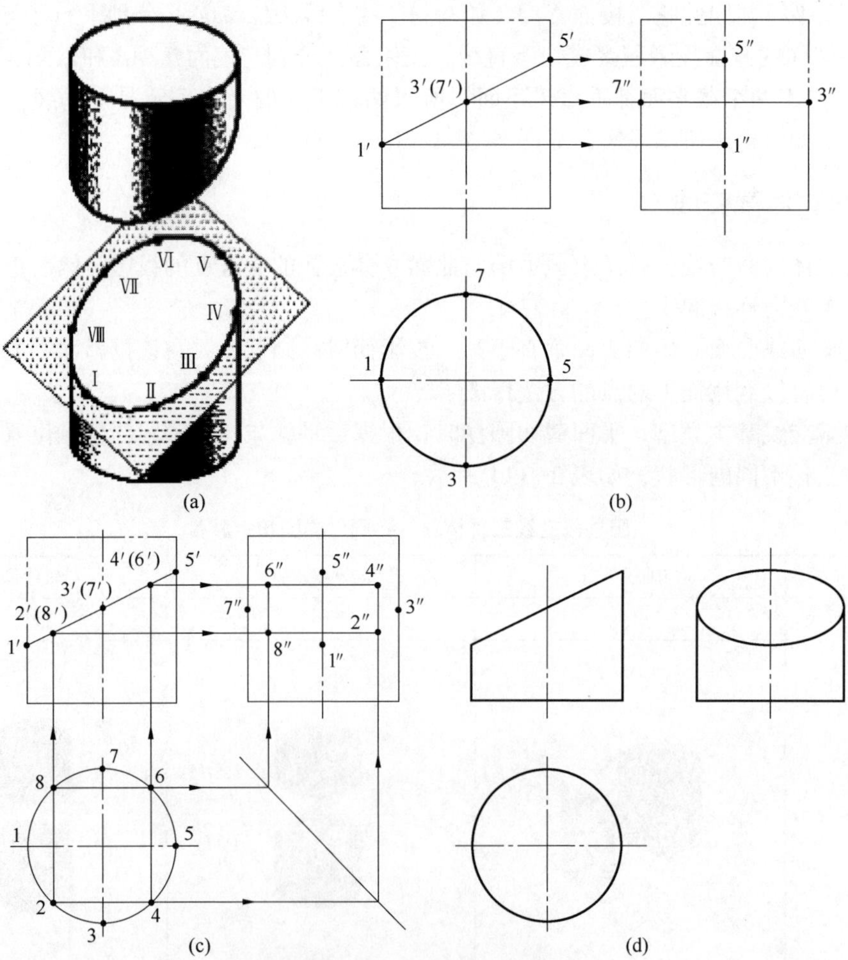

图 2-3-5 圆柱的截交线

【例 3-4】 如图 2-3-6（a）所示，完成被截切圆柱的正面投影和水平投影。

分析：该圆柱左端的开槽是由两个平行于圆柱轴线的对称的正平面和一个垂直于轴线的侧平面切割而成。圆柱右端的切口是由两个平行于圆柱轴线的水平面和两个侧平面切割而成，如图 2-3-6（b）、（c）、（d）所示。

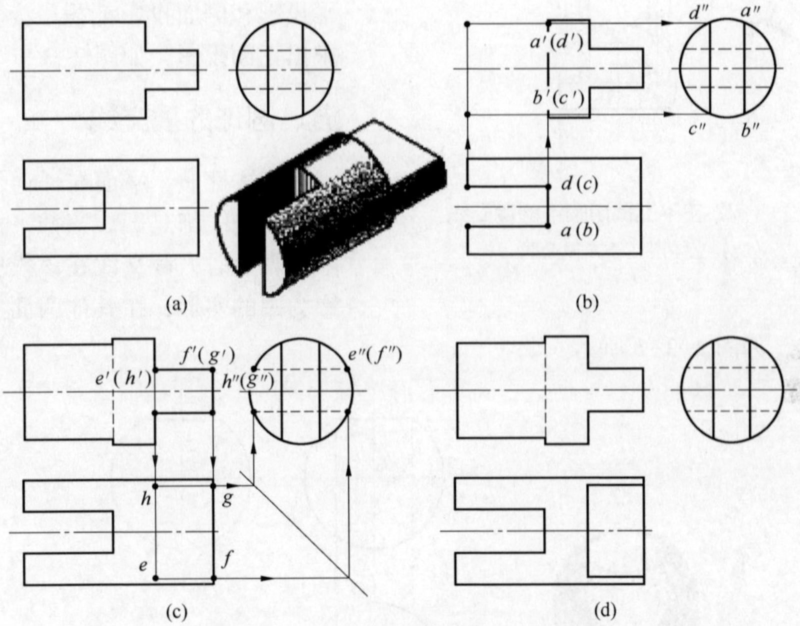

图 2-3-6 补全带切口圆柱的投影

四、圆锥的截交线

基本类型。平面截切圆锥时，根据截平面与圆锥轴线的相对位置不同，其截交线有五种不同的情况，如表 2-3-2 所示。

表 2-3-2　　平面与圆锥体相交的五种形式

截平面的位置	与轴线垂直 $\beta=90°$	与轴线倾斜 $\beta>\alpha$	平行一条素线 $\beta=\alpha$	与轴线平行 $\beta=0°$	过锥顶
截交线的形状	圆	椭圆	抛物线	双曲线	等腰三角形
立体图					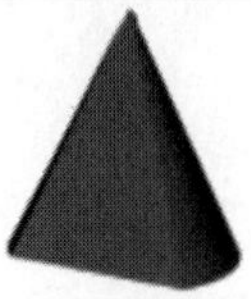
投影图	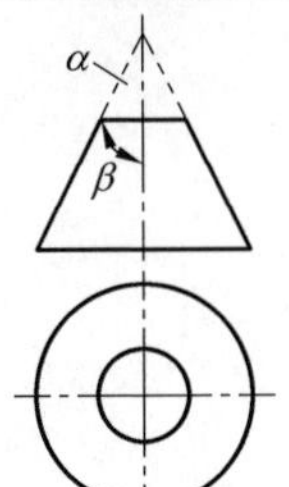	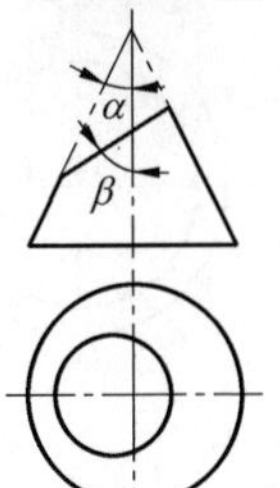	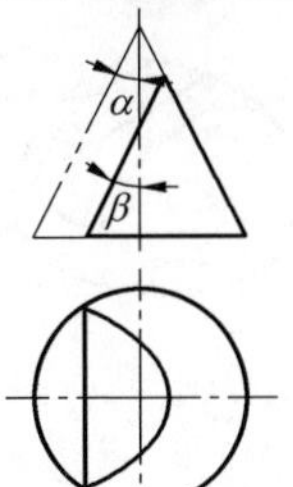	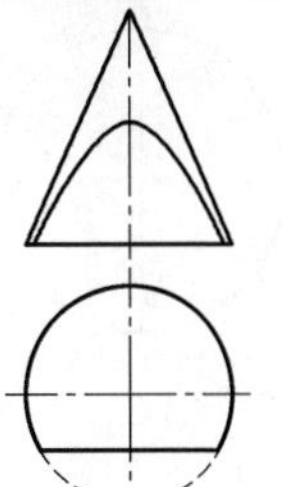	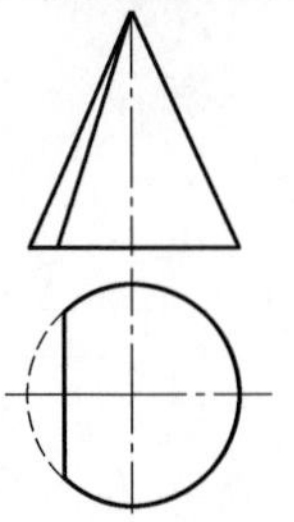

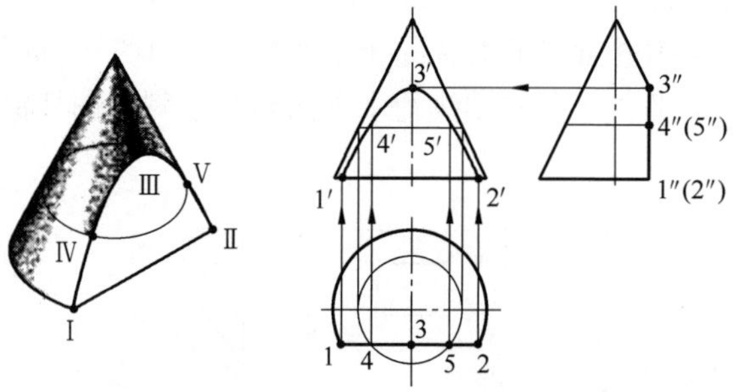

(a) (b)

图 2-3-7　正平面截切圆锥的截交线

（a）立体图　（b）截交线

【例 3-5】 如图 2-3-7（a）所示，求作被正平面截切的圆锥的截交线。

分析：因截平面为正平面，与轴线平行，故截交线为双曲线。截交线的水平投影和侧面投影都积聚为直线，只需求出正面投影，如图 2-3-7（b）所示。

五、圆球的截交线

基本性质。平面在任何位置截切圆球的截交线都是圆。当截平面平行于某一投影面时，截交线在该投影面上的投影为圆的实形，在其他两面上的投影都积聚为直线，如图 2-3-8 所示。

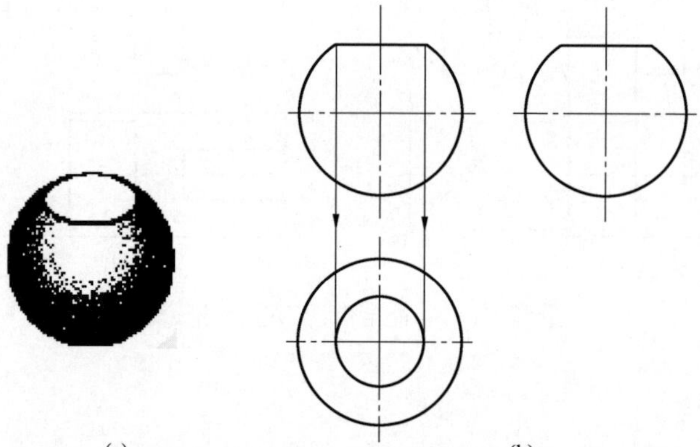

(a) (b)

图 2-3-8　圆球的截交线

【例 3-6】 如图 2-3-9（a）所示，完成开槽半圆球的截交线。

分析：球表面的凹槽由两个侧平面和一个水平面切割而成，两个侧平面和球的交线为两段平行于侧面的圆弧，水平面与球的交线为前后两段水平圆弧，截平面之间的交线为正垂线。如图 2-3-9（b）、（c）所示。

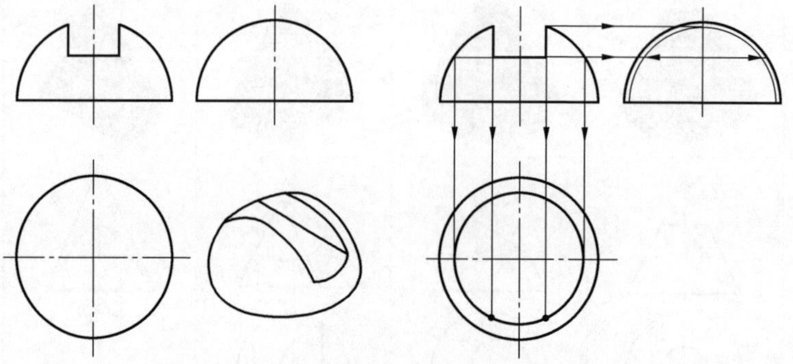

(a) (b)

图 2-3-9　开槽半圆球的截交线

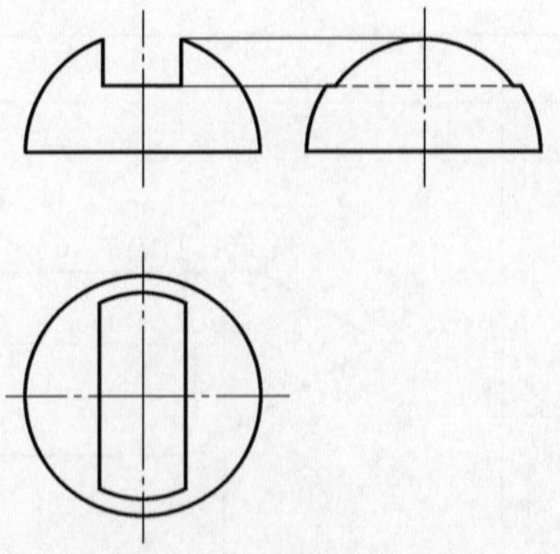

(c)

图 2-3-9　开槽半圆球的截交线（续）

任务实施单

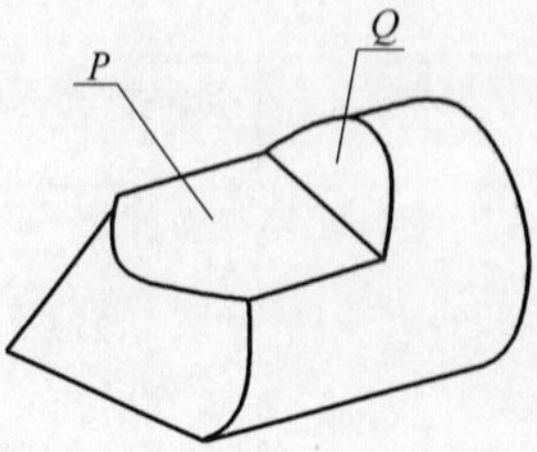

顶尖头部是由同轴的圆锥与圆柱组合而成。它的上部被两个相交的截平面 P 和 Q 切去一部分，在它的表面上共出现三组截交线和一条 P 与 Q 的交线。截平面 P 平行于轴线，所以它与圆锥面的交线为双曲线，与圆柱面的交线为两条平行直线。截平面 Q 与圆柱斜交，它截切圆柱的截交线是一段椭圆弧。

方法步骤		图示
1. 分析视图，作出主视图上的特殊位置点	（1）选 A4 图纸，画出三视图 （2）作出主视图的截切线，标记特殊位置点 1′，3′，5′，6′，8′，10′	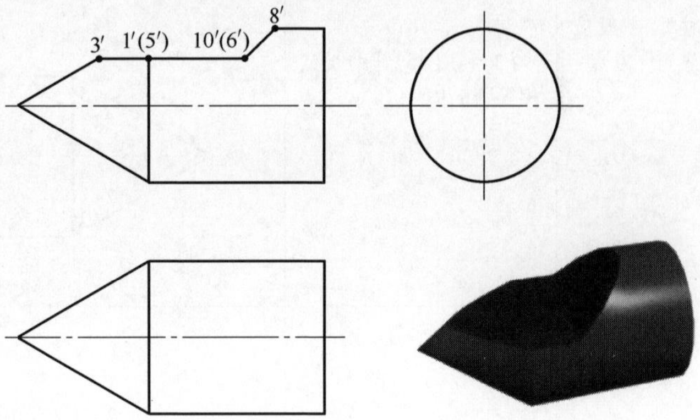
2. 按照投影规律，画俯视图和左视图特殊位置点	（1）长对正画俯视图 3，8 点 （2）高平齐画出左视图 1″，3″，5″，6″，8″，10″点 （3）结合宽相等尺寸画俯视图 1，5，6，10 点	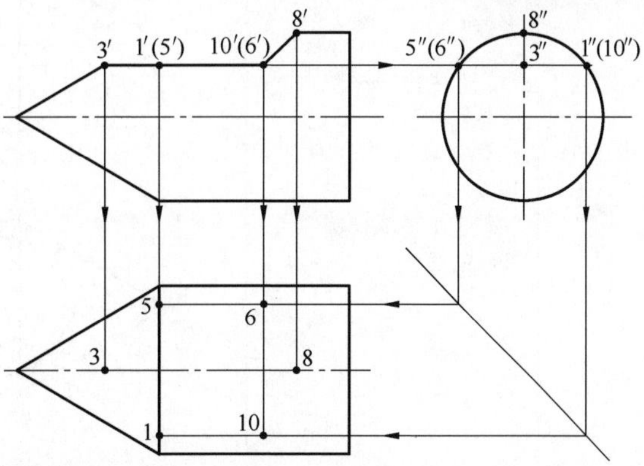

续表

方法步骤		图示
3. 利用纬圆法作出一般位置点 2,4 点	(1)作主视图 2′,4′点 (2)在主视图截取半径 R,在左视图圆心画纬圆,利用高平齐,画左视图 2″4″点 (3)应用 45°辅助线宽相等画俯视图 2,4 点	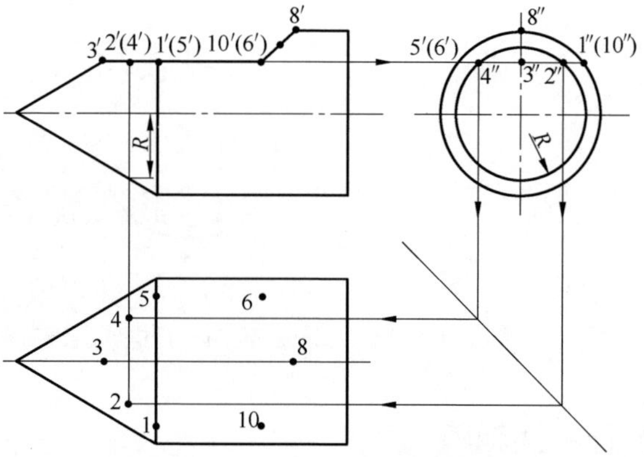
4. 斜切圆柱取一般位置点 7,9 点	(1)画主视图,7′,9′点 (2)高平齐画左视图 7″,9″ (3)利用 45°辅助线宽相等画 7,9 点	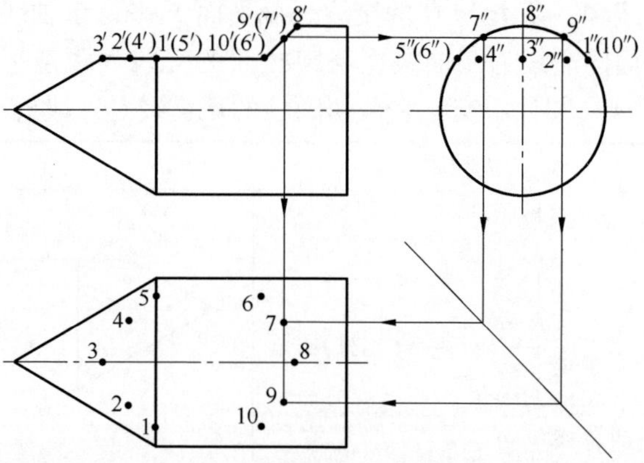
5. 按顺序连接各点	(1)连接圆锥圆弧 1,2,3,4,5 点 (2)直线 5,6 点,1,10 点 (3)连接圆柱圆弧 6,7,8,9,10 点	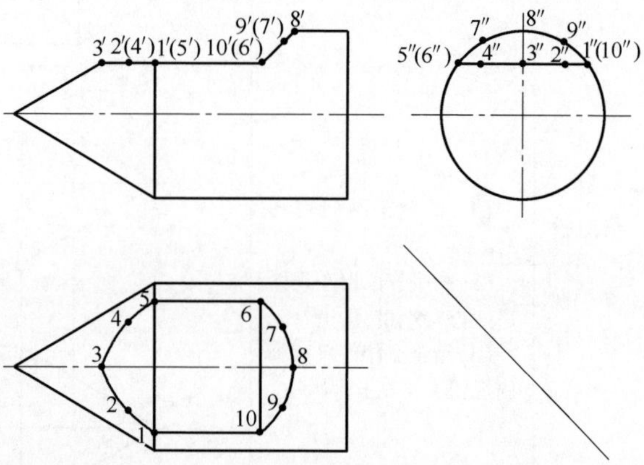

续表

方法步骤	图示
6. 描粗加深，将 1，5 点间线段改成虚线	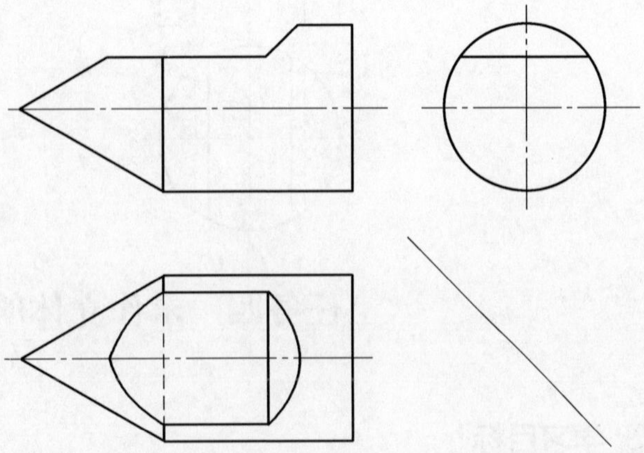

实作练习

一、填空题

1. 按表面的性质不同，基本体通常分为________和________。

2. 截交线的性质：________，________。

3. 平面与立方体表面相交，可以认为是立方体被平面截切，因此该平面通常称为________。

二、选择题

1. 圆柱沿平行于轴线的平面截切后截交线的形状是（　　）。

A. 圆形　　B. 椭圆　　C. 矩形　　D. 抛物线

2. 圆柱沿垂直于轴线的平面截切后截交线的形状是（　　）。

A. 圆形　　B. 椭圆　　C. 矩形　　D. 抛物线

3. 选择正确的左视图（　　）。

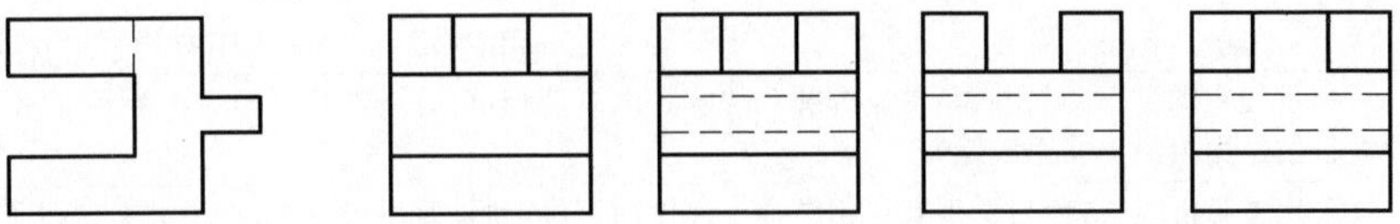

A　　B　　C　　D

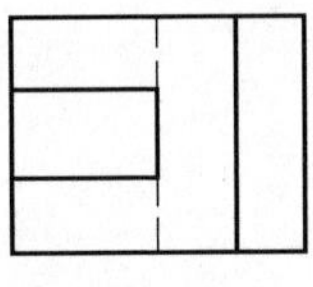

三、作图题

分析圆柱的截交线，补全其三面投影。

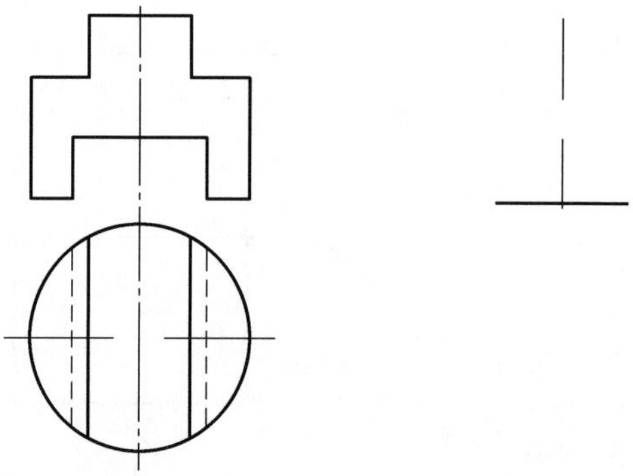

任务四　求作立体的相贯线

配套课件　配套视频

项目二任务四

学习目标

（1）巩固三视图的相关知识。
（2）了解相贯线相关概念。
（3）掌握相贯线特性。
（4）掌握相贯线的简单画法。

学习任务单

任务名称	补画穿孔圆柱的相贯线
任务描述及要求	观察图 2-4-1，该立体原基本图形由空心圆柱和圆柱孔轴线正交相贯而成，轴线水平放置，已知主视图和左视图，截取图上尺寸，补画俯视图 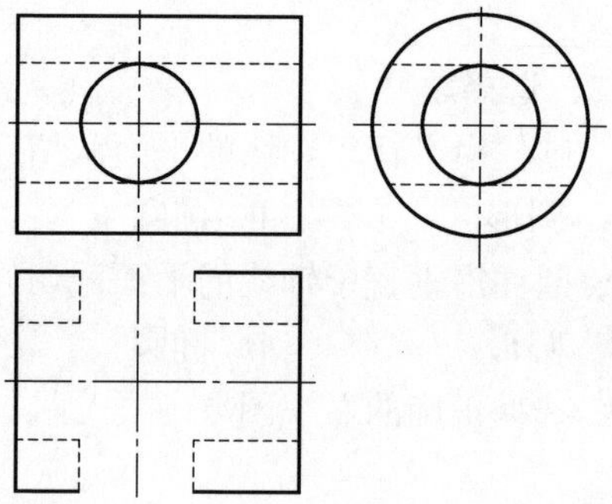 图 2-4-1　穿孔正交圆柱的相贯线
任务分析	相贯线有圆孔，外圆表面相贯也有圆孔和圆孔内表面相贯，分析圆孔直径大小关系，光滑连接曲线，清晰整洁运用绘图工具完成绘制
任务评价	采用教师批改、讲评与学生互评相结合。评价内容：活动是否积极，相贯线上共有点投影是否正确，相贯线的可见性判断是否正确，辅助线及图线运用是否合理，图面是否整洁

知识导航

一、相贯线的概念及性质

1. 概念

两个基本体相交（或称相贯），表面产生的交线称为相贯线。本节只讨论最为常见的两个曲面立体相交的问题。

2. 性质

（1）相贯线是两个曲面立体表面的共有线，也是两个曲面立体表面的分界线。相贯线上的点是两个曲面立体表面的共有点。

（2）两个曲面立体的相贯线一般为封闭的空间曲线，特殊情况下可能是平面曲线或直线。

求两个曲面立体相贯线的实质就是求它们表面的共有点。作图时，依次求出特殊点和一般点，判别其可见性，然后将各点光滑连接起来，即得相贯线。

二、相贯线的画法

两个相交的曲面立体中，如果其中一个是柱面立体（常见的是圆柱面），且其轴线垂直于某投影面时，相贯线在该投影面上的投影一定积聚在柱面投影上，相贯线的其余投影可用表面取点法求出。

1. 求作相贯线

【例 4-1】 如图 2-4-2（a）所示，求正交两圆柱体的相贯线。

分析：两圆柱体的轴线正交，且分别垂直于水平面和侧面。相贯线在水平面上的投影积聚在小圆柱水平投影的圆周上，在侧面上的投影积聚在大圆柱侧面投影的圆周上，故只需求作相贯线的正面投影，如图 2-4-2（b）所示。

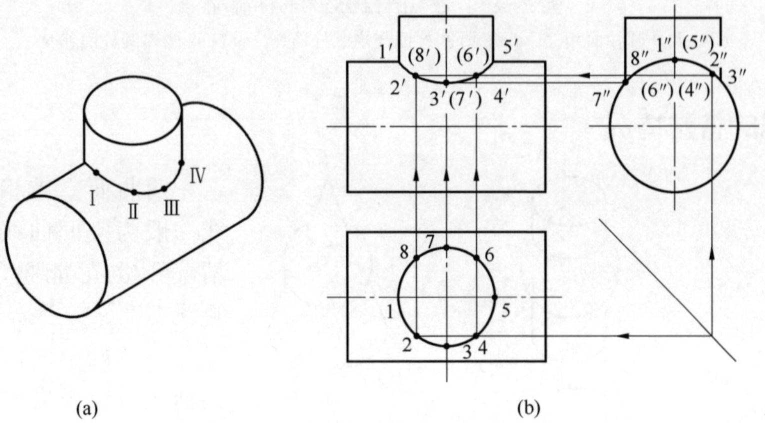

图 2-4-2　正交两圆柱体的相贯线

2. 相贯线的近似画法

相贯线的作图步骤较多，如对相贯线的准确性无特殊要求，当两圆柱垂直正交且直径有相差时，可采用圆弧代替相贯线的近似画法。如图 2-4-3 所示，垂直正交两圆柱的相贯线可用大圆柱的 $D/2$ 为半径作圆弧来代替。

3. 两圆柱正交的类型

两圆柱正交有三种情况：①两外圆柱面相交；②外圆柱面与内圆柱面相交；③两内圆柱面相交。这三种情况的相交形式虽然不同，但相贯线的性质和形状一样，求法也是相同的，如图 2-4-4 所示。

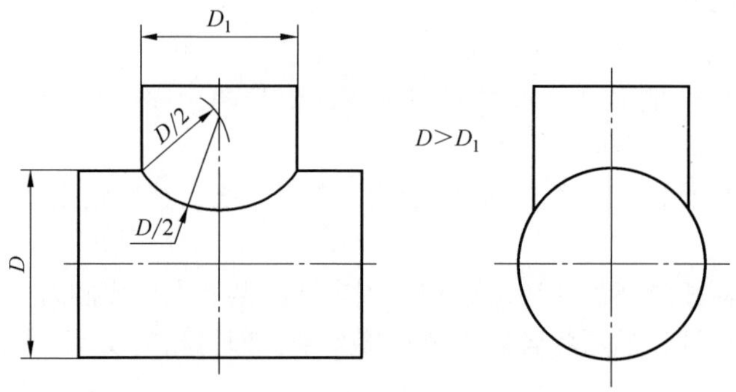

图 2-4-3　相贯线的近似画法

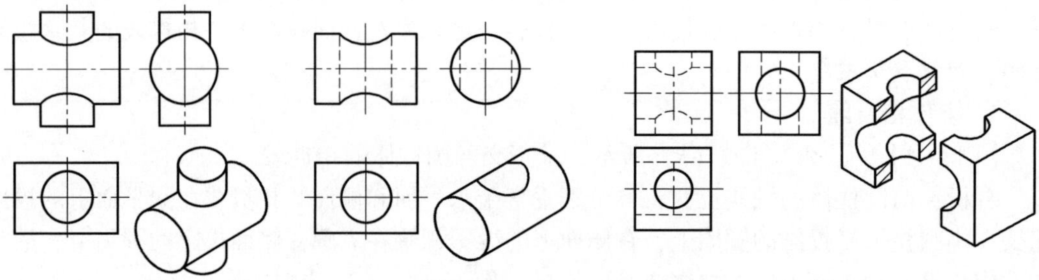

(a)　(b)　(c)

图 2-4-4　两正柱正交的三种情况

（a）两外圆柱面相交　（b）外圆柱面与内圆柱面相交　（c）两内圆柱面相交

三、相贯线的特殊情况

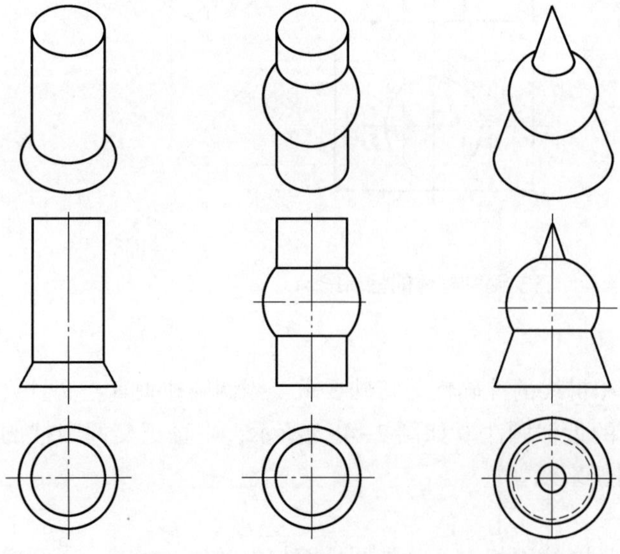

(a)　(b)　(c)

图 2-4-5　两个同轴回转体的相贯线

（a）圆柱与圆锥　（b）圆柱与圆球　（c）圆锥与圆球

两曲面立体相交，其相贯线一般为空间曲线，但在特殊情况下也可能是平面曲线或直线。

（1）两个曲面立体具有公共轴线时，相贯线为与轴线垂直的圆，如图 2-4-5 所示。

（2）当正交的两圆柱直径相等时，相贯线为大小相等的两个椭圆（投影为通过两轴线交点的直线），如图 2-4-6 所示。

（3）当相交的两圆柱轴线平行时，相贯线为两条平行于轴线的直线，如图 2-4-7 所示。

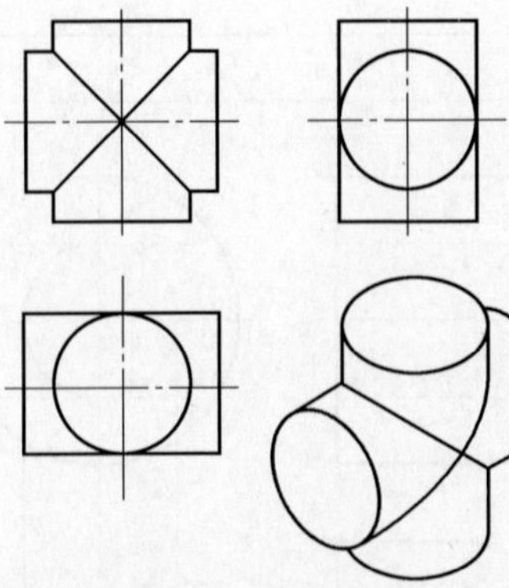

图 2-4-6　等柱正交

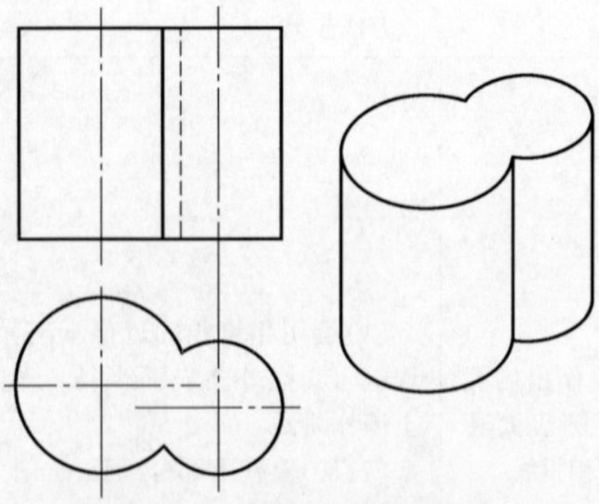

图 2-4-7　两柱轴线平行相交

任务实施单

方法步骤		图示
1. 分析三视图,判断相贯线的形状	(1)内孔与外圆相贯是一段近似圆弧 (2)等直径内孔和内孔相贯,投影是相交的直线,形状是×形	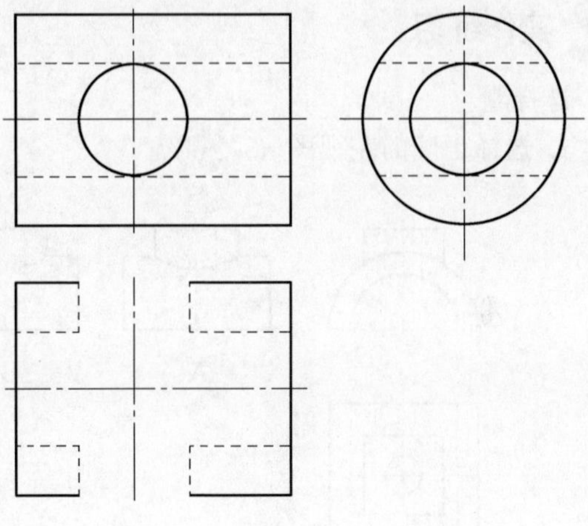
2. 作出内孔和内孔相贯的相贯线	(1)找到过轴线交点的四个点 (2)连接好对角点连线如俯视图所示	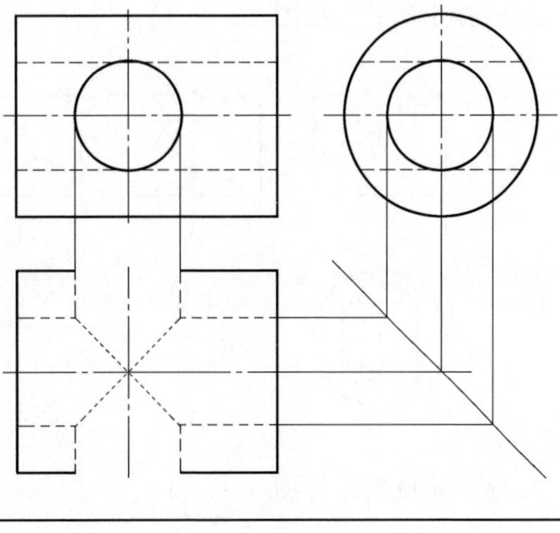

续表

方法步骤		图示
3. 作出内孔和外圆表面相贯的相贯线	(1)运用相贯线的近似画法，取空心圆柱外圆表面半径。作上部分圆弧 (2)同理，作下部分圆弧，全图如俯视图所示	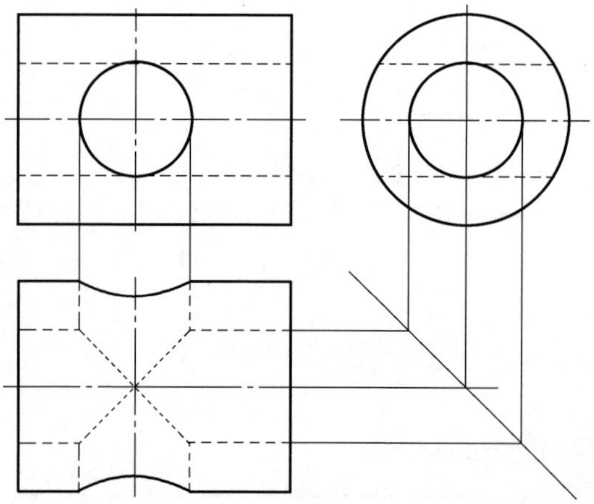

实作练习

选择题

1. 选择正确的左视图（　　）。

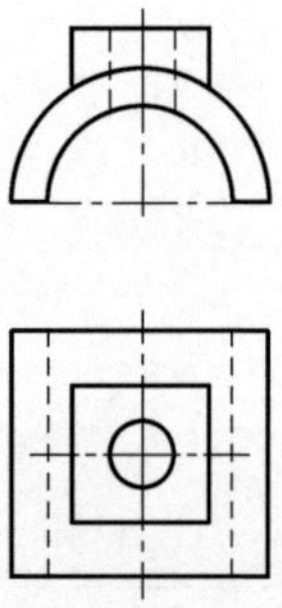

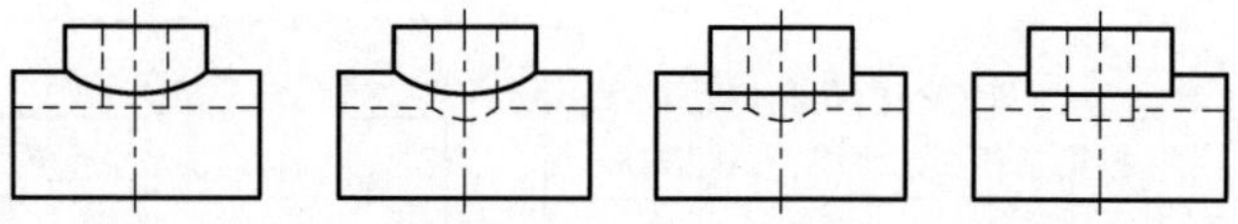

A　　B　　C　　D

2. 选择正确的左视图（　　）。

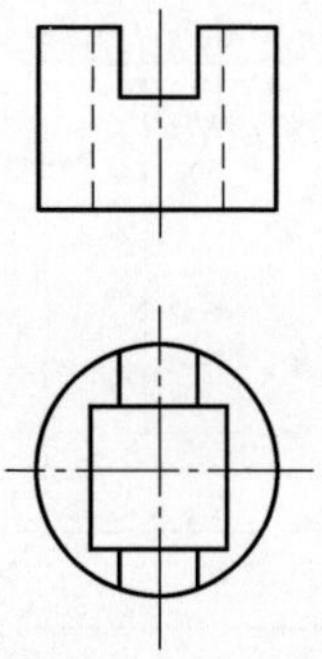

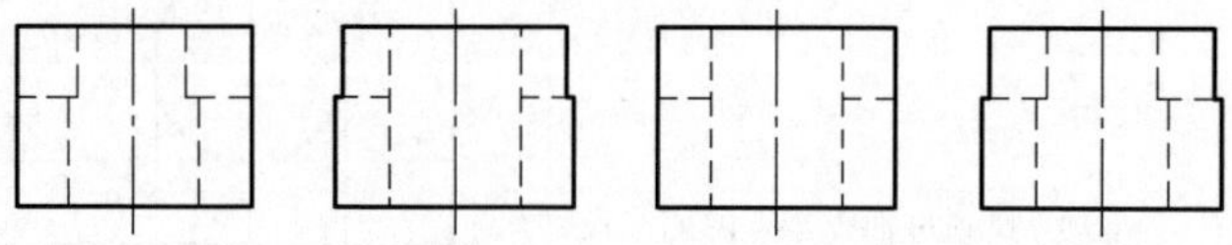

A　　B　　C　　D

3. 选择正确的左视图（　　）。

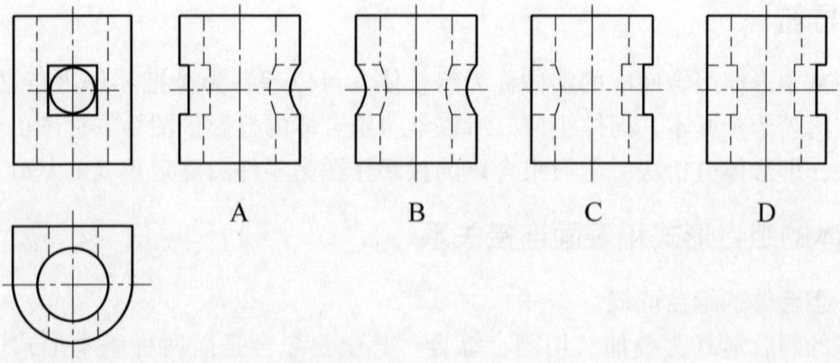

4. 关于相贯线，下列说法正确的是（　　）。

A. 相贯线的投影曲线始终由大圆柱向小圆柱轴线弯曲。

B. 两圆柱直径差越小，相贯线的投影曲线越弯，且更趋近小圆柱轴线。

C. 两圆柱直径相等时，在与圆柱轴线垂直的投影面上为两正交直线。

D. 当两圆柱直径相等时，相贯线为两个相交的椭圆。

配套课件　配套视频

项目二任务五

任务五　绘制组合体三视图

学习目标

（1）学会用形体分析法分析组合体，认清形体特征，分析组合特点。

（2）依据组合体结构特征正确选择视图方案。

（3）按国家标准有关尺寸注法的内容合理标注组合体视图尺寸。

（4）掌握画图步骤，合理布局。

（5）正确使用绘图仪器，提高绘图读图技能。

学习任务单

任务名称	绘制组合体三视图
任务描述及要求	观察图 2-5-1，该组合体由五部分组成（底板、筋板、空心圆柱，背板，顶部空心凸台），自然放置，选取合适的主视图，绘制三视图 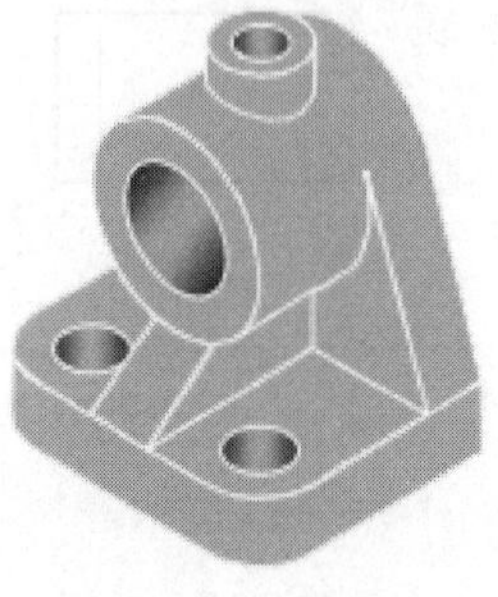 图 2-5-1　轴承座
任务分析	1. 形体分析法分析结构，选择合适的主视图 2. 按照绘图步骤，清晰整洁运用绘图工具完成绘制
任务评价	采用教师批改、讲评与学生互评相结合。评价内容：活动是否积极，三视图的视图选择是否合理，绘制是否符合投影规律，是否漏掉线条，线型可见性判断是否正确，图面是否整洁

知识导航

由一些基本形体组合而成的物体称为组合体。可以理解为是把零件进行必要的简化，将零件看作由若干个基本几何体组成。所以学习组合体的投影作图为零件图的绘制提供了基本的方法，即形体分析法。学习组合体的投影作图为零件图奠定重要的基础。

一、组合体的组合形式和表面连接关系

（一）组合体的组合形式

组合体的组合形式为叠加、切割、综合。其中，综合是前两种基本形式的综合，如图 2-5-2 所示。

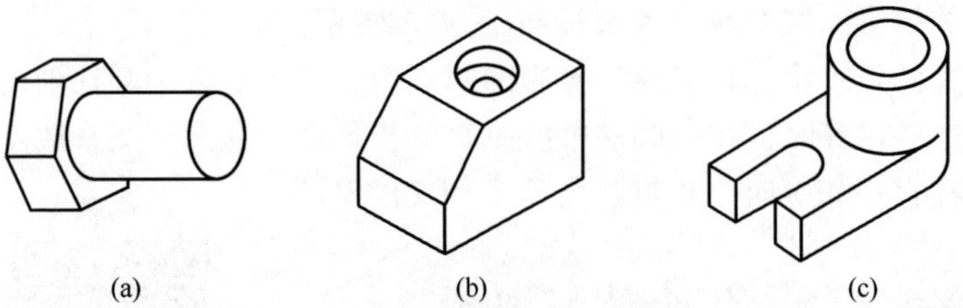

图 2-5-2　组合体的组合形式

（a）叠加型　（b）切割型　（c）综合型

（二）组合体的表面连接关系

（1）平齐或不平齐。当两基本体表面平齐时，结合处不画分界线。当两基本体表面不平齐时，结合处应画出分界线。

如图 2-5-3（a）所示组合体，上、下两表面平齐，在主视图上不应画分界线。如图 2-5-3（b）所示组合体，上、下两表面不平齐，在主视图上应画出分界线。

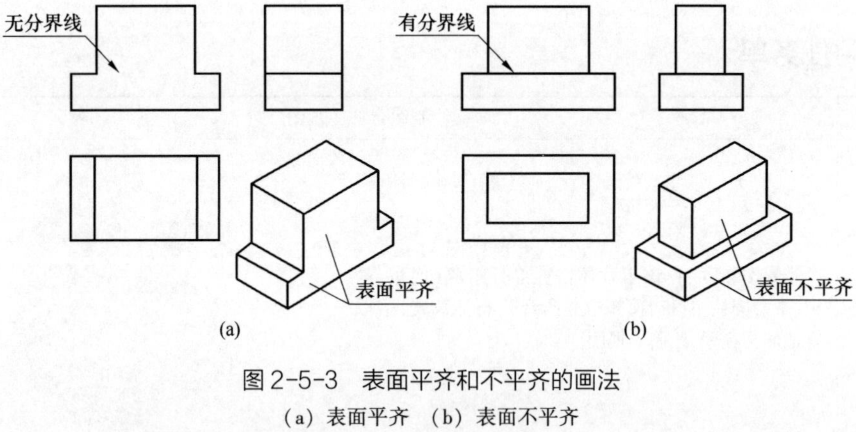

图 2-5-3　表面平齐和不平齐的画法

（a）表面平齐　（b）表面不平齐

（2）相切。当两基本体表面相切时，在相切处不画分界线。

如图 2-5-4（a）所示组合体。它是由底板和圆柱体组成，底板的侧面与圆柱面相切，在相切处形成光滑的过渡，因此主视图和左视图中相切处不应画线，此时应注意两个切点 A、B 的正面投影 a'、(b') 和侧面投影 a''、(b'') 的位置。图 2-5-4（b）是常见的

错误画法。

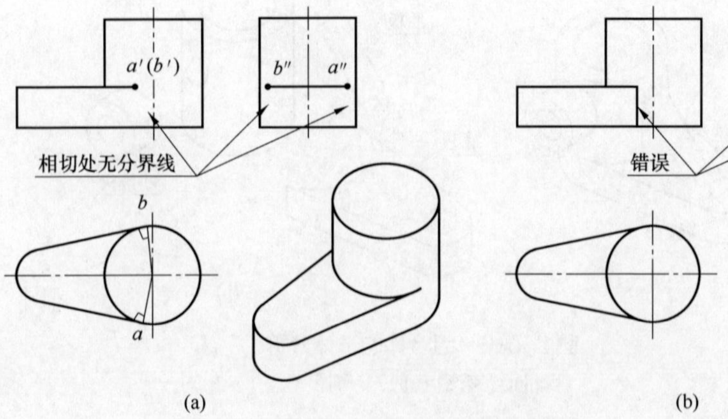

图 2-5-4 表面相切的画法

（a）正确画法 （b）错误画法

（3）相交。当两基本体表面相交时，在相交处应画出分界线。

如图 2-5-5（a）所示组合体，它也是由底板和圆柱体组成，但本例中底板的侧面与圆柱面是相交关系，故在主视图、左视图相交处应画出交线。图 2-5-5（b）是常见的错误画法。

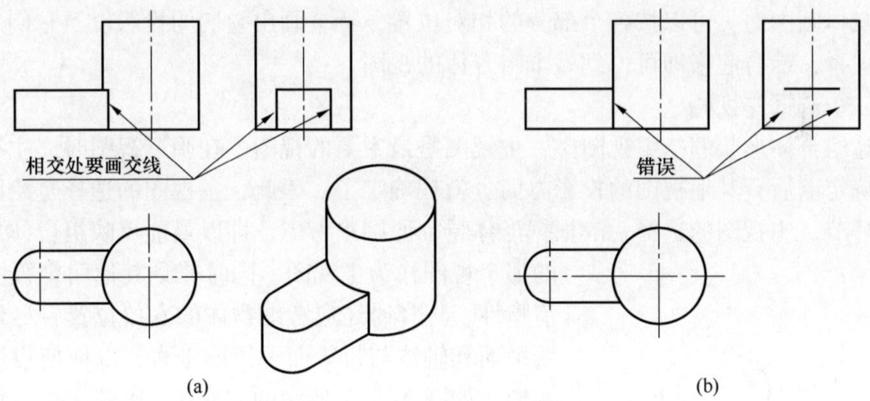

图 2-5-5 表面相交的画法

（a）正确画法 （b）错误画法

（三）形体分析法

假想将组合体分解为若干基本体，分析各基本体的形状、组合形式和相对位置，弄清组合体的形体特征，这种分析方法称为形体分析法。

如图 2-5-6（a）所示的支座可分解成图 2-5-6（b）所示的四个部分。

二、组合体的画法

（一）形体分析

画图前，首先应对组合体进行形体分析，分析该组合体是由哪些基本体所组成的，了

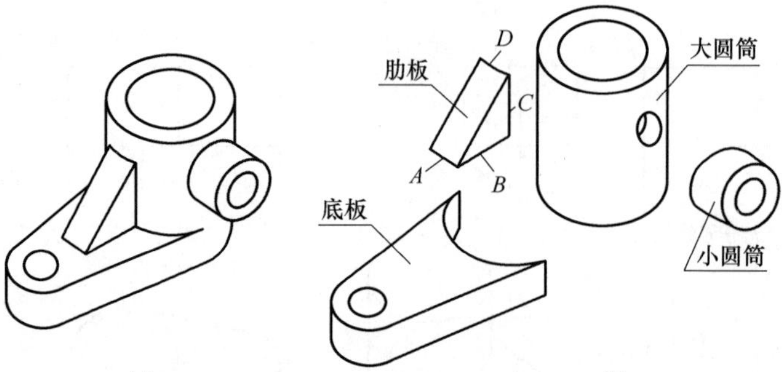

图 2-5-6　组合体的形体分析

（a）支座　（b）分解图

解它们之间的相对位置、组合形式以及表面间的连接关系及其分界线的特点。

图 2-5-6 中的支座由大圆筒、小圆筒、底板和肋板组成。从图中可以看出大圆筒与底板接合，底板的底面与大圆筒底面共面，底板的侧面与大圆筒的外圆柱面相切；肋板叠加在底板的上表面上，右侧与大圆筒相交，其表面交线为 *A*、*B*、*C*、*D*，其中 *D* 为肋板斜面与圆柱面相交而产生的椭圆弧；大圆筒与小圆筒的轴线正交，两圆筒相贯连成一体，因此两者的内外圆柱面相交处都有相贯线。通过对支座进行这样的分析，弄清它的形体特征，对于画图有很大帮助。

在具体画图时，可以按各个部分的相对位置，逐个画出它们的投影以及它们之间的表面连接关系，综合起来即可得到整个组合体的视图。

（二）选择主视图

表达组合体形状的一组视图中，主视图是最主要的视图。在画三视图时，主视图的投影方向确定以后，其他视图的投影方向也就被确定了。因此，主视图的选择是绘图中的一个重要环节。主视图的选择一般根据形体特征原则来考虑，即以最能反映组合体形体特征的那个视图作为主视图，同时兼顾其他两个视图表达的清晰性。选择时还应考虑物体的安放位置，尽量使其主要平面和轴线与投影面平行或垂直，以便使投影能得到实形。如图 2-5-7 所示的支座 1，比较箭头所指的各个投影方向，选择 *A* 向投影为主视图较为合理。

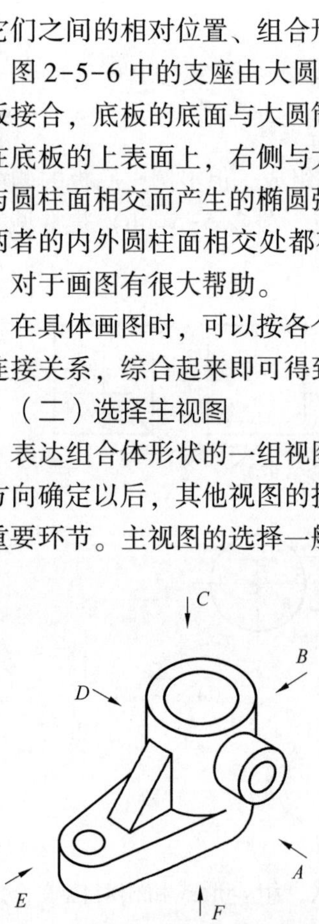

图 2-5-7　支座 1 主视图的选择

（三）确定比例和图幅

视图确定后，要根据物体的复杂程度和尺寸大小，按照标准的规定选择适当的比例与图幅。选择的图幅要留有足够的空间以便标注尺寸和画标题栏等。

（四）布置视图位置

布置视图时，应根据已确定的各视图每个方向的最大尺寸，并考虑到尺寸标注和标题栏等所需的空间，匀称地将各视图布置在图幅上。

（五）绘制底稿

支座 1 的绘图步骤如图 2-5-8 所示。

绘图时应注意以下几点：

（1）为保证三视图之间相互对正，提高画图速度，减少差错，应尽可能把同一形体的三面投影联系起来作图，并依次完成各组成部分的三面投影。不要孤立地先完成一个视图，再画另一个视图。

（2）先画主要形体，后画次要形体；先画各形体的主要部分，后画次要部分；先画可见部分，后画不可见部分。

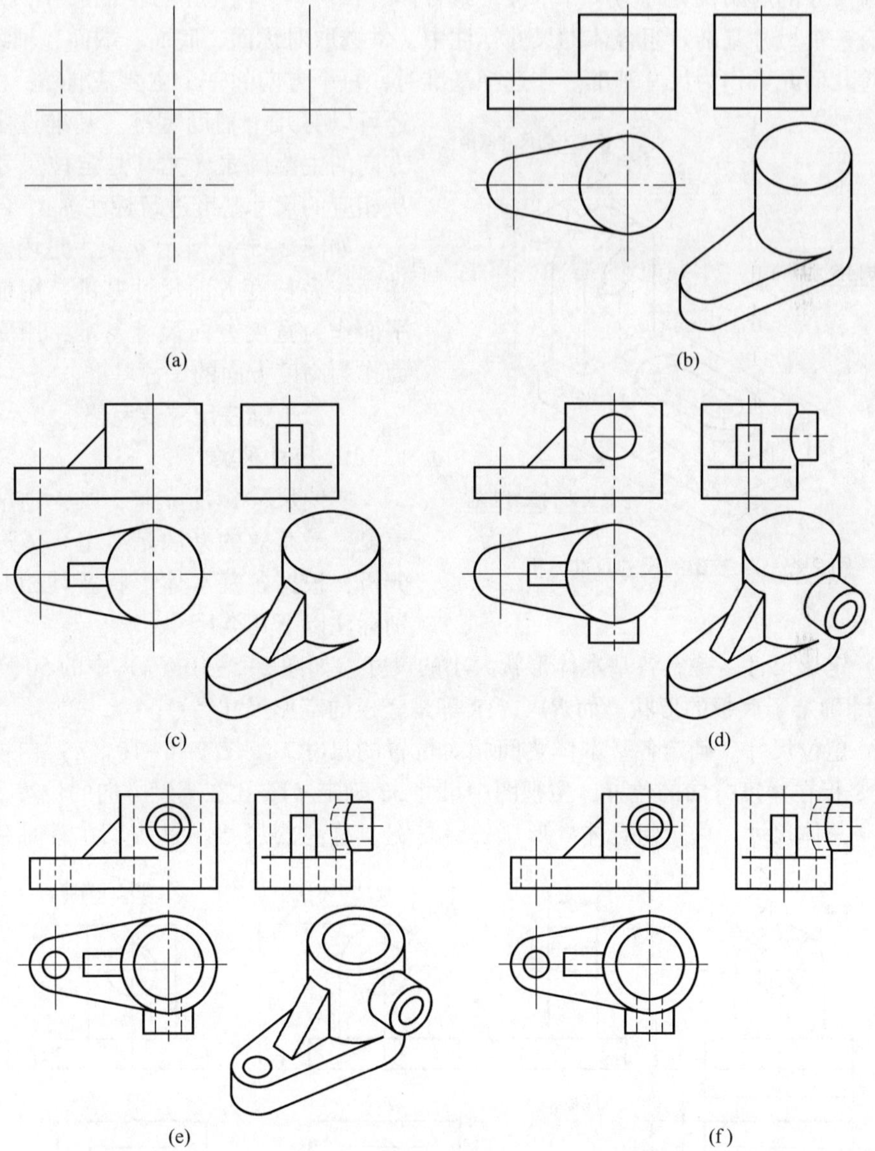

图 2-5-8　支座 1 三视图的作图步骤

（a）布置视图，画主要基准线　（b）画底板和大圆筒外圆柱面　（c）画肋板

（d）画小圆筒外圆柱面　（e）画三个圆孔　（f）检查、描深，完成全图

（3）应考虑到组合体是各个部分组合起来的一个整体，作图时要正确处理各形体之

间的表面连接关系。

三、组合体的尺寸标注

一组视图只能表示物体的形状，不能确定物体的大小，组合体各部分的真实大小及相对位置，由标注的尺寸确定。

（一）尺寸基准

标注尺寸的起始位置称为尺寸基准。组合体有长、宽、高三个方向的尺寸，每个方向至少应有一个尺寸基准。组合体的尺寸标注中，常选取对称面、底面、端面、轴线或圆的中心线等几何元素作为尺寸基准。在选择基准时，每个方向除一个主要基准外，根据情况还可以有几个辅助基准。基准选定后，各方向的主要尺寸（尤其是定位尺寸）就应从相应的尺寸基准进行标注。

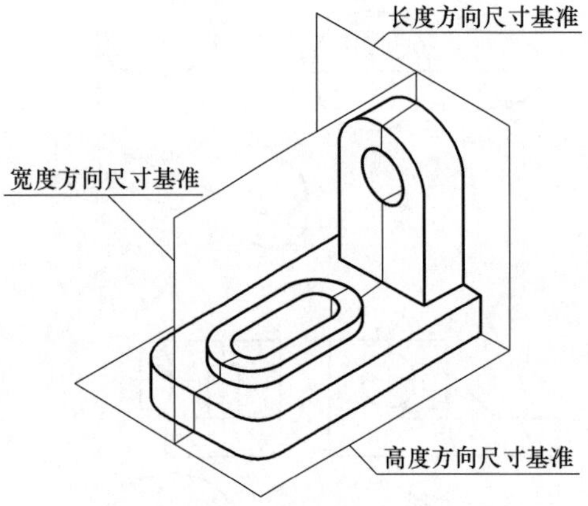

图 2-5-9　支架的尺寸基准分析

如图 2-5-9 所示支架，是用竖板的右端面作为长度方向尺寸基准；用前后对称平面作为宽度方向尺寸基准；用底板的底面作为高度方向的尺寸基准。

（二）标注尺寸要完整

1. 尺寸种类

要使尺寸标注完整，既无遗漏，又不重复，最有效的办法是对组合体进行形体分析，根据各基本体形状及其相对位置分别标注以下几类尺寸。

（1）定形尺寸。确定各基本体形状大小的尺寸。如图 2-5-10（a）中的 50、34、10、*R*8 等尺寸确定了底板的形状。而 *R*14、18 等是竖板的定形尺寸。

（2）定位尺寸。确定各基本体之间相对位置的尺寸。如图 2-5-10（a）俯视图中的 *R*8 确定竖板在宽度方向的位置，主视图中尺寸 32 确定 ϕ16 孔在高度方向的位置。

（3）总体尺寸。确定组合体外形总长、总宽、总高的尺寸。总体尺寸有时和定形尺

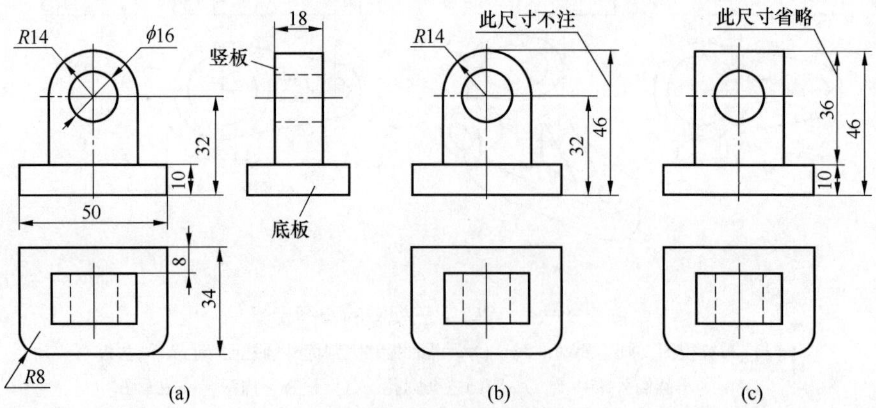

图 2-5-10　尺寸种类

寸重合，如图2-5-10（a）中的总长50和总宽34同时也是底板的定形尺寸。对于具有圆弧面的结构，通常只注中心线位置尺寸，而不注总体尺寸。如图2-5-10（b）中总高可由32和R14确定，此时就不再标注总高46了。当标注了总体尺寸后，有时可能会出现尺寸重复，这时可考虑省略某些定形尺寸。如图2-5-10（c）中总高46和定形尺寸10、36重复，此时可根据情况将此二者之一省略。

2. 标注尺寸的方法和步骤

标注组合体的尺寸时，应先对组合体进行形体分析，选择基准，标注出定形尺寸、定位尺寸和总体尺寸，最后检查、核对。

以图2-5-11（a）、（b）所示的支座2为例说明组合体尺寸标注的方法和步骤。

（1）进行形体分析。该支座由底板、圆筒、支撑板、肋板四个部分组成，它们之间的组合形式为叠加，如图2-5-11（c）所示。

（2）选择尺寸基准。该支座左右对称，故选择对称平面作为长度方向尺寸基准；底板和支撑板的后端面平齐，可选作宽度方向尺寸基准；底板的下底面是支座的安装面，可选作高度方向尺寸基准，如图2-5-11（a）所示。

（3）根据形体分析，逐个注出底板、圆筒、支撑板、肋板的定形尺寸，如图2-5-11（d）、（e）所示。

（4）根据选定的尺寸基准，注出确定各部分相对位置的定位尺寸。如图2-5-11（f）中确定圆筒与底板相对位置的尺寸32，以及确定底板上两个$\phi8$孔位置的尺寸34和26。

（5）标注总体尺寸。此图中所示支座的总长与底板的长度相等，总宽由底板宽度和圆筒伸出部分长度确定，总高由圆筒轴线高度加圆筒直径的一半决定，因此这几个总体尺寸都已标出。

（6）检查尺寸标注有无重复、遗漏，并进行修改和调整，最后结果如图2-5-11（f）所示。

（三）标注尺寸要清晰

标注尺寸不仅要求正确、完整，还要求清晰，以方便读图。因此，在严格遵守机械制图国家标准的前提下，还应注意以下几点：

（1）尺寸应尽量标注在反映形体特征最明显的视图上。如图2-5-11（d）中底板下部开槽宽度24和高度5，标注在反映实形的主视图上较好。

（2）同一基本形体的定形尺寸和确定其位置的定位尺寸，应尽可能集中标注在一个视图上。如图2-5-11（f）上将两个$\phi8$圆孔的定形尺寸$2\times\phi8$和定位尺寸34、26集中标注在俯视图上，这样便于在读图时寻找尺寸。

（3）直径尺寸应尽量标注在投影为非圆的视图上，而圆弧的半径应标注在投影为圆的视图上。如图2-5-11（e）中圆筒的外径$\phi28$标注在其投影为非圆的左视图上，底板的圆角半径$R8$标注在其投影为圆的俯视图上。

（4）尽量避免在虚线上标注尺寸。如图2-5-11（e）将圆筒的孔径$\phi16$标注在主视图上，而不是标注在俯、左视图上，因为$\phi16$孔在这两个视图上的投影都是虚线。

（5）同一视图上的平行并列尺寸，应按“小尺寸在内，大尺寸在外”的原则来排列，且尺寸线与轮廓线、尺寸线与尺寸线之间的间距要适当。

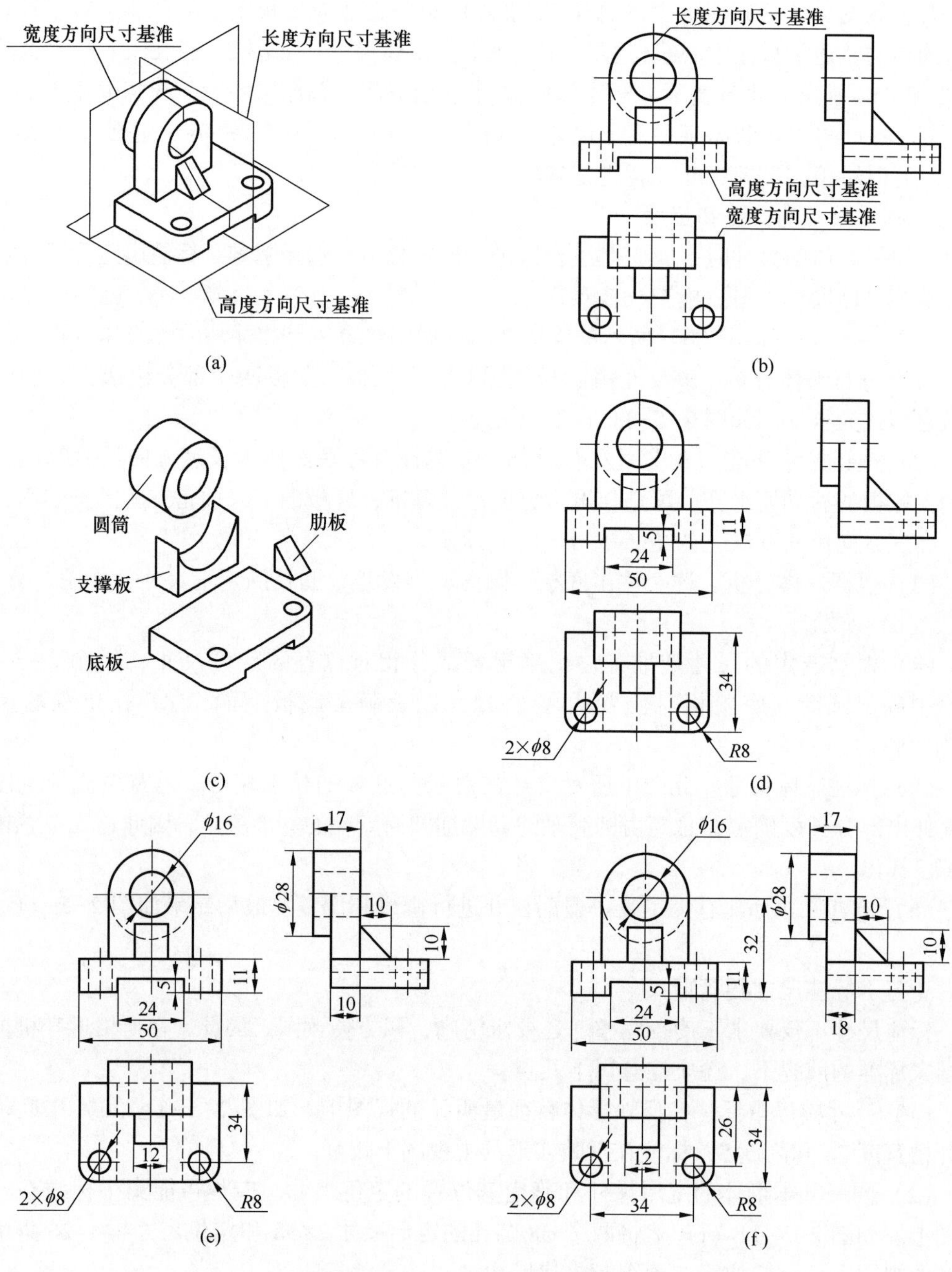

图 2-5-11　支座 2 的尺寸标注

（a）支座　（b）支座三视图　（c）支座形体分析　（d）标注底板定形尺寸
（e）标注圆筒、支撑板、肋板定形尺寸　（f）标注定位尺寸、总体尺寸

（6）尺寸应尽量配置在视图的外面，以避免尺寸线与轮廓线交错重叠，保持图形清晰。

（四）常见结构的尺寸注法

图 2-5-12 列出了组合体上一些常见结构的尺寸注法。

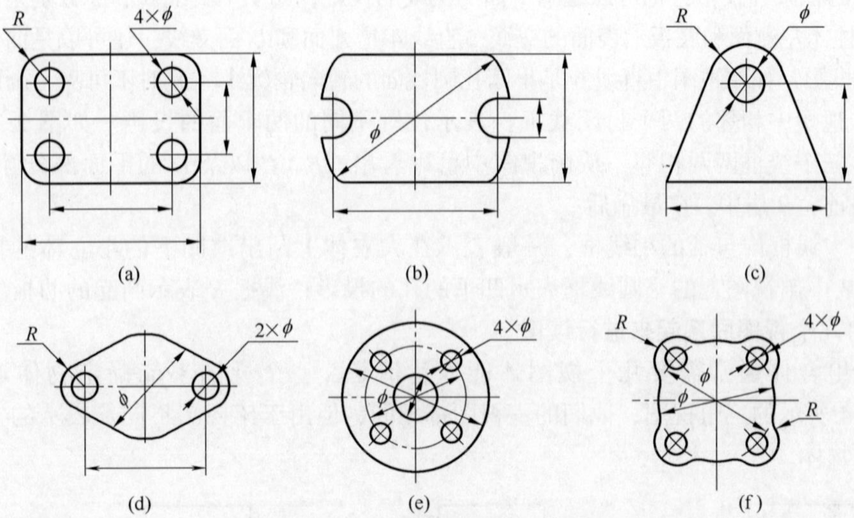

图 2-5-12 常见结构的尺寸注法

四、读组合体视图

画图和读图是学习本课程的两个重要环节，培养读图能力是本课程的基本任务之一。画图是将空间的物体形状在平面上绘制成视图，而读图则是根据已画出的视图，运用投影规律，对物体空间形状进行分析、判断、想象的过程，读图是画图的逆过程。

（一）读图的基本要领

1. 理解视图中线框和图线的含义

视图是由图线和线框组成的，弄清视图中线框和图线的含义对读图有很大帮助。

(1) 视图中的每个封闭线框可以是物体上一个表面（平面、曲面或它们相切形成的组合面）的投影，也可以是一个孔的投影。如图 2-5-13 所示，主视图上的线框 *A*、*B*、*C* 是平面的投影，线框 *D* 是平面与圆柱面相切形成的组合面的投影，主、俯视图中大、小两个圆线框分别是大小两个孔的投影。

(2) 视图中的每一条图线可以是面的积聚性投影，如图 2-5-13 中直线 1 和 2 分别是 *A*

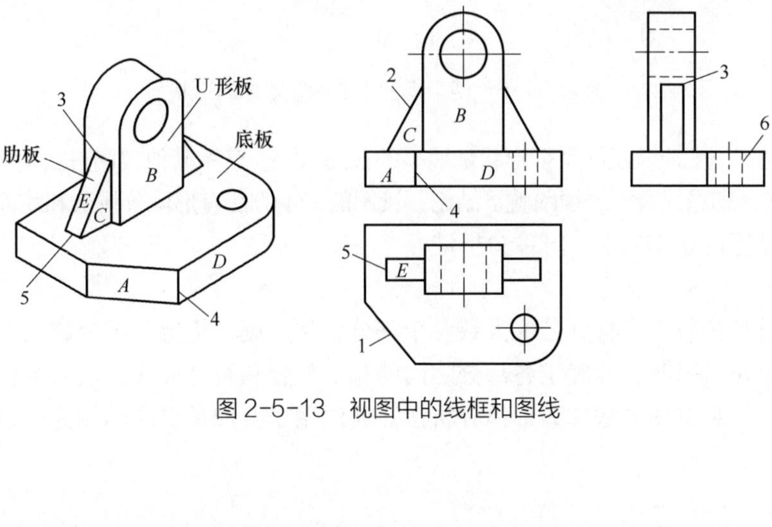

图 2-5-13 视图中的线框和图线

面和 E 面的积聚性投影；也可以是两个面的交线的投影，如图中直线 3 和 5 分别是肋板斜面 E 与拱形柱体左侧面和底板上表面的交线，直线 4 是 A 面和 D 面交线；还可以是曲面的转向轮廓线的投影，如左视图中直线 6 是小圆孔圆柱面的转向轮廓线（此时不可见，画虚线）。

（3）视图中相邻的两个封闭线框，表示位置不同的两个面的投影。如图 2-5-13 中 B、C、D 三个线框两两相邻，从俯视图中可以看出，B、C 以及 D 的平面部分互相平行，且 D 在最前，B 居中，C 最靠后。

（4）大线框内包括的小线框，一般表示在大立体上凸出或凹下的小立体的投影。如图 2-5-13 中俯视图上的小圆线框表示凹下的孔的投影，线框 E 表示凸起的肋板的投影。

2. 将几个视图联系起来进行读图

一个组合体通常需要几个视图才能表达清楚，一个视图不能确定物体形状。如图 2-5-14 所示的三组视图，他们的主视图都相同，但由于俯视图不同，表示的实际是三个不同的物体。

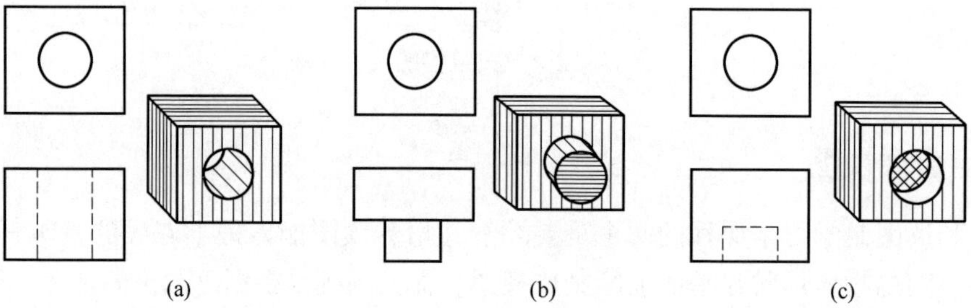

图 2-5-14　一个视图不能确定物体的形状

有时即使有两个视图相同，若视图选择不当，也不能确定物体的形状。如图 2-5-15 所示的三组视图，他们的主、俯视图都相同，但由于左视图不同，也表示了三个不同的物体。

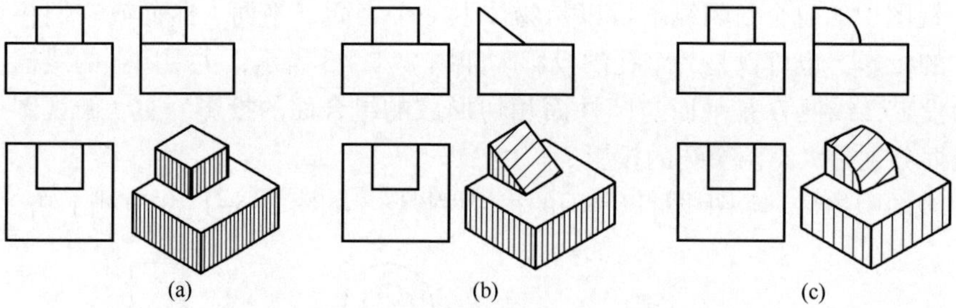

图 2-5-15　两个视图不能确定物体的形状

在读图时，一般应从反映特征形状最明显的视图入手，联系其他视图进行对照分析，才能确定物体形状，切忌只看一个视图就下结论。读图的基本方法有形体分析法和线面分析法。

（二）读图的基本方法—形体分析法

1. 概念

根据组合体的特点，将其分成大致几个部分，然后逐一将每一部分的几个投影对照进行分析，想象出其形状，并确定各部分之间的相对位置和组合形式，最后综合想象出整个物体的形状。这种读图方法称为形体分析法。此法用于叠加类组合体较为有效。

2. 读图步骤

(1) 分线框，对照投影。由于主视图上具有的特征部位一般较多，故通常先从主视图开始进行分析。

(2) 想出形体，确定位置。

(3) 综合起来，想出整体。

一般的读图顺序是：先看主要部分，后看次要部分；先看容易确定的部分，后看难以确定的部分；先看某一组成部分的整体形状，后看其细节部分形状。

3. 例题

读如图 2-5-16（a）所示三视图，想象出它所表示的物体的形状。读图步骤：

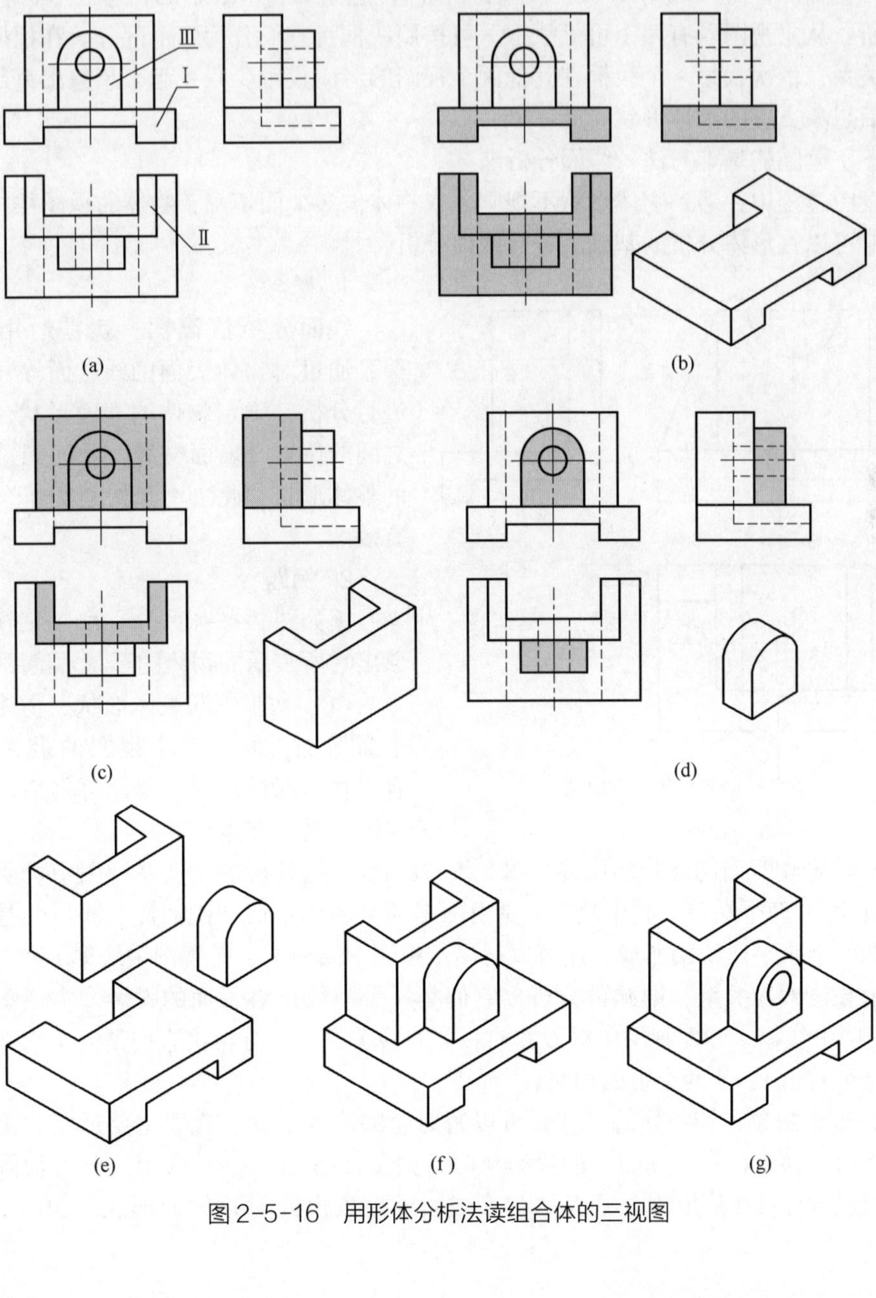

图 2-5-16　用形体分析法读组合体的三视图

（1）分离出特征明显的线框。三个视图都可以看作是由三个线框组成的，因此可大致将该物体分为三个部分。其中主视图中Ⅰ、Ⅲ两个线框特征明显，俯视图中线框Ⅱ的特征明显，如图 2-5-16（a）所示。

（2）逐个想象各形体形状。根据投影规律，依次找出Ⅰ、Ⅱ、Ⅲ三个线框在其他两个视图的对应投影，并想象出他们的形状，如图 2-5-16（b）、（c）、（d）所示。

（3）综合想象整体形状。确定各形体的相互位置，初步想象物体的整体形状，如图 2-5-16（e）、（f）所示。然后把想象的组合体与三视图进行对照、检查，如根据主视图中的圆线框及它在其他两视图中的投影想象出通孔的形状，最后想象出的物体形状如图 2-5-16（g）所示。

思考：如图 2-5-17 所示，读支座的三视图，想象出它所表示的物体的形状。

分析：从主视图看有四个可见线框，可按照线框将它们分为四个部分。在根据视图间的投影关系，依次找每一个线框在其他两个视图的对应投影，联系起来想象出每部分的形状。最后想象支座的整体形状。

（三）读图的基本方法—线面分析法

在读图过程中，遇到物体形状不规则，或物体被多个面切割，物体的视图往往难以读懂，此时可以在形体分析的基础上进行线面分析。

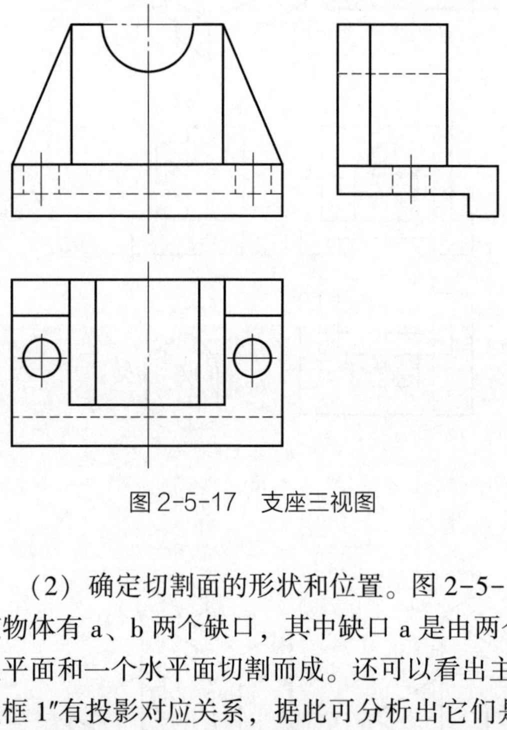

图 2-5-17　支座三视图

1. 概念

线面分析法读图，就是运用投影规律，通过对物体表面的线、面等几何要素进行分析，确定物体的表面形状、面与面之间的位置及表面交线，从而想象出物体的整体形状。此法用于切割类组合体较为有效。

2. 例题

读如图 2-5-18（a）所示三视图，想象出它所表示的物体的形状。读图步骤：

（1）初步判断主体形状。物体被多个平面切割，但从三个视图的最大线框来看，基本都是矩形，据此可判断该物体的主体应是长方体。

（2）确定切割面的形状和位置。图 2-5-18（b）是分析图，从左视图中可明显看出该物体有 a、b 两个缺口，其中缺口 a 是由两个相交的侧垂面切割而成，缺口 b 是由一个正平面和一个水平面切割而成。还可以看出主视图中线框 1′、俯视图中线框 1 和左视图中线框 1″有投影对应关系，据此可分析出它们是一个一般位置平面的投影。主视图中线段 2′、俯视图中线框 2 和左视图中线段 2″有投影对应关系，可分析出它们是一个水平面的投影。并且可看出Ⅰ、Ⅱ两个平面相交。

（3）逐个想象各切割处的形状。可以暂时忽略次要形状，先看主要形状。比如看图时可先将两个缺口在三个视图中的投影忽略，如图 2-5-18（c）所示。此时物体可认为是由一个长方体被Ⅰ、Ⅱ两个平面切割而成，可想象出此时物体的形状，如图 2-5-18

（c）的立体图所示。然后再依次想象缺口 a、b 处的形状，分别如图 2-5-18（d）、（e）所示。

（4）想象整体形状。综合归纳各截切面的形状和空间位置，想象物体的整体形状，如图 2-5-18（f）所示。

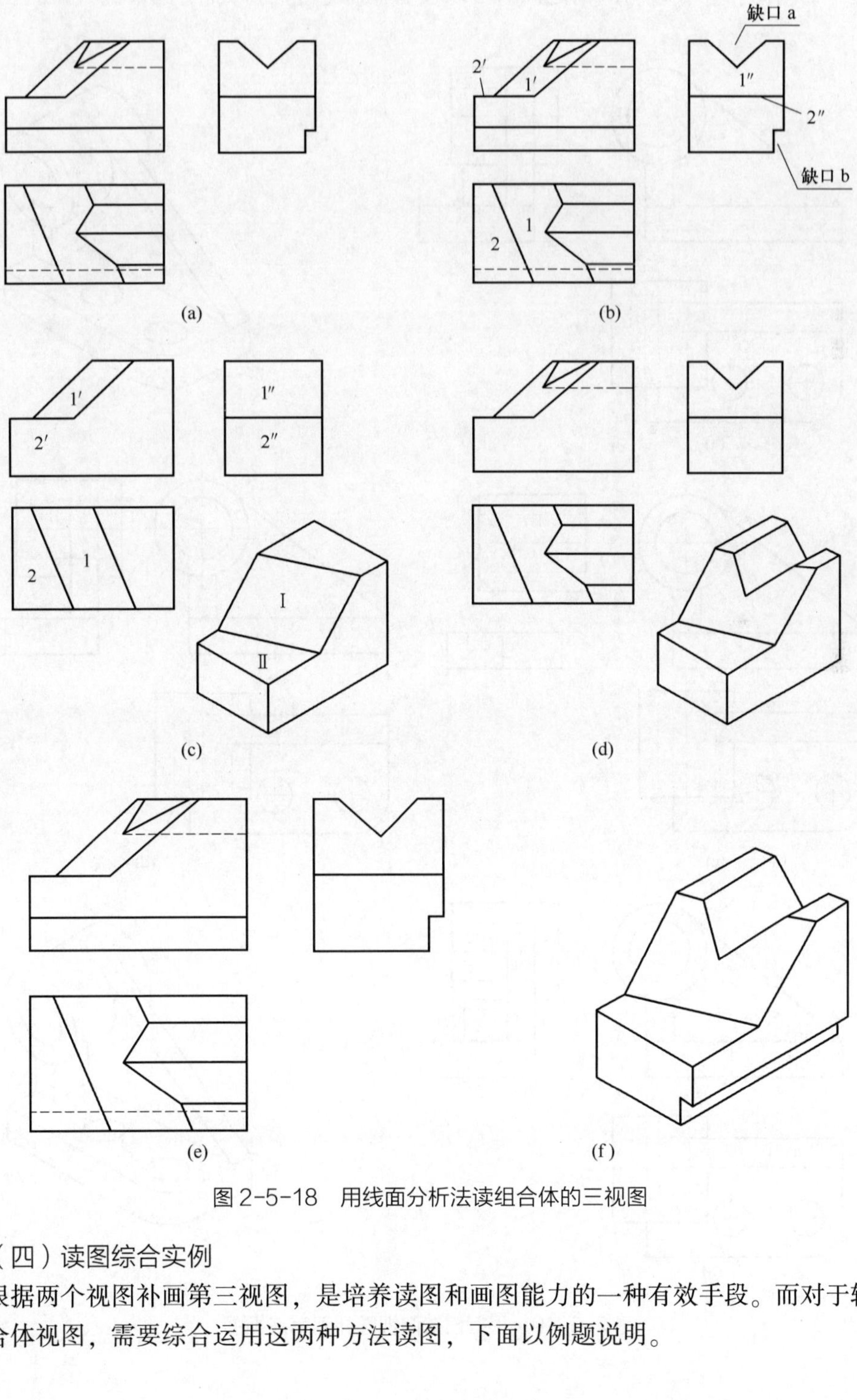

图 2-5-18　用线面分析法读组合体的三视图

（四）读图综合实例

根据两个视图补画第三视图，是培养读图和画图能力的一种有效手段。而对于较复杂的组合体视图，需要综合运用这两种方法读图，下面以例题说明。

如图 2-5-19（a）所示，根据已知的组合体主、俯视图，作出其左视图。作图方法和步骤：

（1）形体分析。主视图可以分为四个线框，根据投影关系在俯视图上找出它们的对应投影，可初步判断该物体是由四个部分组成的。下部Ⅰ是底板，其上开有两个通孔；上部Ⅱ是一个圆筒；在底板与圆筒之间有一块支撑板Ⅲ，它的斜面与圆筒的外圆柱面相切，

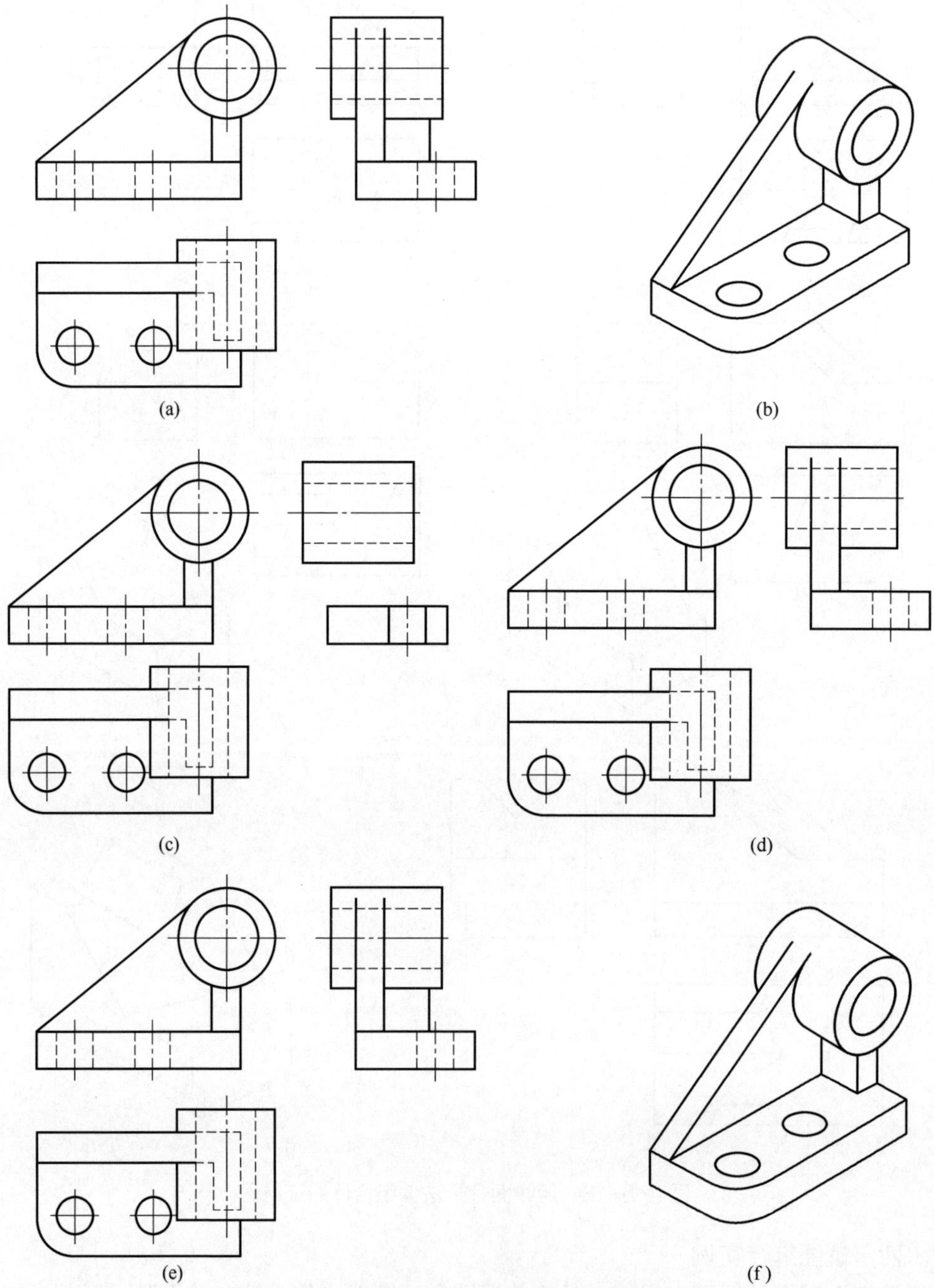

图 2-5-19　根据已知两视图补画第三视图

它的后表面与底板的后表面平齐；在底板与圆筒之间还有一个肋板Ⅳ。根据以上分析，想象出该物体的形状，如图 2-5-19（f）所示。

（2）画出各部分在左视图的投影。根据上面的分析及想出的形状，按照各部分的相对位置，依次画出底板、圆筒、支撑板、肋板在左视图中的投影。作图步骤如图 2-5-19（b）、（c）、（d）、（e）所示。最后检查、描深，完成全图。

任务实施单

方法步骤		图示
1. 选择视图表达方案	(1)选 A4 图纸 (2)选择 *A* 向为主视图方向	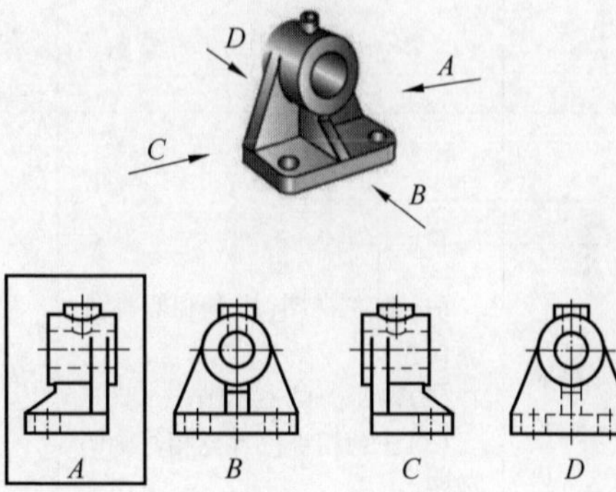
2. 画视图基准线	(1)选择比例 (2)布置视图位置 (3)画三视图长宽高基准线	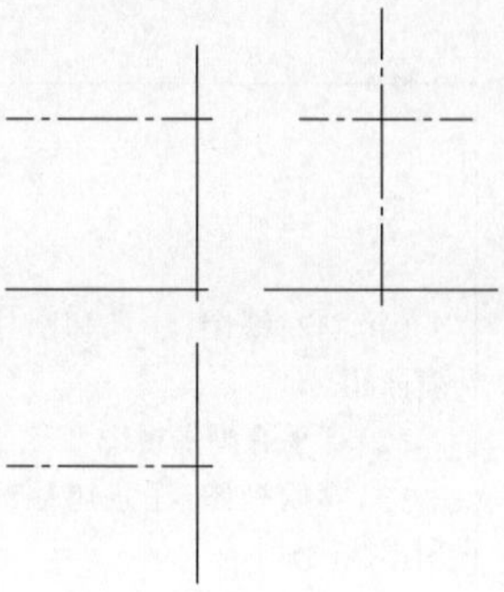
3. 画组合体底板的三面投影	(1)画主视图 (2)长对正画俯视图 (3)高平齐宽相等画左视图	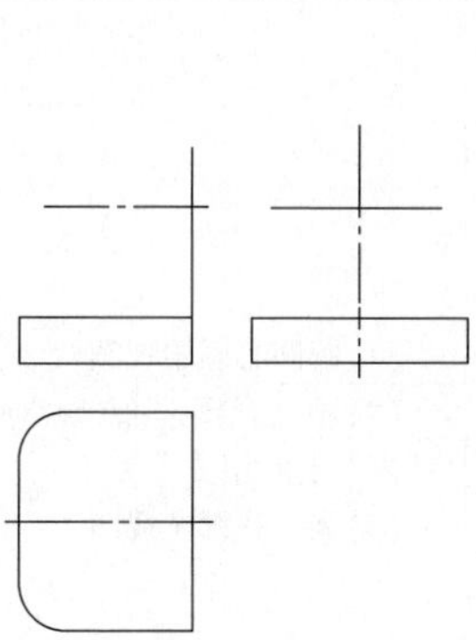

续表

方法步骤		图示
4. 画空心圆柱三面投影	(1)画同心圆左视图 (2)高平齐画主视图,内孔用虚线线型 (3)画俯视图	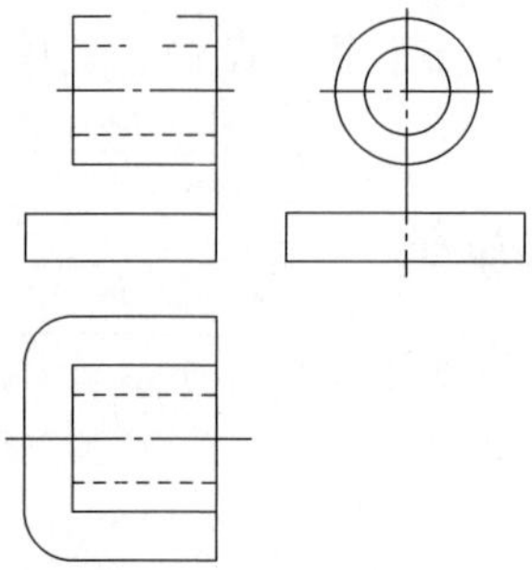
5. 画支撑板三面投影	(1)画左视图,注意和圆柱外表面相切 (2)高平齐画主视图 (3)注意切点位置宽相等画俯视图	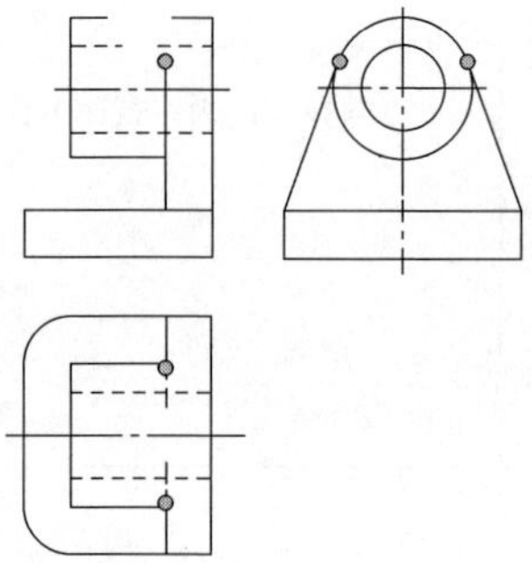
6. 画肋板三面投影	(1)画左视图,注意和圆柱外表面相交 (2)高平齐画主视图 (3)画俯视图,注意遮住部分用虚线表达	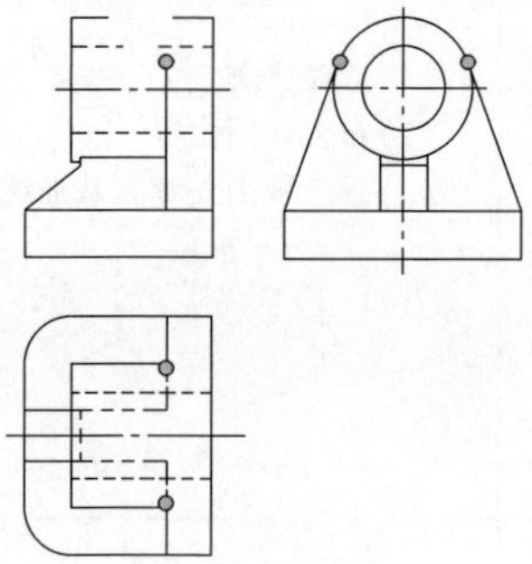
7. 画顶部凸台三面投影	(1)画同心圆俯视图 (2)画主视图,注意和空心圆柱内外表面相贯 (3)高平齐画左视图	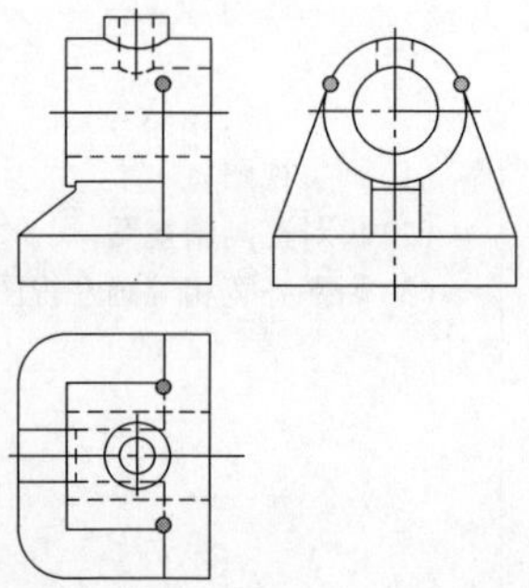

续表

方法步骤		图示
8. 检查视图	(1)画底板小孔，检查视图是否有遗漏 (2)描粗加深	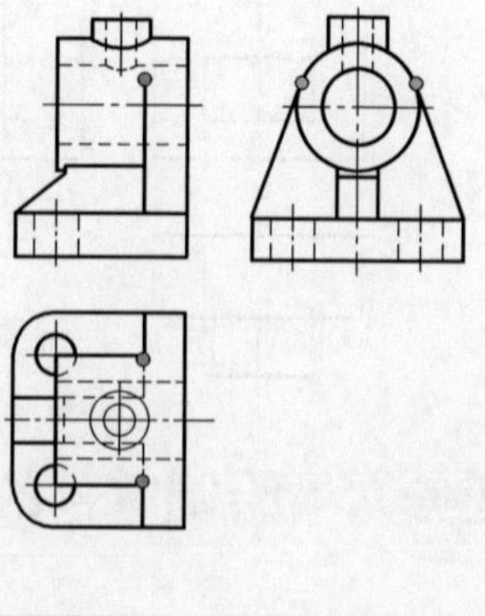

实作练习

一、填空题

1. 组合体的组合类型有________型、________型、________型三种。

2. 看组合体三视图的方法有________和________。

3. 平面立体一般要标注________三个方向的尺寸，回转体一般只标注________和________的尺寸。

4. 组合体的视图上，一般应标注出________、________和________三种尺寸，标注尺寸的起点称为尺寸的________。

二、选择题

1. 关于组合体尺寸标注，下列说法错误的是（　　）。

A. 尺寸标注必须符合国家标准规定

B. 所注各类尺寸应齐全，做到不遗漏、不多余

C. 尺寸标注要整齐清楚，便于看图

D. 尺寸可以标注在虚线上

2. 已知物体的主、俯视图，正确的左视图是（　　）。

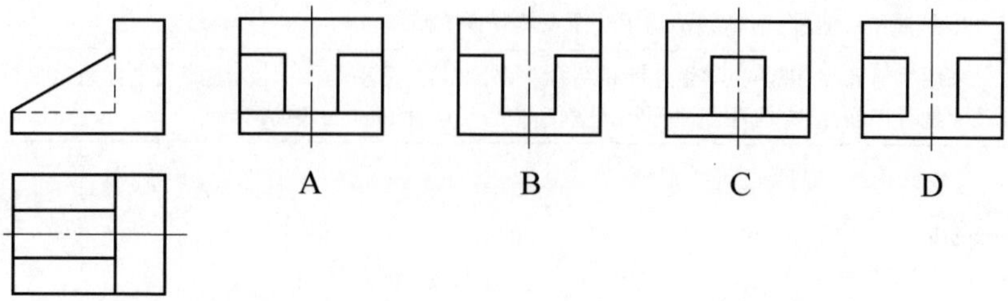

3. 看懂主、俯视图，想象出组合体的形状，找出错误的左视图（　　）。

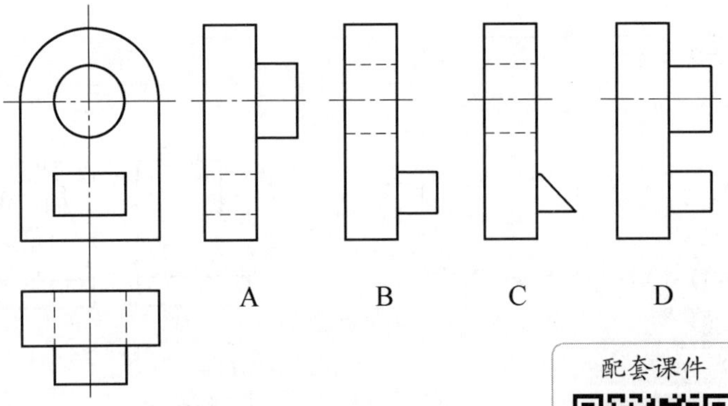

配套课件 配套视频

项目二任务六

任务六 绘制零件的轴测图

学习目标

(1) 熟悉国家标准《技术制图》和《机械制图》中有关轴测图的相关规定。

(2) 掌握轴测图投影形成、性质及分类。

(3) 掌握轴测图绘制。

学习任务单

任务名称	绘制组合体的轴测图
任务描述及要求	1. 观察组合体的三视图(图 2-6-1),该立体由两部分组成,底部开有通槽,立板有圆孔 2. 轴测图布局,截取图上尺寸选择坐标系,画轴测图 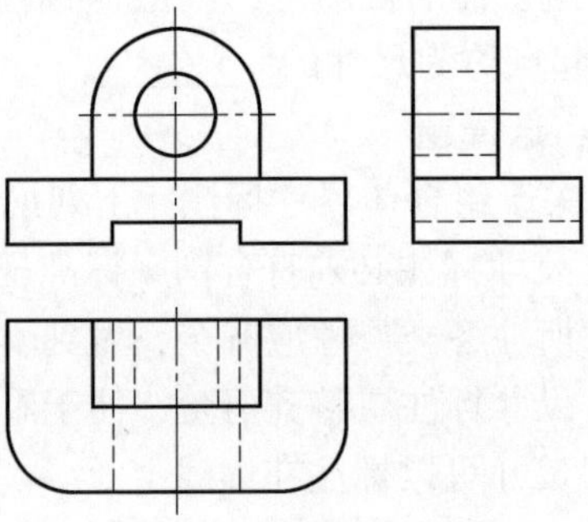 图 2-6-1 组合体三视图
任务分析	1. 形体分析法分析结构,想象物体空间结构 2. 按照绘图步骤,清晰整洁运用绘图工具完成绘制
任务评价	采用教师批改、讲评与学生互评相结合。评价内容:活动是否积极,轴测图坐标系是否符合要求,截取尺寸是否正确,结构是否合理,可见性判断是否正确,图面是否整洁

知识导航

一、轴测图的基本知识

1. 轴测图的形成

将空间物体连同确定其位置的直角坐标系，沿不平行于任一坐标平面的方向，用平行投影法投射在某一选定的单一投影面上所得到的具有立体感的图形，称为轴测投影图，简称轴测图，如图 2-6-2 所示。

在轴测投影中，我们把选定的投影面 P 称为轴测投影面；把空间直角坐标轴 OX、OY、OZ 在轴测投影面上的投影 O_1X_1、O_1Y_1、O_1Z_1 称为轴测轴；把两轴测轴之间的夹角 $\angle X_1O_1Y_1$、$\angle Y_1O_1Z_1$、$\angle X_1O_1Z_1$ 称为轴间角；轴测轴上的单位长度与空间直角坐标轴上对应单位长度的比值，称为轴向伸缩系数。OX、OY、OZ 的轴向伸缩系数分别用 p_1、q_1、r_1 表示。例如，在图 2-6-2 中，$p_1=O_1A_1/OA$，$q_1=O_1B_1/OB$，$r_1=O_1C_1/OC$。

注意：轴间角与轴向伸缩系数是绘制轴测图的两个主要参数。

2. 轴测图的种类

（1）按照投影方向与轴测投影面的夹角，轴测图可以分为：

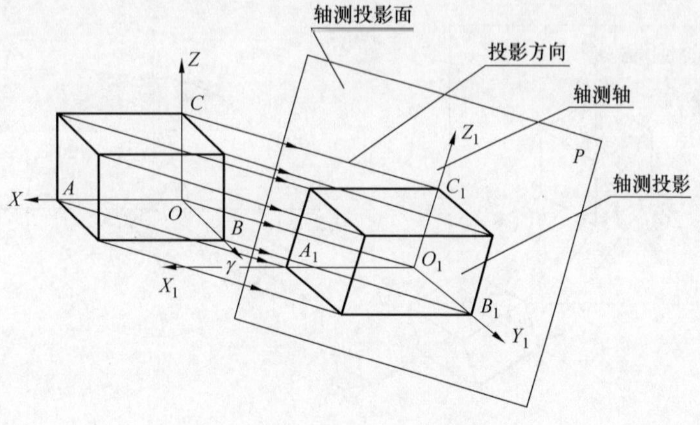

图 2-6-2　轴测图的形成

① 正轴测图——轴测投影方向（投影线）与轴测投影面垂直时投影所得到的轴测图；

② 斜轴测图——轴测投影方向（投影线）与轴测投影面倾斜时投影所得到的轴测图。

（2）按照轴向伸缩系数，轴测图可以分为：

① 正（或斜）等测轴测图——$p_1=q_1=r_1$，简称正（斜）等测图；

② 正（或斜）二等测轴测图——$p_1=r_1\neq q_1$，简称正（斜）二测图；

③ 正（或斜）三等测轴测图——$p_1\neq q_1\neq r_1$，简称正（斜）三测图。

本任务只介绍工程上常用的正等测图和斜二测图的画法。

3. 轴测图的基本性质

（1）物体上互相平行的线段，在轴测图中仍互相平行；物体上平行于坐标轴的线段，在轴测图中仍平行于相应的轴测轴，且同一轴向所有线段的轴向伸缩系数相同。

（2）物体上不平行于坐标轴的线段，可以用坐标法确定其两个端点然后连线画出。

（3）物体上不平行于轴测投影面的平面图形，在轴测图中变成原形的类似形，如长方形的轴测投影为平行四边形，圆形的轴测投影为椭圆。

二、正等测图

正等测图有三种主要画法：正等轴测图、斜二测图、水平投影图。

（一）平面立体正等轴测图的画法

1. 正等轴测图的形成及参数

（1）形成方法。如图2-6-3（a）所示，如果使三条坐标轴 OX、OY、OZ 对轴测投影面处于倾角都相等的位置，把物体向轴测投影面投影，这样所得到的轴测投影就是正等测轴测图，简称正等测图。

（2）参数。如图2-6-3（b）所示等测图的轴测轴、轴间角和轴向伸缩系数等参数及画法。从图中可以看出，正等测图的轴间角均为120°，且三个轴向伸缩系数相等。经推证并计算可知 $p_1=q_1=r_1=0.82$。为作图简便，实际画正等测图时采用 $p_1=q_1=r_1=1$ 的简化伸缩系数画图，即沿各轴向的所有尺寸都按物体的实际长度画图。但按简化伸缩系数画出的图形比实际物体放大了 1/0.82≈1.22 倍。

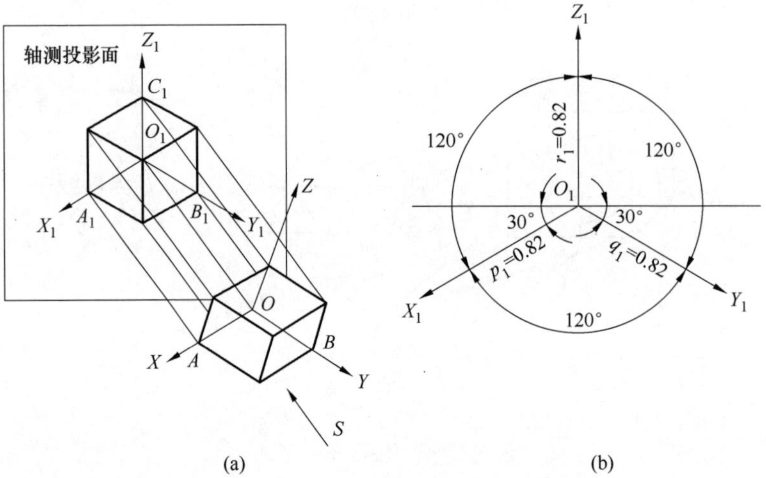

图2-6-3　正等轴测图的形成及参数

2. 长方体的正等轴测图

分析：根据长方体的特点，选择其中一个角顶点作为空间直角坐标系原点，并以过该角顶点的三条棱线为坐标轴。先画出轴测轴，然后用各顶点的坐标分别定出长方体的八个顶点的轴测投影，依次连接各顶点即可。作图方法与步骤如图2-6-4所示。

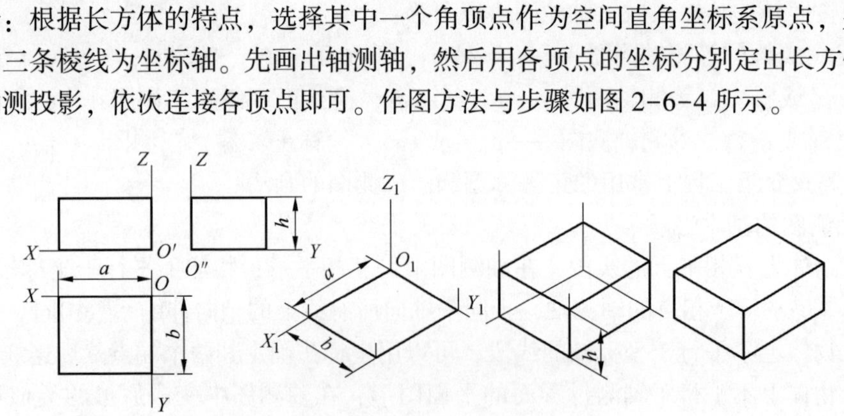

图2-6-4　长方体的正等轴测图

3. 正六棱柱体的正等轴测图

分析：由于正六棱柱前后、左右对称，为了减少不必要的作图线，从顶面开始作图比较方便。故选择顶面的中点作为空间直角坐标系原点，棱柱的轴线作为 OZ 轴，顶面的两条对称线作为 OX、OY 轴。然后用各顶点的坐标分别定出正六棱柱的各个顶点的轴测投影，依次连接各顶点即可。作图方法与步骤如图 2-6-5 所示。

4. 三棱锥的正等轴测图

分析：由于三棱锥由各种位置的平面组成，作图时可以先锥顶和底面的轴测投影，然后连接各棱线即可。作图方法与步骤如图 2-6-6 所示。

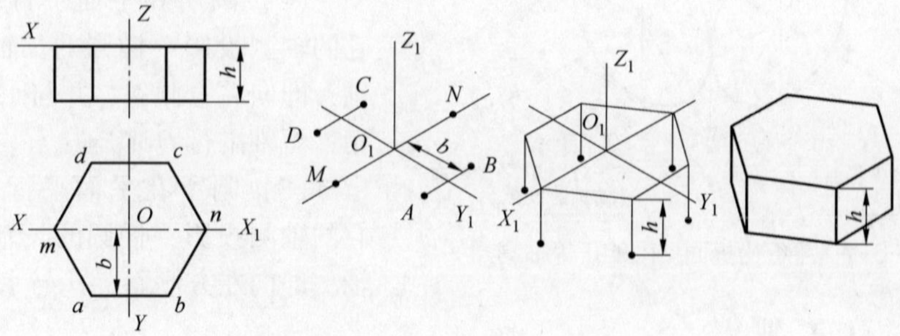

图 2-6-5 正六棱柱体的正等测图

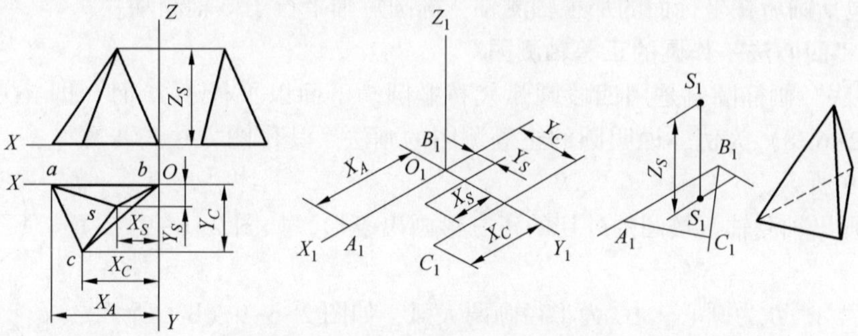

图 2-6-6 三棱锥的正等轴测图

5. 正等轴测图的作图方法总结

从上述三例的作图过程中，可以总结出以下两点：

（1）画平面立体的轴测图时，首先应选好坐标轴并画出轴测轴；然后根据坐标确定各顶点的位置；最后依次连线，完成整体的轴测图。具体画图时，应分析平面立体的形体特征，一般总是先画出物体上一个主要表面的轴测图。通常是先画顶面，再画底面；有时需要先画前面，再画后面，或者先画左面，再画右面。

（2）为使图形清晰，轴测图中一般只画可见的轮廓线，避免用虚线表达。

（二）圆的正等轴测图的画法

1. 平行于不同坐标面的圆的正等轴测图

平行于坐标面的圆的正等轴测图都是椭圆，除了长短轴的方向不同外，画法都是一样的。图 2-6-7 所示为三种不同位置的圆的正等测图。

作圆的正等轴测图时，必须弄清椭圆的长短轴的方向。分析图 2-6-7 所示的图形（图中的菱形为与圆外切的正方形的轴测投影）即可看出，椭圆长轴的方向与菱形的长对角线重合，椭圆短轴的方向垂直于椭圆的长轴，即与菱形的短对角线重合。

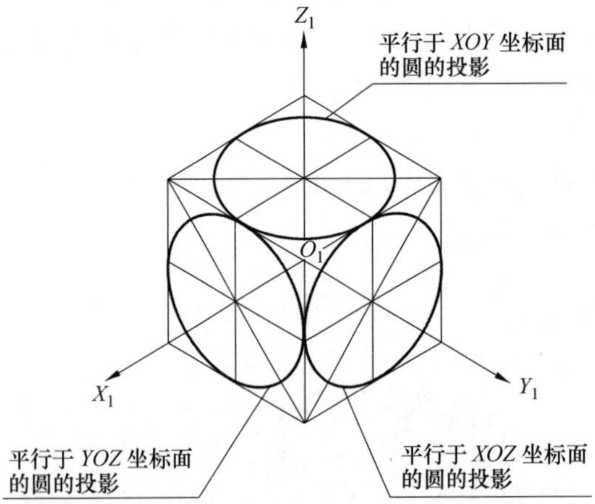

图 2-6-7 平行坐标面上圆的正等轴测图

通过分析，还可以看出，椭圆的长短轴和轴测轴有关，即：

（1）圆所在平面平行 *XOY* 面时，它的轴测投影—椭圆的长轴垂直 O_1Z_1 轴，即成水平位置，短轴平行 O_1Z_1 轴；

（2）圆所在平面平行 *XOZ* 面时，它的轴测投影—椭圆的长轴垂直 O_1Y_1 轴，即向右方倾斜，并与水平线成 60°角，短轴平行 O_1Y_1 轴；

（3）圆所在平面平行 *YOZ* 面时，它的轴测投影—椭圆的长轴垂直 O_1X_1 轴，即向左方倾斜，并与水平线成 60°角，短轴平行 O_1X_1 轴。

概括起来就是：平行坐标面的圆（视图上的圆）的正等轴测投影是椭圆，椭圆长轴垂直于不包括圆所在坐标面的那根轴测轴，椭圆短轴平行于该轴测轴。

2. 用“四心法”作圆的正等轴测图

“四心法”画椭圆就是用四段圆弧代替椭圆。下面以平行于 *H* 面（即 *XOY* 坐标面）的圆（图 2-6-8）为例，说明圆的正等测图的画法。其作图方法与步骤如图 2-6-9 所示。

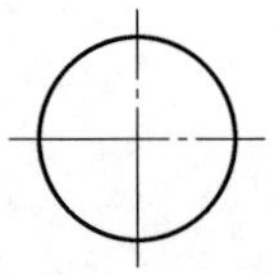

图 2-6-8 圆

（1）画出轴测轴，按圆的外切的正方形画出菱形，如图 2-6-9（a）所示。

（2）以 *A*、*B* 为圆心，*AC* 为半径画两大弧，如图 2-6-9（b）所示。

（3）连 *AC* 和 *AD* 分别交长轴于 *M*、*N* 两点，如图 2-6-9（c）所示。

（4）以 *M*、*N* 为圆心，*MD* 为半径画两小弧；在 *C*、*D*、*E*、*F* 处与大弧连接，如图 2-6-9（d）所示。

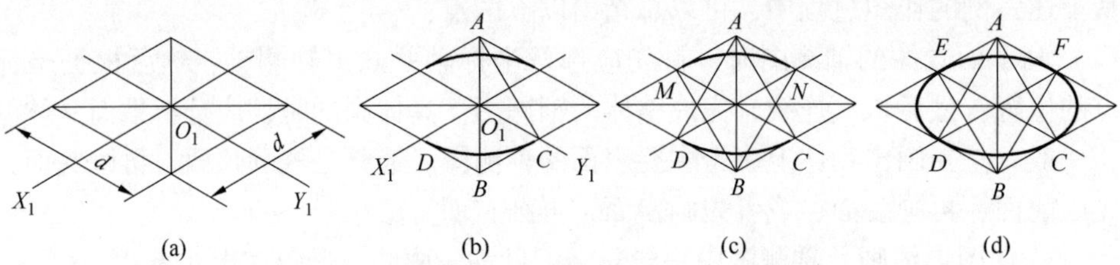

图 2-6-9 用四心法作圆的正等轴测图

平行于 *V* 面（即 *XOZ* 坐标面）的圆、平行于 *W* 面（即 *YOZ* 坐标面）的圆的正等轴测图的画法都与上面类似。

3. 曲面立体正等轴测图的画法

（1）圆柱和圆台的正等轴测图。如图 2-6-10 所示，作图时先分别作出其顶面和底面的椭圆，再作其公切线即可。

（2）圆角的正等轴测图。圆角相当于四分之一的圆周，因此，圆角的正等轴测图，

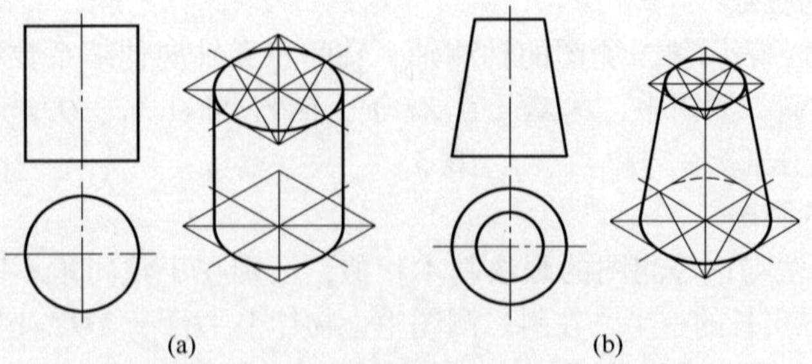

图 2-6-10　圆柱和圆台的正等轴测图

（a）圆柱　（b）圆台

正好是近似椭圆的四段圆弧中的一段。作图时可简化成如图 2-6-11 所示的画法。

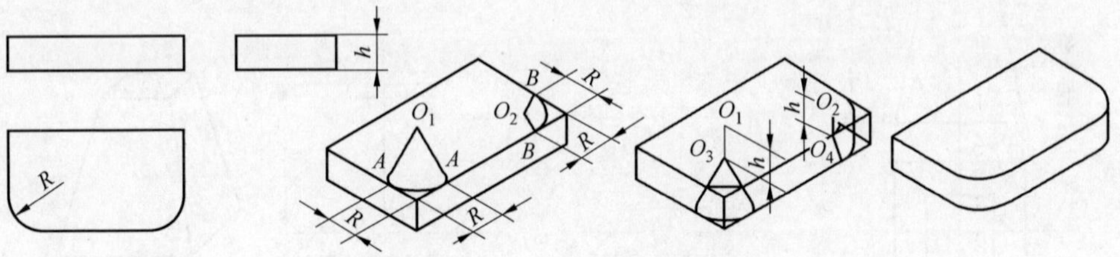

图 2-6-11　圆角的正等轴测图

注意：在画曲面立体的正等轴测图时，一定要明确圆所在平面与哪一个坐标面平行，才能确保画出的椭圆正确。画同轴并且相等的椭圆时，要善于应用移心法简化作图和保持图面的清晰。

三、斜二测图

1. 斜二测图的形成

如图 2-6-12（a）所示，如果使物体的 *XOZ* 坐标面对轴测投影面处于平行的位置，采用平行斜投影法也能得到具有立体感的轴测图，这样所得到的轴测投影就是斜二等测轴测图，简称为斜二测图。

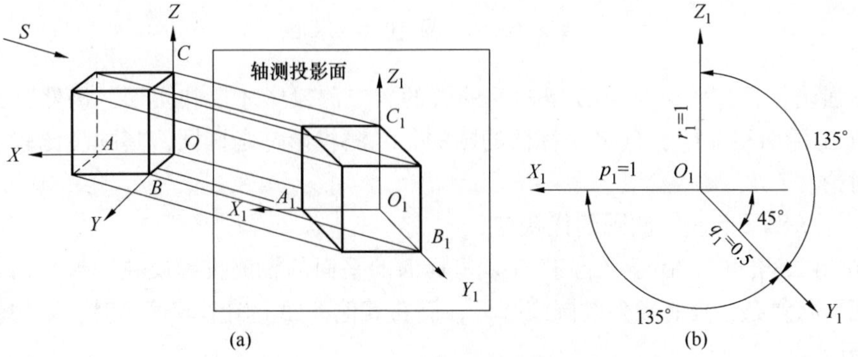

图 2-6-12　斜二测图的形成及参数

2. 斜二测图的参数

图 2-6-12（b）表示斜二测图的轴测轴、轴间角和轴向伸缩系数等参数及画法。从图中可以看出，在斜二测图中，$O_1X_1 \perp O_1Z_1$ 轴，O_1Y_1 与 O_1X_1、O_1Z_1 的夹角均为 135°，三个轴向伸缩系数分别为 $p_1=r_1=1$，$q_1=0.5$。

3. 斜二测图的画法

斜二测图的画法与正等测图的画法基本相似，区别在于轴间角不同以及斜二测图沿 O_1Y_1 轴的尺寸只取实长的一半。在斜二测图中，物体上平行于 *XOZ* 坐标面的直线和平面图形均反映实长和实形，所以，当物体上有较多的圆或曲线平行于 *XOZ* 坐标面时，采用斜二测图比较方便。

（1）四棱台的斜二测图，作图方法与步骤如图 2-6-13 所示。

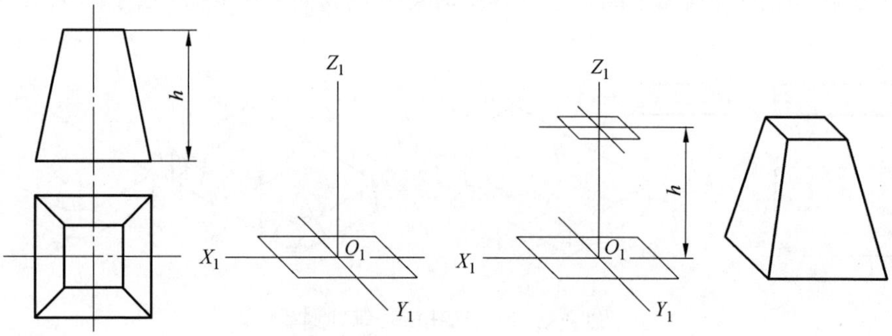

图 2-6-13　四棱台的斜二测图

（2）圆台的斜二测图，作图方法与步骤如图 2-6-14 所示。

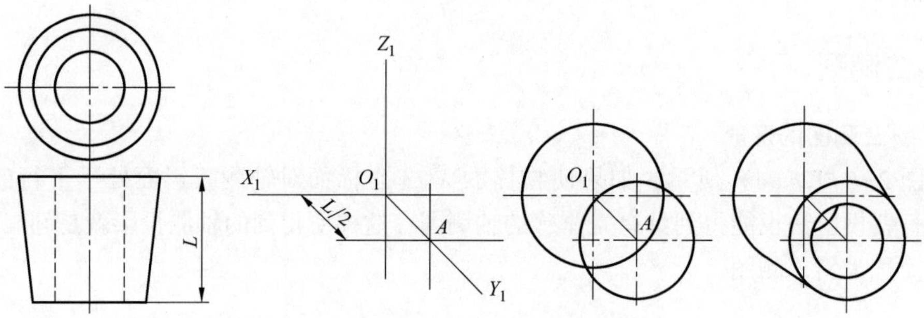

图 2-6-14　圆台的斜二测图

必须强调：只有平行于 *XOZ* 坐标面的圆的斜二测投影才反映实形，仍然是圆。而平行于 *XOY* 坐标面和平行于 *YOZ* 坐标面的圆的斜二测投影都是椭圆，其画法比较复杂，本书不作讨论。

（3）正等测图和斜二测图的优缺点。

① 在斜二测图中，由于平行于 *XOZ* 坐标面的平面的轴测投影反映实形，因此，当立体的正面形状复杂，具有较多的圆或圆弧，而在其他平面上图形较简单时，采用斜二测图比较方便。

②正等测图最为常用。优点：直观、形象，立体感强。缺点：椭圆作图复杂。

（4）简单体的轴测图。画简单体的轴测图时，首先要进行形体分析，弄清形体的组合方式及结构特点，然后考虑表达的清晰性，从而确定画图的顺序，综合运用坐标法、切割法、叠加法等画出简单体的轴测图。

举例说明不同形状特点的简单体轴测图的具体画法。

【例 6-1】 求作切割体［图 2-6-15（a）］的正等测图。

分析：该切割体由-长方体切割而成。画图时应先画出长方体的正等测图，再用切割法逐个画出各切割部分的正等测图，即可完成。具体作图方法和步骤如图 2-6-15（b）~（f）所示。

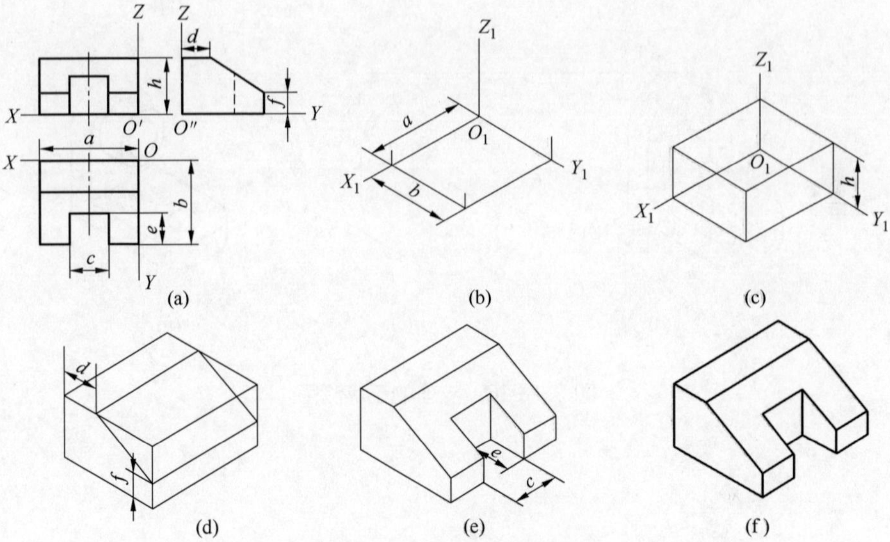

图 2-6-15　切割体的正等测图

【例 6-2】 求作支座［图 2-6-16（a）］的正等测图。

分析：支座由带圆角的底板、带圆弧的竖板和圆柱凸台组成。画图时应按照叠加的方法，逐个画出各部分形体的正等测图，即可完成。具体作图方法和步骤如图 2-6-16（b）~（f）所示。

【例 6-3】 求作相交两圆柱，如图 2-6-17（a）所示正等测图。

分析：画两相交圆柱体的正等测图，除了应注意各圆柱的圆所处的坐标面，掌握正等测图中椭圆的长短轴方向外，还要注意轴测图中相贯线的画法。作图时可以运用辅助平面法，即用若干辅助截平面来切这两个圆柱，使每个平面与两圆柱相交于素线或圆周，则这些素线或圆周彼此相应的交点，就是所求相贯线上各点的轴测投影。如图 2-6-17（d）中，是以平行于 $X_1O_1Z_1$ 面的正平面 R 截切两圆柱，分别获得截交线 A_1B_1、C_1D_1、E_1F_1，其交点Ⅳ、Ⅴ即为相贯线上的点。再作适当数量的截平面，即可求得一系列交点。具体作图方法和步骤如图 2-6-17（b）~（e）所示。

【例 6-4】 求作端盖，如图 2-6-18（a）所示轴测图。

分析：端盖的形状特点是在一个方向的相互平行的平面上有圆。如果画成正等测图，则由于椭圆数量过多而显得烦琐，可以考虑画成斜二测图，作图时选择各圆的平面平行于坐标面 XOZ，即端盖的轴线与 Y 轴重合，具体作图方法和步骤如图 2-6-18（b）~（f）所示。

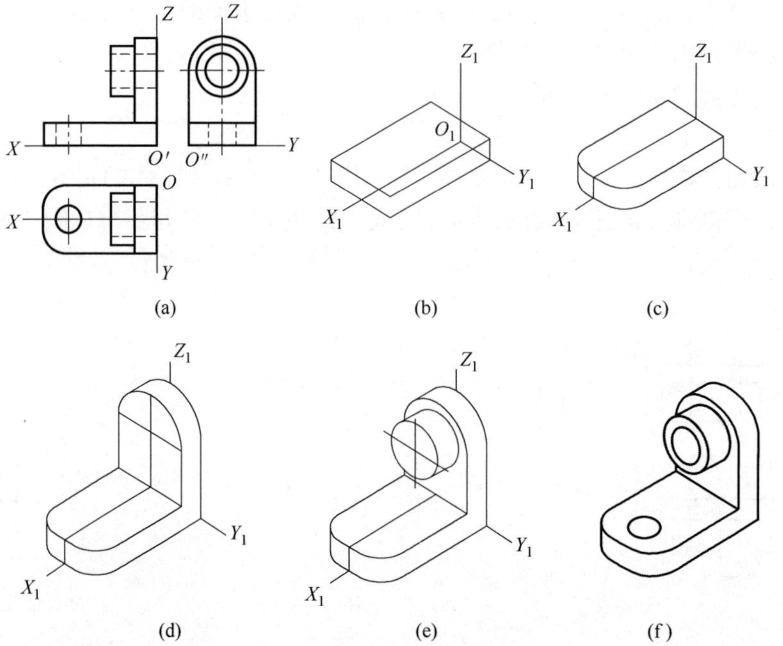

图 2-6-16　支座的正等测图

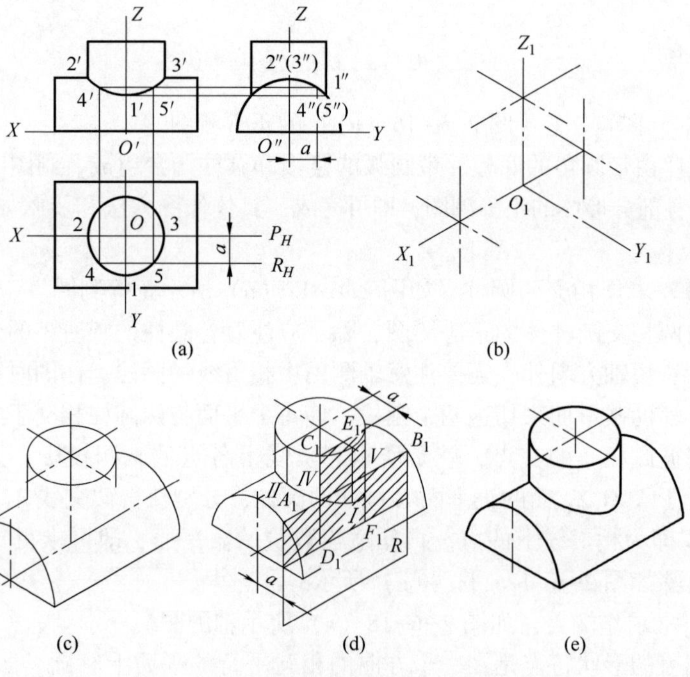

图 2-6-17　相交圆柱的正等测图

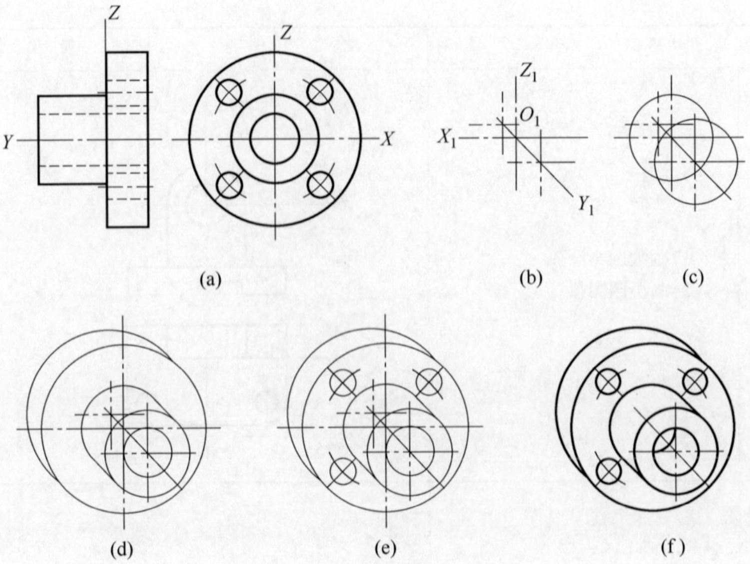

图 2-6-18　端盖的斜二测图

任务实施单

方法步骤		图示
1. 分析视图，建立轴坐标系	(1) 选 A4 图纸 (2) 选择顶部圆孔中心为轴坐标系	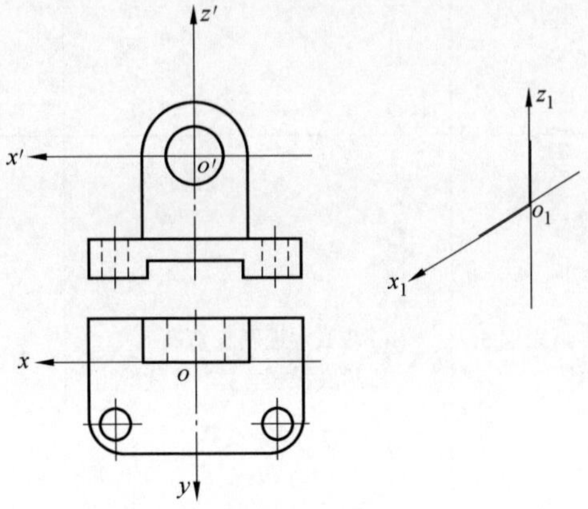
2. 利用“四心法”画圆弧	(1) 截取主视图圆半径 (2) 画菱形边框 (3) 找到圆弧圆心	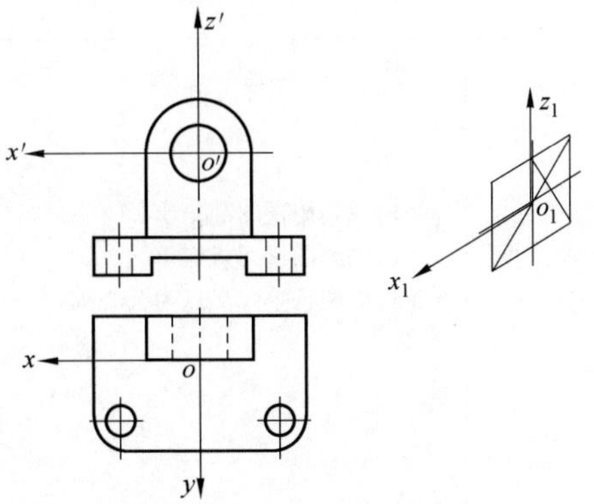

续表

方法步骤		图示
3. 画同心圆弧	(1)画大圆半圆弧 (2)画小圆圆弧	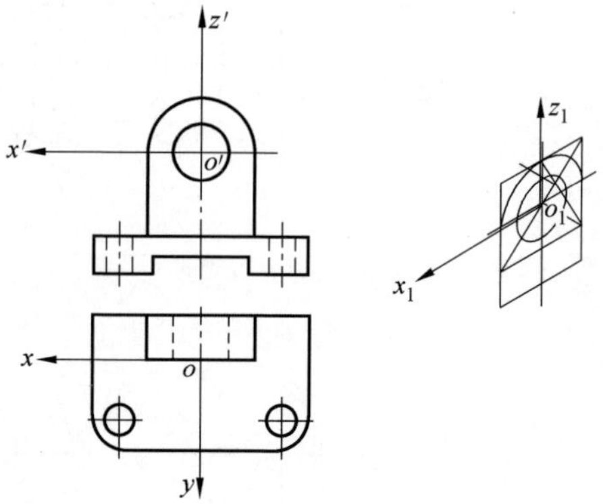
4. 平移一个立板宽度,画后部分圆弧	(1)找到平移宽度后的圆心 (2)相同的方法画圆弧	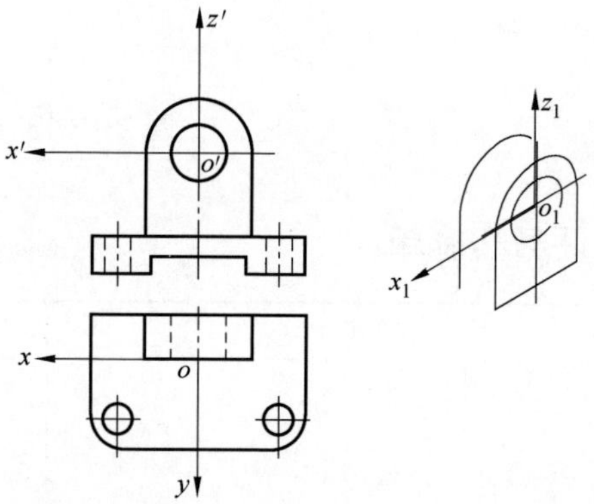
5. 画画底板长方体	(1)截取主视图长宽高 (2)画底板长方体	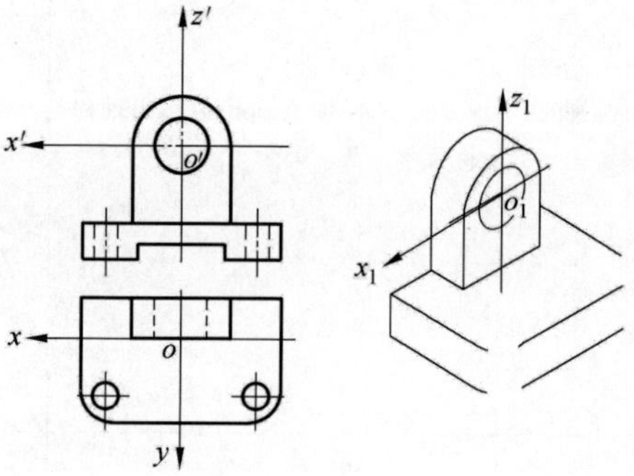
6. 画底板圆角	(1)找到俯视图圆角半径 (2)轴测图过切点作垂线 (3)取两条垂线交点为圆心画圆弧	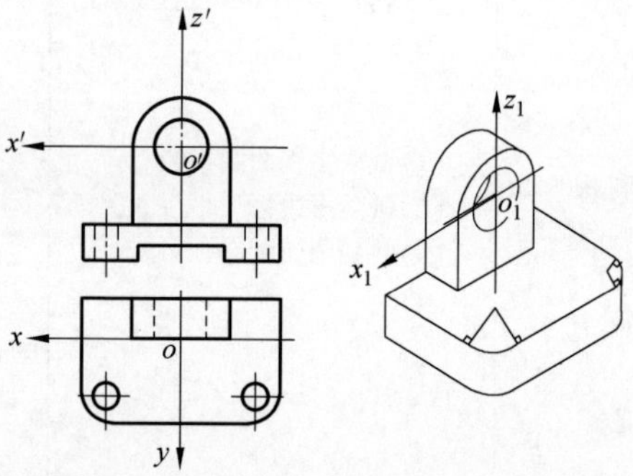

续表

方法步骤		图示
7. 画底板方槽	(1)取主视图方槽长高 (2)在底板对称面处画长高	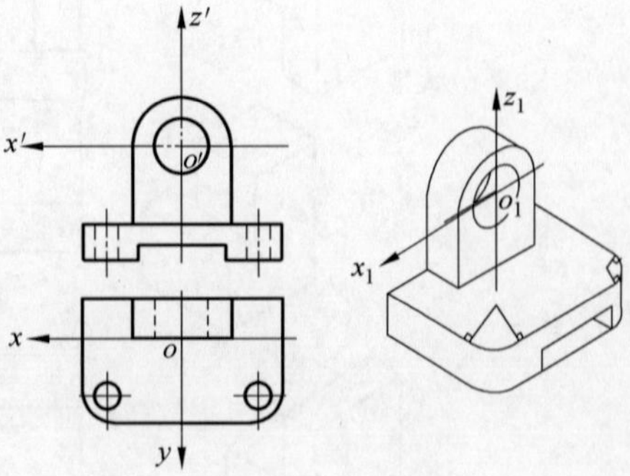
8. 检查视图	(1)画底板小孔,检查视图是否有遗漏 (2)描粗加深	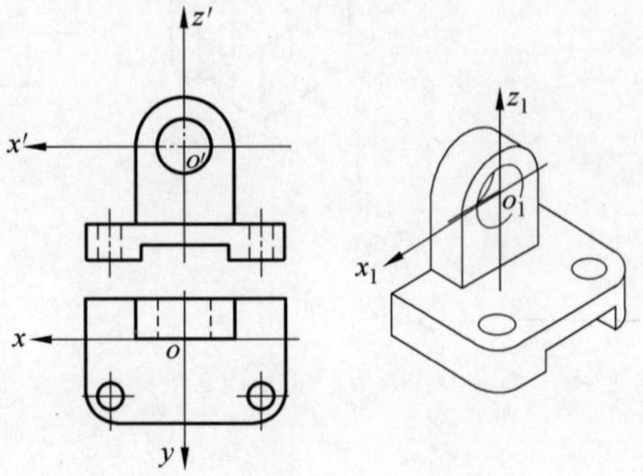

实作练习

填空题

1. 轴测投影根据投影方向与投影面的角度不同，分为________和________两大类。
2. 正等测图的轴间角为________，轴向伸缩系数为________。
3. 对照轴测图，将对应的主、俯、左视图图号填入表中。

轴测图号	A	B	C	D
主视图				
俯视图				
左视图				

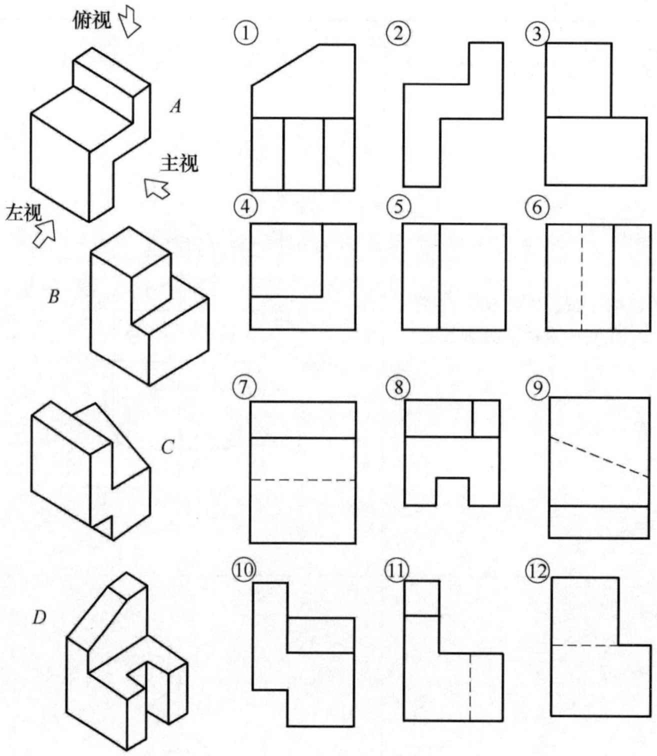
俯视
A
主视
左视
B
C
D
①
②
③
④
⑤
⑥
⑦
⑧
⑨
⑩
⑪
⑫

项目三

运用常用表达方法表达零件

前面学习了用三视图表达组合体形状的方法，但仅用三视图是很难将零件的内、外形状和结构表达清楚，在本项目执行中，将运用 GB/T 4458.6—2002《图样画法、剖视图和断面图》的规定，以更便捷的表达方法，完成零件的视图绘制。

任务一　用视图表达零件

零件的结构形状往往是多种多样的，仅用三视图来表达，难以将零件的内、外形状和结构表达清楚。如图 3-1-1 所示零件的立体图，若用画三视图的方法，因侧面连接板看不见，投影虚线较多，且作图烦琐。在这一任务中将介绍：运用正投影的原理，完整、清晰、准确、简捷地表达各类零件的外部结构形状的基本方法，为画图和识图打下更好的基础。

图 3-1-1　零件立体图

配套课件　配套视频

项目三任务一

学习目标

（1）了解六面基本视图的名称、配置关系和三等关系，掌握基本视图画法、标注及运用场合。

（2）掌握向视图、局部视图、斜视图画法、标注方法及各种运用场合。

学习任务单

任务名称	运用视图表达零件
任务描述及要求	1. 用恰当的方法表达以下零件 2. 要求完整、清晰、准确、简捷地表达零件 
任务分析	1. 绘图前，预先考虑用前面所学的主、俯、左三视图能否清晰表达零件 2. 如何准确表达零件左右两边的形状是关键
任务评价	采用教师讲评与学生互评相结合。评价内容：活动是否积极，是否能正确使用绘图工具，作图步骤是否正确，图形是否正确，线条是否规范，布图是否合理。将绘制的图形评分，计入平时成绩

知识导航

国家标准 GB/T 17451—1998《技术制图图样画法　视图》、GB/T 4458.1—2002《机械制图　图样画法　视图》对视图做了相关规定。视图主要用来表达零件的外部结构形状。视图分为基本视图、向视图、局部视图和斜视图。

一、基本视图

当零件的外部结构形状在各个方向（上下、左右、前后）都不相同时，三视图往往不能清晰地把它表达出来。因此，必须加上更多的投影面，以得到更多的视图。

1. 概念

为了清晰地表达零件六个方向的形状，可在 *H*、*V*、*W* 三投影面的基础上，再增加三个基本投影面。这六个基本投影面组成了一个方箱，把零件围在当中，如图 3-1-2（a）所示。零件在每个基本投影面上的投影，都称为基本视图。图 3-1-2（b）表示零件投影到六个投影面上后，用投影面展开的方法。展开后，六个基本视图的配置关系和视图名称如图 3-1-2（c）所示。如图 3-1-2（b）所示位置在一张图纸内的基本视图，一律不注视图名称。

2. 投影规律

六个基本视图之间，仍然保持着与三视图相同的投影规律，即：

主、俯、仰、后：长对正；

主、左、右、后：高平齐；

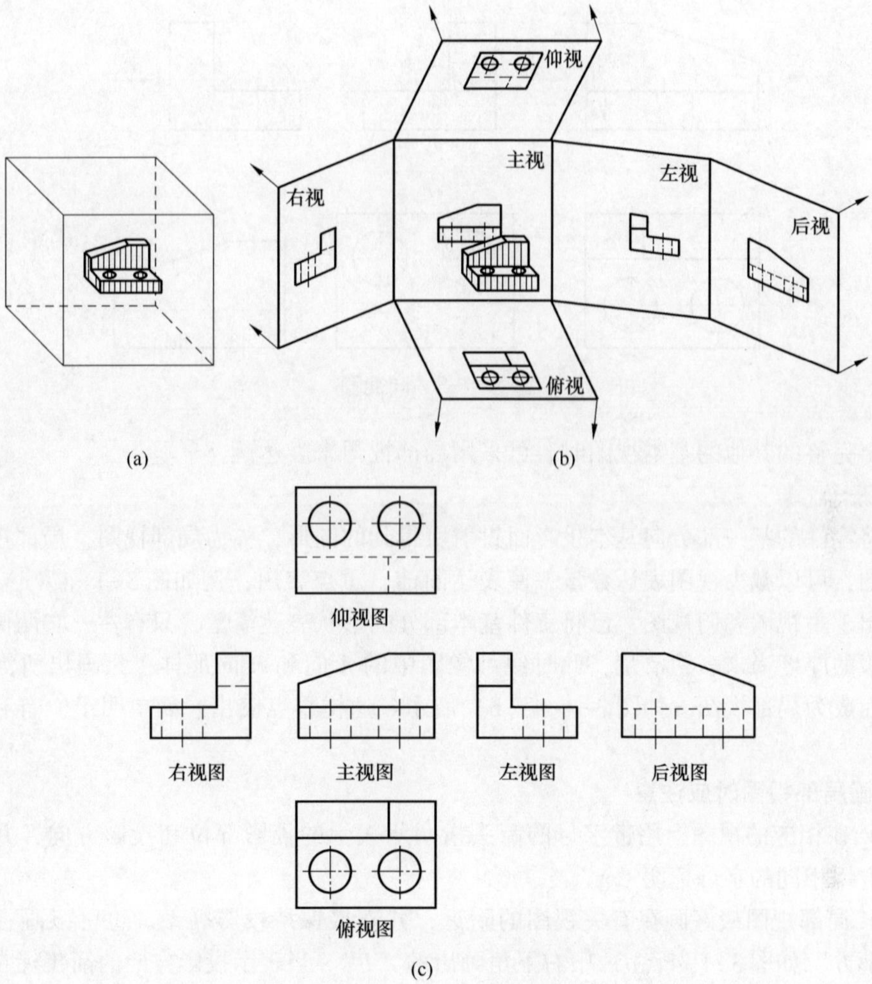

图 3-1-2　六个基本视图

俯、左、仰、右：宽相等。

另外，除后视图以外，各视图的里边（靠近主视图的一边），均表示零件的后面，各视图的外边（远离主视图的一边），均表示零件的前面，即"里后外前"。

注意：虽然零件可以用六个基本视图来表示，但实际上画哪几个视图，要看具体情况而定。

二、向视图

有时为了便于合理布置基本视图，可以采用向视图。向视图是可自由配置的视图，它的标注方法为：在向视图的上方注写"*X*"（*X* 为大写的英文字母，如"*A*""*B*""*C*"等），并在相应视图的附近用箭头指明投影方向，并注写相同的字母，如图 3-1-3 所示。

三、局部视图

当采用一定数量的基本视图后，零件上仍有部分结构形状尚未表达清楚，而又没有必

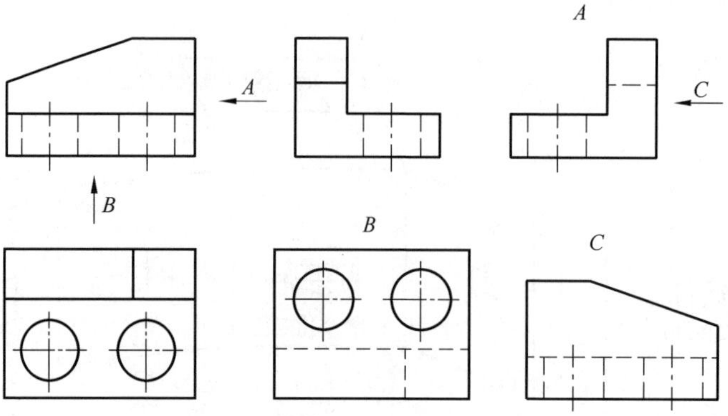

图 3-1-3　向视图

要再画出完整的其他的基本视图时，可采用局部视图来表达。

1. 概念

只将零件的某一部分向基本投影面投射所得到的图形，称为局部视图。局部视图是不完整视图，可以减少视图表达数量，使表达简洁，重点突出，例如图 3-1-4（a）所示工件，画出了主视图和俯视图，已将工件基本部分的形状表达清楚，只有左、右两侧凸台和左侧肋板的厚度尚未表达清楚，此时便可像图中的 *A* 向和 *B* 向那样，只画出所需要表达的部分而成为局部视图，如图 3-1-4（b）所示。这样重点突出、简单明了，有利于画图和看图。

2. 画局部视图时应注意

（1）在相应的视图上用带字母的箭头指明所表示的投影部位和投影方向，并在局部视图上方用相同的字母标明“*X*”。

（2）局部视图最好画在有关视图的附近，并直接保持投影联系。也可以画在图纸内的其他地方，如图 3-1-4（b）中右下角画出的“*B*”。当表示投影方向的箭头标在不同的视图上时，同一部位的局部视图的图形方向可能不同。

（3）局部视图的范围用波浪线表示，如图 3-1-4（b）中“*A*”。所表示的图形结构完整且外轮廓线又封闭时，则波浪线可省略，如图 3-1-4（b）中“*B*”。

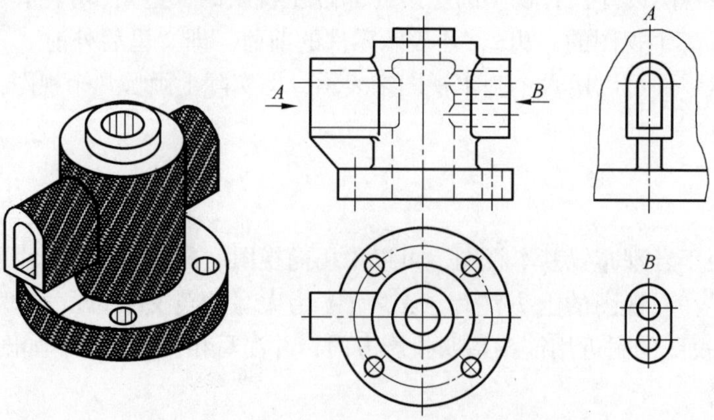

(a)　(b)

图 3-1-4　局部视图

四、斜视图

1. 概念

将零件向不平行于任何基本投影面的投影面进行投影，所得到的视图称为斜视图。斜视图适合于表达零件上的斜表面的实形。如图 3-1-5 所示是一个弯板形零件，它的倾斜部分在俯视图和左视图上的投影都不是实形。此时就可以另外加一个平行于该倾斜部分的投影面，在该投影面上则可以画出倾斜部分的实形投影，如图 3-1-5 中的“*A*”向所示。

2. 标注

斜视图的标注方法与局部视图相似，并且应尽可能配置在与基本视图直接保持投影联系的位置，也可以平移到图纸内的适当地方。为了画图方便，也可以旋转，但必须在斜视图上方注明旋转标记，如图 3-1-5 所示。

3. 注意

画斜视图时增设的投影面只垂直于一个基本投影面，因此，零件上原来平行于基本投影面的一些结构，在斜视图中最好以波浪线为界而省略不画，以避免出现失真的投影。在基本视图中也要注意处理好这类问题，如图 3-1-5 中不用俯视图而用“*A*”向视图，即是例子。

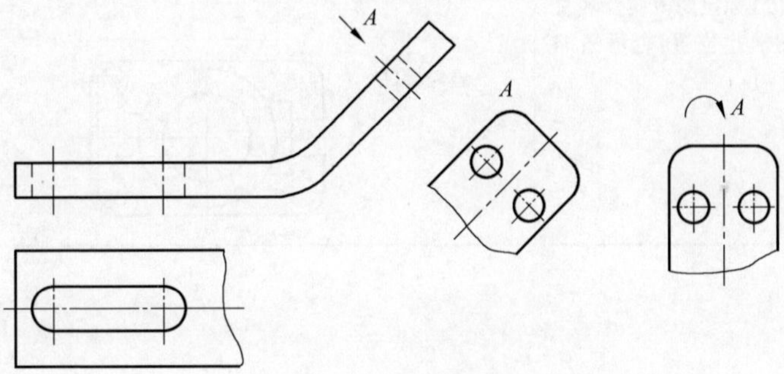

图 3-1-5 斜视图

任务实施单

方法步骤		图示
1. 画零件的主视图、俯视图	(1)选主视图投影方向 (2)画零件主、俯视图	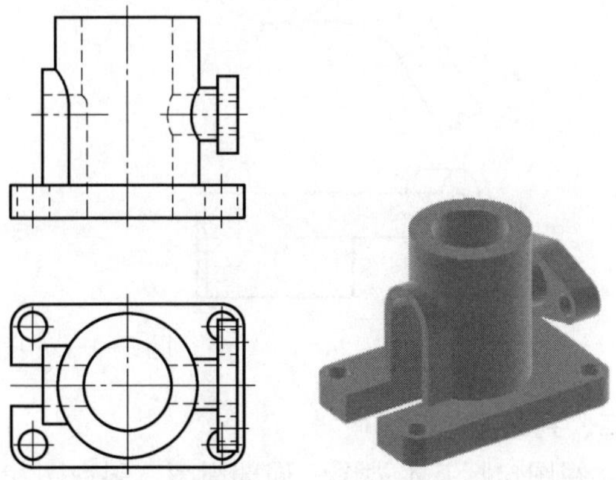

续表

方法步骤		图示
2. 画零件右侧凸台视图	（1）画零件右侧凸台的完整形状 （2）标投射方向及名称（图示此位置，也可省略标注）	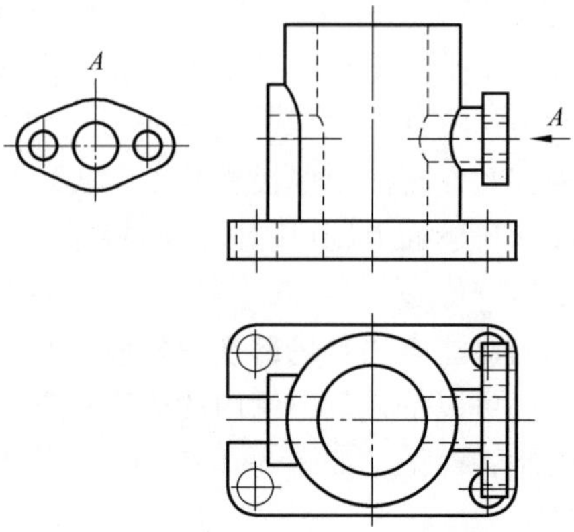
3. 画零件左侧凸台视图，完成全图	（1）画零件左侧凸台的形状 （2）标投射方向及名称（图示此位置，也可省略标注）	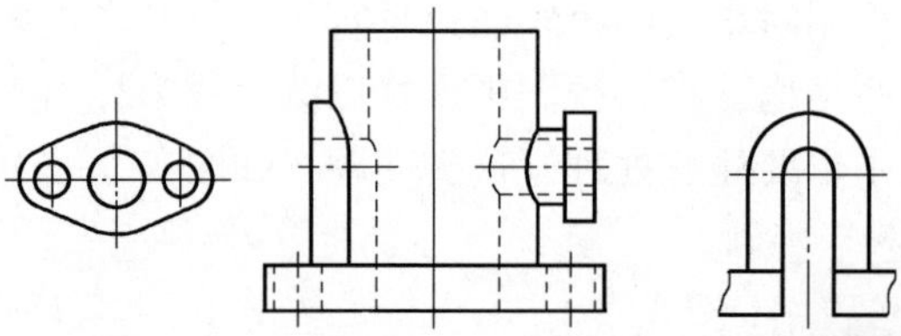 省略标注 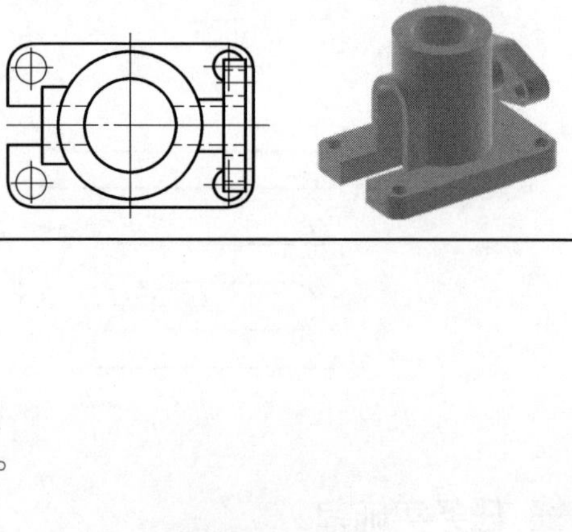

实作练习

一、作图题

用所学知识综合表达如图 3-1-6 所示压紧杆。

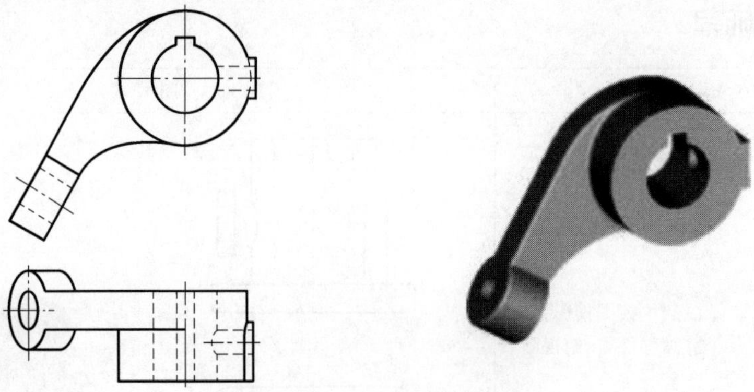

图 3-1-6　压紧杆

二、判断题

1. 视图包括基本视图，局部视图、斜视图和向视图共四种。（　　）

2. 视图上标有“*A* 向旋转”字样的是斜视图。(　　)
3. 局部视图的断裂边界一般以波浪线表示。(　　)
4. 零件向基本投影面投影所得的图形称为基本视图，共有六个基本视图。(　　)
5. 六个基本视图中，最常应用的是右视图，仰视图和后视图。(　　)

配套课件　　配套视频

项目三任务二

任务二　绘制零件的剖视图

用视图表达如图 3-2-1 所示的压盖时，不可见部分由虚线来表示。当零件的内部结构较复杂时，在图中会出现很多虚线，既影响了图形表达的清晰，又不利于标注尺寸。内部结构如何表达？解决的办法就是使用剖视图。

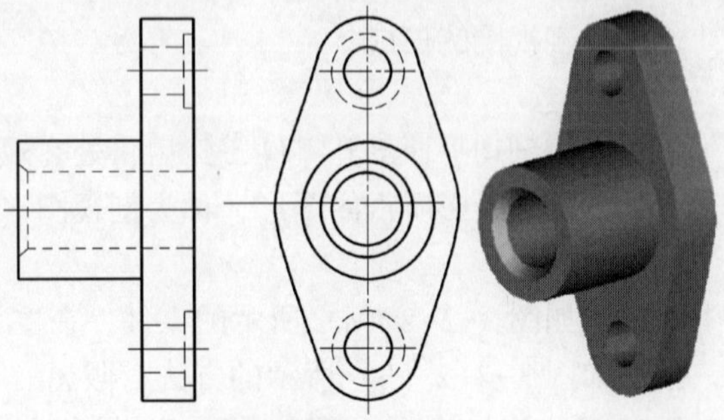

压盖的两视图

图 3-2-1　压盖

学习目标

(1) 正确理解剖视图的概念、画图方法、标注方法、读图方法。

(2) 学会绘制单一剖切平面、相交剖切平面、几个平行剖切平面剖切物体后的剖视图。

(3) 能用恰当的剖切方式表达零件内部结构形状，提高对零件的表达能力。在剖视图中能正确使用图线，探索作图技巧以提高绘图技能。

学习任务单

任务名称	绘制零件剖视图
任务描述及要求	1. 将主视图改半剖视图，并补全全剖的左视图 2. 要求完整、清晰、准确、简捷地表达零件 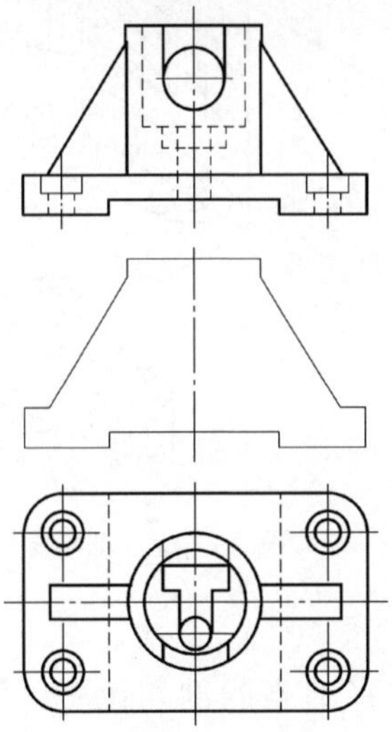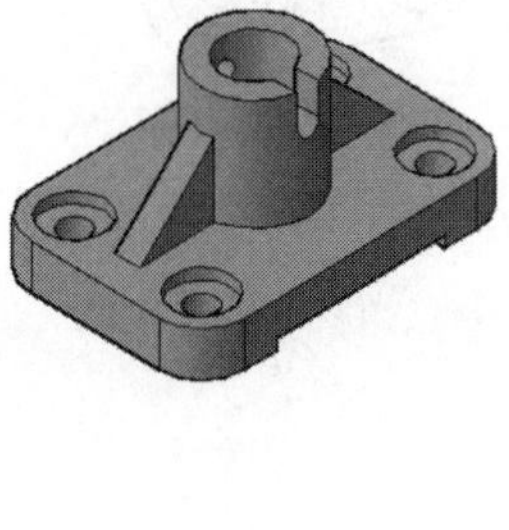

续表

任务分析	1. 绘图前,预先分析零件的结构,想象出零件的形状 2. 因为是左右对称,所以主视图用半剖视图表达,左视图可对称线剖开画全剖
任务评价	采用教师讲评与学生互评相结合。评价内容:活动是否积极,是否能正确使用绘图工具,作图步骤是否正确,图形是否正确,线条是否规范,布图是否合理。将绘制的图形评分,计入平时成绩

知识导航

一、剖视图的概念

（一）剖视图的形成

1. 概念

假想用一剖切平面剖开零件，然后将处在观察者和剖切平面之间的部分移去，而将其余部分向投影面投影所得的图形，称为剖视图（简称剖视）。

2. 举例

例如，如图 3-2-2（a）所示的零件，在主视图中，用虚线表达其内部结构，不够清晰。按照如图 3-2-2（b）所示的方法，假想沿零件前后对称平面把它剖开，拿走剖切平面前面的部分后，将后面部分再向正投影面投影，这样就得到了一个剖视的主视图。图 3-2-2（c）表示零件剖视图的画法。

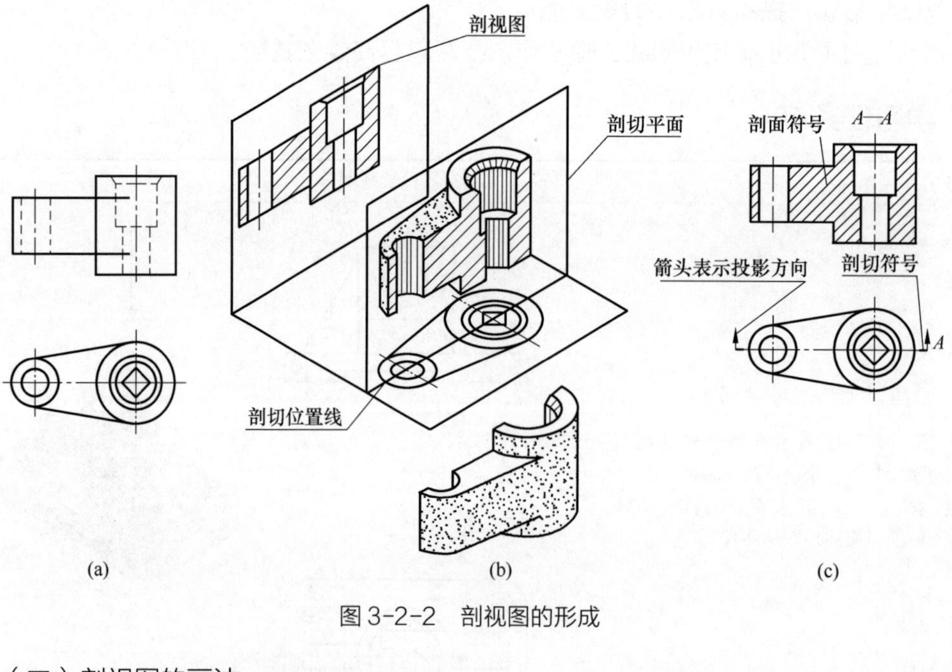

图 3-2-2　剖视图的形成

（二）剖视图的画法

画剖视图时，首先要选择适当的剖切位置，使剖切平面尽量通过较多的内部结构（孔、槽等）的轴线或对称平面，并平行于选定的投影面。例如，在图 3-2-2 中，以零件的前后对平面为剖切平面。其次，内外轮廓要画齐。零件剖开后，处在剖切平面之后的所有可见轮廓线都应画齐，不得遗漏。最后要画上剖面符号。在剖视图中，凡是被剖切的部分应画上剖面符号。表 3-2-1 列出了由国家标准《机械制图剖面区域的表示法》（GB/T 4457. 5—2013）规定的常见的材料剖面符号。

表 3-2-1　　　　常见材料的剖面符号

项目		图形符号	项目	图形符号	项目	图形符号
金属材料(已有规定剖面符号者除外)		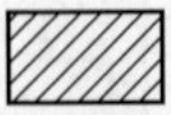	线圈绕组元件	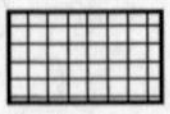	砖	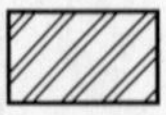
非金属材料(已有规定剖面符号者除外)			转子、电枢、变压器和电抗器等的叠钢片		混凝土	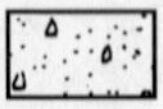
木材	纵剖面		型砂、填沙、砂轮、陶瓷及硬质合金刀片、粉末冶金等	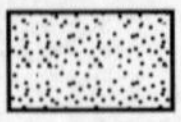	钢筋混凝土	
	横剖面	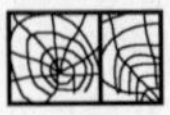	液体	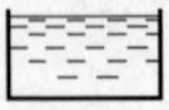	基础周围的泥土	
玻璃及供观察用的其他透明材料			木质胶合板(不分层数)		格网(筛网、过滤网等)	

金属材料的剖面符号，应画成与水平方向成 45°的互相平行、间隔均匀的细实线。同一零件各个视图的剖面符号应相同。但是，如果图形的主要轮廓线与水平方向成 45°或接近 45°时，该图剖面线应画成与水平方向成 30°或 60°角，其倾斜方向仍应与其他视图的剖面线一致，如图 3-2-3 所示。

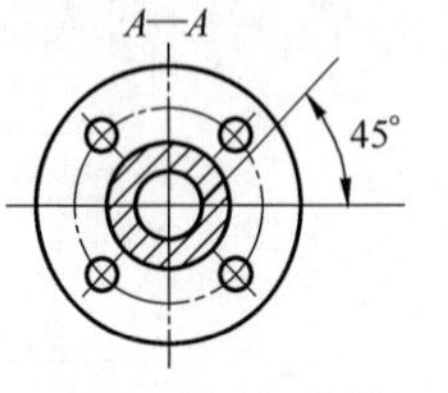

图 3-2-3　金属材料零件剖视图

（三）剖视图的标注

剖视图的标注一般包括三部分：剖切平面的位置、投影方向和剖视图的名称。标注方法如图 3-2-2 所示：在剖视图中用剖切符号（即粗短线）标明剖切平面的位置，并写上字母；用箭头指明投影方向；在剖视图上方用相同的字母标出剖视图的名称“*X—X*”。

（四）画剖视图应注意的问题

（1）剖视只是一种表达零件内部结构的方法，并不是真正剖开和拿走一部分，因此，除剖视图以外，其他视图要按原来形状画出。

（2）剖视图中一般不画虚线，但如果画少量虚线可以减少视图数量，而又不影响剖视图的清晰时，也可以画出这种虚线。

（3）零件剖开后，凡是看得见的轮廓线都应画出，不能遗漏。要仔细分析剖切平面后面的结构形状，分析有关视图的投影特点，以免画错。如图 3-2-4 所示是剖面形状相同，但剖切平面后面的结构不同的三块底板的剖视图的例子。要注意区别它们不同之处在什么地方。

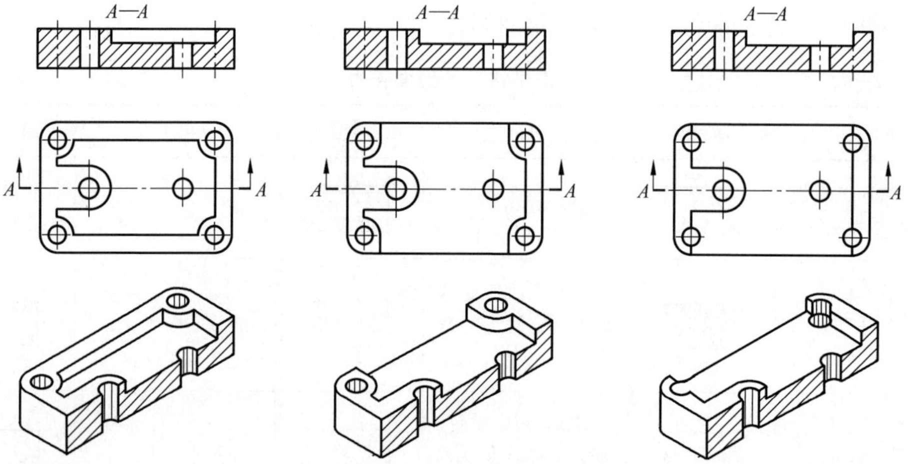

图 3-2-4　几种底板的剖视图

二、剖视图的分类

1. 全剖视图

（1）概念。用剖切平面，将零件全部剖开后进行投影所得到的剖视图，称为全剖视图（简称全剖视）。如图 3-2-5 所示主视图和左视图均为全剖视图。

（2）应用。全剖视图一般用于表达外部形状比较简单，内部结构比较复杂的零件。

（3）标注。当剖切平面通过零件的对称（或基本对称）平面，且全剖视图按投影关系配置，中间又无其他视图隔开时，可以省略标注，否则必须按规定方法标注。如图 3-2-5 中的主视图的剖切平面通过对称平面，所以省略了标注；而左视图的剖切平面不是通过对称平面，则必须标注，但它是按投影关系配置的，所以箭头可以省略。

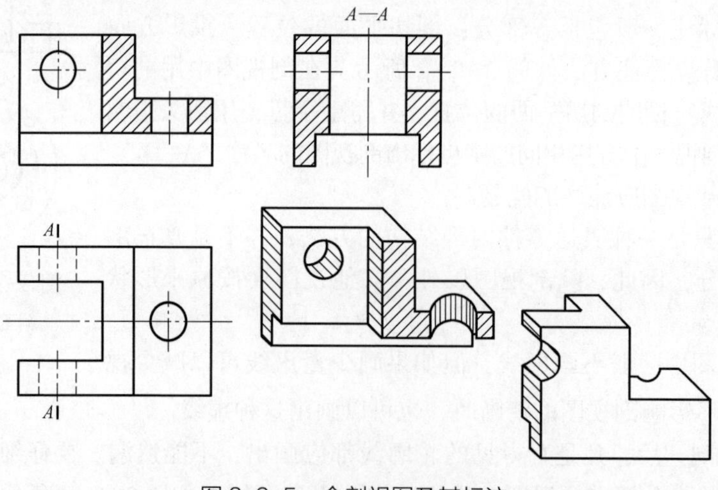

图 3-2-5　全剖视图及其标注

2. 半剖视图

（1）概念。当零件具有对称平面时，以对称中心线为界，在垂直于对称平面的投影面上投影得到的，由半个剖视图和半个视图合并组成的图形称为半剖视图。

（2）应用。半剖视图既充分地表达了零件的内部结构，又保留了零件的外部形状，因此它具有内外兼顾的特点。但半剖视图只适宜于表达对称的或基本对称的零件。

（3）标注。半剖视图的标注方法与全剖视图相同。如图 3-2-6（a）所示的零件为前后对称，图 3-2-6（b）中主视图所采用的剖切平面通过零件的前后对称平面，所以不需要标注；而俯视图所采用的剖切平面并非通过零件的对称平面，所以必须标出剖切位置和名称，但箭头可以省略。

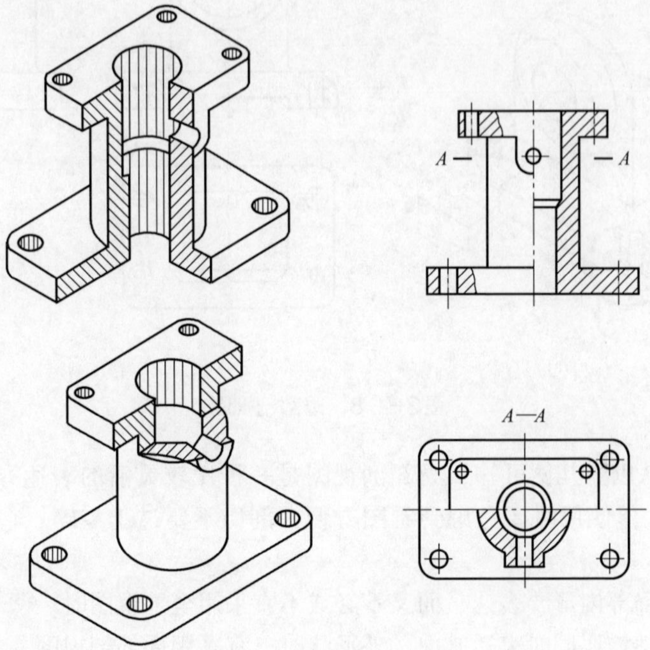

(a)　　(b)

图 3-2-6　半剖视图及其标注

（4）注意事项。

① 具有对称平面的零件，在垂直于对称平面的投影面上，才宜采用半剖视图。如零件的形状接近于对称，而不对称部分已另有视图表达时，也可以采用半剖视图。

② 半个剖视图和半个视图必须以细点画线为界。如果作为分界线的细点画线刚好和轮廓线重合，则应避免使用。如图 3-2-7 所示主视图，尽管图的内外形状都对称，似乎可以采用半剖视图。但采用半剖视图后，其分界线恰好和内轮廓线相重合，不满足分界线是细点画线的要求，所以不应用半剖视图表达，而宜采取

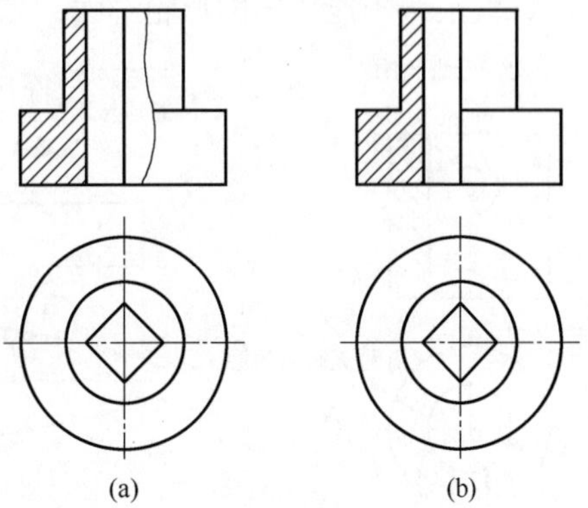

(a)　　(b)

图 3-2-7　对称零件的局部剖视图

（a）正确　（b）错误

局部剖视图表达，并且用波浪线将内、外形状分开。

③ 半剖视图中的内部轮廓在半个视图中不必再用虚线表示。

3. 局部剖视图

（1）概念。将零件局部剖开后进行投影得到的剖视图称为局部剖视图。局部剖视图也是在同一视图上同时表达内外形状的方法，并且用波浪线作为剖视图与视图的界线。图 3-2-7 的主视图和图 3-2-8 的主视图和左视图，均采用了局部剖视图。

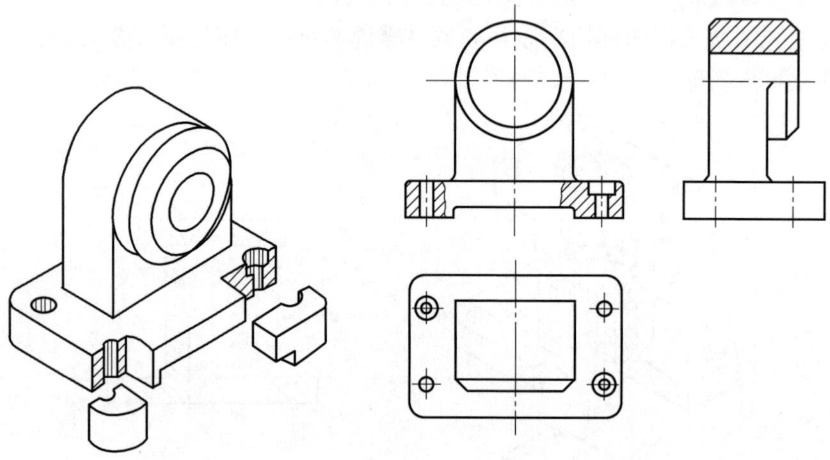

(a) (b)

图 3-2-8 局部剖视图

（2）应用。从以上几例可知，局部剖视图是一种比较灵活的表达方法，剖切范围根据实际需要决定。但使用时要考虑到看图方便，剖切不要过于零碎。它常用于下列两种情况：

① 零件只有局部内形要表达，而又不必或不宜采用全剖视图时。

② 不对称零件需要同时表达其内、外形状时，宜采用局部剖视图。

（3）波浪线的画法。表示视图与剖视范围的波浪线，可看作零件断裂痕迹的投影，波浪线的画法应注意以下几点：

① 波浪线不能超出图形轮廓线，如图 3-2-9（a）所示。

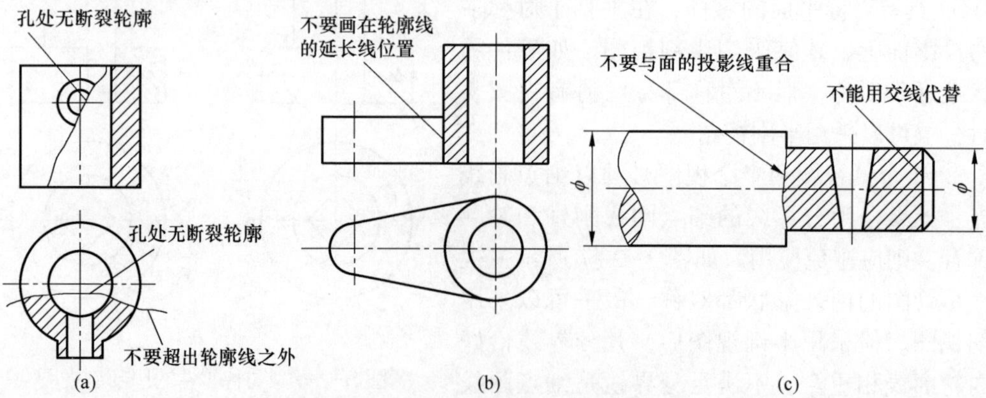

图 3-2-9 局部剖视图的波浪线的画法

② 波浪线不能穿孔而过，如遇到孔、槽等结构时，波浪线必须断开，如图 3-2-9（a）所示。

③ 波浪线不能与图形中任何图线重合，也不能用其他线代替或画在其他线的延长线上，如图 3-2-9（b）、（c）所示。

④ 当被剖切部位的局部结构为回转体时，允许将该结构的中心线作为局部剖视图与视图的分界线，如图 3-2-10 所示的拉杆的局部剖视图。

（4）标注。局部剖视图的标注方法和全剖视相同。但如局部剖视图的剖切位置非常明显，则可以不标注。

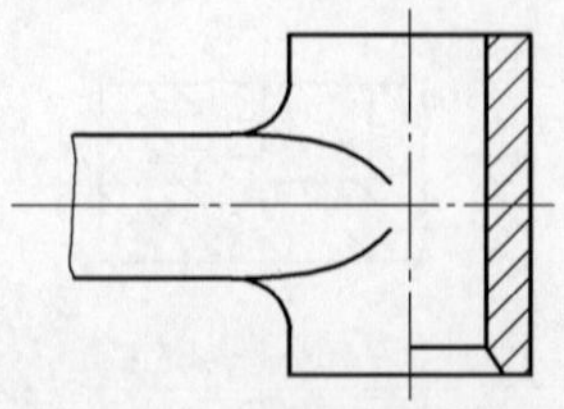

图 3-2-10　拉杆局部剖视图

三、剖切面的种类

剖视图是假想将零件剖开而得到的视图，因为零件内部形状的多样性，剖开零件的方法也不尽相同。国家标准《机械制图》规定有：单一剖切平面、几个互相平行的剖切平面、两个相交的剖切平面、不平行于任何基本投影面的剖切平面、组合的剖切平面等。

1. 单一剖切平面

用一个剖切平面剖开零件的方法称为单一剖，所画出的剖视图，称为单一剖视图。单一剖切平面一般为平行于基本投影面的剖切平面。前面介绍的全剖视图、半剖视图、局部剖视图均为用单一剖切平面剖切而得到的，可见，这种方法应用最多。

2. 几个互相平行的剖切平面

（1）概念。用两个或多个互相平行的剖切平面把零件剖开的方法，称为阶梯剖，所画出的剖视图，称为阶梯剖视图。它适宜于表达零件内部结构的中心线排列在两个或多个互相平行的平面内的情况。

（2）举例。如图 3-2-11（a）所示零件，内部结构（小孔和大孔）的中心位于两个平行的平面内，不能用单一剖切平面剖开，而是采用两个互相平行的剖切平面将其剖开，主视图即为采用阶梯剖方法得到的全剖视图，如图 3-2-11（c）所示。

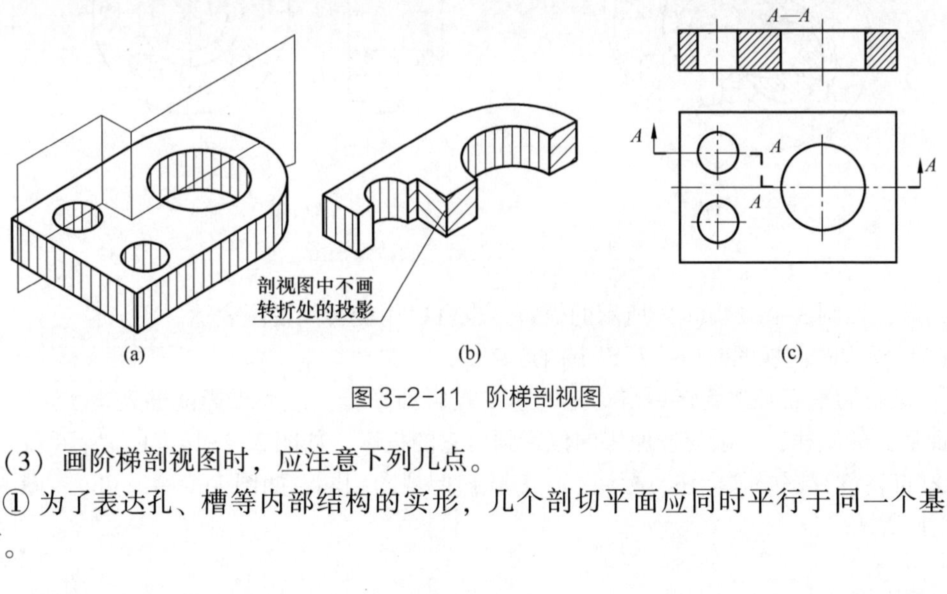

图 3-2-11　阶梯剖视图

（3）画阶梯剖视图时，应注意下列几点。

① 为了表达孔、槽等内部结构的实形，几个剖切平面应同时平行于同一个基本投影面。

② 两个剖切平面的转折处，不能划分界线，如图 3-2-11（b）所示。因此，要选择一个恰当的位置，使之在剖视图上不致出现孔、槽等结构的不完整投影。当它们在剖视图上有共同的对称中心线和轴线时，也可以各画一半，这时细点画线就是分界线。如图 3-2-12 所示。

③ 阶梯剖视图必须标注，标注方法如图 3-2-11（c）所示。在剖切平面迹线的起始、转折和终止的地方，用剖切符号（即粗短线）表示它的位置，并写上相同的字母；在剖切符号两端用箭头表示投影方向（如果剖视图按投影关系配置，中间又无其他图形隔开时，可省略箭头）；在剖视图上方用相同的字母标出名称“*X—X*”。

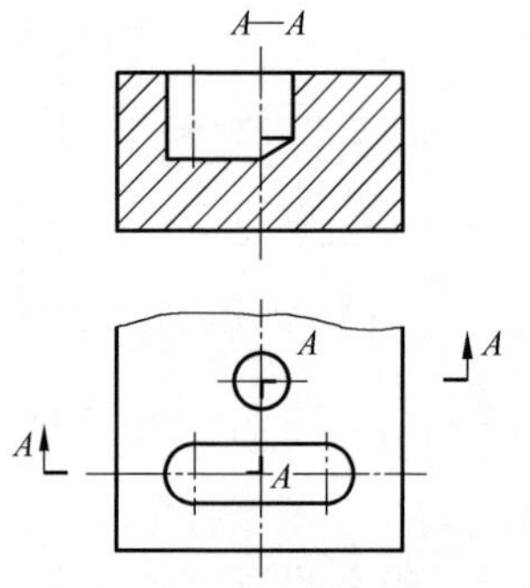

图 3-2-12　阶梯剖视的特例

3. 两个相交的剖切平面

（1）概念。用两个相交的剖切平面（交线垂直于某一基本投影面）剖开零件的方法称为旋转剖，所画出的剖视图，称为旋转剖视图。

（2）举例。如图 3-2-13（a）所示的法兰盘，它中间的大圆孔和均匀分布在四周的小圆孔都需要剖开表示，如果用相交于法兰盘轴线的侧平面和正垂面去剖切，并将位于正垂面上的剖切面绕轴线旋转到和侧面平行的位置，这样画出的剖视图就是旋转剖视图。可见，旋转剖适用于有回转轴线的零件，而轴线恰好是两剖切平面的交线。并且两剖切平面一个为投影面平行面，一个为投影面垂直面，如图 3-2-13（b）所示法兰盘是用旋转剖视图表示的。

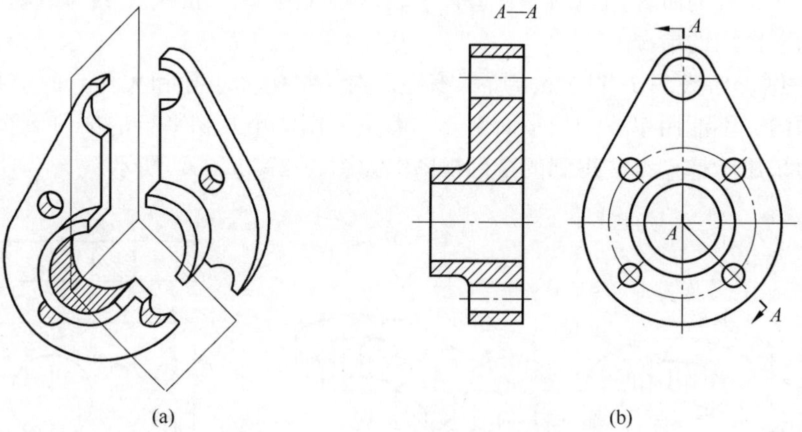

图 3-2-13　法兰盘的旋转剖视图

同理，如图 3-2-14（a）所示的摇臂，也可以用旋转剖视图表达。

（3）画旋转剖视图时应注意以下两点。

① 倾斜的平面必须旋转到与选定的基本投影面平行，以使投影能够表达实形。但剖切平面后面的结构，一般应按原来的位置画出它的投影，如图 3-2-14（b）所示。

② 旋转剖视图必须标注，标注方法与阶梯剖视图相同，如图 3-2-13（b）、图 3-2-14（b）所示。

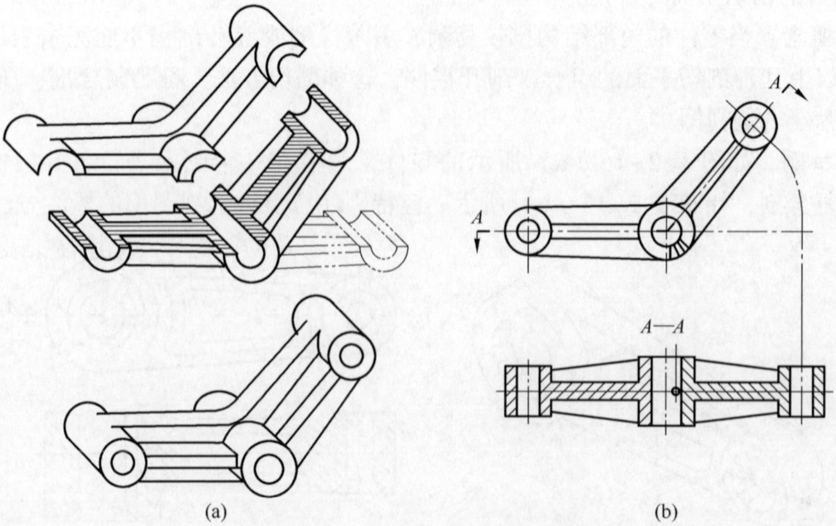

图 3-2-14　摇臂的旋转剖视图

4. 不平行于任何基本投影面的剖切平面

（1）概念。用不平行于任何基本投影面的剖切平面剖开零件的方法称为斜剖，所画出的剖视图，称为斜剖视图。斜剖适用于零件的倾斜部分需要剖开以表达内部实形的时候，并且内部实形的投影是用辅助投影面法求得的。

（2）举例。如图 3-2-15 所示零件，它的基本轴线与底板不垂直，为了清晰表达弯板的外形和小孔等结构，宜用斜剖视图表达，此时用平行于弯板的剖切面“*B*—*B*”剖开零件，然后在辅助投影面上求出剖切部分的投影即可。

（3）画斜剖视图时，应注意以下几点。

① 剖视最好与基本视图保持直接的投影联系，如图 3-2-15 中的“*B*—*B*”。必要时（如为了合理布置图幅）可以将斜剖视画到图纸的其他地方，但要保持原来的倾斜度，也可以转平后画出，但必须加注旋转符号。

② 斜剖主要用于表达倾斜部分的结构。零件上凡在斜剖视图中失真的投影，一般应避免表示。例如在图 3-2-15 中，按主视图上箭头方向取视图，就避免了画圆形底板的失真投影。

③ 斜剖视图必须标注，标注方法如图 3-2-15 所示，箭头表示投影方向。

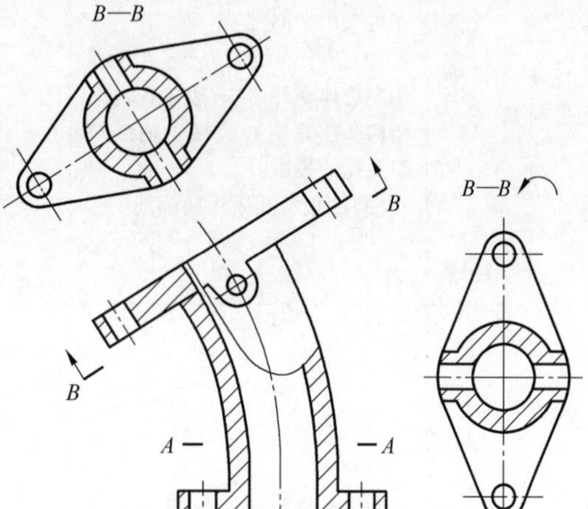

图 3-2-15　零件的斜剖视图

5. 组合的剖切平面

（1）概念。当零件的内部结构比较复杂，用阶梯剖或旋转剖仍不能完全表达清楚时，可以采用以上几种剖切平面的组合来剖开零件，这种剖切方法，称为复合剖，所画出的剖视图，称为复合剖视图。

（2）举例。如图 3-2-16（a）所示的零件，为了在一个图上表达各孔、槽的结构，便采用了复合剖，如图 3-2-16（b）所示。应特别注意复合剖视图中的标注方法。

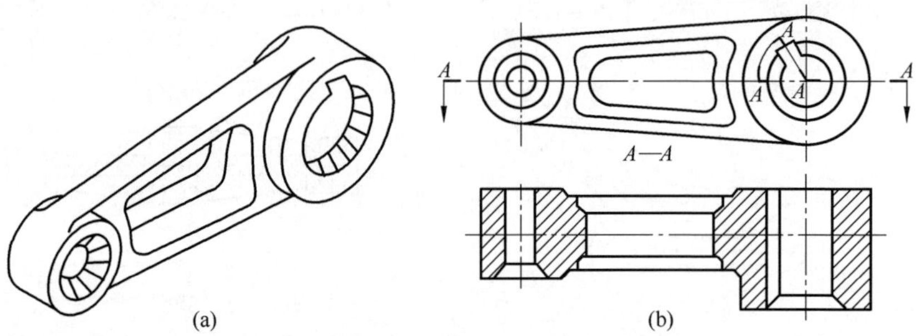

(a)　　(b)

图 3-2-16　摇臂的复合剖视图

任务实施单

方法步骤		图示
1. 画零件半剖主视图	(1)分析零件左右对称，主视图可采用半剖 (2)以中心线为界，零件主视图左边体现外形，右边体现内部结构。注意空心圆柱上前后缺口及孔的投影 (3)底板沉孔采用局部剖	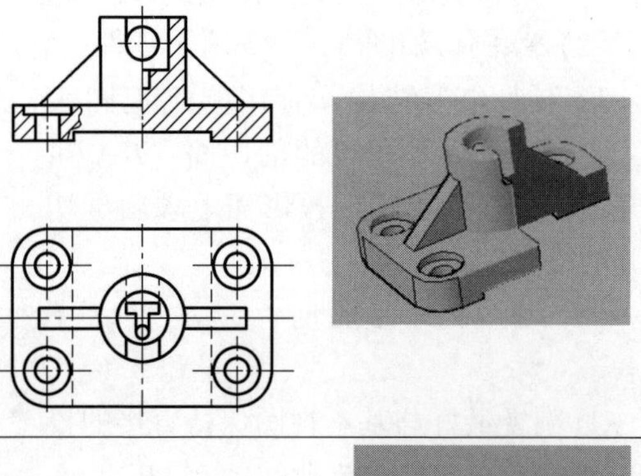
2. 画零件全剖左视图	(1)注意零件底板槽剖开的投影 (2)注意空心圆柱前后开孔及缺口的相贯线 (3)注意空心圆柱中间的槽投影	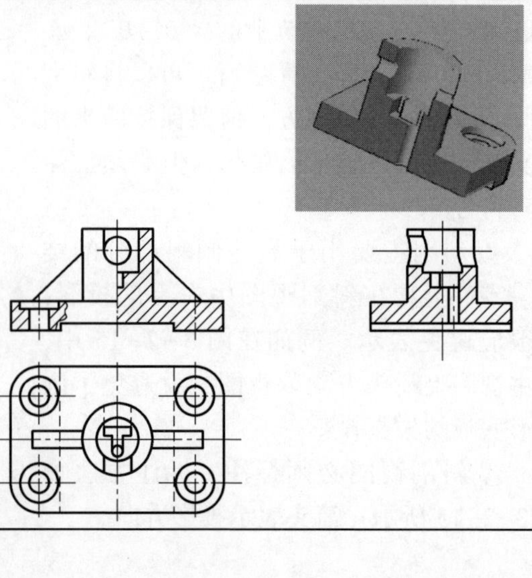

实作练习

一、填空题

1. 剖视图的种类可分为________视图、________视图和局部剖视图。

2. 金属材料的剖面线应以适当角度绘制，最好画成与主要轮廓或剖面区域的对称线成________角，互相平行，间隔均匀的________线。

3. 剖切面的种类可分为________剖切面、________的剖切面、几个相交的剖切面。

二、选择题

1. 用剖切面完全地剖开零件所得的视图称（　　）视图。

A. 全剖　　B. 半剖　　C. 局部剖　　D. 断面

2. 用剖切面局部地剖开零件所得的视图称（　　）视图。

A. 全剖　　B. 半剖　　C. 局部剖　　D. 断面

3. 半剖视图以（　　）为对称中心线。

A. 双点画线　　B. 虚线

C. 细实线　　D. 细点画线

4. 全剖视图选用的是（　　）剖切面。

A. 单一　　B. 几个平行的

C. 几个相交的　　D. 其他

5. 阶梯剖视图选用的是（　　）剖切面。

A. 单一　　B. 几个平行的

C. 几个相交的　　D. 其他

6. 旋转剖视图选用的是（　　）剖切面。

A. 单一　　B. 几个平行的

C. 几个相交的　　D. 其他

三、作图题

如图 3-2-17 所示，补画主视图所缺的线条。

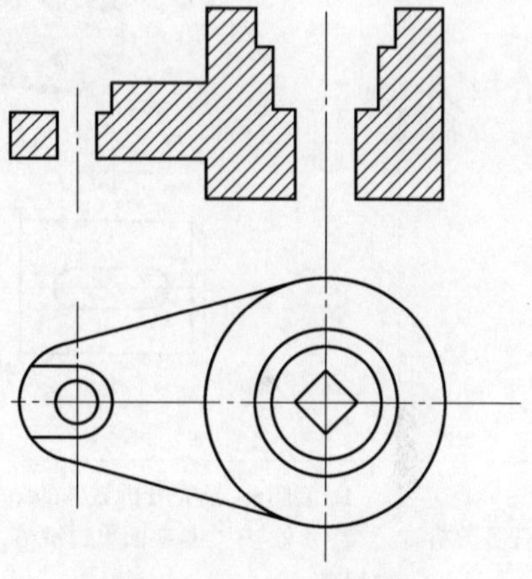

图 3-2-17　习题图

任务三　绘制零件的断面图

用视图表达阶梯轴、杆件、型材等零件结构时，除横向投影的视图外，其他图则图线重叠较多。如图 3-3-1 所示轴，左视图虚线圆重叠较多，感觉这样的图形较乱。若只画出某一需要表达的断面图

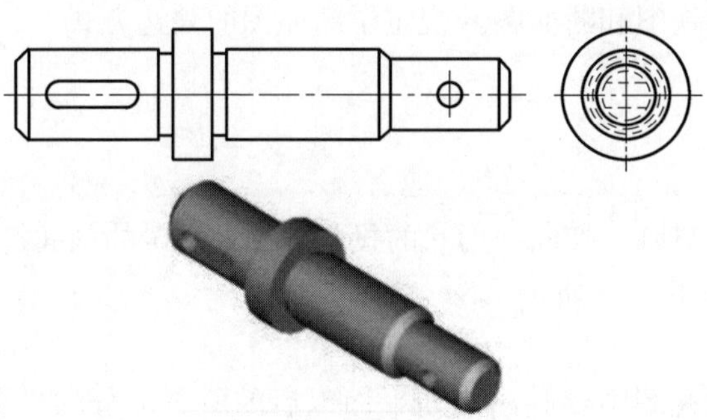

图 3-3-1　轴

配套课件　　配套视频

项目三任务三

形，就没有那么多的图线，也不影响图形表达的清晰，这样的画图方法就是断面图。

学习目标

（1）正确理解断面图的概念、画图方法、标注方法、读图方法。

（2）掌握断面图与剖视图的区别，正确使用断面图，提高对零件的表达能力。

（3）在断面图中能正确使用图线，探索作图技巧以提高绘图技能。

学习任务单

任务名称	绘制零件断面图
任务描述及要求	1. 画出下图轴上指定位置的断面图（*A* 处键槽深 3.5mm，*B* 处为前后对称的平面，*D* 处为键槽深 3mm） 2. 要求完整、清晰、准确、简捷地表达零件 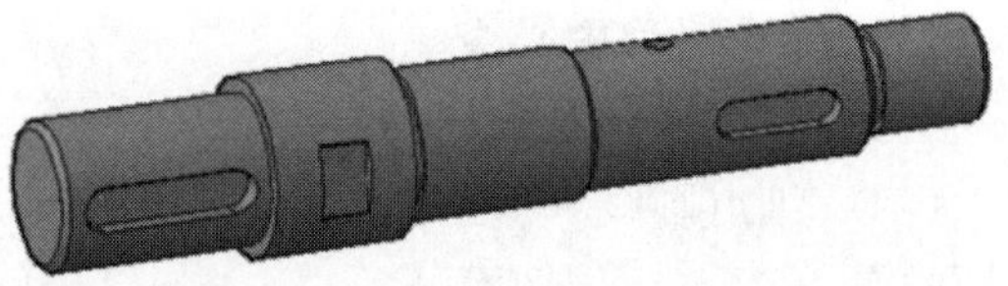 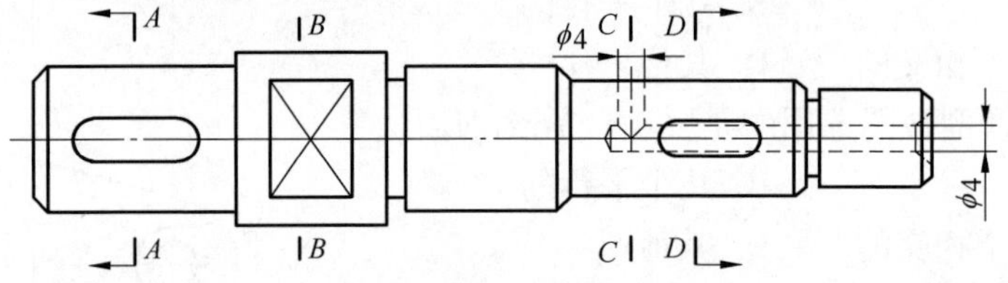
任务分析	1. 绘图前，预先分析零件的结构，想象出零件的形状 2. *A* 处、*D* 处是前面单边键槽，*B* 处是前后切面，*C* 处有孔，所以用断面图表达，能较好地表达该零件结构
任务评价	采用教师讲评与学生互评相结合。评价内容：活动是否积极，是否能正确使用绘图工具，作图步骤是否正确，图形是否正确，线条是否规范，布图是否合理。将绘制的图形评分，计入平时成绩

知识导航

国家标准 GB/T 17452—1998《技术制图　图样画法　剖视图和断面图》和 GB/T 4458.6—2002《机械制图　图样画法　剖视图和断面图》规定了断面图的表达方式。

一、断面图的基本概念

1. 概念

假想用剖切平面将零件在某处切断，只画出切断面形状的投影并画上规定的剖面符号的图形，称为断面图，简称为断面，如图 3-3-2 所示。

2. 断面图与剖视图的区别

断面图仅画出零件断面的图形，而剖视图则要画出剖切平面以后的所有部分的投影，如图 3-3-2（c）所示。

二、断面图的分类

断面图分为移出断面图和重合断面图两种。

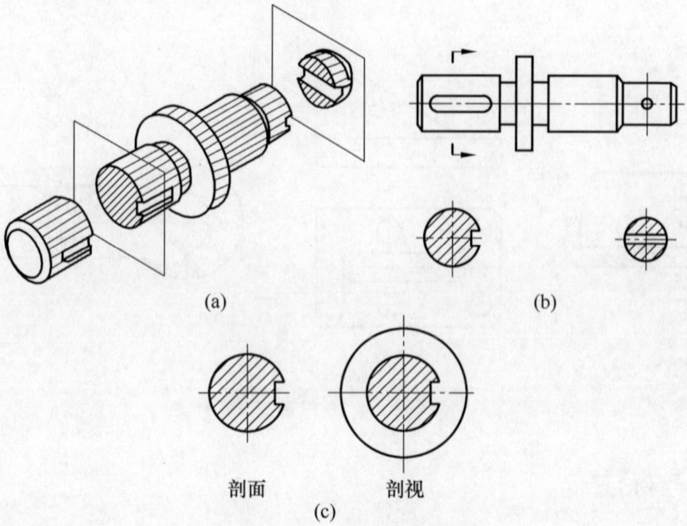

图 3-3-2　断面图画法

1. 移出断面图

（1）概念。画在视图轮廓之外的断面图称为移出断面图。

（2）举例。如图 3-3-2（b）所示断面即为移出断面。

（3）画法要点如下：

① 移出断面的轮廓线用粗实线画出，断面上画出剖面符号。移出断面应尽量配置在剖切平面的延长线上，必要时也可以画在图纸的适当位置。

② 当剖切平面通过由回转面形成的圆孔、圆锥坑等结构的轴线时，这些结构应按剖视画出，如图 3-3-3 所示。

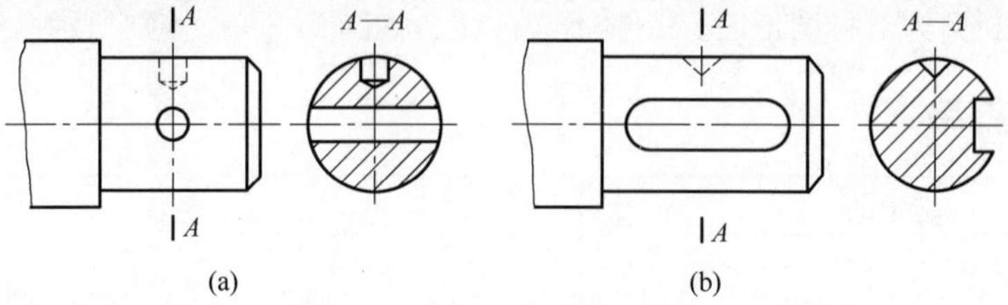

图 3-3-3　通过圆孔等回转面的轴线时断面图的画法

③ 当剖切平面通过非回转面，会导致出现完全分离的断面时，这样的结构也应按剖视画出，如图 3-3-4 所示。

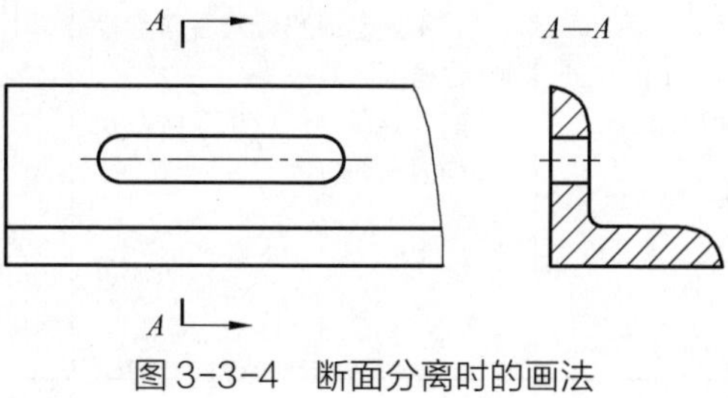

图 3-3-4　断面分离时的画法

2. 重合断面图

画在视图轮廓之内的断面图称为重合断面图。如图 3-3-5 所示的断面即为重合断面。

为了使图形清晰，避免与视图中的线条混淆，重合断面的轮廓线用细实线画出。当重合断面的轮廓线与视图的轮廓线重合时，仍按视图的轮廓线画出，不应中断，如图 3-3-5（a）所示。

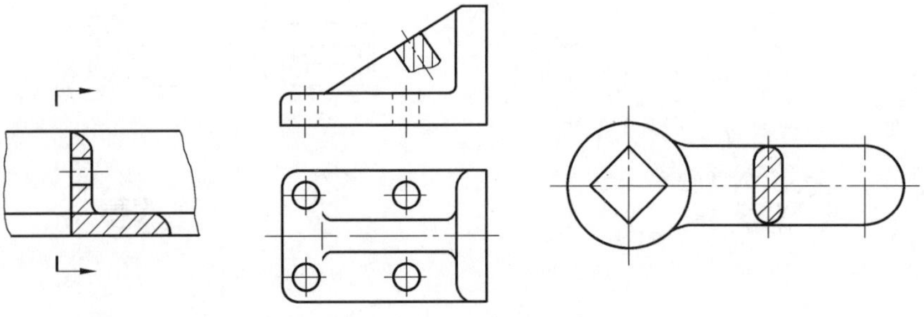

(a)　　(b)　　(c)

图 3-3-5　重合断面图

三、剖切位置与标注

（1）当移出断面不画在剖切位置的延长线上时，如果该移出断面为不对称图形，必须标注剖切符号与带字母的箭头，以表示剖切位置与投影方向，并在断面图上方标出相应的名称“*X—X*”；如果该移出断面为对称图形，因为投影方向不影响断面形状，所以可以省略箭头。

（2）当移出断面按照投影关系配置时，不管该移出断面为对称图形还是不对称图形，因为投影方向明显，所以可以省略箭头。

（3）当移出断面画在剖切位置的延长线上时，如果该移出断面为对称图形，只需用细点画线标明剖切位置，可以不标注剖切符号、箭头和字母；如果该移出断面为不对称图形，则必须标注剖切位置和箭头，但可以省略字母。

（4）当重合断面为不对称图形时，需标注其剖切位置和投影方向，如图 3-3-5（a）所示；当重合断面为对称图形时，一般不必标注，如图 3-3-5（b）所示。

任务实施单

方法步骤		图示
1. 画 *A*、*D* 处键槽断面图	(1)*A* 处是剖开后从右向左投射，键槽画图左边 (2)*D* 处是剖开后从左向右投射，键槽画图右边	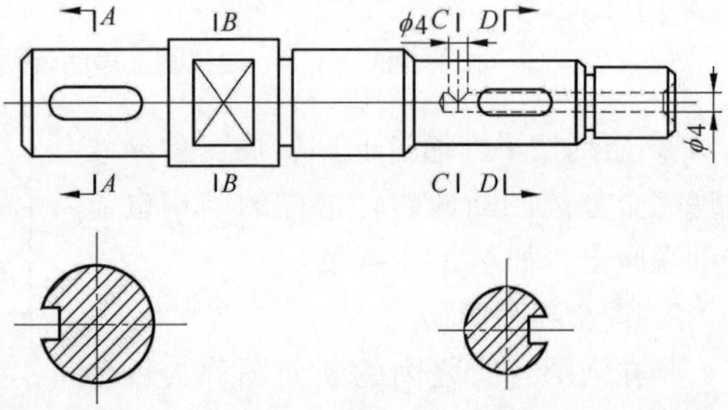

续表

方法步骤		图示
2. 画 *B* 处断面图	切面前后对称，所以省略箭头	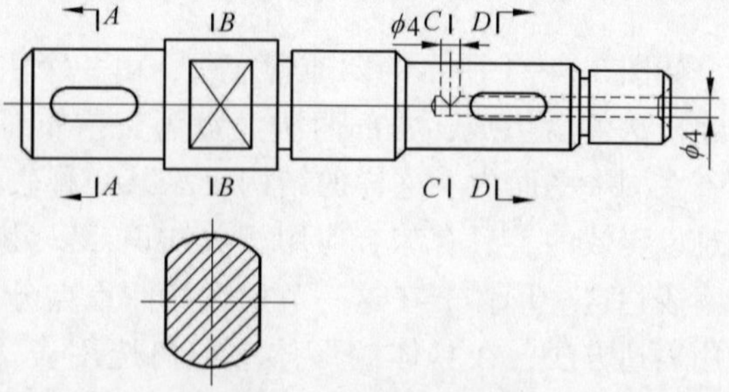
3. 画 *C* 处断面图	有两个孔，一个从上往下开孔，一个从右向左开孔	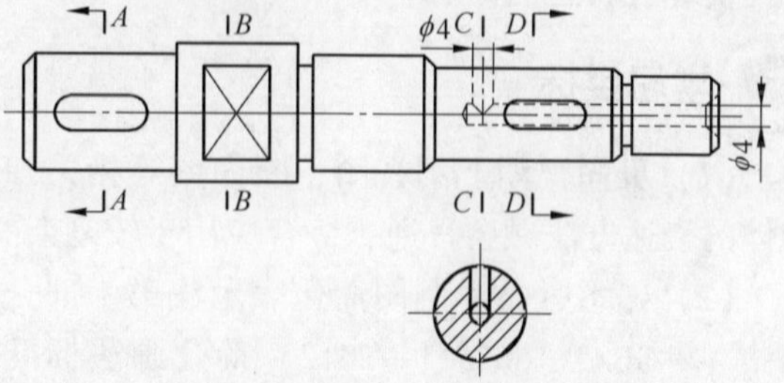
4. 完成全图	检查、完善	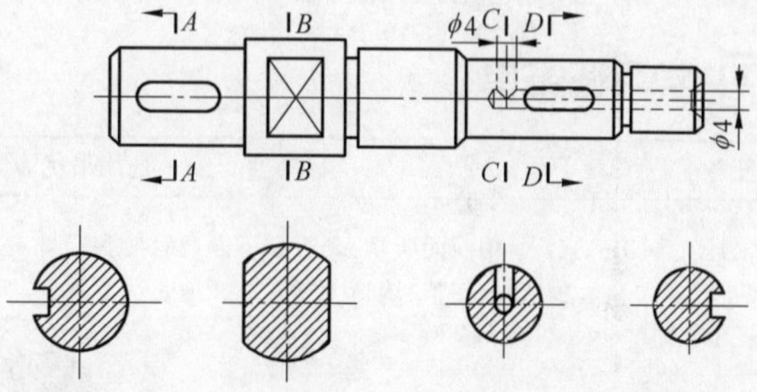

实作练习

选择题

1. 重合剖面的轮廓线用（　　）表示。

A. 粗实线　　B. 细实线　　C. 细点画线　　D. 波浪线

2. 下图的 *A*—*A* 剖面图中，选出正确的断面图（　　）。

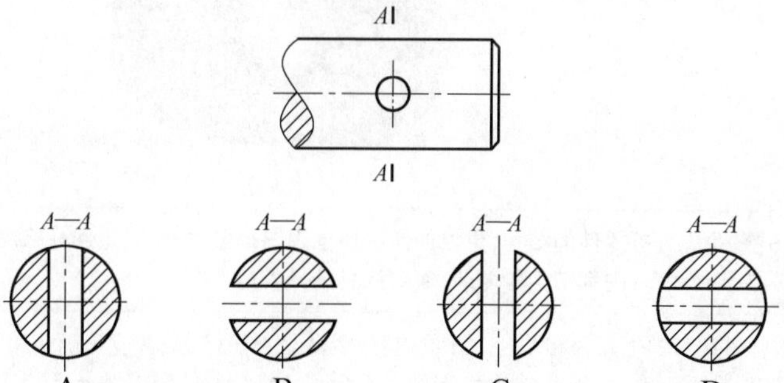

A　B　C　D

配套课件　配套视频

项目三任务四

任务四　综合表达零件

如图 3-4-1 所示的四通管接头，由一个主管和四个连接法兰盘组成，中部两法兰盘为交错布置，其轴线不在同一平面内。这样的结构仅靠某一种表达方法是难以奏效的，只有综合应用相关知识，以最简洁的方案表达这一形体。在这一节里，我们重点分析如何运用表达方法，在具体的形体中如何选用表达方法，以提高综合表达能力。

图 3-4-1　四通管接头立体图

学习目标

（1）巩固视图、剖视图、断面图等相关知识，将物体的表达方法融会贯通，综合应用于较复杂的形体；

（2）熟悉《技术制图简化表示法第 1 部分：图样画法》（GB/T 16675.1—2012）简化画法标准，提高对零件的综合表达能力，提高绘图读图技能。

学习任务单

任务名称	选用最优方案表达四通管接头
任务描述及要求	1. 运用前面所学，表达如下四通管接头 2. 要求完整、清晰、准确、简捷地表达零件 
任务分析	1. 绘图前，预先分析零件的结构，想象如何选择主视图投影方向，确定用什么图形表达 2. 该零件凸台较多，内部结构较复杂，需要认真选择表达方案
任务评价	采用教师讲评与学生互评相结合。评价内容：活动是否积极，是否能正确使用绘图工具，作图步骤是否正确，图形是否正确，线条是否规范，布图是否合理。将绘制的图形评分，计入平时成绩

知识导航

一、局部放大图

1. 概念

零件上某些细小结构在视图中表达得不够清楚，或不便于标注尺寸时，可将这些部分用大于原图形，采用比例画出，这种图称为局部放大图，如图 3-4-2 所示。

2. 标注

局部放大图必须标注，标注方法是：在视图上画一细实线圆，标明放大部位，在放大图的上方注明所用的比例，即图形大小与实物大小之比（与原图上的比例无关），如果放大图不止一个时，还要用罗马数字编号以示区别。

注意：局部放大图可画成视图、剖视图、断面图，它与被放大部位的表达方法无关，局部放大图应尽量配置在被放大部位的附近。

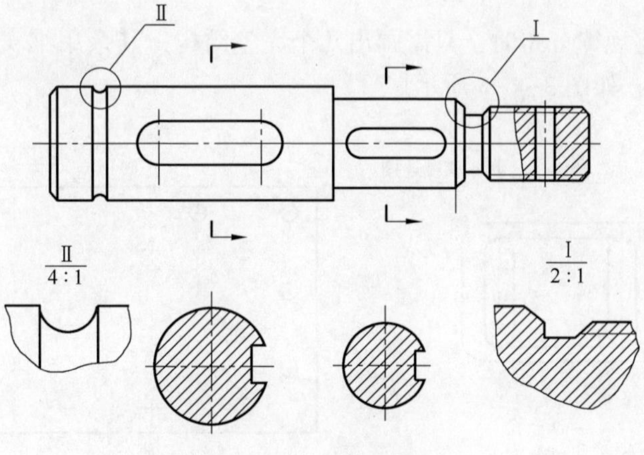

图 3-4-2　局部放大图

二、有关肋板轮辐等结构的画法

（1）零件上的肋板、轮辐及薄壁等结构，如纵向剖切都不要画剖面符号，而且用粗实线将它们与其相邻结构分开，如图 3-4-3 所示。

（2）回转体上均匀分布的肋板、轮辐、孔等结构不处于剖切平面上时，可将这些结构假想旋转到剖切平面上画出，如图 3-4-4 所示。

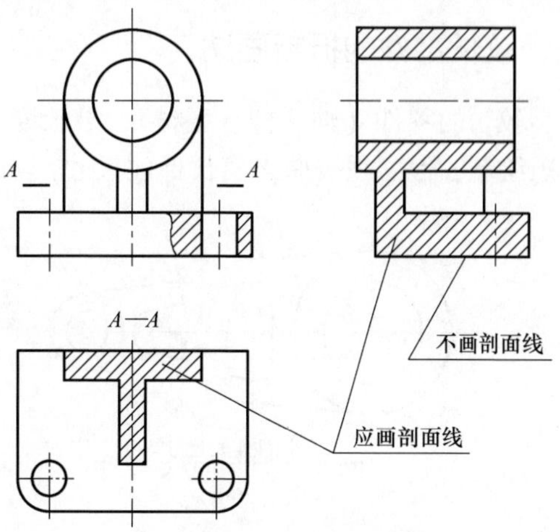

图 3-4-3　肋板的剖视画法

三、相同结构的简化画法

当零件上具有若干相同结构（齿、

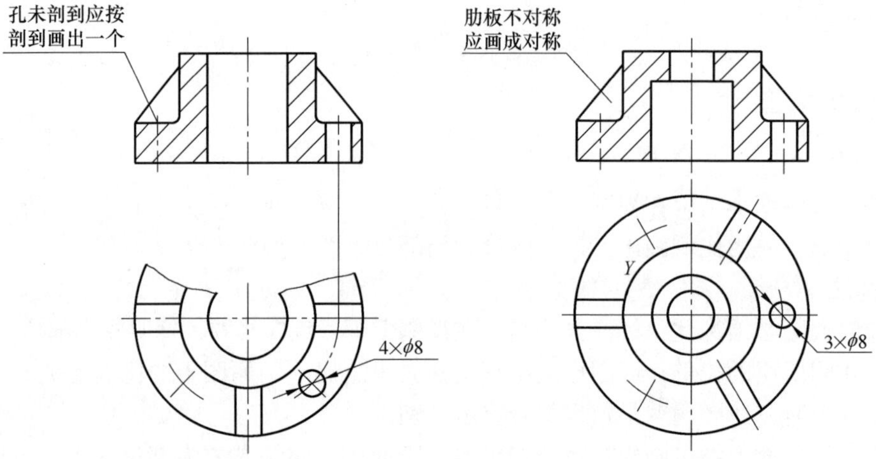

(a) (b)

图 3-4-4　均匀分布的肋板、孔的剖切画法

槽、孔)，并按一定规律分布时，只需画出几个完整结构，其余用细实线相连或标明中心位置，并注明总数，如图 3-4-5 所示。

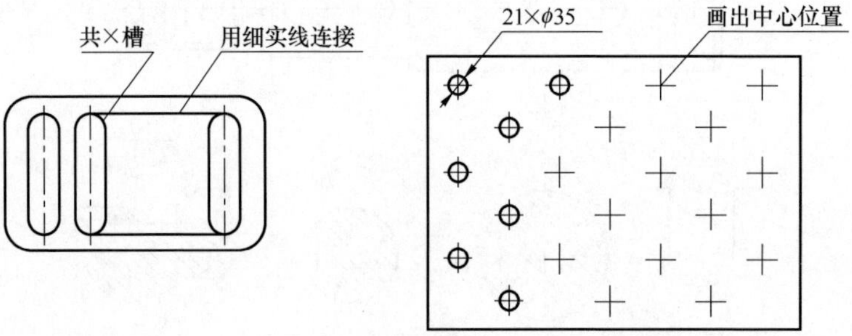

(a) (b)

图 3-4-5　相同结构的简化画法

四、较长零件的折断画法

较长的零件（轴、杆、型材），沿长度方向的形状一致或按一定规律变化时，可断开缩短绘制，但必须按原来实长标注尺寸，如图 3-4-6 所示。

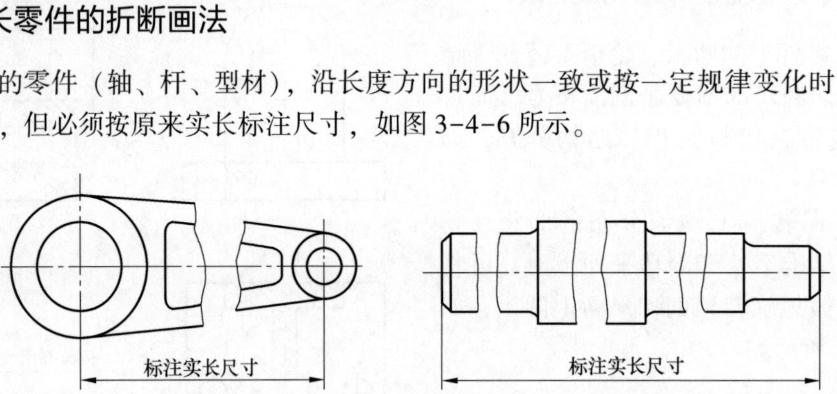

(a) (b)

图 3-4-6　较长零件的折断画法

零件断裂边缘常用波浪线画出，圆柱断裂边缘常用花瓣形画出，如图 3-4-7 所示。

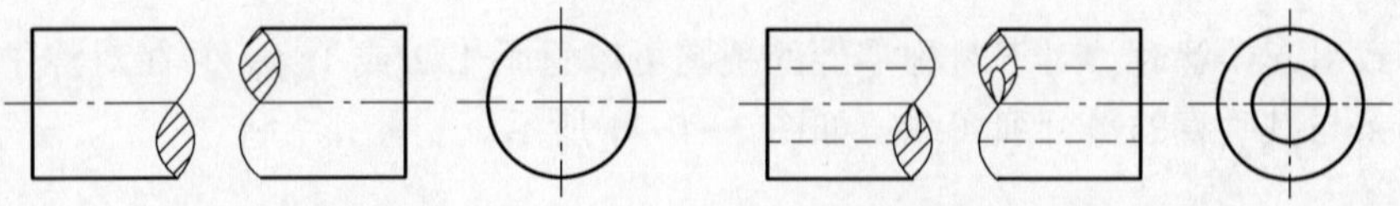

(a)　　(b)

图 3-4-7　圆柱与圆筒的断裂处画法

五、较小结构的简化画法

零件上较小的结构，如在一个图形中已表示清楚时，在其他图形中可以简化或省略，如图 3-4-8（a）和图 3-4-8（b）所示的主视图。

在不致引起误解时，图形中的相贯线允许简化，例如用圆弧或直线代替非圆曲线，如图 3-4-8（a）所示。

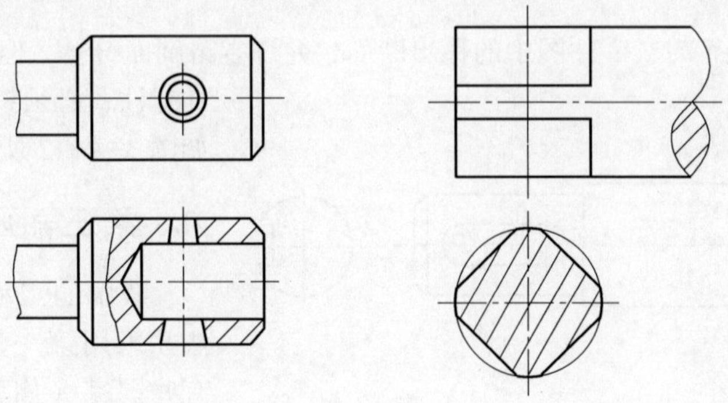

(a)　　(b)

图 3-4-8　较小结构的简化画法

六、某些结构的示意画法

网状物、编织物或零件上的滚花部分，可在轮廓线附近用细实线示意画出，并标明其具体要求。如图 3-4-9 所示即为滚花的示意画法。

当图形不能充分表达平面时，可以用平面符号（相交细实线）表示，如图 3-4-10 所示。如已表达清楚，则可不画平面符号，如图 3-4-8（b）所示。

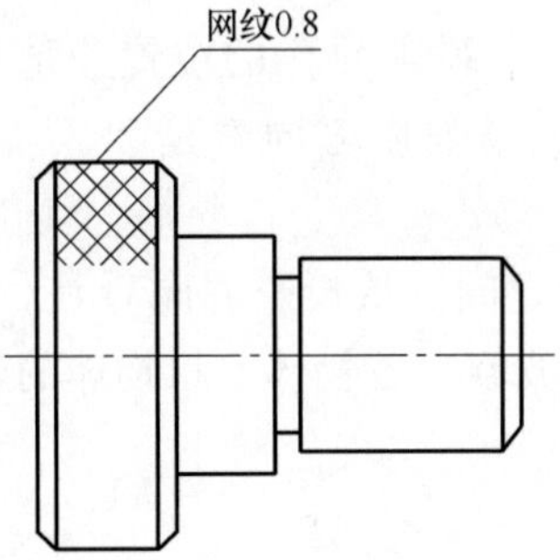

图 3-4-9　滚花的示意画法

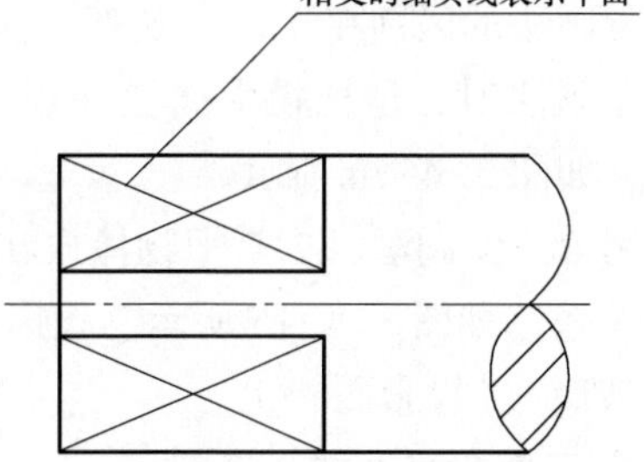

图 3-4-10　表示平面的特殊画法

七、对称零件的简化画法

在不致引起误解时，对于对称零件的视图可以只画 1/2 或 1/4，并在对称中心线的两端画出两条与其垂直的平行细实线，如图 3-4-11 所示。

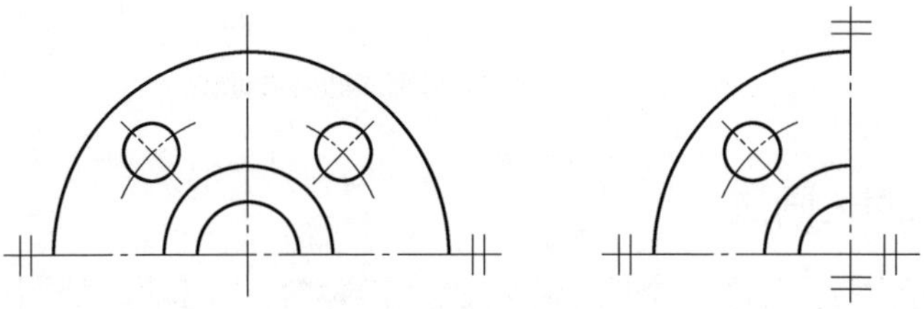

图 3-4-11　对称零件的简化画法

八、允许省略剖面符号的移出断面

在不致引起误解时，零件图中的移出断面，允许省略剖面符号，但剖切位置和断面图的标注，必须按规定的方法标出，如图 3-4-12 所示。

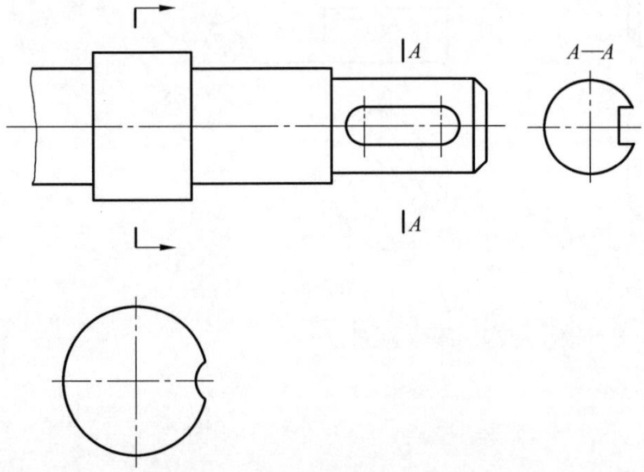

图 3-4-12　移出断面的简化画法

九、第三角画法简介

我国的工程图样是按正投影法并采用第一角画法绘制的，而有些国家（如英、美等国）的图样是按正投影法并采用第三角画法绘制的。

1. 第三角投影法的概念

如图 3-4-13 所示，由三个互相垂直相交的投影面组成的投影体系，把空间分成了 8 个部分，每一部分为一个分角，依次为Ⅰ、Ⅱ、Ⅲ、Ⅳ……Ⅶ、Ⅷ分角。将零件放在第一分角进行投影，称为第一角画法，而将零件放在第三分角进行投影，称为第三角画法。

2. 第三角画法与第一角画法的区别

两种画法的区别在于人（观察者）、物（零件）、图（投影面）的位置关系不同。采用第一角画法时，是把投影面放在观察者与物体之间，从投影方向看是“人、图、物”的关系，如图 3-4-14 所示。

采用第三角画法时，是把物体放在观察者与投影面之间，从投影方向看是“人、物、图”的关系，如图 3-4-15 所示。投影时就好像隔着“玻璃”看物体，将物体的轮廓形状印在“玻璃”（投影面）上。

3. 第三角投影图的形成

采用第三角画法时，从前面观察物体在 *V* 面上得到的视图称为前视图；从上面观察

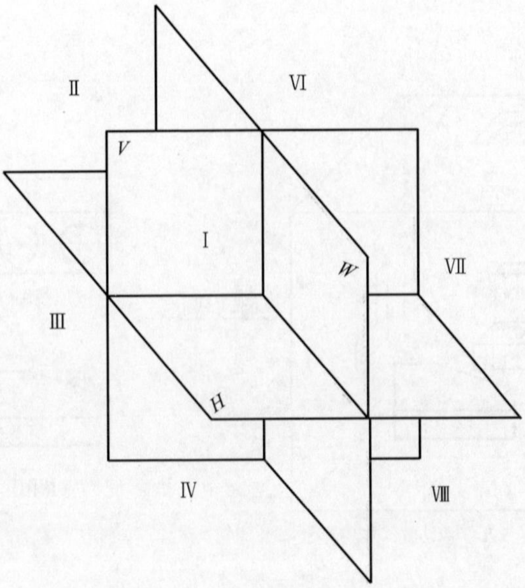

图 3-4-13　空间的 8 个分角

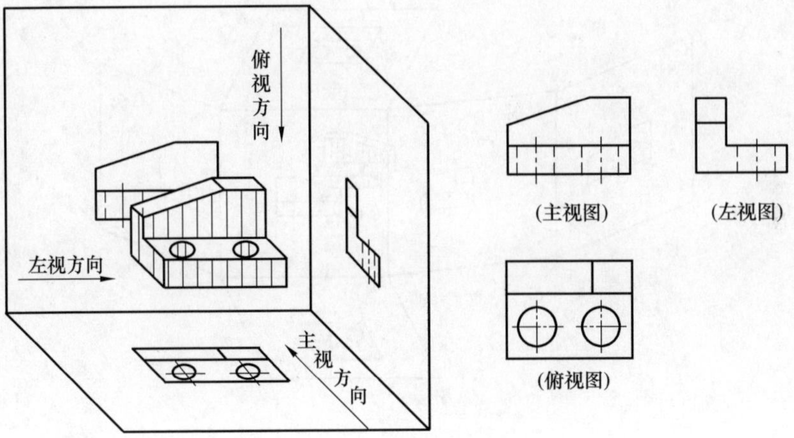

图 3-4-14　第一角画法原理

物体在 *H* 面上得到的视图称为顶视图；从右面观察物体在 *W* 面上得到的视图称为右视图。各投影面的展开方法是：*V* 面不动，*H* 面向上旋转 90°，*W* 面向右旋转 90°，使三投影面处于同一平面内，如图 3-4-16（a）所示。展开后三视图的配置关系如图 3-4-15 所示。

采用第三角画法时也可以将物体放在正六面体中，分别从物体的六个方向向各投影面进行投影，得到六个基本视图，即在三视图的基础上增加了后视图（从后往前看）、左视图(从左往右看)、底视图（从下往上看）。展开后六视图的配置关系如图 3-4-16（b）所示。

4. 第一角和第三角画法的识别符号

在国际标准中规定，可以采用第一角画法，也可以采用第三角画法。为了区别这两种画法，规定在标题栏中专设的格内用规定的识别符号表示。GB/T 14692—2008《技术制图　投影》中规定的识别符号如图 3-4-17 所示。

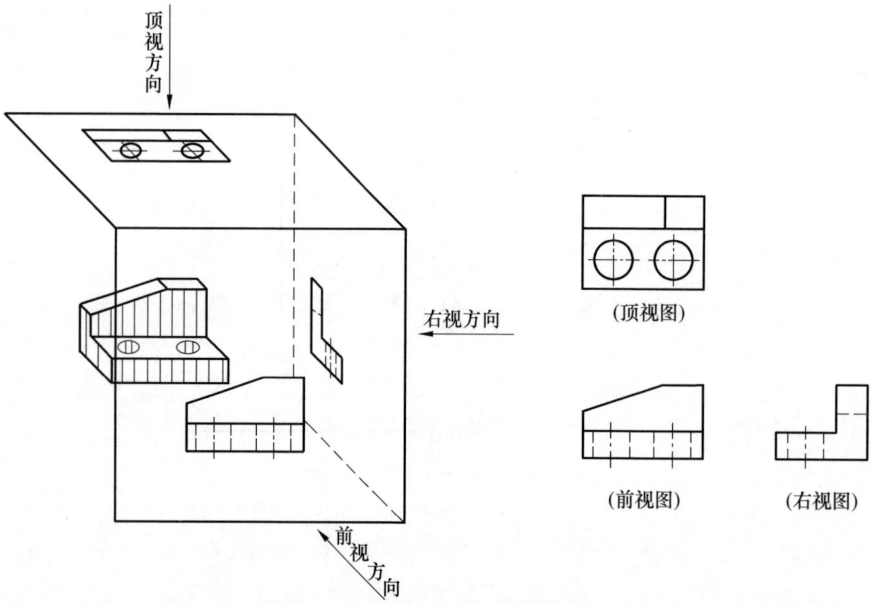

图 3-4-15　第三角画法原理

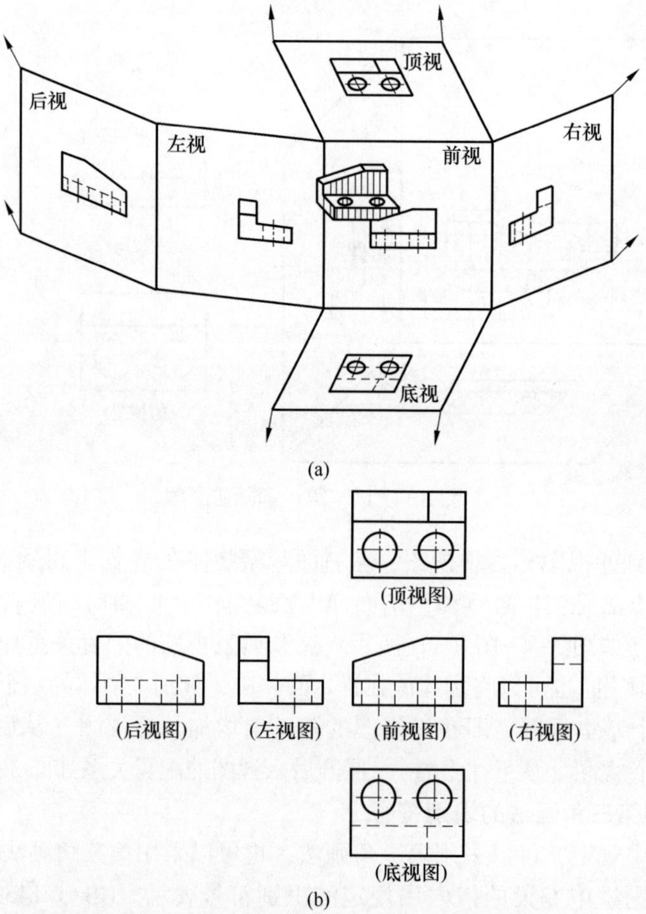

图 3-4-16　第三角画法投影面展开及视图的配置

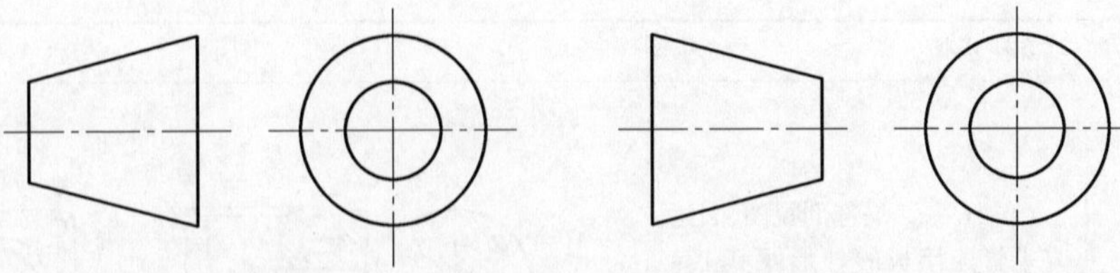

(a)　　　　(b)

图 3-4-17　两种画法的识别符号

（a）第一角画法用　（b）第三角画法用

各表达方案选用原则：

实际绘图时，各种表达方法应根据零件结构的具体情况选择使用。在选择表达零件的图样时，首先应考虑看图方便，并根据零件的结构特点，用较少的图形，把零件的结构形状完整、清晰地表达出来。在这一原则下，还要注意所选用的每个图形，它既要有各图形自身明确的表达内容，又要注意它们之间的相互联系。

任务实施单

方法步骤		图示
1. 形体分析	（1）由图形分析中可见，阀体的构成大体可分为管体、上连接板、下连接板、左连接板、右连接板等五个部分 （2）管体中间是一个空心竖管，左边有一个距底面一定距离空心横管，靠前斜边有一个距底面一定距离空心横管，三段管子的内径互相连通，形成有四个通口的管件	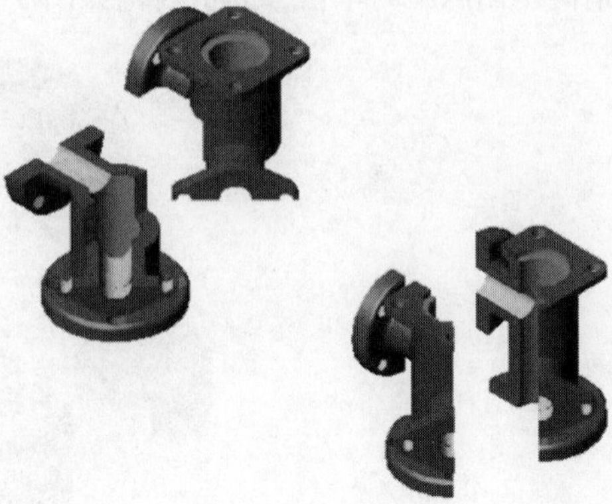
2. 画主视图、俯视图	（1）主视图“*B—B*”是采用旋转剖画出的全剖视图，表达阀体的内部结构形状 （2）俯视图“*A—A*”是采用阶梯剖画出的全剖视图，着重表达左、右管道的相对位置，还表达了下连接板的外形及 4 个小孔的位置	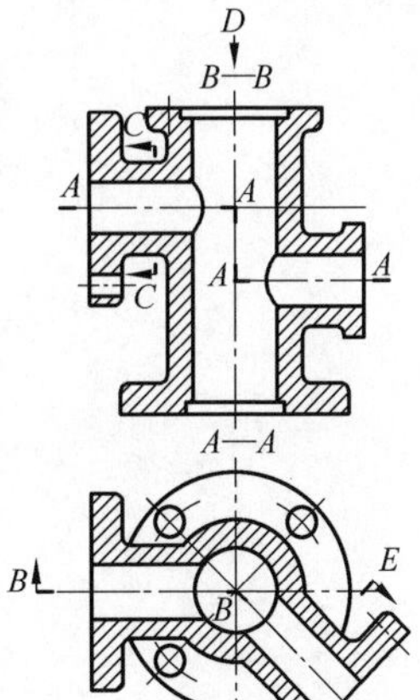

续表

方法步骤		图示
3. 画其他视图	（1）“*C—C*”局部剖视图，表达左端管连接板的外形及其上 4 个孔的大小和相对位置 （2）“*D*”向局部视图，相当于俯视图的补充，表达了上连接板的外形及其上 4 个孔的大小和位置 （3）因右端管与正投影面倾斜 45°，所以采用斜剖画出“*E—E*”全剖视图，以表达右连接板的形状	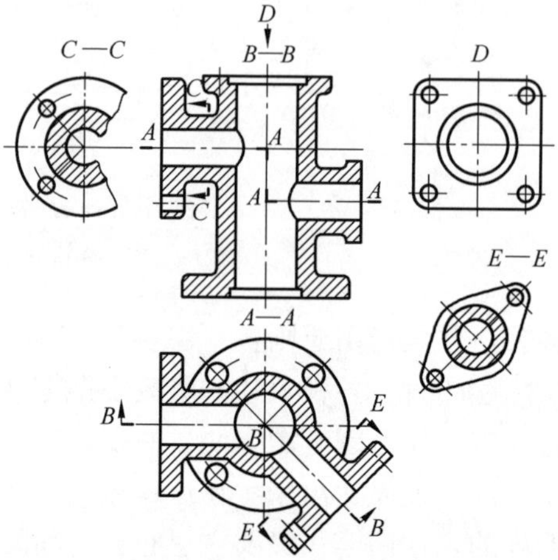

实作练习

请同学们以组为单位，分析讨论如图 3-4-18 所示滑块盖的表达方案。

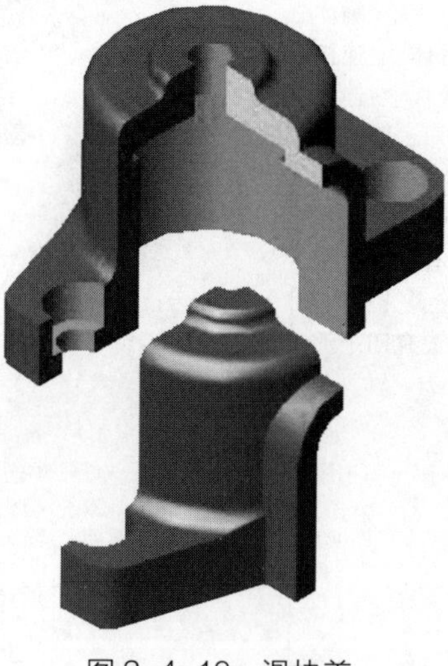

图 3-4-18　滑块盖

项目四

标准件、常用件的特殊表达

在各种机电设备中，经常使用螺栓、螺钉、螺母、垫圈、键、销、轴承等零件。由于这些零件应用广、用量大，为了便于组织专业化生产，国家标准对这些零件的结构与尺寸都已全部实行了标准化，统称为标准件。而另一些经常使用，但只是结构定型、部分参数标准化的零件（如齿轮、弹簧）则称为常用件。

配套课件　配套视频

项目四任务一

任务一　绘制螺纹、键、销连接图

如图 4-1-1 所示的螺纹连接件是如何形成的？是怎么加工得来的？有何作用？如何标注？怎么表达这些标准件？有无规定画法？

图 4-1-1　螺纹连接件

通过本任务的学习，可以轻松地绘制与标注螺纹、键、销等标准件的单个零件图及连接图。

学习目标

（1）了解螺纹的形成原理，熟悉螺纹、键、销各参数。

（2）掌握机械制图标准中有关各种螺纹、键、销的单个及连接规定画法。

（3）学会查阅螺纹、键、销相关技术数据，了解连接的相关内容，拓展专业知识，提高绘图技能。

学习任务单

任务名称	画螺纹紧固件、键、销连接图
任务描述及要求	1. 按给出螺纹紧固件代号，画出图中指定的各种连接 (1)螺栓 GB/T 5782—2016《六角头螺栓》 M8×40 螺母 GB/T 6170—2000《六角螺母》 M8 垫圈 GB/T 97.1—2002《平垫圈 A 级》GB/T 97.1 8 140HV (2)螺钉 GB/T 71—1985《开槽锥端紧定螺钉》 M6×16 (3)键 8×36 GB/T 1096—2003《普通型平键》 (4)销 GB/T 117—2000《圆锥销》 B5×60 2. 除轴径和标准件按给定尺寸外，其余尺寸自定 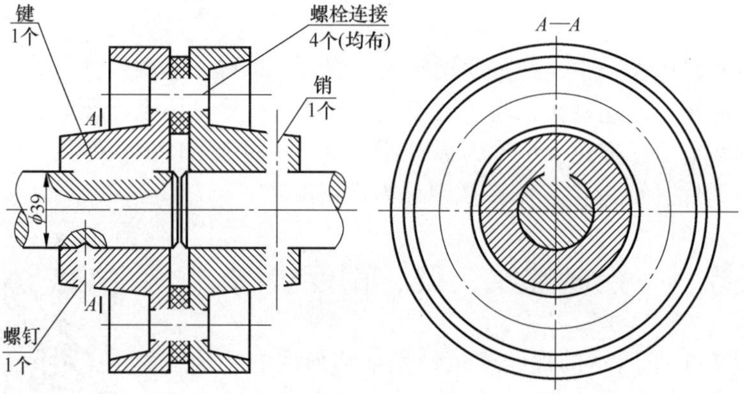
任务分析	1. 绘图前，按给定的标准件查表得出相关绘图尺寸 2. 注意螺纹的粗细线区分
任务评价	采用教师讲评与学生互评相结合。评价内容：活动是否积极，是否能正确使用绘图工具，作图步骤是否正确，图形是否正确，线条是否规范，布图是否合理。将绘制的图形评分，计入平时成绩

知识导航

一、螺纹链接

螺纹是在圆柱或圆锥表面上，沿着螺旋线形成的具有相同剖面形状（如等边三角形、正方形、梯形、锯齿形……）的连续凸起和沟槽。在圆柱或圆锥外表面所形成的螺纹称为外螺纹，在圆柱或圆锥内表面所形成的螺纹称为内螺纹。用于连接的螺纹称为连接螺纹；用于传递运动或动力的螺纹称为传动螺纹。

（一）螺纹的形成和基本要素

1. 螺纹的形成

各种螺纹都是根据螺旋线原理加工而成，螺纹加工大部分采用机械化批量生产。小批量、单件产品，外螺纹可采用车床加工，如图 4-1-2 所示。内螺纹可以在车床上加工，也可以先在工件上钻孔，再用丝锥攻制而成，如图 4-1-3 所示。

2. 螺纹的基本要素

螺纹的基本要素包括牙型、直径（大径、小径、中径）、螺距和导程、线数、旋向等。

图 4-1-2　外螺纹加工

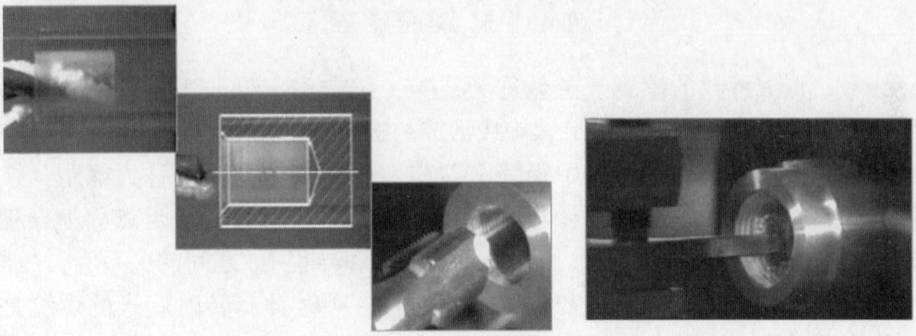

图 4-1-3　内螺纹加工

（1）牙型。在通过螺纹轴线的剖面上，螺纹的轮廓形状称为螺纹牙型。常见的螺纹牙型有三角形（60°、55°）、梯形、锯齿形、矩形等，如图 4-1-4 所示。

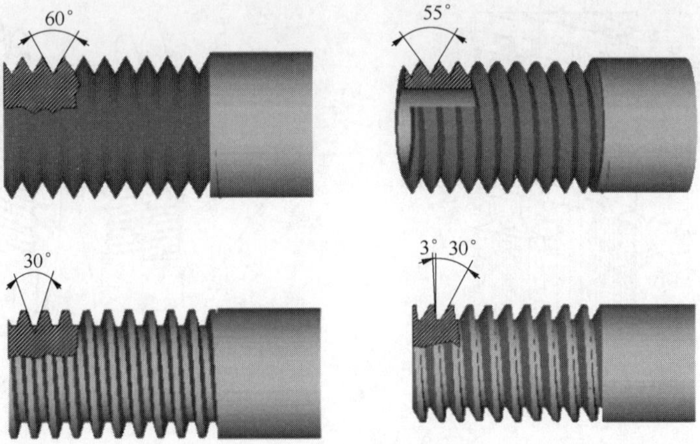

图 4-1-4　螺纹牙型

（2）螺纹的直径，如图 4-1-5 所示。

大径 d、D 是指与外螺纹的牙顶或内螺纹的牙底相切的假想圆柱或圆锥的直径。内螺纹的大径用大写字母表示，外螺纹的大径用小写字母表示。

小径 d_1、D_1 是指与外螺纹的牙底或内螺纹的牙顶相切的假想圆柱或圆锥的直径。

中径 d_2、D_2 是指一个假想的圆柱或圆锥直径，该圆柱或圆锥的母线通过牙型上沟槽和凸起宽度相等的地方。

公称直径代表螺纹尺寸的直径，指螺纹大径的基本尺寸。

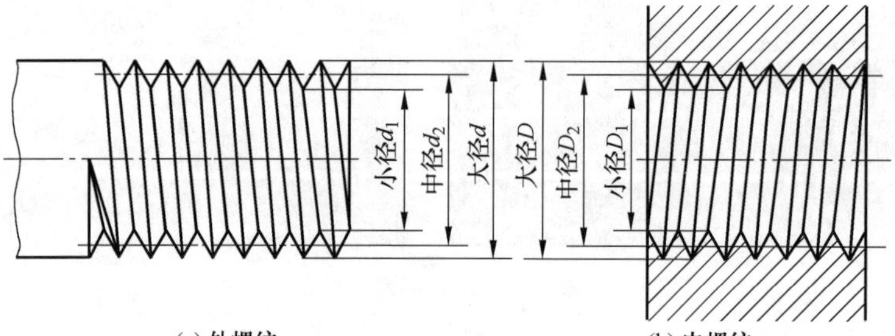

图 4-1-5　螺纹的直径

（3）线数。形成螺纹的螺旋线条数称为线数，线数用字母 n 表示。沿一条螺旋线形成的螺纹称为单线螺纹，沿两条以上螺旋线形成的螺纹称为多线螺纹，如图 4-1-6 所示。

（4）螺距和导程。相邻两牙在中径线上对应两点间的轴向距离称为螺距，螺距用字母 P 表示；同一螺旋线上的相邻两牙在中径线上对应两点间的轴向距离称为导程，导程用字母 P_h 表示，如图 4-1-6 所示。线数 n、螺距 P 和导程 P_h 之间的关系为：$P_h=P\times n$。

（5）旋向。螺纹分为左旋螺纹和右旋螺纹两种。顺时针旋转时旋入的螺纹是右旋螺纹；逆时针旋转时旋入的螺纹是左旋螺纹，如图 4-1-7 所示。工程上常用右旋螺纹。国家标准对螺纹的牙型、大径和螺距进行了统一规定。这三项要素均符合国家标准的螺纹称为标准螺纹；凡牙型不符合国家标准的螺纹称为非标准螺纹；只有牙型符合国家标准的螺纹称为特殊螺纹。

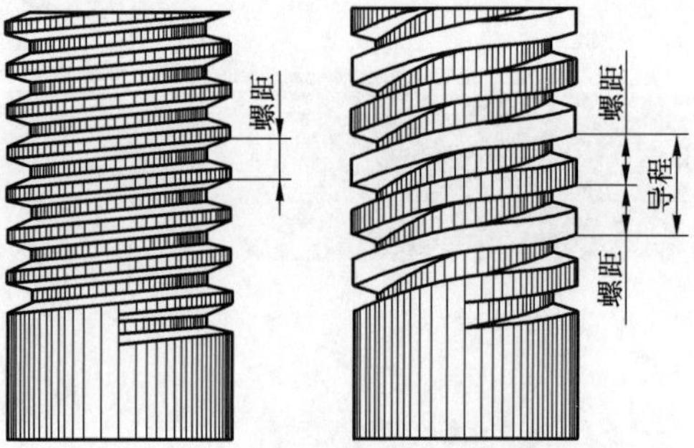

图 4-1-6　单线螺纹和双线螺纹

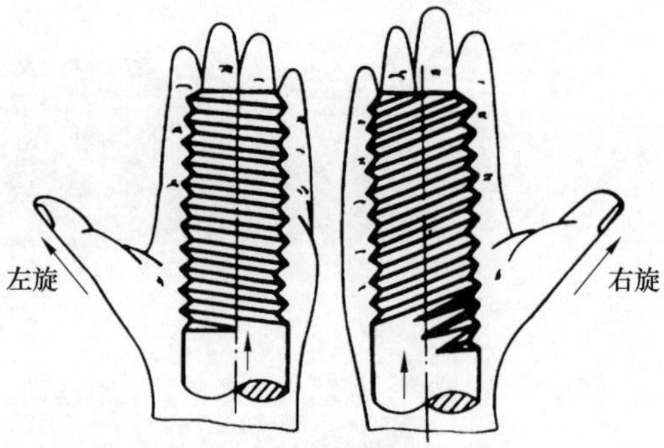

图 4-1-7　螺纹的旋向

（二）螺纹的规定画法和标注

1. 螺纹的规定画法

螺纹一般不按真实投影作图，而是采用机械制图国家标准规定的画法，以简化作图过程。

外螺纹的画法。外螺纹的大径用粗实线表示，小径用细实线表示。螺纹小径按大径的 0.85 倍绘制。在不反映圆的视图中，小径的细实线应画入倒角内，螺纹终止线用粗实线表示，如图 4-1-8（a）所示。当需要表示螺纹收尾时，螺纹尾部的小径用与轴线成 30°的细实线绘制，如图 4-1-8 所示。在反映圆的视图中，表示小径的细实线圆只画约 3/4 圈，螺杆端面上的倒角圆省略不画，如图 4-1-8（a）、（b）、（c）所示。剖视图中的螺纹终止线和剖面线画法如图 4-1-8（c）所示。

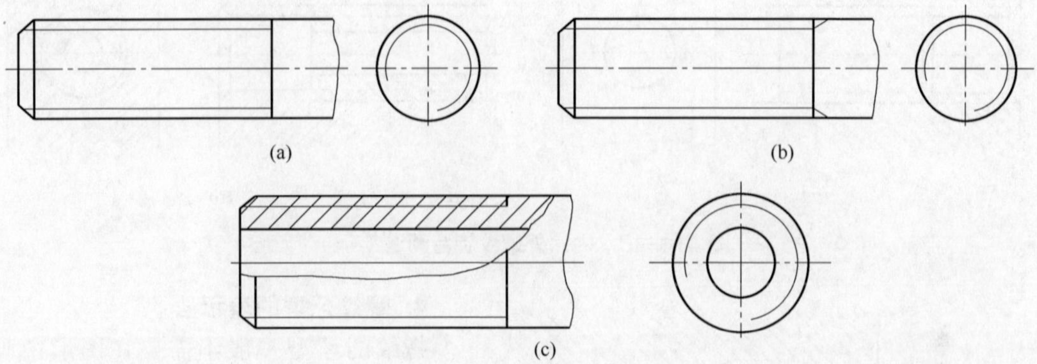

图 4-1-8　外螺纹的画法

2. 内螺纹的画法

内螺纹通常采用剖视图表达，在不反映圆的视图中，大径用细实线表示，小径和螺纹终止线用粗实线表示，且小径取大径的 0.85 倍，注意剖面线应画到粗实线；若是盲孔，终止线到孔的末端的距离可按 0.5 倍大径绘制；在反映圆的视图中，大径用约 3/4 圈的细实线圆弧绘制，孔口倒角圆不画，如图 4-1-9（a）、（b）所示。当螺孔相交时，其相贯线的画法如图 4-1-9（c）所示。当螺纹的投影不可见时，所有图线均画成细虚线，如图 4-1-9（d）所示。

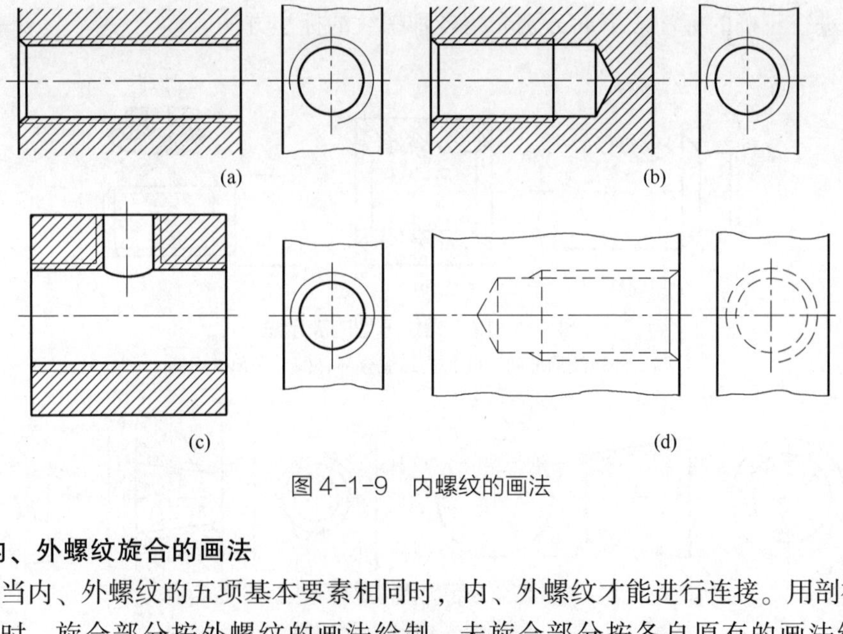

图 4-1-9　内螺纹的画法

3. 内、外螺纹旋合的画法

只有当内、外螺纹的五项基本要素相同时，内、外螺纹才能进行连接。用剖视图表示螺纹连接时，旋合部分按外螺纹的画法绘制，未旋合部分按各自原有的画法绘制，如图 4-1-10、图 4-1-11 所示。画图时必须注意：表示内、外螺纹大径的细实线和粗实线，以及表示内、外螺纹小径的粗实线和细实线应分别对齐；在剖切平面通过螺纹轴线的剖视图中，实心螺杆按不剖绘制。

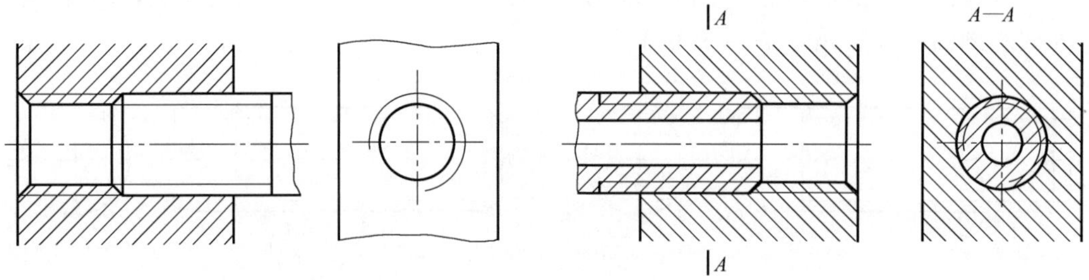

(a) (b)

图 4-1-10　内、外螺纹旋合画法（一）

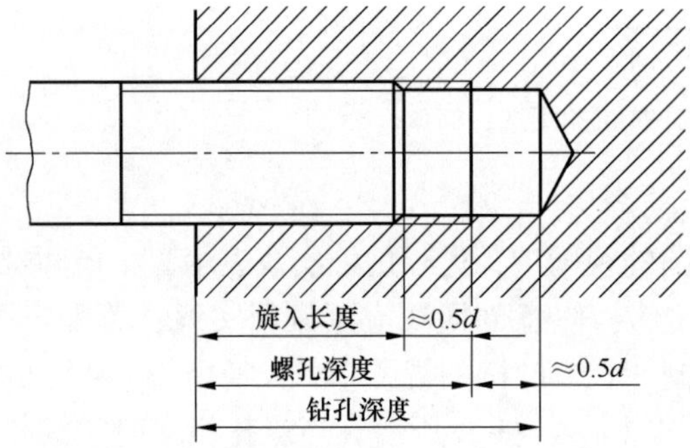

图 4-1-11　内、外螺纹旋合画法（二）

4. 螺纹牙型的表示法

螺纹的牙型一般不需要在图形中画出，当需要表示螺纹的牙型时，可按图 4-1-12 的形式绘制。

5. 圆锥螺纹画法

具有圆锥螺纹的零件，其螺纹部分在投影为圆的视图中，只需画出一端螺纹视图，如图 4-1-13 所示。

（三）螺纹的标注方法

由于螺纹的规定画法不能表达出螺纹的种类和螺纹的要素，因此在图中对标准螺纹需要进行正确的标注。下面分别介绍各种螺纹的标注方法。

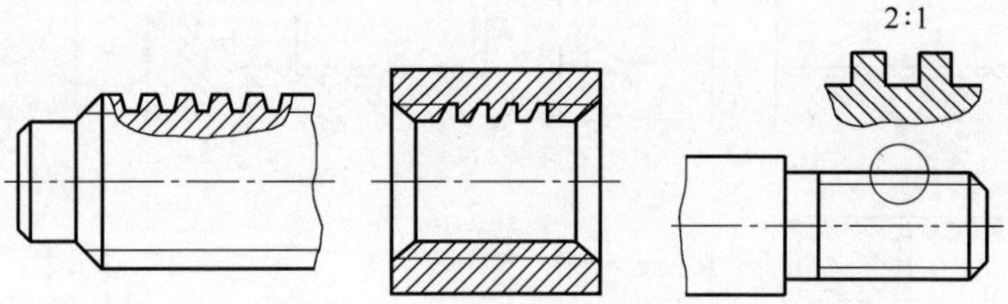

(a) (b) (c)

图 4-1-12　螺纹牙型的表示法

（a）外螺纹局部剖　（b）内螺纹全剖　（c）局部放大图

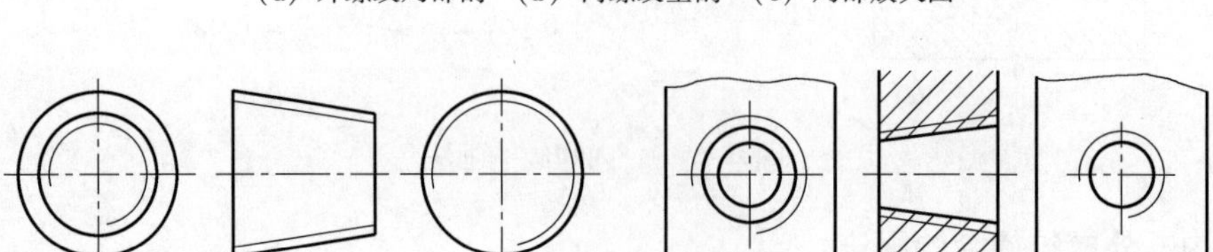

(a) (b)

图 4-1-13　圆锥螺纹的画法

（a）外螺纹　（b）内螺纹

1. 普通螺纹

普通螺纹用尺寸标注形式注在内、外螺纹的大径上，其标注的具体项目和格式如下：

螺纹代号：公称直径×螺距　旋向-中径公差带代号　顶径公差带代号-旋合长度代号。

普通螺纹的螺纹代号用字母“M”表示。

普通粗牙螺纹不必标注螺距，普通细牙螺纹必须标注螺距。公称直径、导程和螺距数值的单位为 mm。

右旋螺纹不必标注，左旋螺纹应标注字母“LH”。

中径公差带代号和顶径公差带代号由表示公差等级的数字和字母组成。大写字母代表内螺纹，小写字母代表外螺纹。顶径是指外螺纹的大径和内螺纹的小径，若两组公差带相同，则只写一组。表示内、外螺纹旋合时，内螺纹公差带在前，外螺纹公差带在后，中间用“/”分开。在特定情况下，中等公差精度螺纹不注公差带代号（内螺纹：5H，公称直径小于或等于 1.4mm 时；6H，公称直径大于或等于 1.6mm 时。外螺纹：5h，公称直径小于或等于 1.4mm 时；6h，公称直径大于或等于 1.6mm 时）。

普通螺纹的旋合长度分为短、中、长三组，其代号分别是 S、N、L。若是中等旋合长度，其旋合代号 N 可省略。如图 4-1-14 所示为普通螺纹标注示例。

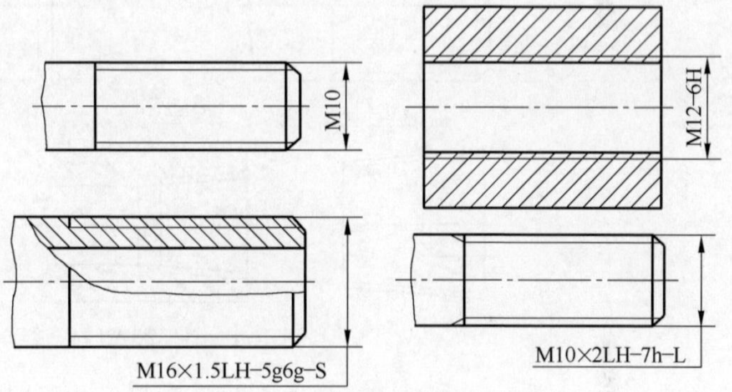

图 4-1-14　普通螺纹标注示例

2. 传动螺纹

传动螺纹主要指梯形螺纹和锯齿形螺纹。它们也用尺寸标注形式，注在内外螺纹的大径上，其标注的具体项目及格式如下：螺纹代号　公称直径×导程（*p* 螺距）　旋向-中径公差带代号-旋合长度代号。

梯形螺纹的螺纹代号用字母“Tr”表示，锯齿形螺纹的特征代号用字母“B”表示。

多线螺纹标注导程与螺距，单线螺纹只标注螺距。

右旋螺纹不标注代号，左旋螺纹标注字母“LH”。

传动螺纹只注中径公差带代号。

旋合长度只注“S”（短）、“L”（长），中等旋合长度代号“N”省略标注。如图 4-1-15 所示为传动螺纹标注示例。

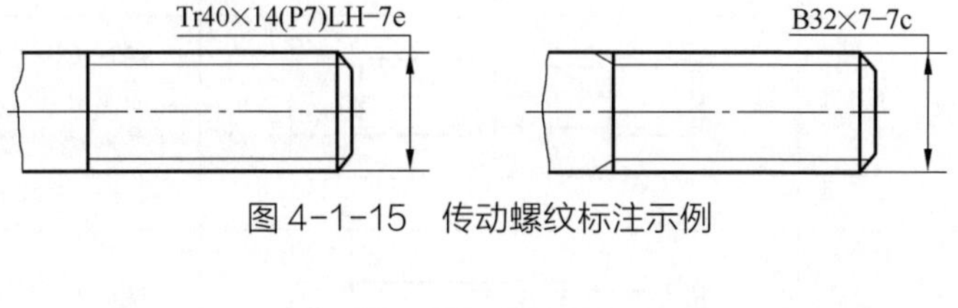

图 4-1-15　传动螺纹标注示例

3. 管螺纹

管螺纹的标记必须标注在大径的引出线上。常用的管螺纹分为螺纹密封的管螺纹和非螺纹密封的管螺纹。这里要注意，管螺纹的尺寸代号并不是指螺纹大径，也不是管螺纹本身任何一个直径，其大径和小径等参数可从有关标准中查出。

管螺纹标注的具体项目及格式如下：

螺纹密封管螺纹代号：螺纹特征代号　尺寸代号×旋向代号。

非螺纹密封管螺纹代号：螺纹特征代号　尺寸代号　公差等级代号-旋向代号。

螺纹密封管螺纹又分为：与圆柱内螺纹相配合的圆锥外螺纹，其特征代号是 R_1；与圆锥内螺纹相配合的圆锥外螺纹，其特征代号为 R_2；圆锥内螺纹，特征代号是 R_c；圆柱内螺纹，特征代号是 R_p。旋向代号只注左旋“LH”。

非螺纹密封管螺纹的特征代号是 G。它的公差等级代号分 A、B 两个精度等级。外螺纹需注明，内螺纹不注此项代号。右旋螺纹不注旋向代号，左旋螺纹标“LH”。如图 4-1-16 所示为管螺纹标注示例。

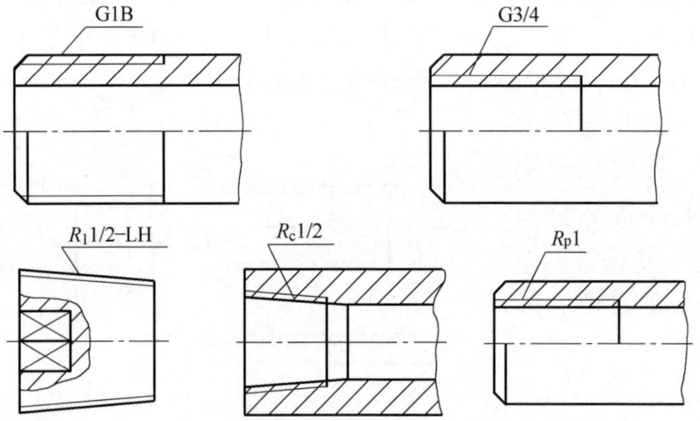

图 4-1-16　管螺纹标注示例

（四）常用螺纹紧固件的种类和标记

常用螺纹紧固件有螺栓、双头螺柱、螺钉、螺母和垫圈。它们的结构、尺寸都已分别标准化，称为标准件，使用或绘图时，可以从相应标准中查到所需的结构尺寸。如表 4-1-1 中列出了常用螺纹紧固件的种类、图例及标记。

表 4-1-1　常用螺纹紧固件的种类、图例及标记

种类	图例	标记及说明
六角头螺栓-A 级和 B 级 GB/T 5782—2016	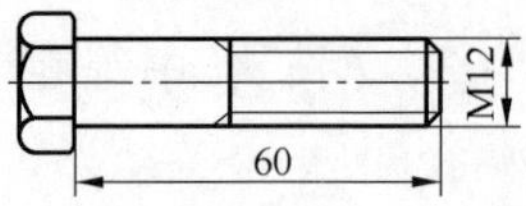	螺栓 GB/T 5782—2016 M12×80 表示 A 级六角头螺栓，螺纹规格 d=M12，公称长度 L=80mm
双头螺柱 b_m = 1d　GB/T 897—1988	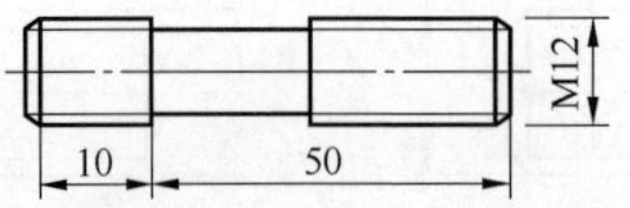	螺柱 GB/T 897—1988 M10×50 表示 B 型双头螺柱，两端均为粗牙普通螺纹，螺纹规格 d=10mm，公称长度 L=50mm
开槽沉头螺钉　GB/T 68—2016	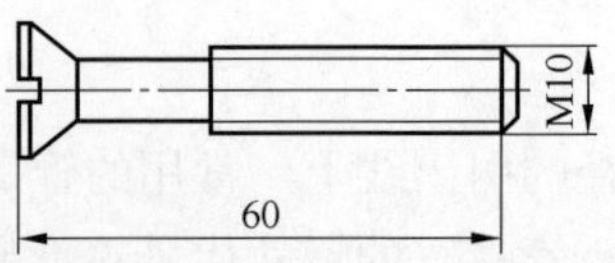	螺钉 GB/T 68—2016 M5×20 表示开槽沉头螺钉，螺钉规格 d=M5，公称长度 L=20mm

续表

种类	图例	标记及说明
开槽长圆柱端紧定螺钉 GB/T 75—2018	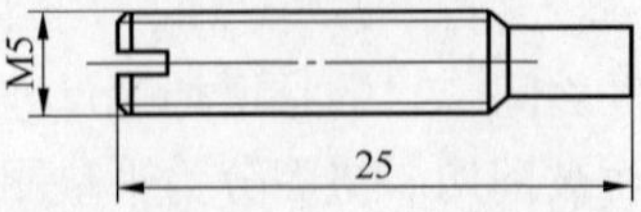	螺钉 GB/T 75—2018 M5×12 标识长圆柱端紧定螺钉，螺纹规格 d=M5，公称长度 L=12mm
1 型六角螺母-A 和 B 级 GB/T 6170—2015	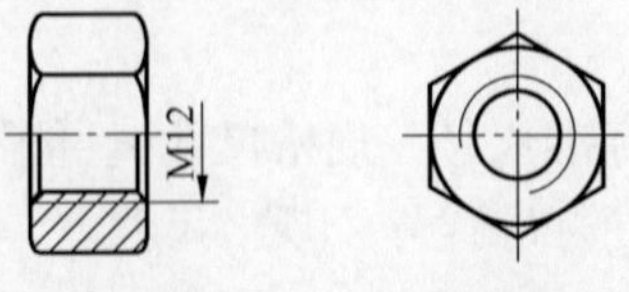	螺母 GB/T 6170—2015 M12 表示 A 级 1 型六角螺母，螺纹规格 d=M12
1 型六角开槽螺母-A 和 B 级 GB/T 6178—1986	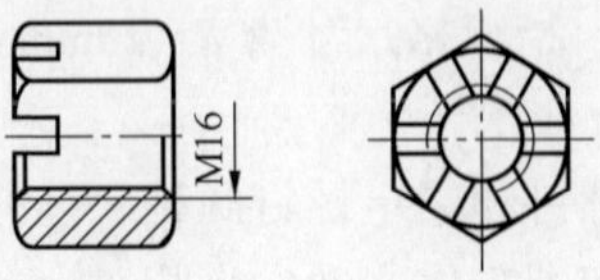	螺母 GB/T 6178—1986 M5 表示 A 级 1 型六角开槽螺母，螺纹规格 d=M5
平垫圈 - A 级　GB/T 97.1—2002	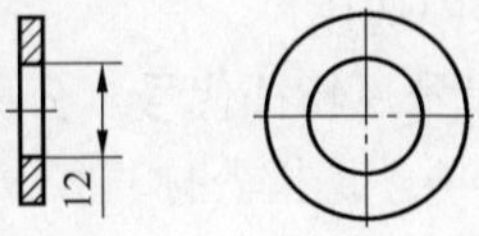	垫圈 GB/T 97.18—2002 表示 A 级平垫圈，公称尺寸（螺纹规格）d=8mm，性能等级为 200HV 级
标准型弹簧垫圈　GB/T 93—1987	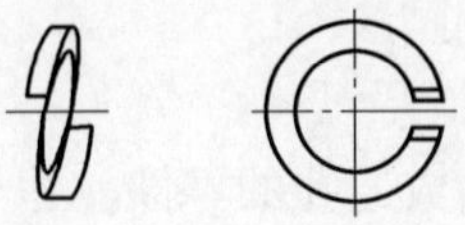	垫圈 GB/T 93—1987 表示标准型弹簧垫圈，规格（螺纹大径）为 16mm

1. 螺栓

螺栓由头部及杆部两部分组成，头部形状以六角形的应用最广。决定螺栓的规格尺寸为螺纹公称直径 d 及螺栓长度 L，选定一种螺栓后，其他各部分尺寸可根据有关标准查得。

螺栓的标记形式：名称　标准代号　特征代号　公称直径×公称长度。

例：螺栓 GB/T 5782—2016 M12×80，是指公称直径 d=12mm，公称长度 L=80mm（不包括头部）的螺栓。

2. 双头螺柱

双头螺柱的两头制有螺纹，一端旋入被连接件的预制螺孔中，称为旋入端；另一端与螺母旋合，紧固另一个被连接件，称为紧固端。双头螺柱的规格尺寸为螺柱直径 d 及紧固端长度 L，其他各部分尺寸可根据有关标准查得。

双头螺柱的标记形式：名称　标准代号　特征代号　公称直径×公称长度。

例：螺柱 GB/T 898—1988 M10×50，是指公称直径 d=10mm，公称长度 L=50mm（不包括旋入端）的双头螺柱。

3. 螺母

螺母通常与螺栓或螺柱配合着使用，起连接作用，以六角螺母应用最广。螺母的规格尺寸为螺纹公称直径 D，选定一种螺母后，其各部分尺寸可根据有关标准查得。

螺母的标记形式：名称　标准代号　特征代号　公称直径。

例：螺母 GB/T 6170—2015 M12，指螺纹规格 D=M12 的螺母。

4. 垫圈

垫圈通常垫在螺母和被连接件之间，目的是增加螺母与被连接零件之间的接触面，保护被连接件的表面不致因拧螺母而被刮伤。垫圈分为平垫圈和弹簧垫圈，弹簧垫圈还可以防止因振动而引起的螺母松动。选择垫圈的规格尺寸为螺栓直径 d，垫圈选定后，其各部分尺寸可根据有关标准查得。

平垫圈的标记形式：名称　标准代号　规格尺寸-性能等级。

弹簧垫圈的标记形式：名称　标准代号　规格尺寸。

例：垫圈 GB/T 97.1—2002 16-140HV，指规格尺寸 d=16mm，性能等级为 140HV 的平垫圈。垫圈 GB/T 93—1987 20，指规格尺寸为 d=20mm 的弹簧垫圈。

5. 螺钉

螺钉按使用性质可分为连接螺钉和紧定螺钉两种，连接螺钉的一端为螺纹，另一端为头部。紧定螺钉主要用于防止两相配零件之间发生相对运动的场合。螺钉规格尺寸为螺钉直径 d 及长度 L，可根据需要从标准中选用。

螺钉的标记形式：名称　标准代号　特征代号　公称直径×公称长度。

例：螺钉 GB/T 65—2016 M10×40，是指公称直径 d=10mm，公称长度 L=40mm（不包括头部）的螺钉。

（五）常用螺纹紧固件及连接图画法

1. 螺栓连接

螺栓用来连接两个不太厚并能钻成通孔的零件，并与垫圈、螺母配合进行连接，如图 4-1-17 所示。

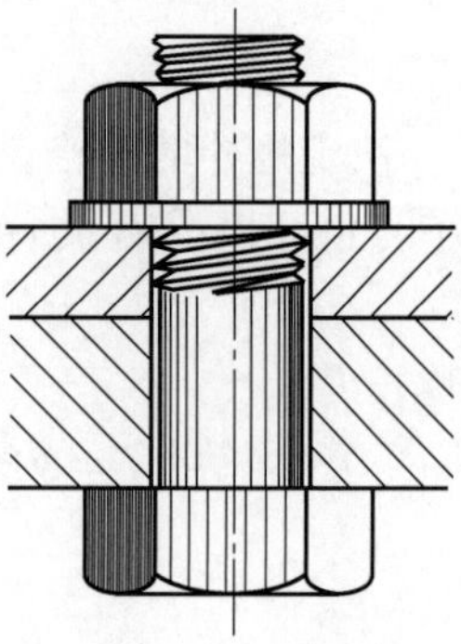

图 4-1-17　螺栓连接

（1）螺栓连接中的紧固件画法。螺栓连接的紧固件有螺栓、螺母和垫圈。紧固件一般用比例画法绘制。所谓比例画法就是以螺栓上螺纹的公称直径为主要参数，其余各部分结构尺寸均按与公称直径成一定比例关系绘制。

尺寸比例关系如下（图 4-1-18）：

螺栓：d、L（根据要求确定）

$d_1 \approx 0.85d$　$b \approx 2d$　$e = 2d$　$R_1 = d$　$R = 1.5d$　$k = 0.7d$　$c = 0.1d$

螺母：D（根据要求确定）$m = 0.8d$　其他尺寸与螺栓头部相同。

垫圈：$d_2 = 2.2d$　$d_1 = 1.1d$　$d_3 = 1.5d$　$h = 0.15d$　$s = 0.2d$　$n = 0.12d$

（2）螺栓连接的画法。用比例画法画螺栓连接的装配图时，应注意以下几点：

① 两零件的接触表面只画一条线，并不得加粗。凡不接触的表面，不论间隙大小，都应画出间隙（如螺栓和孔之间应画出间隙）。

② 剖切平面通过螺栓轴线时，螺栓、螺母、垫圈可按不剖绘制，仍画外形。必要时，可采用局部剖视。

③ 两零件相邻接时，不同零件的剖面线方向应相反，或者方向一致而间隔不等。

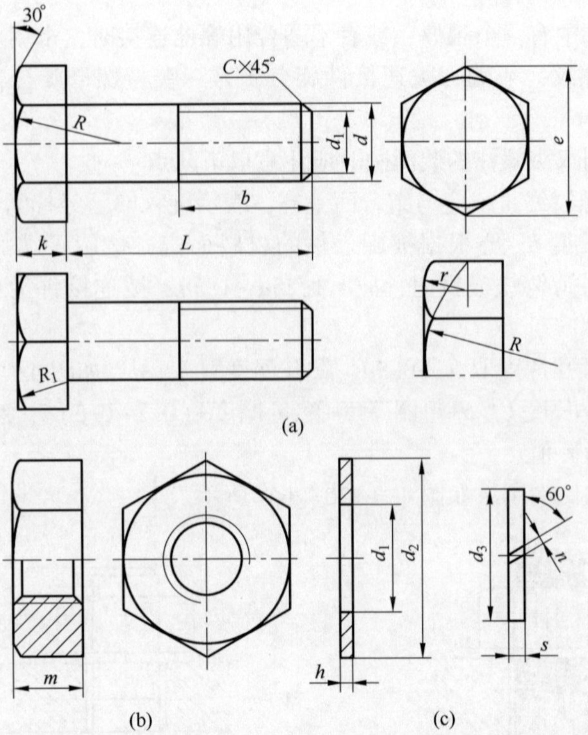

图 4-1-18　螺栓、螺母、垫圈的比例画法

（a）六角头螺栓的比例画法　（b）六角螺母的比例画法　（c）垫圈的比例画法

④ 螺栓长度 $L \geqslant t_1+t_2$+垫圈厚度+螺母厚度+(0.2~0.3)d，根据上式的估计值，然后选取与估算值相近的标准长度值作为 L 值。

⑤ 被连接件上加工的螺栓孔直径稍大于螺栓直径，取 1.1d。

螺栓连接的比例画法如图 4-1-19 所示。

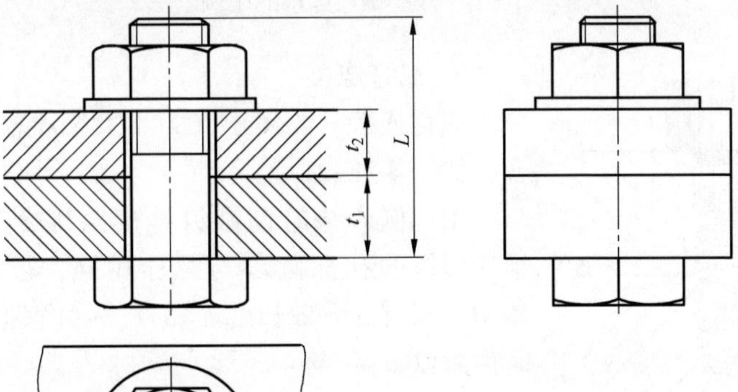

图 4-1-19　螺栓连接的比例画法

2. 螺柱连接

当两个被连接件中有一个很厚，或者不适合用螺栓连接时，常用双头螺柱连接。双头螺柱两端均加工有螺纹，一端与被连接件旋合，另一端与螺母旋合，如图 4-1-20（a）所示。

用比例画法绘制双头螺柱的装配图时应注意以下几点：

（1）旋入端的螺纹终止线应与结合面平齐，表示旋入端已经拧紧。

（2）旋入端的长度 b_m 要根据被旋入件的材料而定，被旋入端的材料为钢时，$b_m=1d$；被旋入端的材料为铸铁或铜时，$b_m=1.25d\sim1.5d$；被连接件为铝合金等轻金属时，取 $b_m=2d$。

（3）旋入端的螺孔深度取 $b_m+0.5d$，钻孔深度取 b_m+d，如图 4-1-20（b）所示。

（4）螺柱的公称长度 $L \geqslant \delta$+垫圈厚度+螺母厚度+$(0.2\sim0.3)d$，然后选取与估算值相近的标准长度值作为 L 值。

双头螺柱连接的比例画法如图 4-1-20（b）所示。

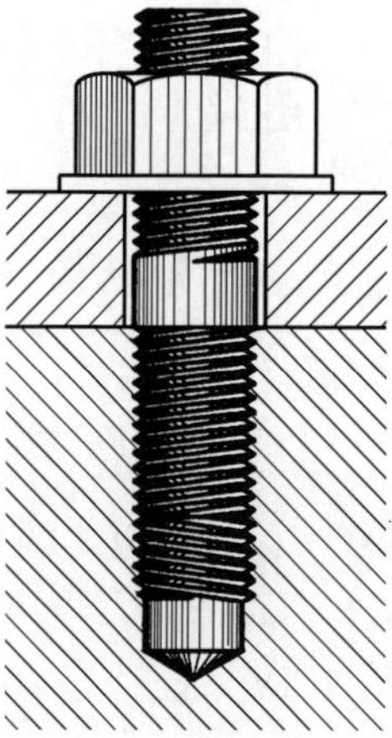
(a)

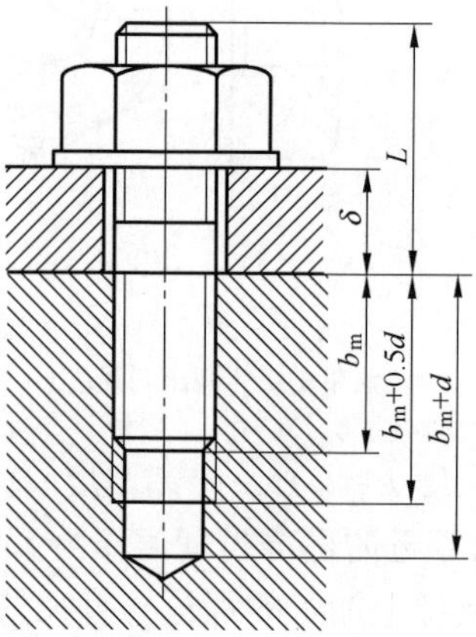

(b)

图 4-1-20　双头螺柱连接的比例画法

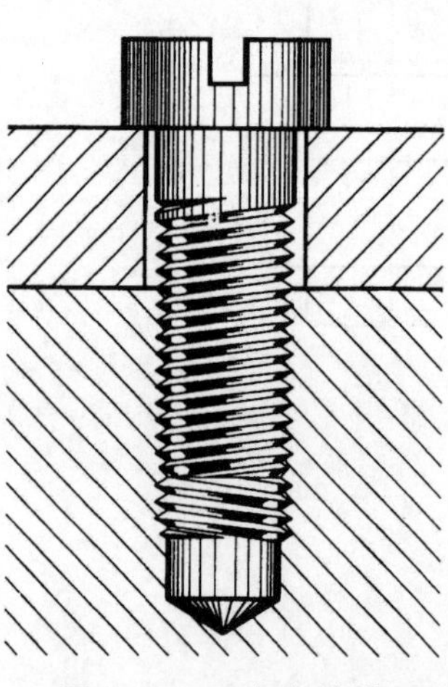
图 4-1-21　螺钉连接

3. 螺钉连接

螺钉连接一般用于受力不大又不需要经常拆卸的场合，如图 4-1-21 示。

用比例画法绘制螺钉连接，其旋入端与螺柱相同，被连接板的孔部画法与螺栓相同，被连接板的孔径取 1.1d。螺钉的有效长度 $L=\delta+b_m$，并根据标准校正。画图时注意以下两点：

（1）螺钉的螺纹终止线不能与结合面平齐，而应画在盖板的范围内。

（2）具有沟槽的螺钉头部，在主视图中应被放正，在俯视图中规定画成 45°倾斜。螺钉连接的比例画法如图 4-1-22 所示。

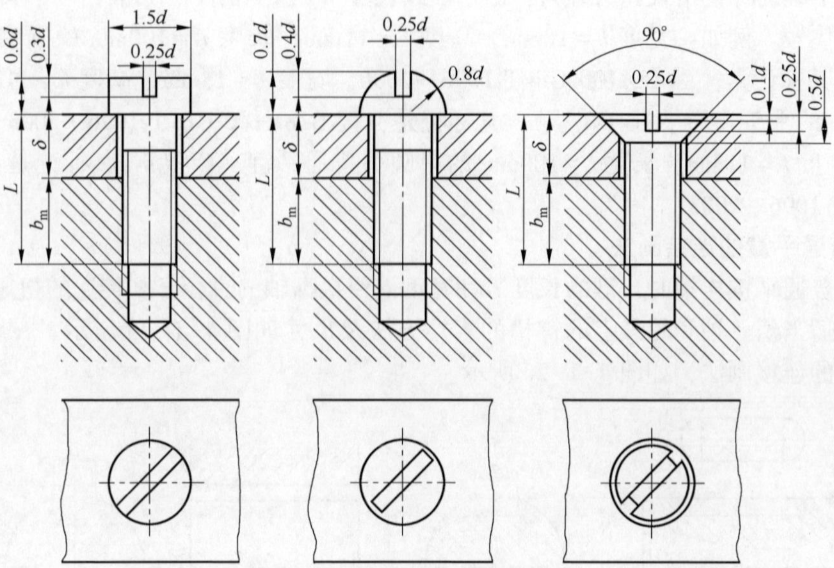

图 4-1-22　螺钉连接的比例画法

二、键连接

1. 键连接的作用和种类

键主要用于轴和轴上的零件（如带轮、齿轮等）之间的连接，起着传递扭矩的作用。如图 4-1-23 所示，将键嵌入轴上的键槽中，再将带有键槽的齿轮装在轴上，当轴转动时，因为键的存在，齿轮就与轴同步转动，达到传递动力的目的。键的种类很多，常用的有普通平键、半圆键和钩头楔键三种。

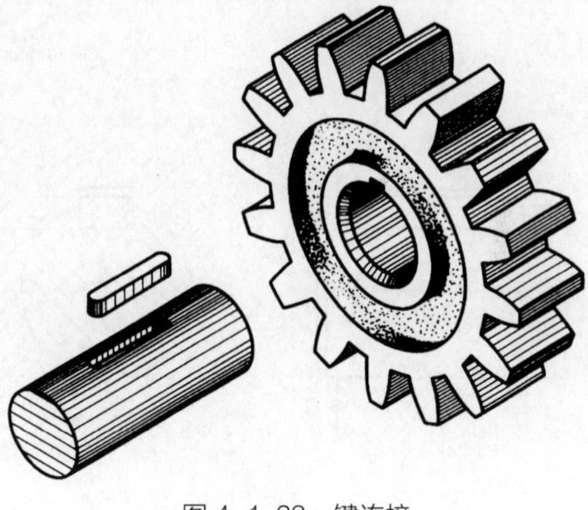

图 4-1-23　键连接

2. 普通平键的种类和标记

普通平键根据其头部结构的不同可以分为圆头普通平键（A 型）、平头普通平键（B 型）和单圆头普通平键（C 型）三种形式，如图 4-1-24 所示。

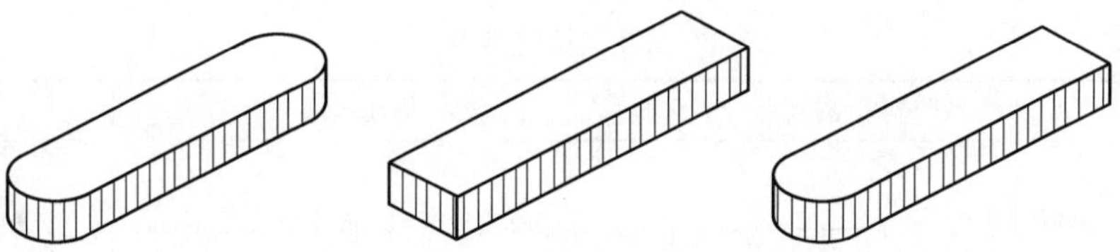

(a)　(b)　(c)

图 4-1-24　普通平键的形式

（a）A 型　（b）B 型　（c）C 型

普通平键的标记格式和内容为：键　形式代号　宽度×长度　标准代号，其中 A 型可省略形式代号。例如：宽度 $b=18$mm，高度 $h=11$mm，长度 $L=100$mm 的圆头普通平键（A 型），其标记是：键 18×100 GB/T 1096—2006。宽度 $b=18$mm，高度 $h=11$mm，长度 $L=100$mm 的平头普通平键（B 型），其标记是：键 B18×100 GB/T 1096—2003。宽度 $b=18$mm，高度 $h=11$mm，长度 $L=100$mm 的单圆头普通平键（C 型），其标记是：键 C18×100 GB/T 1096—2003。

3. 普通平键的连接画法

采用普通平键连接时，键的长度 L 和宽度 b 要根据轴的直径 d 和传递的扭矩大小从标准中选取适当值。轴和轮毂上的键槽的表达方法及尺寸如图 4-1-25 所示。在装配图上，普通平键的连接画法，如图 4-1-26 所示。

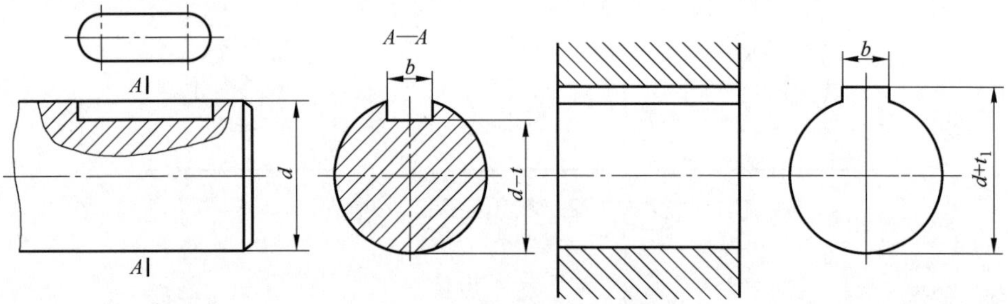

图 4-1-25　轴和轮毂上的键槽

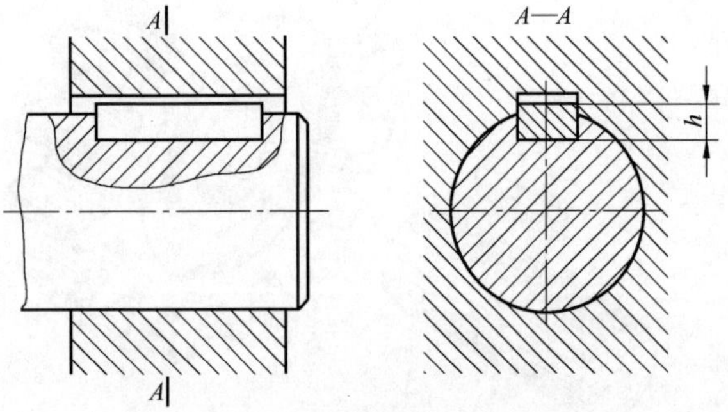

图 4-1-26　普通平键的连接画法

三、销连接

销主要用来固定零件之间的相对位置，起定位作用，也可用于轴与轮毂的连接，传递不大的载荷，还可作为安全装置中的过载剪断元件。销的常用材料为 35、45 钢。

销有圆柱销和圆锥销两种基本类型，这两类销均已标准化。圆柱销利用微量过盈固定在销孔中，经过多次装拆后，连接的紧固性及精度降低，故只宜用于不常拆卸处。圆锥销有 1∶50 的锥度，装拆比圆柱销方便，多次装拆对连接的紧固性及定位精度影响较小，因此应用广泛。表 4-1-2 中列出了圆柱销和圆锥销的形式与标记。

表 4-1-2　　销及其标注示例

销类别	图例	标注示例	说明
圆柱销 （GB/T 119.1—2000） 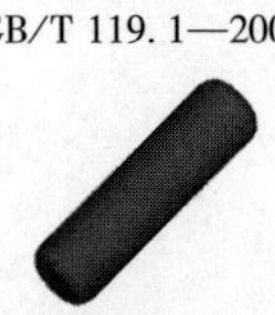	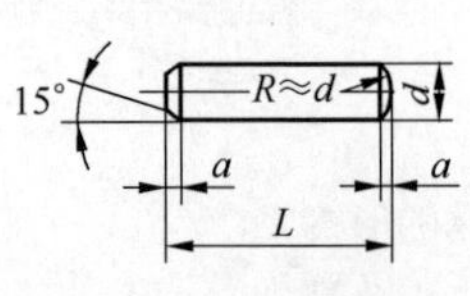	公称直径 $d=8$mm，长度 $L=30$mm，材料为 35 钢，热处理硬度 HRC28～38、表面氧化处理的圆柱销： 销　GB/T 119.1　8×30	圆柱销按配合性质不同，分为 A、B、C、D 四种形式

续表

销类别	图例	标注示例	说明
圆锥销 （GB/T 117—2000） 	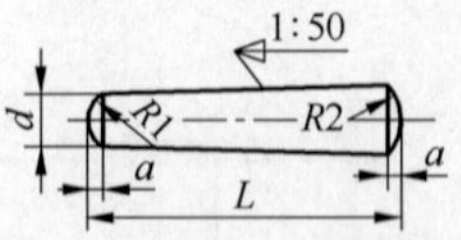	公称直径 d = 10mm，长度 L = 60mm，材料为 25 钢，热处理硬度 HRC28～38、表面氧化处理的 A 型圆锥销： 销　GB/T 117 10×60	圆锥销按表面加工要求不同，分为 A、B 两种型式。公称直径指小端直径
开口销 （GB/T 91—2000） 	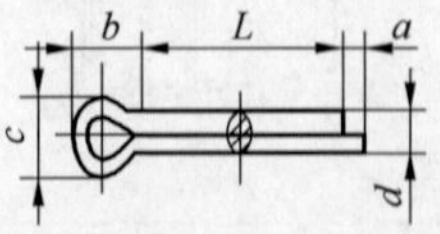	公称直径 d = 5mm，长度 L = 40mm，材料为低碳钢，不经表面处理的开口销： 销　GB/T 91 5×40	公称直径指与之相配的销孔直径，故开口销公称直径都大于其实际直径

销连接的画法如图 4-1-27 所示。

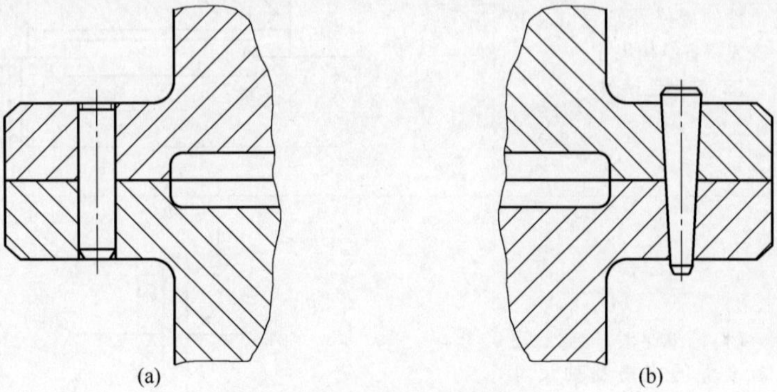

图 4-1-27　销连接的画法

（a）圆柱销连接　（b）圆锥销连接

任务实施单

方法步骤		图示
1. 画螺栓连接	（1）螺栓 M8×40、螺母 M8、垫圈，根据给定标准件的规格按比例算出各结构的尺寸 （2）先画螺栓，再画垫片，最后画螺母	（1）螺栓 GB/T 5782　M8×40　螺母 GB/T 6170　M8　垫圈 GB/T 97.1　8　140HV （2）螺钉 GB/T　71　M6×16 （3）键 8×36　GB/T 1096 （4）销 GB/T 117　B5×60 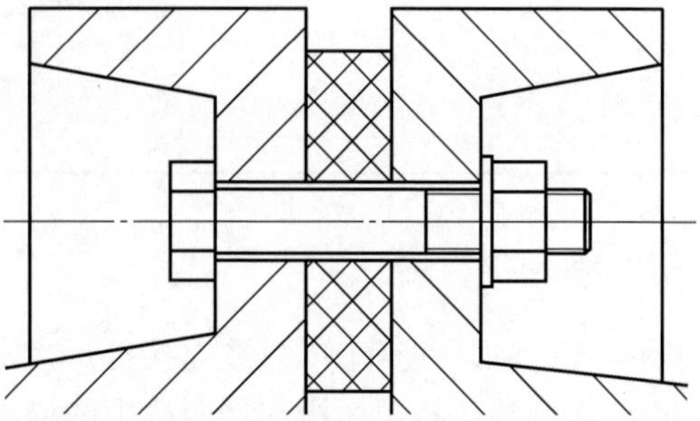

续表

方法步骤		图示
2. 画螺钉连接	(1)螺钉 M6×16,根据给定标准件的规格按比例算出螺钉各结构尺寸 (2)画螺钉连接图	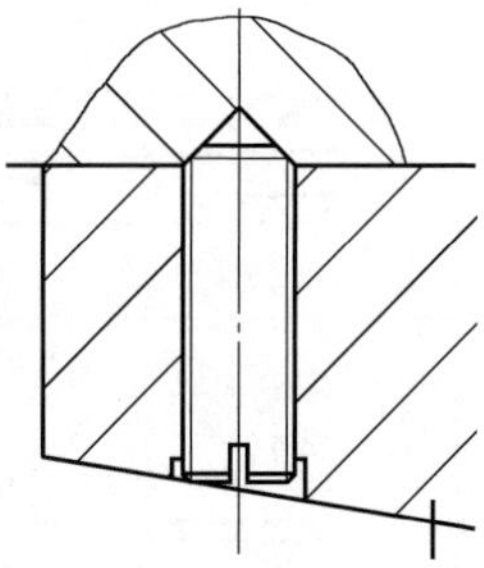
3. 画键连接	(1)键 8×36,根据给定标准件的规格及轴尺寸 ϕ39 查表得各结构尺寸 (2)画键连接图	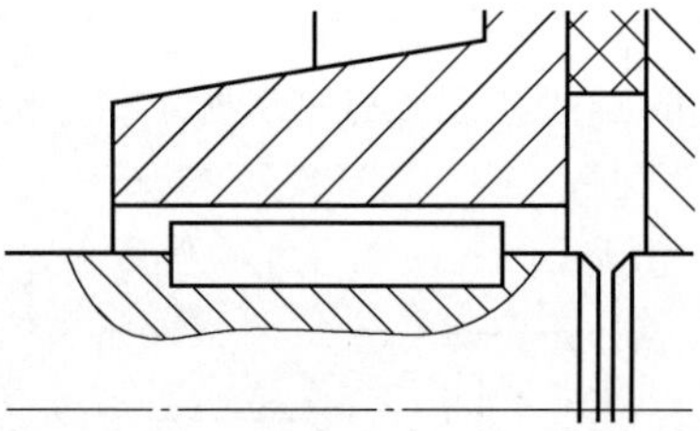
4. 画销连接	(1)销 B5×60,根据给定标准件的规格及轴尺寸 ϕ39 查表得各结构尺寸 (2)画销连接图	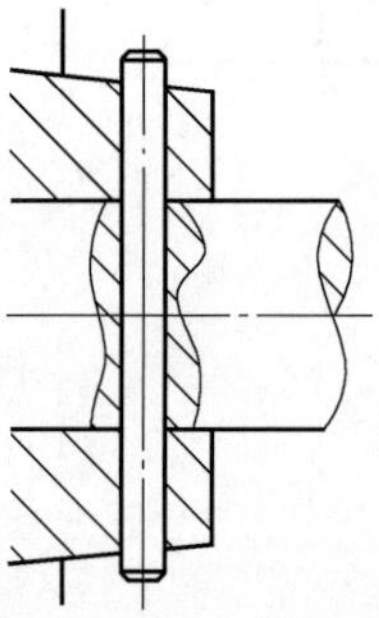
5. 完成全图	检查、完善	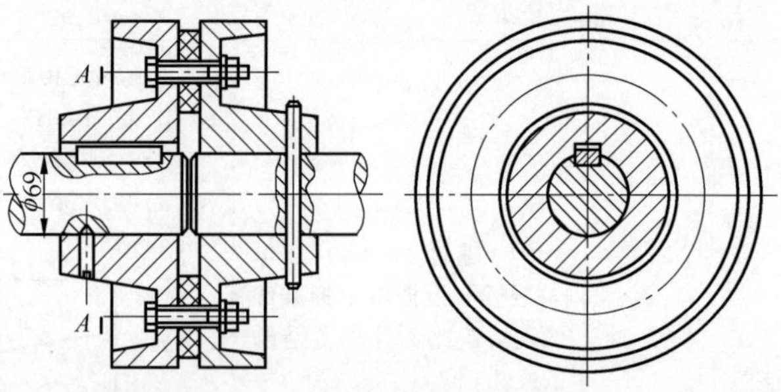

实作练习

如图 4-1-28 所示，已知两被连接件厚度分别为 30mm，40mm，用 M20 螺栓连接两板，试用比例画法，指出螺栓连接画法中的错误，并将正确的画在指定位置。

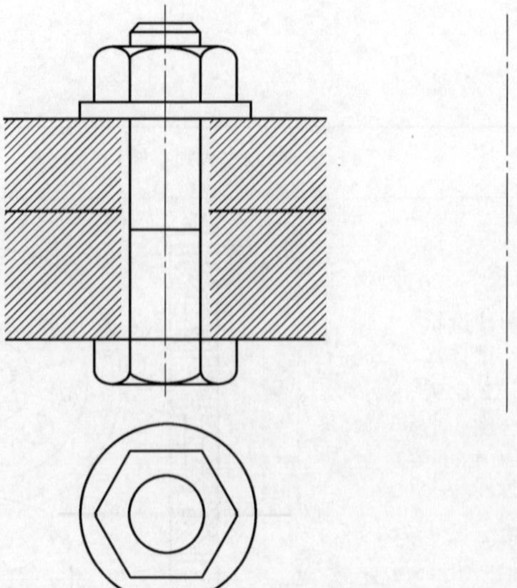

图 4-1-28　螺栓连接

任务二　绘制齿轮啮合图

配套课件　配套视频

项目四任务二

齿轮、弹簧是机械工程中大量使用的常用零件，滚动轴承是机械工程中常用的标准件（图 4-2-1），这些构件由于大量使用，若按真实的形状与结构作图，那将是非常费时的事情，且也没这个必要。到底怎样表达这些构件？通过本节的学习，你将学会这些构件的规定画法，掌握作图技巧，提升作图与识图能力。

(a)　(b)　(c)

图 4-2-1　齿轮、弹簧、滚动轴承

（a）齿轮　（b）弹簧　（c）滚动轴承

学习目标

（1）熟悉《机械制图》（GB/T 4459 系列国标）中有关齿轮、弹簧、滚动轴承画法的有关规定。

（2）了解齿轮、弹簧的形成原理、滚动轴承结构。

（3）熟悉齿轮、弹簧、滚动轴承各参数的含义；学会查阅齿轮、弹簧、滚动轴承相关技术手册。

学习任务单

任务名称	绘制齿轮啮合图
任务描述及要求	1. 已知一对直齿圆柱齿轮参数如下习题图所示，试计算出相关尺寸，并按 1∶2 比例画出这对齿轮的啮合图。小齿轮为主动轮，齿数为 18，大齿轮齿数为 30 2. 键槽按轴径及给定尺寸确定 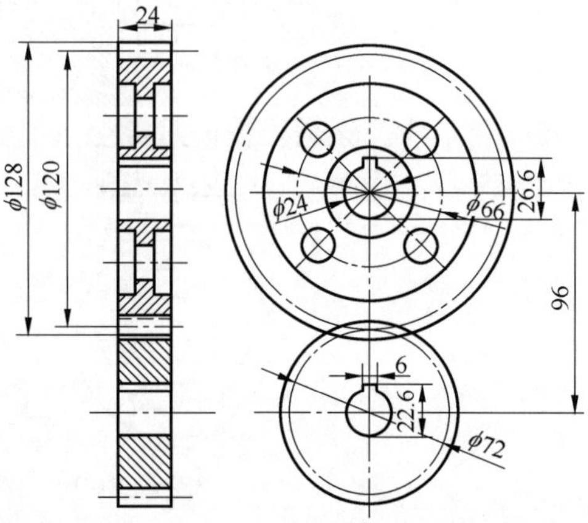
任务分析	1. 绘图前，按给定大齿轮尺寸计算小齿轮相关尺寸 2. 注意齿轮啮合区的绘制
任务评价	采用教师讲评与学生互评相结合。评价内容：活动是否积极，是否能正确使用绘图工具，作图步骤是否正确，图形是否正确，线条是否规范，布图是否合理。将绘制的图形评分，计入平时成绩

知识导航

一、齿轮及齿轮啮合画法

齿轮是机器设备中应用十分广泛的传动零件，用来传递运动和动力，改变轴的旋向和转速。常见的传动齿轮有三种：圆柱齿轮传动—用于两平行轴间的传动；圆锥齿轮传动—用于两相交轴间的传动；蜗杆蜗轮传动—用于两交错轴间的传动，如图 4-2-2 所示。

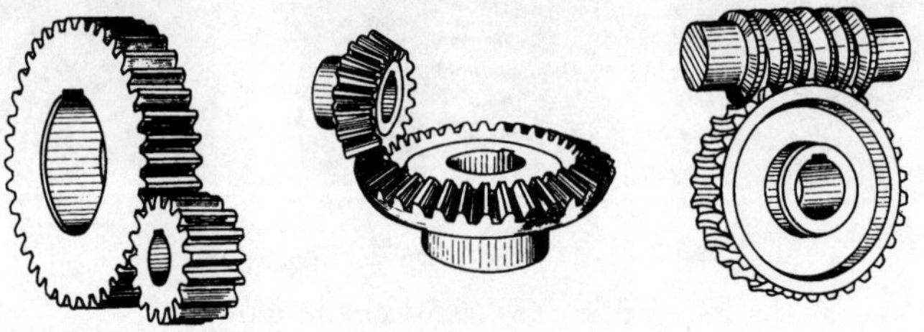

(a)　(b)　(c)

图 4-2-2　齿轮传动形式

（a）圆柱齿轮　（b）圆锥齿轮　（c）蜗杆蜗轮

（一）直齿圆柱齿轮各部分的名称及代号（图 4-2-3）

（1）齿数 z——齿轮上轮齿的个数。

（2）齿顶圆直径 d_a——通过齿顶的圆柱面直径。

（3）齿根圆直径 d_f——通过齿根的圆柱面直径。

（4）分度圆直径 d——分度圆直径是齿轮设计和加工时的重要参数。分度圆是一个假想的圆，在该圆上齿厚 s 与槽宽 e 相等，它的直径称为分度圆直径。

（5）齿高 h——齿顶圆和齿根圆之间的径向距离。

（6）齿顶高 h_a——齿顶圆和分度圆之间的径向距离。

（7）齿根高 h_f——分度圆与齿根圆之间的径向距离。

（8）齿距 P——在分度圆上，相邻两齿对应齿廓之间的弧长。

（9）齿厚 s——在分度圆上，一个齿的两侧对应齿廓之间的弧长。

（10）槽宽 e——在分度圆上，一个齿槽的两侧相应齿廓之间的弧长。

（11）模数 m——由于分度圆的周长 $\pi d = P \cdot z$，所以 $d=(P/\pi)z$，P/π 就称为齿轮的模数。模数以 mm 为单位，它是齿轮设计和制造的重要参数。为便于齿轮的设计和制造，减少齿轮成形刀具的规格及数量，国家标准对模数规定了标准值。

（12）压力角 α——相互啮合的一对齿轮，其受力方向（齿廓曲线的公法线方向）与运动方向之间所夹的锐角，称为压力角。同一齿廓的不同点上的压力角是不同的，在分度圆上的压力角，称为标准压力角。国家标准规定，标准压力角为 20°。

（13）中心距 a——两啮合齿轮轴线之间的距离。

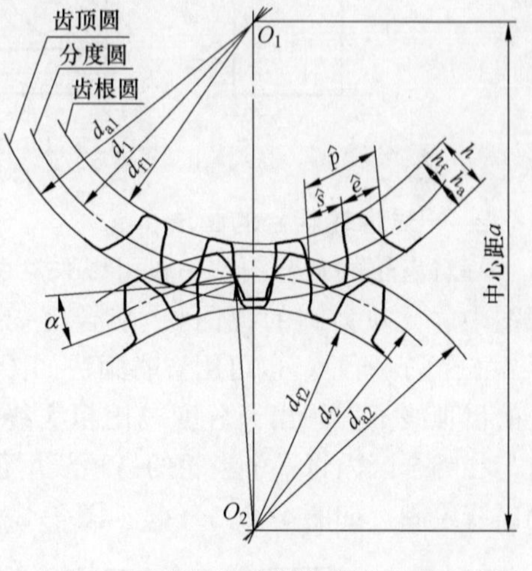

图 4-2-3　直齿圆柱齿轮各部分名称和代号

（二）直齿圆柱齿轮的尺寸计算

在已知模数 m 和齿数 z 时，齿轮轮齿的其他参数均可按表 4-2-1 里的公式计算出来。

表 4-2-1　标准直齿圆柱齿轮各基本尺寸计算公式

基本参数：模数 m 和齿数 z			
序号	名称	代号	计算公式
1	齿距	P	$P=\pi m$
2	齿顶高	h_a	$h_a=m$
3	齿根高	h_f	$h_f=1.25m$
4	齿高	h	$h=2.25m$
5	分度圆直径	d	$d=mz$
6	齿顶圆直径	d_a	$d_a=m(z+2)$
7	齿根圆直径	d_f	$d_f=m(z-2.5)$
8	中心距	a	$a=m(z_1+z_2)/2$

（三）直齿圆柱齿轮的规定画法

1. 单个齿轮的画法

单个齿轮一般用两个视图表示。国家标准规定齿顶圆和齿顶线用粗实线绘制，分度圆和分度线用细点画线表示，齿根圆和齿根线用细实线绘制（也可以省略不画）。在剖视图中，齿根线用粗实线绘制，并不能省略。当剖切平面通过齿轮轴线时，轮齿一律按不剖绘制。单个齿轮的画法如图 4-2-4 所示。

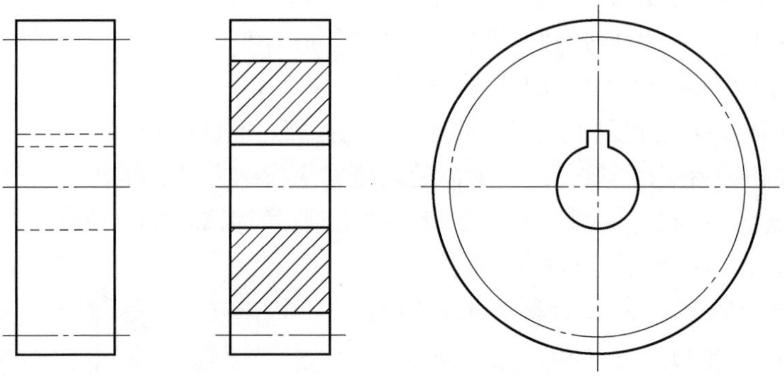

图 4-2-4　单个直齿圆柱齿轮的画法

2. 一对齿轮啮合的画法

一对齿轮的啮合图，一般可以采用两个视图表达，在垂直于圆柱齿轮轴线的投影面的视图中（反映为圆的视图），啮合区内的齿顶圆均用粗实线绘制，分度圆相切，如图 4-2-5（b）所示。也可用省略画法如图 4-2-5（d）所示。在不反映圆的视图上，啮合区的齿顶线不需画出，分度线用粗实线绘制，如图 4-2-5（c）所示。采用剖视图表达时，在啮合区内将一个齿轮的齿顶线用粗实线绘制，另一个齿轮的轮齿被遮挡，其齿顶线用虚线绘制，如图 4-2-5（a）、图 4-2-6 所示。

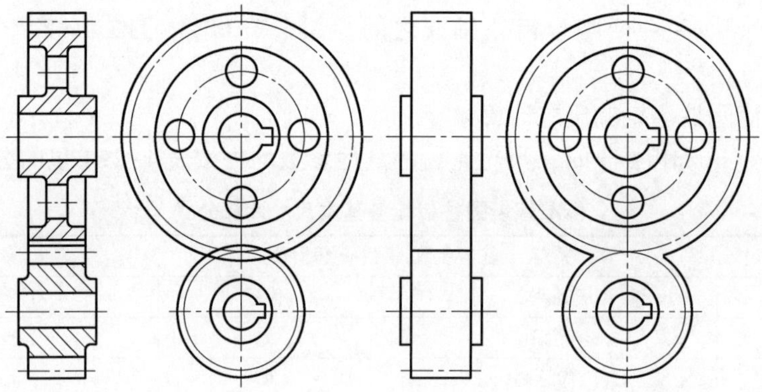

图 4-2-5　直齿圆柱齿轮的啮合画法

（四）直齿圆锥齿轮

1. 直齿圆锥齿轮各部分的名称

由于圆锥齿轮的轮齿加工在圆锥面上，所以圆锥齿轮在齿宽范围内有大、小端之分，如图 4-2-7（a）所示。为了计算和制造方便，国家标准规定以大端为准。在圆锥齿轮上，有关的名称和术语有：齿顶圆锥面（顶锥）、齿根圆锥面（根锥）、分度圆锥面（分锥）、背锥面（背锥）、前锥面（前锥）、分度圆锥角 δ、齿高 h、齿顶高 h_a 及齿根高 h_f 等，如图 4-2-7（b）所示。

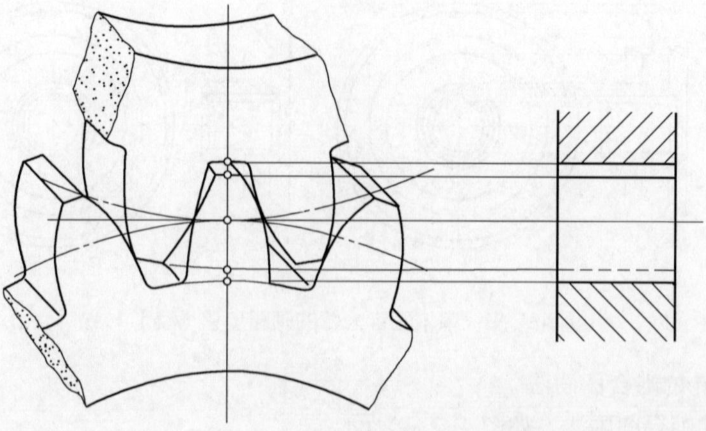

图 4-2-6　轮齿啮合区在剖视图中的画法

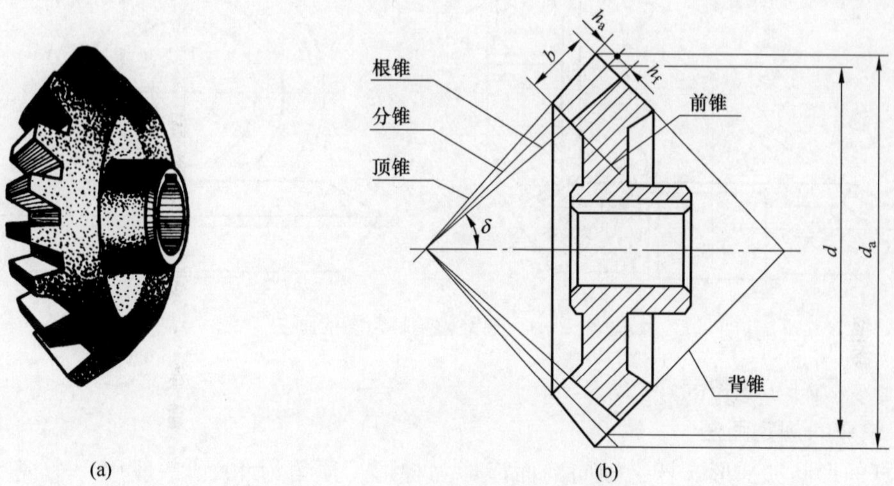

图 4-2-7　圆锥齿轮各部分名称

2. 直齿圆锥齿轮的画法

单个圆锥齿轮画法，如图 4-2-8 所示。

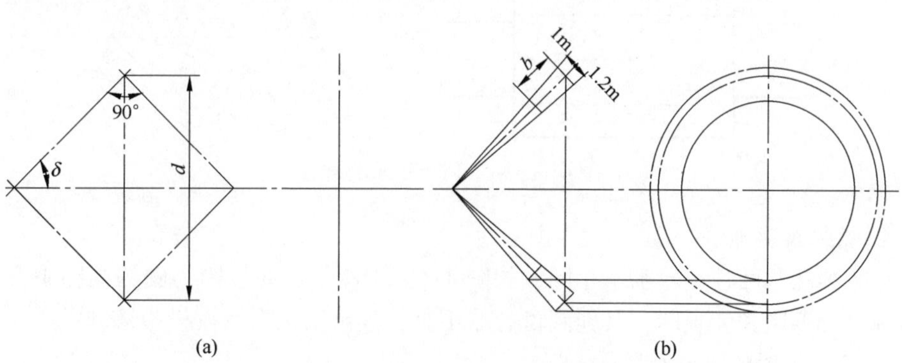

图 4-2-8　单个圆锥齿轮的画图步骤

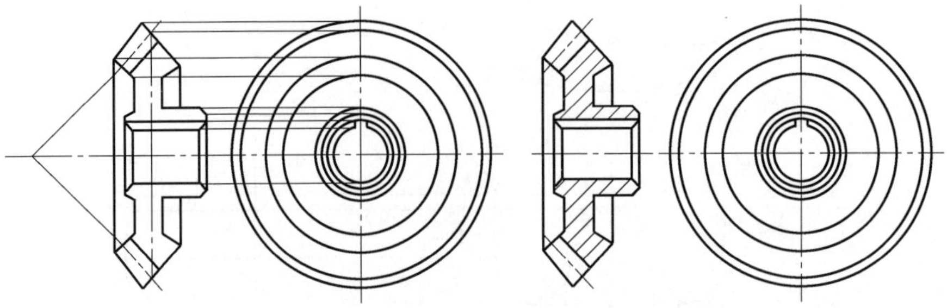

(c)　　　　　　(d)

图 4-2-8　单个圆锥齿轮的画图步骤（续）

3. 圆锥齿轮的啮合图画法

圆锥齿轮的啮合图画法，如图 4-2-9 所示。

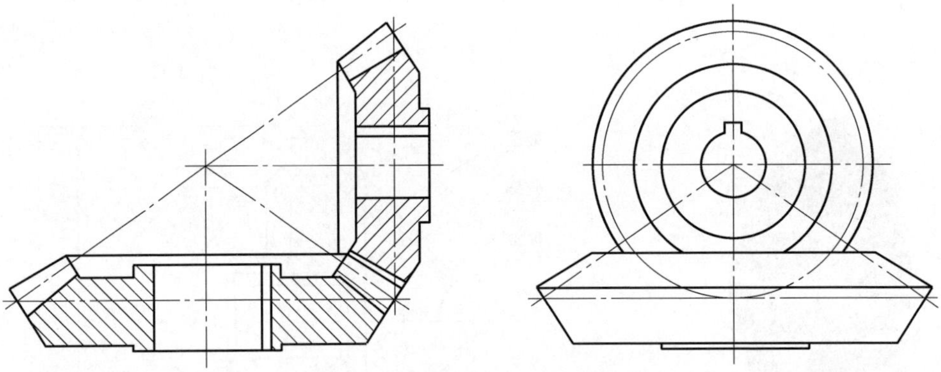

图 4-2-9　圆锥齿轮啮合图的画法

（五）蜗杆、蜗轮简介

1. 蜗杆的规定画法

蜗杆的形状如梯形螺杆，轴向剖面齿形为梯形，顶角为 40°，一般用一个视图表达。它的齿顶线、分度线、齿根线画法与圆柱齿轮相同，牙型可用局部剖视或局部放大图画出。具体画法如图 4-2-10 所示。

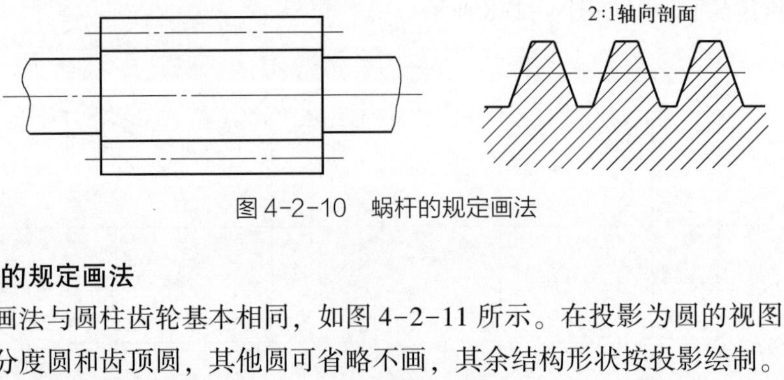

图 4-2-10　蜗杆的规定画法

2. 蜗轮的规定画法

蜗轮的画法与圆柱齿轮基本相同，如图 4-2-11 所示。在投影为圆的视图中，轮齿部分只需画出分度圆和齿顶圆，其他圆可省略不画，其余结构形状按投影绘制。

3. 蜗杆、蜗轮的啮合画法

蜗杆、蜗轮的啮合画法，如图 4-2-12 所示。在主视图中，蜗轮被蜗杆遮住的部分不

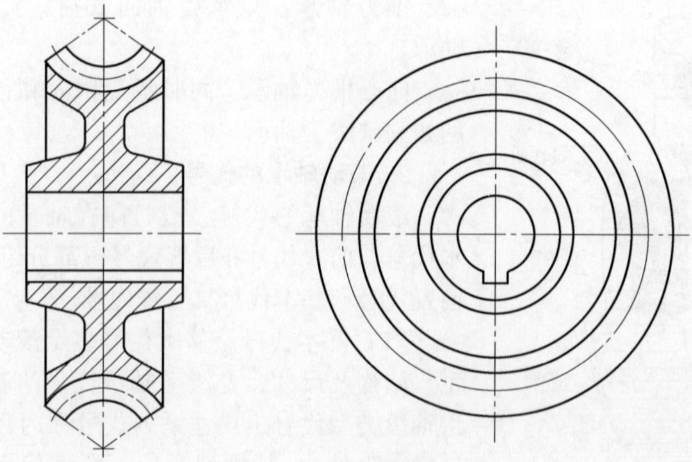

图 4-2-11　蜗轮的规定画法

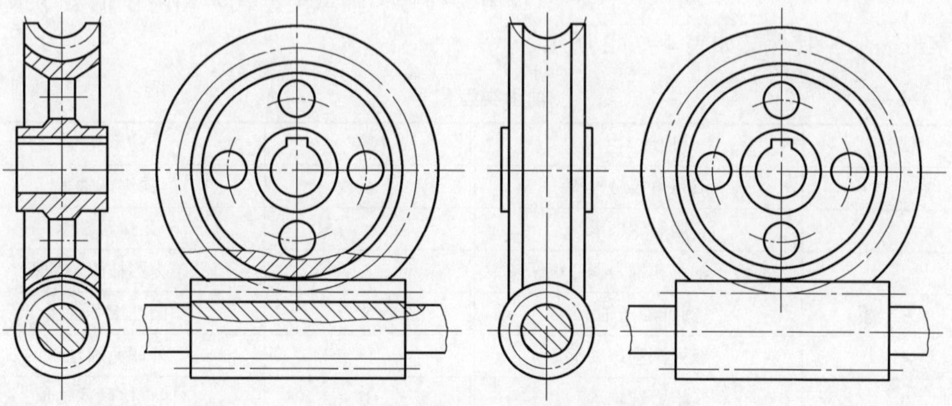

图 4-2-12　蜗杆、蜗轮的啮合画法

必画出。在左视图中蜗轮的分度圆与蜗杆的分度线应相切。

二、滚动轴承及其画法

滚动轴承是用来支承旋转轴的部件，结构紧凑，摩擦阻力小，能在较大的载荷、较高的转速下工作，转动精度较高，在工业中应用十分广泛。滚动轴承的结构及尺寸已经标准化，由专业厂家生产，选用时可查阅有关标准。

1. 滚动轴承的结构和类型

滚动轴承的结构一般由四部分组成，如图 4-2-13 所示。

滚动体：装在内外圈之间的滚道中有滚珠、滚柱、滚锥等类型。

保持架：用来均匀分隔滚动体，防止滚动体之间相互摩擦与碰撞。

外圈：装在机体或轴承座内，一般固定不动。

内圈：装在轴上，与轴紧密配合且随轴转动。

滚动轴承按承受载荷的方向可分为以下三种类型：

向心轴承：主要承受径向载荷，常用的如深沟球轴承。

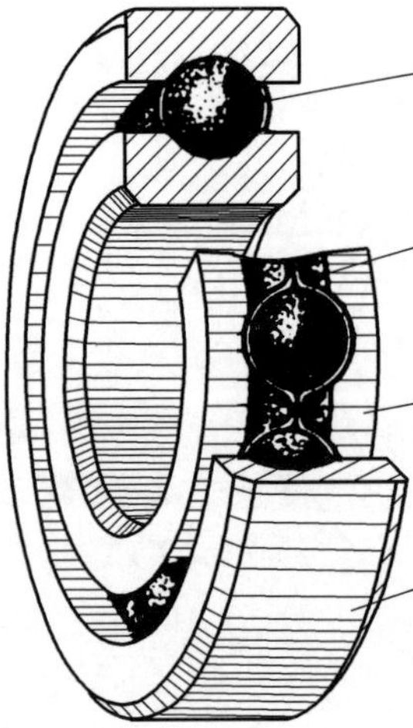

图 4-2-13　滚动轴承的结构

推力轴承：只承受轴向载荷，常用的如推力球轴承。

向心推力轴承：同时承受轴向和径向载荷，常用的如圆锥滚子轴承。

2. 滚动轴承的代号

滚动轴承的代号一般打印在轴承的端面上，由基本代号、前置代号和后置代号三部分组成，排列顺序：前置代号　基本代号　后置代号。

（1）基本代号。基本代号表示滚动轴承的基本类型、结构及尺寸，是滚动轴承代号的基础。基本代号由轴承类型代号、尺寸系列代号和内径代号构成（滚针轴承除外），其排列顺序：类型代号、尺寸系列代号、内径代号。

① 类型代号。轴承类型代号用阿拉伯数字或大写拉丁字母表示，其含义如表 4-2-2 所示。

表 4-2-2　　轴承类型代号

代号	轴承类型	代号	轴承类型
0	双列角接触轴承	6	深沟球轴承
1	调心球轴承	7	角接触轴承
2	调心滚子轴承和推力调心滚子轴承	8	推力圆柱滚子轴承
3	圆锥滚子轴承	N	圆柱滚子轴承
4	双列深沟球轴承	U	外球面球轴承
5	推力球轴承	QJ	四点接触球轴承

② 尺寸系列代号。尺寸系列代号由滚动轴承的宽（高）度系列代号和直径系列代号组合而成，用两位数字表示。它主要用来区别内径相同而宽（高）度和外径不同的轴承。详细情况查阅有关标准。

③ 内径代号。内径代号表示轴承的公称内径。

（2）前置代号和后置代号。前置代号和后置代号是轴承在结构形状、尺寸、公差、技术要求等有改变时，在其基本代号左、右添加的补充代号。具体情况可查阅有关的国家标准。

轴承代号标记示例：

6208　第一位数 6 表示类型代号，为深沟球轴承。第二位 2 表示尺寸系列代号，宽度系列代号 0 省略，直径系列代号为 2。后两位数 08 表示内径代号，$d=8\times5=40$（mm）。

N2110　第一个字母 N 表示类型代号，为圆柱滚子轴承。第二、三两位数 21 表示尺寸系列代号，宽度系列代号为 2，直径系列代号为 1。后两位数 10 表示内径代号，内径 $d=10\times5=50$（mm）。

3. 滚动轴承的画法

国家标准 GB/T 4459.7—2017《机械制图　滚动轴承表示法》对滚动轴承的画法做了

统一规定，有简化画法和规定画法。其中，简化画法又分为通用画法和特征画法两种。

（1）简化画法。用简化画法绘制滚动轴承时，应采用通用画法和特征画法。但在同一图样中，一般只采用其中的一种画法。

① 通用画法。在剖视图中，当不需要确切地表示滚动轴承的外形轮廓、载荷特性、结构特征时，可用矩形线框以及位于线框中央正立的十字形符号来表示。矩形线框和十字形符号均用粗实线绘制，十字形符号不应与矩形线框接触，通用画法的尺寸比例如表 4-2-3 所示。

② 特征画法。在剖视图中，如果需要比较形象地表示滚动轴承的结构特征时，可采用在矩形线框内画出其结构要素符号的方法表示。特征画法的矩形线框、结构要素符号均用粗实线绘制。常用滚动轴承的特征画法的尺寸比例示例如表 4-2-3 所示。

（2）规定画法。必要时，滚动轴承可采用规定画法绘制。采用规定画法绘制滚动轴承的剖视图时，轴承的滚动体不画剖面线，其各套圈等可画成方向和间隔相同的剖面线，滚动轴承的保持架及倒角等可省略不画。规定画法一般绘制在轴的一侧，另一侧按通用画法绘制。规定画法中各种符号、矩形线框和轮廓线均用粗实线绘制。滚动轴承规定画法如表 4-2-3 所示。

表 4-2-3　　滚动轴承画法

名称	结构形式	简化画法		规定画法
		通用画法	特征画法	
深沟球轴承		当不需要确切地表示外形轮廓、载荷等结构特征时 	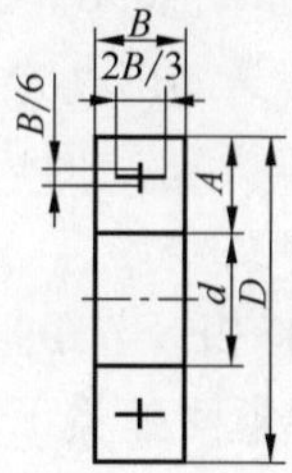	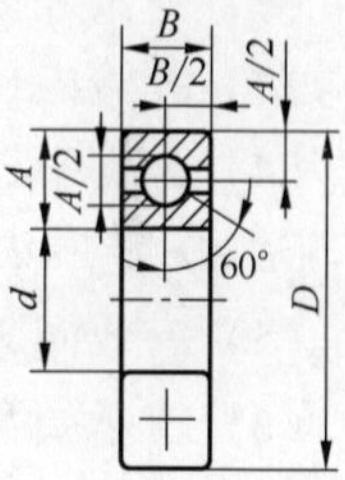
圆锥滚子轴承			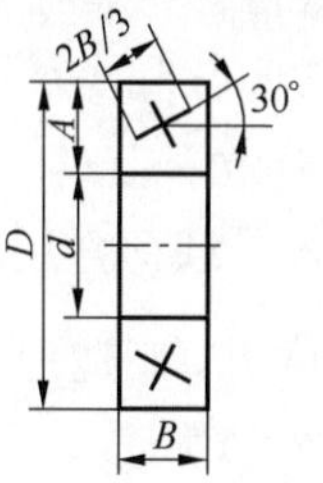	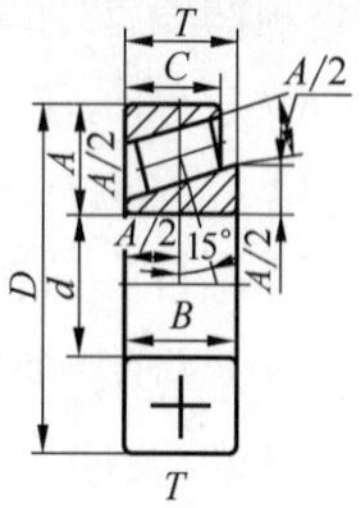
推力球轴承			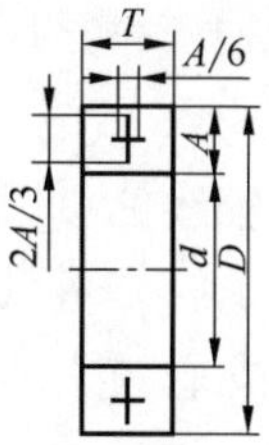	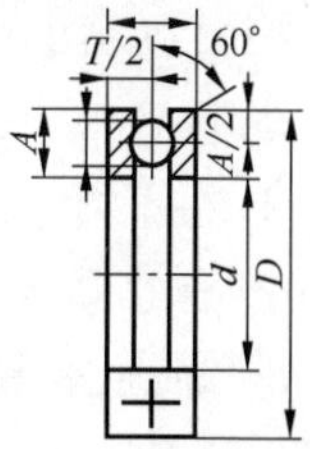

三、弹簧及其画法

弹簧是机械、电器设备中一种常用的零件，主要用于减震、夹紧、储存能量和测力等。弹簧的种类很多，使用较多的是圆柱螺旋弹簧，如图 4-2-14 所示。本节主要介绍圆柱螺旋压缩弹簧的尺寸计算和规定画法。

(a)　　(b)　　(c)

图 4-2-14　圆柱螺旋弹簧

(a) 压缩弹簧　(b) 拉伸弹簧　(c) 扭力弹簧

1. 圆柱螺旋压缩弹簧各部分的名称及尺寸计算

(1) 簧丝直径 d。制造弹簧所用金属丝的直径。

(2) 弹簧外径 D。弹簧的最大直径。

(3) 弹簧内径 D_1。弹簧的内孔直径，即弹簧的最小直径。即 $D_1=D-2d$。

(4) 弹簧中径 D_2。弹簧轴剖面内簧丝中心所在柱面的直径，既弹簧的平均直径，$D_2=(D+D_1)/2=D_1+d=D-d$。

(5) 有效圈数 n。保持相等节距且参与工作的圈数。

(6) 支承圈数 n_2。为了使弹簧工作平衡，端面受力均匀，制造时将弹簧两端 3/4 至 1/4 圈压紧靠实，并磨出支承平面。这些圈主要起支承作用，所以称为支承圈。支承圈数 n_2 表示两端支承圈数的总和。一般有 1.5、2、2.5 圈三种。

(7) 总圈数 n_1。有效圈数和支承圈数的总和，即 $n_1=n+n_2$。

(8) 节距 t。相邻两有效圈上对应点间的轴向距离。

(9) 自由高度 H_0。未受载荷作用时的弹簧高度（或长度），$H_0=nt+(n_2-0.5)d$。

(10) 弹簧的展开长度 L。制造弹簧时所需的金属丝长度，$L\approx n_1\sqrt{(\pi D_2)^2+t^2}$。

(11) 旋向。与螺旋线的旋向意义相同，分为左旋和右旋两种。

2. 圆柱螺旋压缩弹簧的规定画法

(1) 弹簧的画法。GB/T 4459.4—2003《机械制图　弹簧表示法》对弹簧的画法作了如下规定：

① 在平行于螺旋弹簧轴线的投影面的视图中，其各圈的轮廓应画成直线。

② 有效圈数在四圈以上时，可以每端只画出 1~2 圈（支承圈除外），其余省略不画。

③ 螺旋弹簧均可画成右旋，但左旋弹簧不论画成左旋或右旋，均需注写旋向“左”字。

④ 螺旋压缩弹簧如要求两端并紧且磨平时，不论支承圈多少均按支承圈 2.5 圈绘制，必要时也可按支承圈的实际结构绘制。弹簧的表示方法有剖视、视图和示意图，如图 4-2-15 所示。

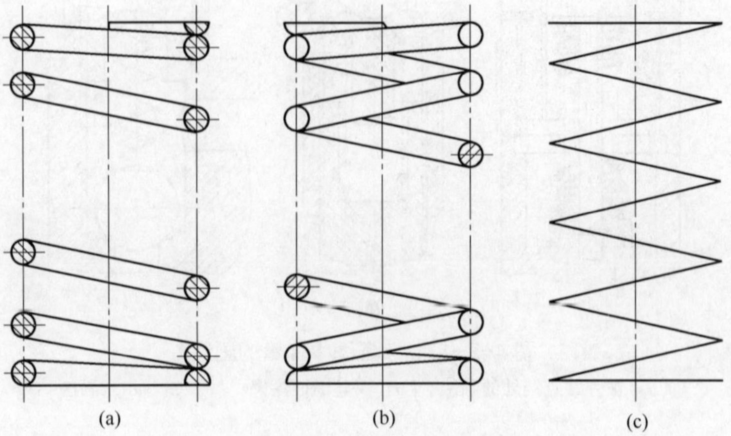

图 4-2-15 圆柱螺旋压缩弹簧的表示方法

（a）剖视 （b）视图 （c）示意图

圆柱螺旋压缩弹簧的画图步骤，如图 4-2-16 所示。

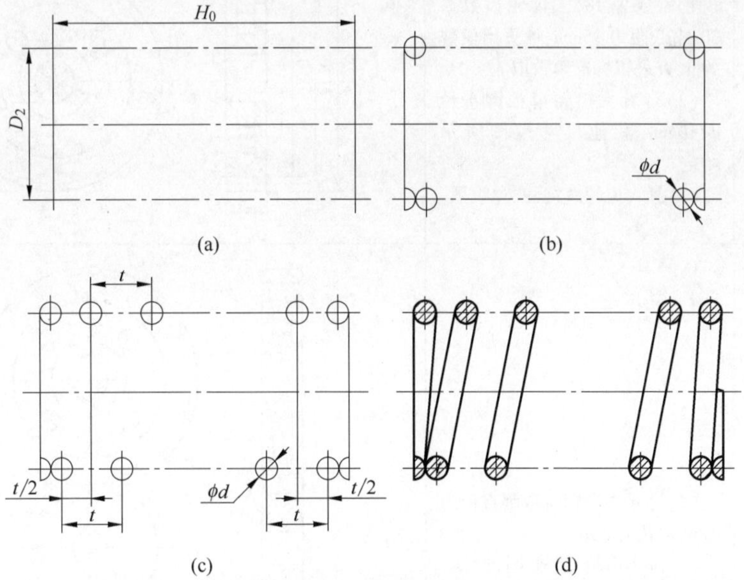

图 4-2-16 圆柱螺旋压缩弹簧的画图步骤

（2）装配图中弹簧的简化画法。在装配图中，弹簧被看作实心物体，因此，被弹簧挡住的结构一般不画出。可见部分应画至弹簧的外轮廓或弹簧的中径处，如图 4-2-17（a）、（b）所示。当簧丝直径在图形上小于或等于 2mm 并被剖切时，其剖面可以涂黑表示，如图 4-2-17（b）所示。也可采用示意画法，如图 4-2-17（c）所示。

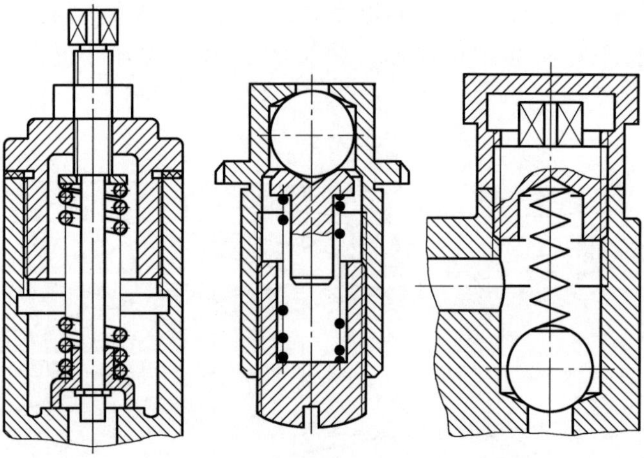

(a) (b) (c)

图 4-2-17 装配图中弹簧的画法

（a）被弹簧遮挡处的画法 （b）簧丝断面涂黑 （c）簧丝示意画法

任务实施单

方法步骤		图示
1. 画大齿轮	（1）根据题目给定的条件，小齿轮齿数为 18，大齿轮齿数为 30，中心距为 96mm，计算出模数为 4，查表得标准模数取 4 （2）计算大齿轮齿根圆直径 $\phi110$mm，其他尺寸按图所示给定 （3）画大齿轮左视图、主视图	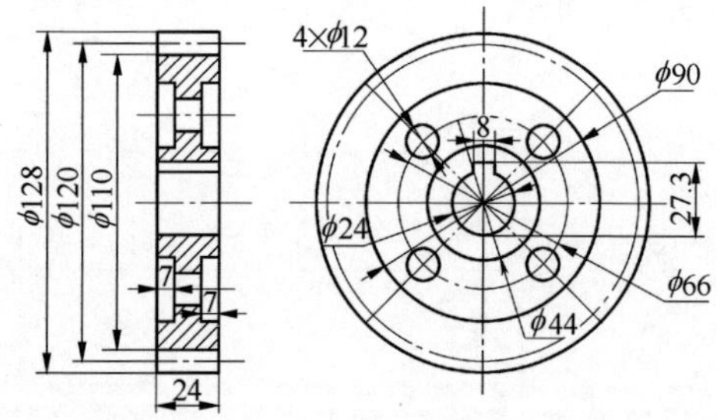
2. 画小齿轮	（1）计算小齿轮齿顶圆直径为 $\phi80$，轴孔为 $\phi20$ （2）画小齿轮，完成全图	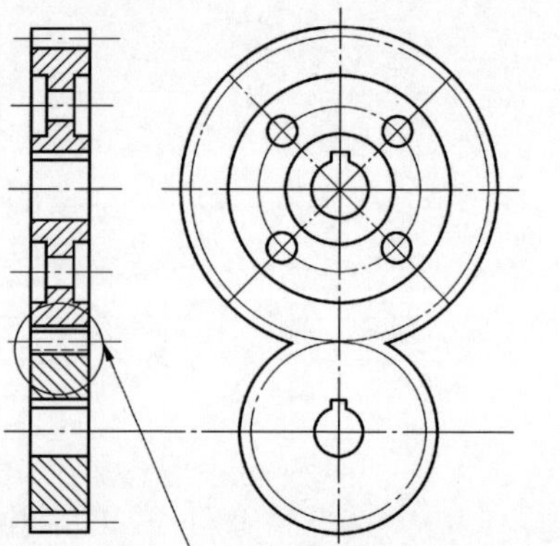

实作练习

1. 已知两平板齿轮啮合，$m_1 = m_2 = 4\text{mm}$，$z_1 = 20$，$z_2 = 35$，分别计算其齿顶圆、分度圆、齿根圆直径，并画出其啮合图（比例 1∶2）。

2. 解释轴承 6304 的含义，并在图 4-2-18 中画出其与孔和轴的装配结构。

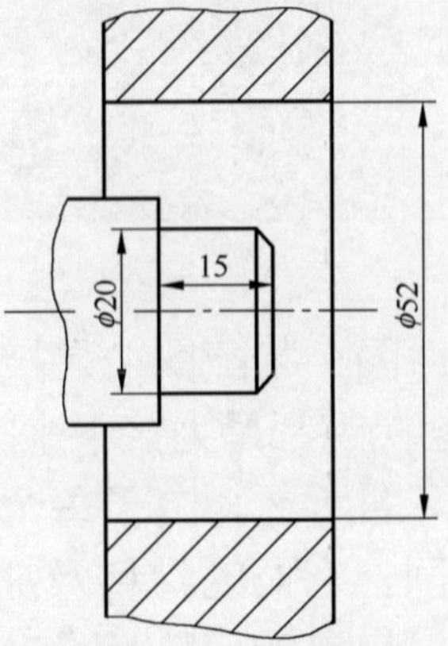

图 4-2-18　习题图

模块二

机械制图应用

正确熟练地绘制与看零件图、装配图，是技术工人必须掌握的基本功之一。前面我们所学的相关制图知识都是为接下来的零件图、装配图做准备。

像这样一台齿轮泵，如下图所示，由于每个零件在装配体的作用不同，因而它们的结构形状也不相同，它们的材料及加工过程也不相同。如：箱体的材料是铸铁，轴和齿轮的材料是钢，垫片是非金属。多数零件要进行金属切削加工，也有不少是冲压成型的零件。对于这种形状、结构、材料、加工各异的零件，他们的表达方式、尺寸标注也各不相同，因而我们要分析它们之间的个性，找出它们的共性，这些信息就包含在零件图、装配图中。

齿轮油泵轴测图

职业素养：我们每画一张零件图、装配图都要严谨细致、一丝不苟，不能出现任何细小的错误，否则会造成不应有的损失，对科学应有敬畏之心！

项目五

识读与绘制零件图

机器或部件都是由许多零件装配而成，制造机器或部件必须首先制造零件。零件是组成机器的基本单元，零件图是表示单个零件的图样，不仅表达完整形状、尺寸，还要制定零件应达到的技术要求，才能满足使用性能，它是制造和检验零件的主要依据。

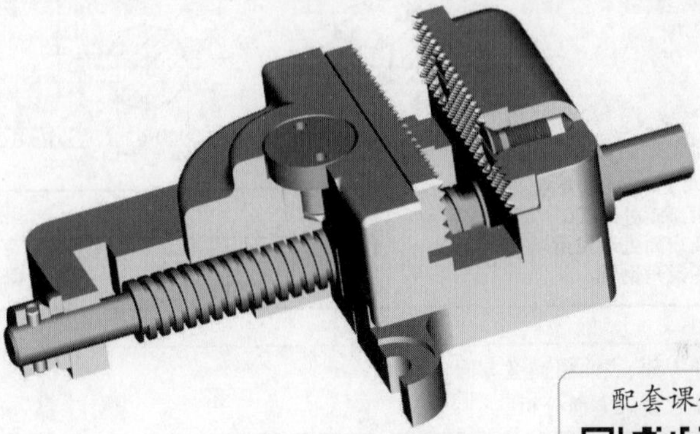

图 5-1-1 平口虎钳

配套课件 配套视频

项目五任务一

任务一 识读产品技术规范

在日常生活中，经常会遇到某个设备丢失了螺母这样的事，通常的做法是量出螺杆直径，查出标准直径，然后到五金店去买一个螺母，安装上去就完成了。为什么没经过挑选的螺母也能满足使用要求？

零件在制作过程中，不可能做到绝对尺寸精确，表面也不可能做到理想的表面，对尺寸和表面如何进行规范以满足使用要求，这就是本节要解决的内容。通过本节的学习，就能看懂零件图中的技术要求。

学习目标

（1）熟悉国家标准《技术制图》中有关表面结构、极限与配合、几何公差等内容，掌握 GB/T 1800. 1—2009《产品几何技术规范（GPS）极限与配合第 1 部分：公差、偏差和配合的基础》，GB/T 16671—2009《产品几何技术规范（GPS）几何公差最大实体要求、最小实体要求和可逆要求》的相关内容。

（2）掌握他们的标注方法，能计算配合中的间隙与过盈，学会标注等其他技术要求，提高作图与识图技能。

学习任务单

<table>
<tr><td>任务名称</td><td>识读产品技术规范</td></tr>
<tr><td>任务描述及要求</td><td>读懂下图中的几何技术规范
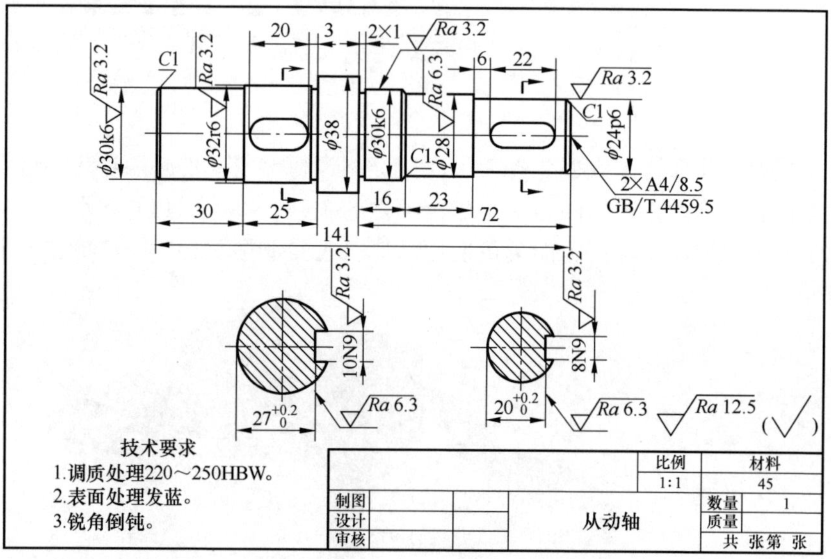
</td></tr>
<tr><td>任务分析</td><td>1. 从尺寸方面、表面粗糙度方面分析
2. 文字技术要求方面分析</td></tr>
<tr><td>任务评价</td><td>采用教师讲评与学生互评相结合。评价内容：活动是否积极，将讨论回答的问题评分，计入平时成绩</td></tr>
</table>

知识导航

一、零件表面结构的表示法

1. 表面结构的基本概念

（1）概述。为了保证零件的使用性能，在机械图样中需要对零件的表面结构给出要求。表面结构就是由粗糙度轮廓、波纹度轮廓和原始轮廓构成的零件表面特征。

（2）表面结构的评定参数。评定零件表面结构的参数有轮廓参数、图形参数和支承率曲线参数。其中轮廓参数分为三种：*R* 轮廓参数（粗糙度参数）、*W* 轮廓参数（波纹度参数）和 *P* 轮廓参数（原始轮廓参数）。机械图样中，常用表面粗糙度参数 *Ra* 和 *Rz* 作为评定表面结构的参数。

① 轮廓算术平均偏差 *Ra*；它是在取样长度 l_r 内，纵坐标 $Z(x)$（被测轮廓上的各点至基准线 x 的距离）绝对值的算术平均值，如图 5-1-2 所示。可用下式表示：

$$Ra=\frac{1}{l_r}\int_0^{l_r}|z(x)|\mathrm{d}x$$

② 轮廓最大高度 *Rz*：它是在一个取样长度内，最大轮廓峰高与最大轮廓谷深之和，如图 5-1-2 所示。

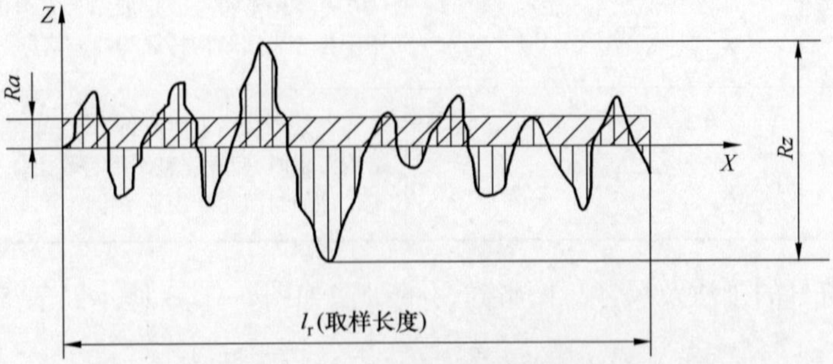

图 5-1-2　*Ra*、*Rz* 参数示意图

国家标准 GB/T 1031—2016《产品几何技术规范（GPS）表面结构　轮廓法　表面粗糙度参数及数值》给出的 *Ra* 和 *Rz* 系列值见表 5-1-1。

表 5-1-1　*Ra*、*Rz* 系列值　　单位：μm

Ra	*Rz*	*Ra*	*Rz*
0.012		6.3	6.3
0.025	0.025	12.5	12.5
0.05	0.05	25	25
0.1	0.1	50	50
0.2	0.2	100	100
0.4	0.4		200
0.8	0.8		400
1.6	1.6		800
3.2	3.2		1600

2. 标注表面结构的图形符号

（1）图形符号及其含义。在图样中，可以用不同的图形符号来表示对零件表面结构的不同要求。标注表面结构的图形符号及其含义如表 5-1-2 所示。

表 5-1-2　表面结构图形符号及其含义

符号名称	符号样式	含义及说明
基本图形符号		未指定工艺方法的表面；基本图形符号仅用于简化代号标注，当通过一个注释解释时可单独使用，没有补充说明时不能单独使用
扩展图形符号	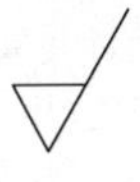	用去除材料的方法获得表面，如通过车、铣、刨、磨等机械加工的表面；仅当其含义是“被加工表面”时可单独使用
		用不去除材料的方法获得表面，如铸、锻等；也可用于保持上道工序形成的表面，不管这种状况是通过去除材料或不去除材料形成的

续表

符号名称	符号样式	含义及说明
完整图形符号		在基本图形符号或扩展图形符号的长边上加一横线，用于标注表面结构特征的补充信息
工件轮廓各表面图形符号	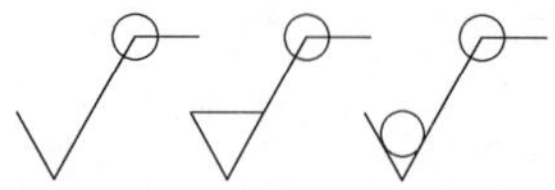	当在某个视图上组成封闭轮廓的各表面有相同的表面结构要求时，应在完整图形符号上加一圆圈，标注在图样中工件的封闭轮廓线上

（2）图形符号的画法及尺寸。图形符号的画法如图 5-1-3 所示，表 5-1-3 列出了图形符号的尺寸。

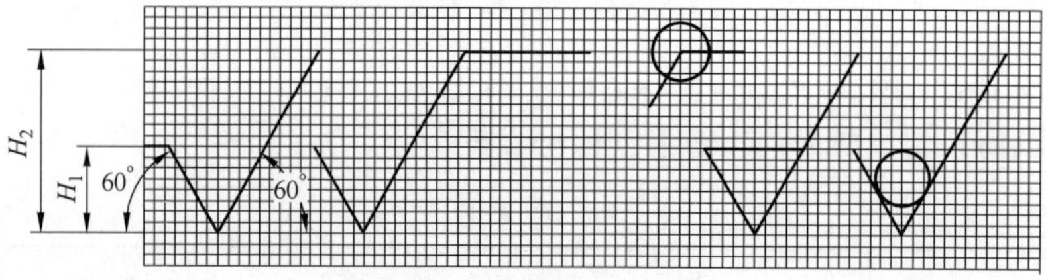

图 5-1-3　图形符号的画法

表 5-1-3　　**图形符号的尺寸**　　单位：mm

数字与字母的高度 h	2.5	3.5	5	7	10	14	20
高度 H_1	3.5	5	7	10	14	20	28
高度 H_2（最小值）	7.5	10.5	15	21	30	42	60

注：H_2 取决于标注内容。

标注表面结构参数时应使用完整图形符号；在完整图形符号中注写了参数代号、极限值等要求后，称为表面结构代号。表面结构代号示例如表 5-1-4 所示。

表 5-1-4　　**表面结构代号示例**

代号	含义/说明
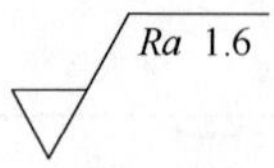	表示去除材料，单向上限值，默认传输带，R 轮廓，粗糙度算术平均偏差 1.6μm，评定长度为 5 个取样长度（默认），“16% 规则”（默认）
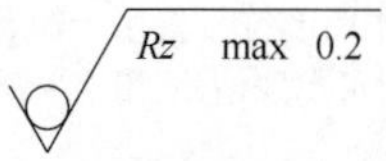	表示不允许去除材料，单向上限值，默认传输带，R 轮廓，粗糙度最大高度的最大值 0.2μm，评定长度为 5 个取样长度（默认），“最大规则”
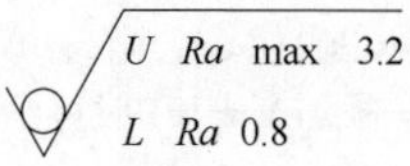	表示不允许去除材料，双向极限值，两极限值均使用默认传输带，R 轮廓，上限值：算术平均偏差 3.2μm，评定长度为 5 个取样长度（默认），“最大规则”，下限值：算术平均偏差 0.8μm，评定长度为 5 个取样长度（默认），“16% 规则”（默认）
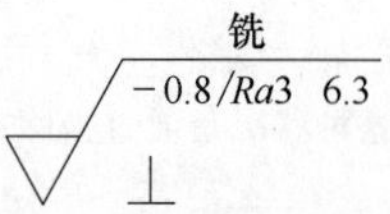	表示去除材料，单向上限值，传输带：根据 GB/T 6062，取样长度 0.8mm，R 轮廓，算术平均偏差极限值 6.3μm，评定长度包含 3 个取样长度，“16% 规则”（默认），加工方法：铣削，纹理垂直于视图所在的投影面

3. 表面结构要求在图样中的标注

表面结构要求在图样中的标注实例如表 5-1-5 所示。

表 5-1-5　　　　表面结构要求在图样中的标注实例

说明	实例
表面结构要求对每一表面一般只标注一次，并尽可能注在相应的尺寸及其公差的同一视图上 表面结构的注写和读取方向与尺寸的注写和读取方向一致	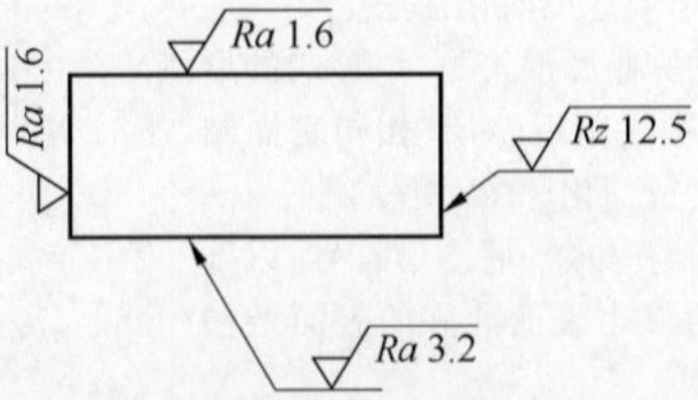
表面结构要求可标注在轮廓线或其延长线上，其符号应从材料外指向并接触表面。必要时表面结构符号也可用带箭头和黑点的指引线引出标注	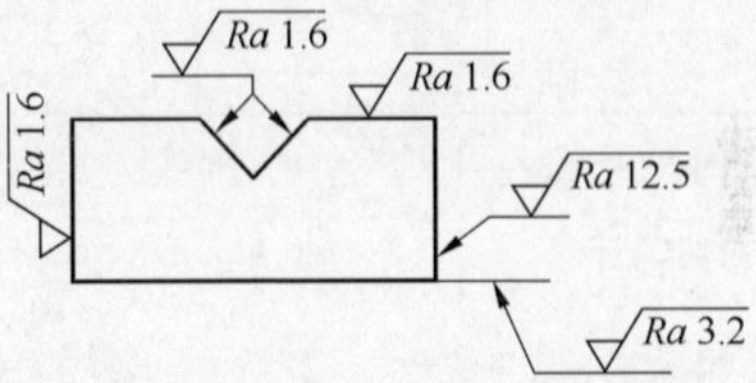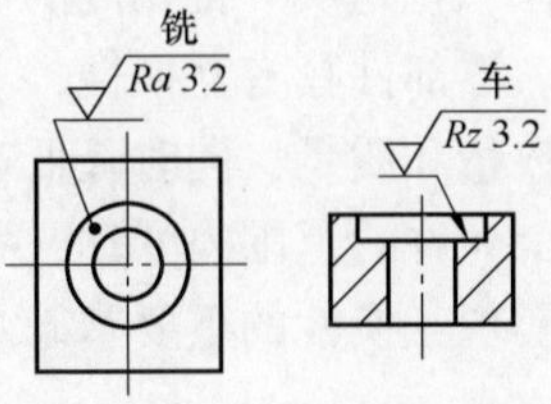
在不致引起误解时，表面结构要求可以标注在给定的尺寸线上	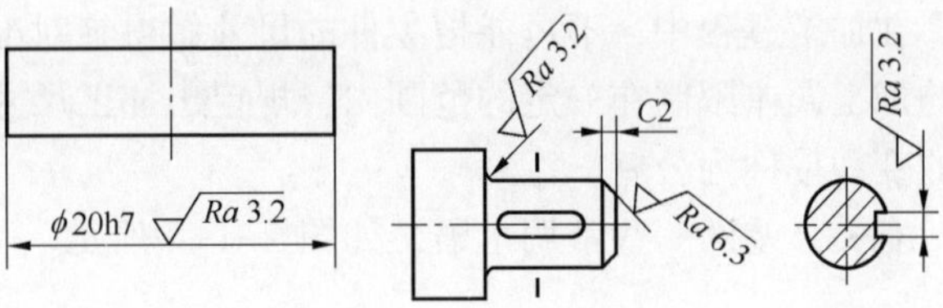
表面结构要求可以标注在几何公差框格的上方	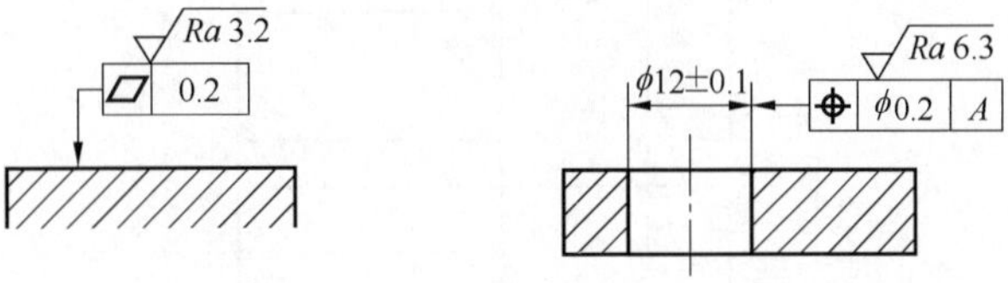
如果在工件的多数表面有相同的表面结构要求，则其表面结构要求可统一标注在图样的标题栏附近，此时，表面结构要求的代号后面应有以下两种情况： ①在圆括号内给出无任何其他标注的基本符号［图(a)］ ②在圆括号内给出不同的表面结构要求［图(b)］	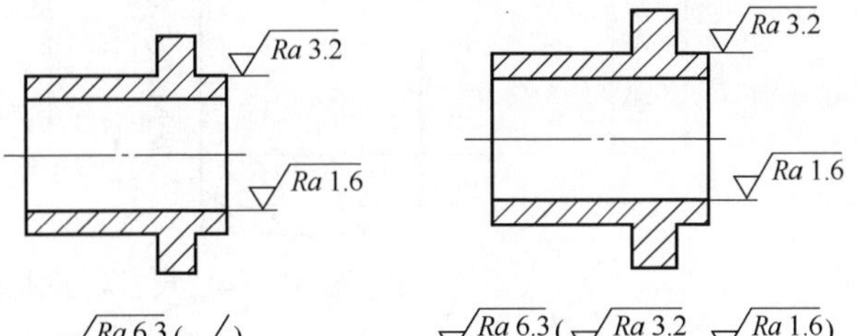(a)　(b)

续表

说明	实例
当多个表面有相同的表面结构要求或图纸空间有限时，可以采用简化注法。 ①用带字母的完整图形符号，以等式的形式，在图形或标题栏附近，对有相同表面结构要求的表面进行简化标注[图(a)] ②用基本图形符号或扩展图形符号，以等式的形式给出对多个表面共同的表面结构要求[图(b)]	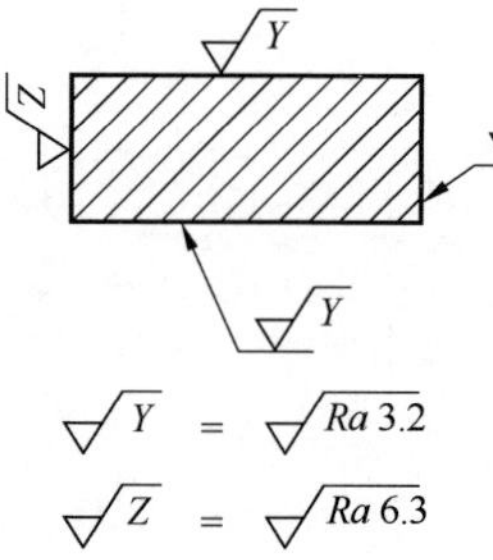(a) 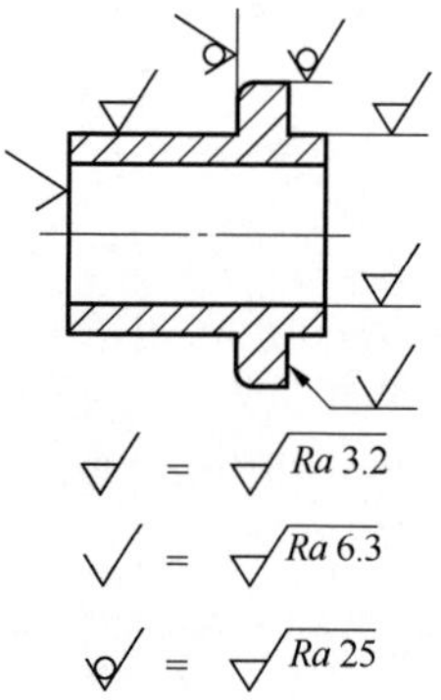(b)

二、极限与配合

1. 互换性和公差

所谓零件的互换性，就是从一批相同的零件中任取一件，不经修配就能装配使用，并能保证使用性能要求。零部件具有互换性，不但给装配、修理机器带来方便，还可用专用设备生产，提高产品数量和质量，同时降低产品的成本。要满足零件的互换性，就要求有配合关系的尺寸在一个允许的范围内变动，并且在制造上又是经济合理的。

公差配合制度是实现互换性的重要基础。

2. 基本术语

在加工过程中，不可能把零件的尺寸做得绝对准确。为了保证互换性，必须将零件尺寸的加工误差限制在一定的范围内，规定出加工尺寸的可变动量。这种规定的实际尺寸允许的变动量称为公差。

有关公差的一些常用术语，如图 5-1-4 所示。

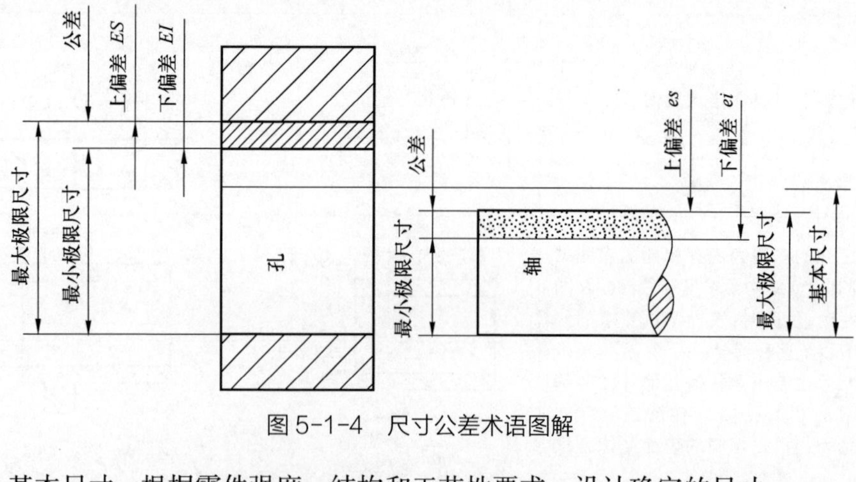

图 5-1-4　尺寸公差术语图解

（1）基本尺寸。根据零件强度、结构和工艺性要求，设计确定的尺寸。

(2) 实际尺寸。通过测量所得到的尺寸。

(3) 极限尺寸。允许尺寸变化的两个界限值。它以基本尺寸为基数来确定。两个界限值中较大的一个称为最大极限尺寸；较小的一个称为最小极限尺寸。

(4) 尺寸偏差（简称偏差）。某一尺寸减其相应的基本尺寸所得的代数差。尺寸偏差有：

上偏差=最大极限尺寸-基本尺寸

下偏差=最小极限尺寸-基本尺寸

上、下偏差统称极限偏差。上、下偏差可以是正值、负值或零。

国家标准规定：孔的上偏差代号为 ES，孔的下偏差代号为 EI；轴的上偏差代号为 es，轴的下偏差代号为 ei。

(5) 尺寸公差（简称公差）。允许实际尺寸的变动量。

尺寸公差=最大极限尺寸-最小极限尺寸=上偏差-下偏差

因为最大极限尺寸总是大于最小极限尺寸，所以尺寸公差一定为正值。

(6) 公差带和零线。由代表上、下偏差的两条直线所限定的一个区域称为公差带。为了便于分析，一般将尺寸公差与基本尺寸的关系，按放大比例画成简图，称为公差带图。在公差带图中，确定偏差的一条基准直线，称为零偏差线，简称零线，通常零线表示基本尺寸，如图5-1-5所示。

(7) 标准公差。用以确定公差带大小的任一公差。国家标准将公差等级分20级：IT01、IT0、IT1～IT18。"IT"表示标准公差，公差等级的代号用阿拉伯数字表示。IT01～IT18，精度等级依次降低。标准公差等级数值可查有关技术标准。

(8) 基本偏差。用以确定公差带相对于零线位置的上偏差或下偏差。一般是指靠近零线的那个偏差。

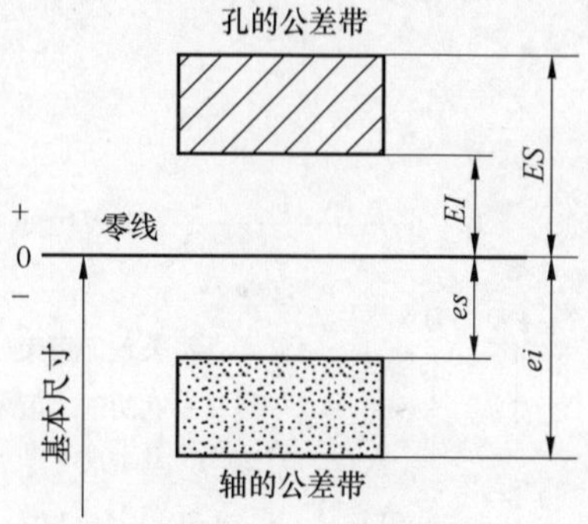

图5-1-5　公差带图

根据实际需要，国家标准分别对孔和轴各规定了28个不同的基本偏差，基本偏差系列如图5-1-6所示。轴和孔的基本偏差数值如附录5所示。

从图5-1-6可知：基本偏差用拉丁字母表示，大写字母代表孔，小写字母代表轴。公差带位于零线之上，基本偏差为下偏差；公差带位于零线之下，基本偏差为上偏差。

(9) 孔、轴的公差带代号。由基本偏差与公差等级代号组成，并且要用同一号字字母和数字书写。例如 ϕ50H8 的含义如图5-1-7所示。

此公差带的全称是：基本尺寸为 ϕ50，公差等级为8级，基本偏差为H的孔的公差带。又如 ϕ50f8 的含义如图5-1-8所示。

此公差带的全称是：基本尺寸为 ϕ50，公差等级为8级，基本偏差为f的轴的公差带。

3. 配合

基本尺寸相同，相互结合的孔和轴公差带之间的关系称为配合。

(1) 配合的种类。根据机器的设计要求和生产实际的需要，国家标准将配合分为三类：

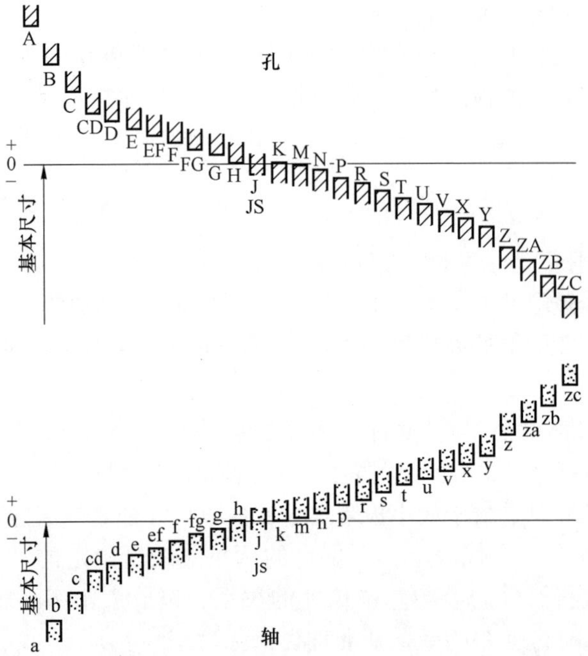

图 5-1-6　基本偏差系列图

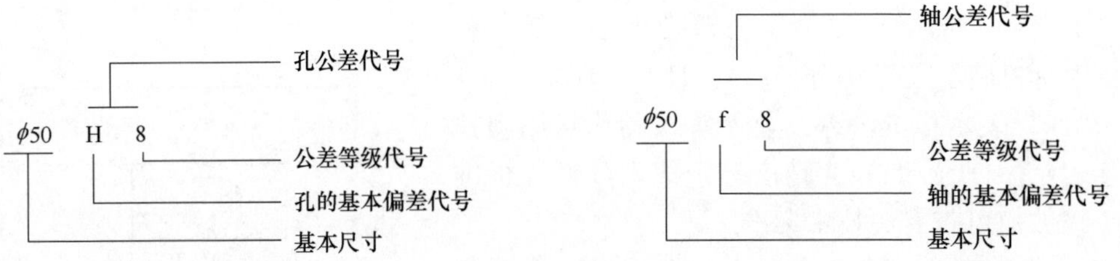

图 5-1-7　ϕ50H8 含义　　图 5-1-8　ϕ50f8 含义

① 间隙配合。孔的公差带完全在轴的公差带之上，任取其中一对轴和孔相配都成为具有间隙的配合（包括最小间隙为零），如图 5-1-9 所示。

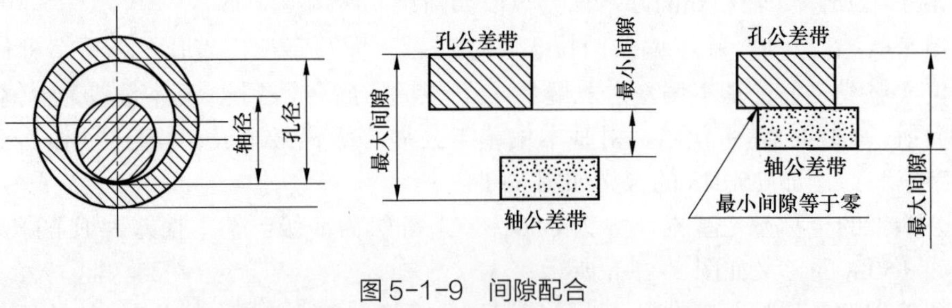

图 5-1-9　间隙配合

② 过盈配合。孔的公差带完全在轴的公差带之下，任取其中一对轴和孔相配都成为具有过盈的配合（包括最小过盈为零），如图 5-1-10 所示。

③ 过渡配合。孔和轴的公差带相互交叠，任取其中一对孔和轴相配合，可能具有间隙，也可能具有过盈的配合，如图 5-1-11 所示。

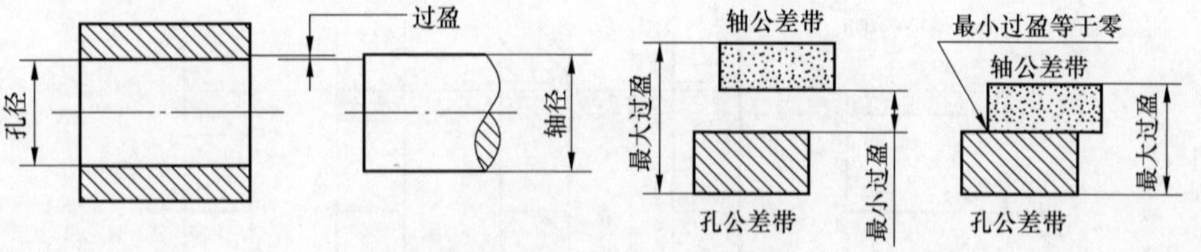

图 5-1-10　过盈配合

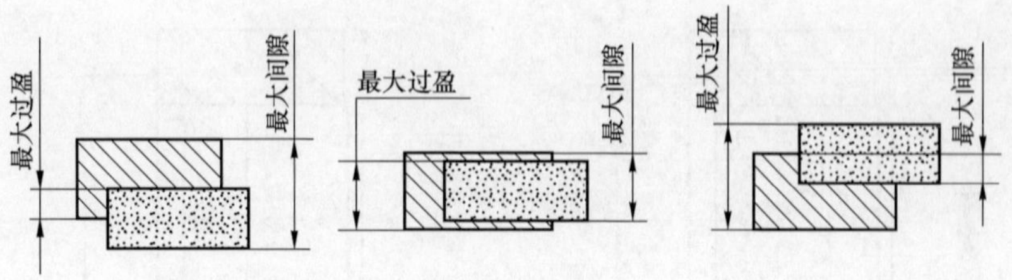

图 5-1-11　过渡配合

（2）配合的基准制。国家标准规定了两种基准制。

① 基孔制。基本偏差为一定的孔的公差带，与不同基本偏差的轴的公差带构成各种配合的一种制度称为基孔制。这种制度在同一基本尺寸的配合中，是将孔的公差带位置固定，通过变动轴的公差带位置，得到各种不同的配合，如图 5-1-12 所示。

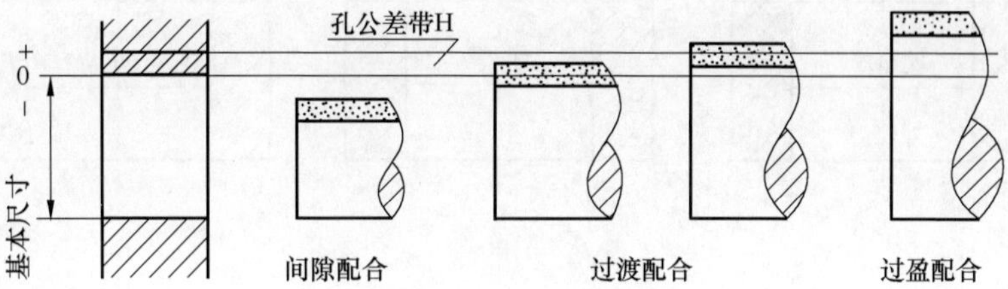

图 5-1-12　基孔制配合

基孔制的孔称为基准孔。国标规定基准孔的下偏差为零，“H”为基准孔的基本偏差。

② 基轴制。基本偏差为一定的轴的公差带与不同基本偏差的孔的公差带构成各种配合的一种制度称为基轴制。这种制度在同一基本尺寸的配合中，是将轴的公差带位置固定，通过变动孔的公差带位置，得到各种不同的配合，如图 5-1-13 所示。

基轴制的轴称为基准轴。国家标准规定基准轴的上偏差为零，“h”为基轴制的基本偏差。

4. 公差与配合的标注

（1）在装配图中的标注方法。配合的代号由两个相互结合的孔和轴的公差带的代号组成，用分数形式表示，分子为孔的公差带代号，分母与轴的公差带代号，标注的通用形式如图 5-1-14 所示。

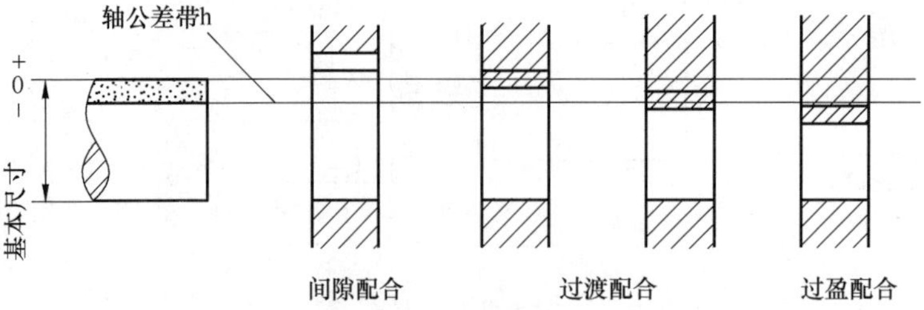

图 5-1-13　基轴制配合

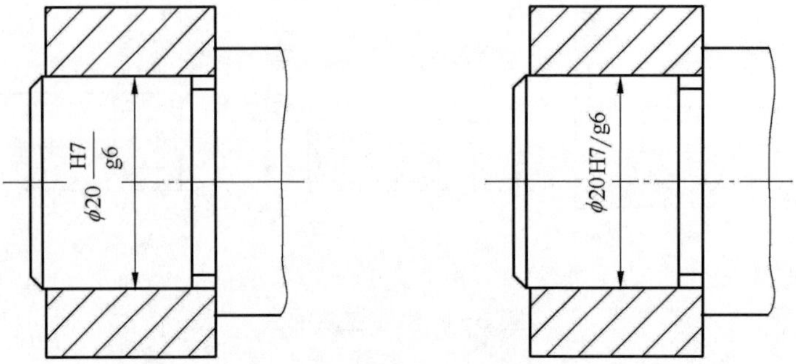

图 5-1-14　装配图中尺寸公差的标注方法

（2）在零件图中的标注方法。如图 5-1-15 所示，图 5-1-15（a）标注公差带的代号；图 5-1-15（b）标注偏差数值；图 5-1-15（c）公差带代号和偏差数值一起标注。

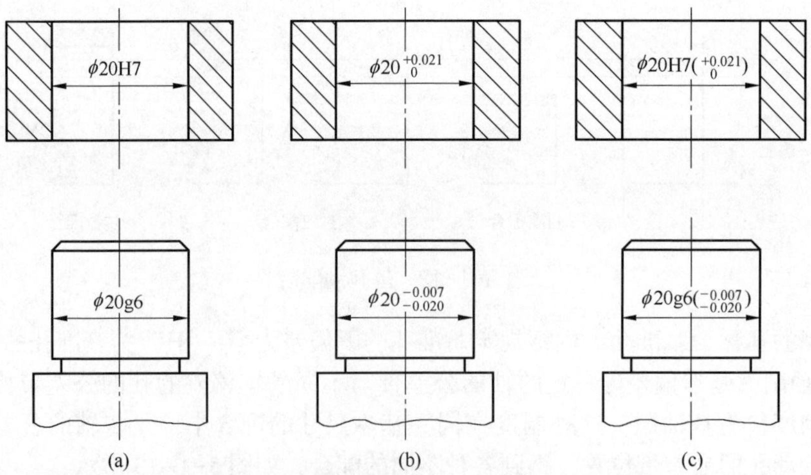

图 5-1-15　零件图中尺寸公差的标注方法

三、零件几何公差

评定零件的质量的因素是多方面的，不仅零件的尺寸影响零件的质量，零件的几何形状和结构的位置也影响零件的质量。

1. 形状和位置公差的基本概念

如图 5-1-16（a）所示为理想形状的销轴，而加工后的实际形状则是轴线变弯了，如图 5-1-16（b）所示，因而产生了直线度误差。如图 5-1-17（a）所示为要求严格的四棱柱，加工后的实际位置却是上表面倾斜了，如图 5-1-17（b）所示，因而产生了平行度误差。

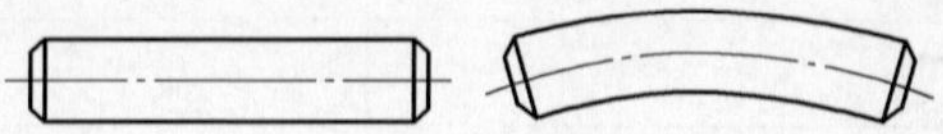

(a)　(b)

图 5-1-16　形状误差

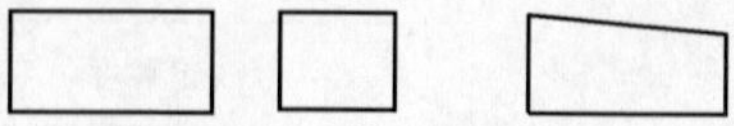

(a)　(b)

图 5-1-17　位置误差

如果零件存在严重的形状和位置误差，将使其装配造成困难，影响机器的质量，因此，对于精度要求较高的零件，除给出尺寸公差外，还应根据设计要求，合理地确定出形状和位置误差的最大允许值，如图 5-1-18（b）中的 ϕ0.08，即销轴轴线必须位于直径为公差值 ϕ0.08 的圆柱面内，如图 5-1-18（a）所示。图 5-1-19（b）中的 0.1，即上表面必须位于距离为公差值 0.1 且平行于基准表面 *A* 的两平行平面之间，如图 5-1-19（a）所示。

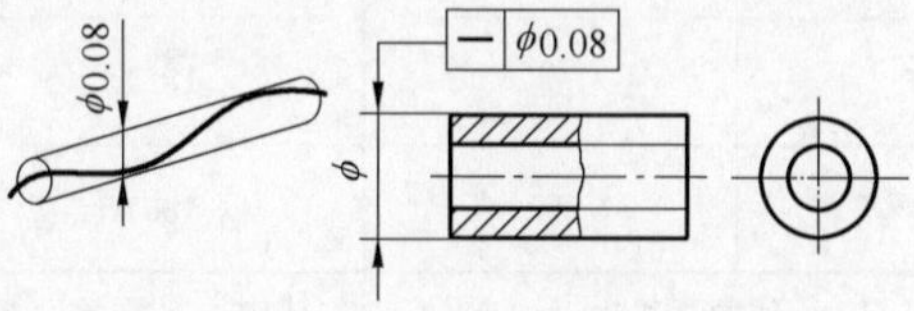

(a)　(b)

图 5-1-18　直线度公差

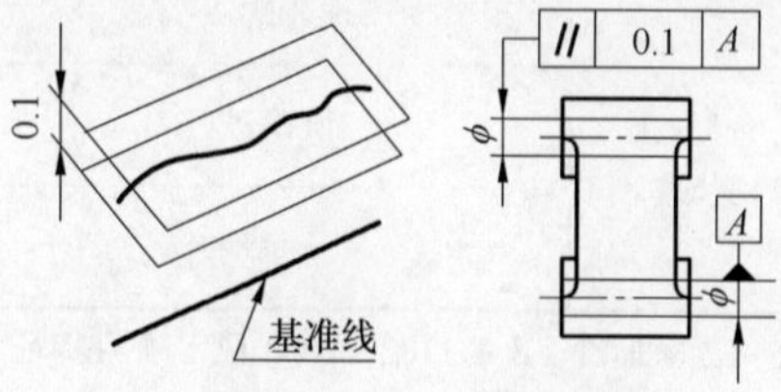

(a)　(b)

图 5-1-19　平行度公差

2. 形状公差和位置公差的有关术语

（1）要素。组成零件的点、线、面。

（2）形状公差。实际要素的形状所允许的变动量。

（3）位置公差。允许的变动量，它包括定向公差、定位公差和跳动公差。

（4）被测要素。给出了形状或（和）位置公差的要素。

（5）基准要素。用来确定理想被测要素方向或（和）位置的要素。

3. 形位公差的项目、符号及公差带

形位公差，如表 5-1-6 所示。

表 5-1-6　**形位公差的分类、项目资料及符号**

公差类型	几何特征	符号	有无基准要求	参见条款
形状公差	直线度	—	无	18.1
	平面度	▱	无	18.2
	圆度	○	无	18.3
	圆柱度	⌭	无	18.4
	线轮廓度	⌒	无	18.5
	面轮廓度	⌓	无	18.7

续表

公差类型	几何特征	符号	有无基准要求	参见条款
方向公差	平行度	//	有	18.9
	垂直度	⊥	有	18.10
	倾斜度	∠	有	18.11
	线轮廓度	⌒	有	18.6
	面轮廓线	⌓	有	18.7
位置公差	位置度	⌖	有或无	18.12
	同心度(同于中心点)	○	有	18.13
	同轴度(用于轴线)	○	有	18.13
	对称度	⌯	有	18.14
	线轮廓度	⌒	有	18.6
	面轮廓度	⌓	有	18.7
跳动公差	圆跳动	↗	有	18.15
	全跳动	⌰	有	18.16

注：国家标准 GB/T 1182—2008 规定项目特征符号线型为 $h/10$，符号高度为 h（同字高）其中，平面度、圆柱度、平行度、跳动等符号的倾斜角度为 75°。

4. 形位公差的标注

（1）公差框格。公差框格用细实线画出，可画成水平的或垂直的，框格高度是图样中尺寸数字高度的两倍，它的长度视需要而定。框格中的数字、字母、符号与图样中的数字等高。图 5-1-20 给出了形状公差和位置公差的框格形式。用带箭头的指引线将被测要素与公差框格一端相连。

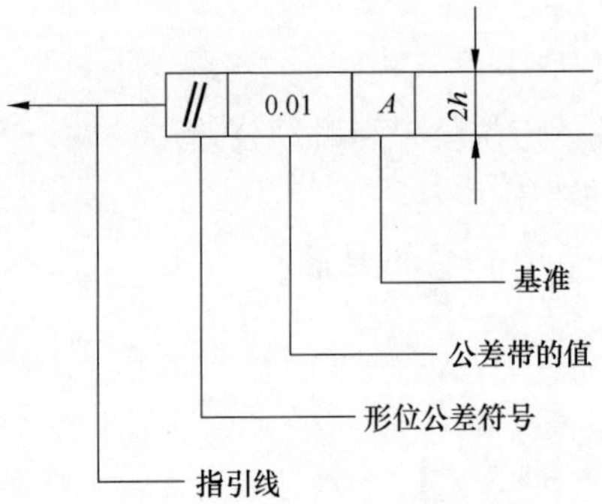

图 5-1-20　形位公差代号及基准符号

（2）被测要素。用带箭头的指引线将被测要素与公差框格一端相连，指引线箭头指向公差带的宽度方向或直径向。指引线箭头所指部位可有：

① 当被测要素为整体轴线或公共中心平面时，指引线箭头可直接指在轴线或中心线上，如图 5-1-21（a）所示。

② 当被测要素为轴线、球心或中心平面时，指引线箭头应与该要素的尺寸线对齐，如图 5-1-21（b）所示。

③ 当被测要素为线或表面时，指引线箭头应指该要素的轮廓线或其引出线上，并应明显地与尺寸线错开，如图 5-1-21（c）所示。

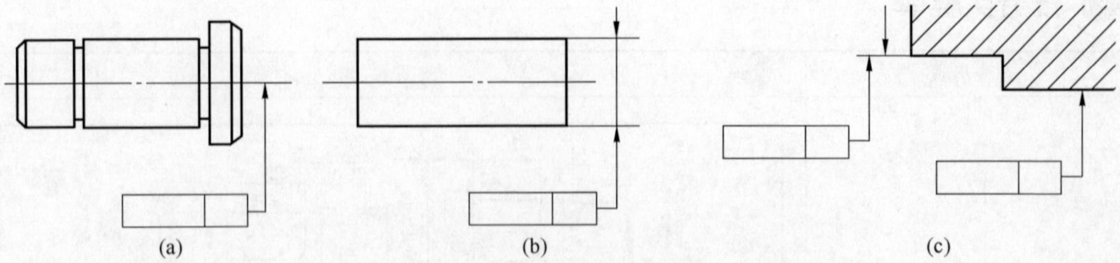

图 5-1-21　被测要素标注示例

（3）基准要素。基准符号的画法如图 5-1-22 所示，无论基准符号在图中的方向如何，细实线框内的字母一律水平书写。

① 当基准要素为素线或表面时，基准符号应靠近该要素的轮廓线或引出线标注，并应明显地与尺寸线箭头错开，如图 5-1-22（a）所示。

② 当基准要素为轴线、球心或中心平面时，基准符号应与该要素的尺寸线箭头对齐，如图 5-1-22（b）所示。

③ 当基准要素为整体轴线或公共中心面时，基准符号可直接靠近公共轴线（或公共中心线）标注，如图 5-1-22（c）所示。

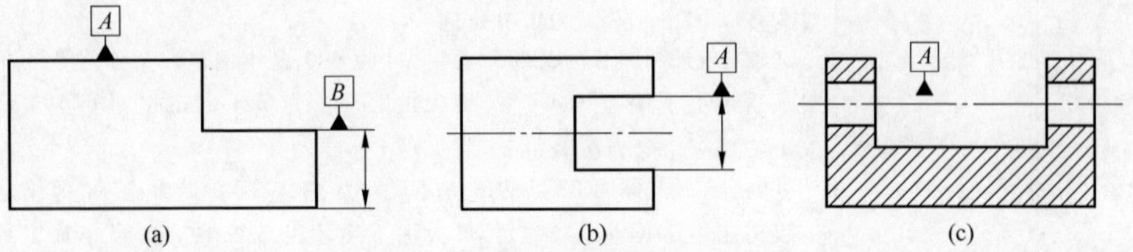

图 5-1-22　基准要素标注示例

（4）形位公差标注示例，如图 5-1-23 所示。

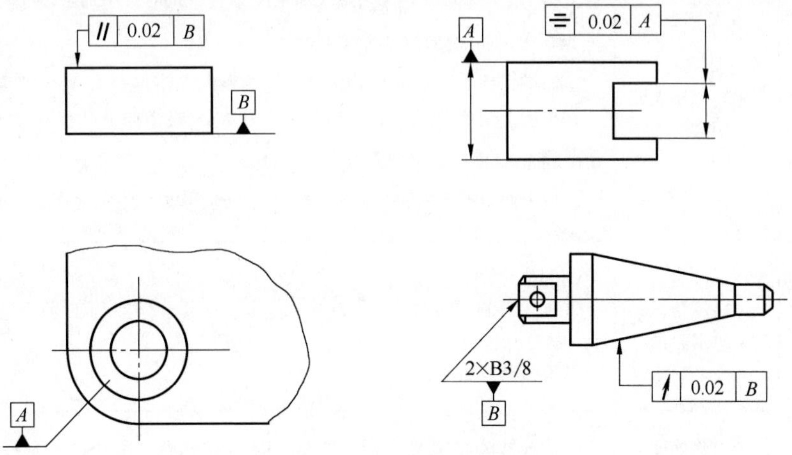

图 5-1-23　形位公差标注示例

任务实施单

方法步骤		图示
1. 轴外圆加工要求	(1)轴外圆尺寸加工要求 (2)轴外圆表面粗糙度要求	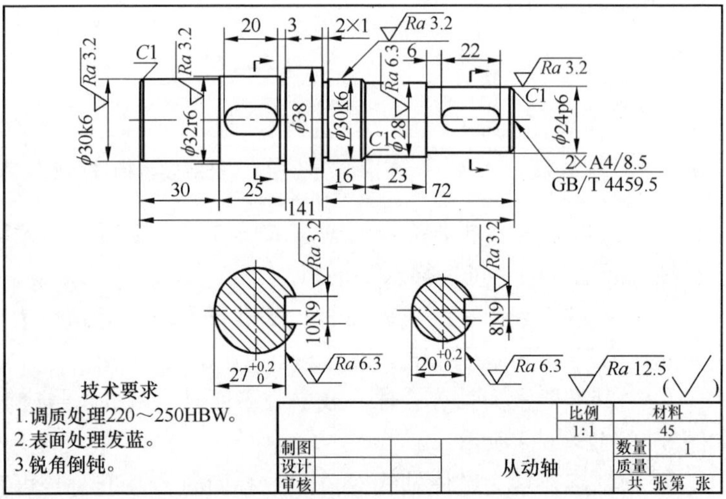 ①轴左端外圆及轴肩右端加工为 $\phi30k6$，基本尺寸为 $\phi30$，基本偏差为 k，公差等级为 6 级，查表得出上下偏差 $\phi30^{+0.015}_{+0.002}$，最大加工尺寸为 $\phi30.015$mm，最小加工尺寸为 $\phi30.002$mm，公差为 0.013mm ②轴右端外圆加工为 $\phi24p6$，基本尺寸为 $\phi30$，基本偏差为 p，公差等级为 6 级，查表得出上下偏差 $\phi24^{+0.035}_{+0.022}$，最大加工尺寸为 $\phi24.035$mm，最小加工尺寸为 $\phi24.022$mm，公差为 0.013mm ③轴肩左端外圆加工为 $\phi32r6$，基本尺寸为 $\phi32$，基本偏差为 r，公差等级为 6 级，查表得出上下偏差 $\phi32^{+0.050}_{+0.034}$，最大加工尺寸为 $\phi32.050$mm，最小加工尺寸为 $\phi32.034$mm，公差为 0.016mm ④以上四个加工表面的表面粗糙度要求均为 $Ra3.2\mu m$
2. 键槽加工要求	(1)键槽加工尺寸要求 (2)键槽表面粗糙度要求	①左端键槽加工为 10N9，槽宽基本尺寸为 10，基本偏差为 N，公差等级为 9 级，查表得出上下偏差 $10^{\ 0}_{-0.036}$，最大加工尺寸为 10mm，最小加工尺寸为 9.964mm，公差为 0.036mm；键槽加工深度为 $27^{+0.2}_{\ 0}$ ②右端键槽加工为 8N9，槽宽基本尺寸为 8，基本偏差为 N，公差等级为 9 级，查表得出上下偏差 $8^{\ 0}_{-0.036}$，最大加工尺寸为 8mm，最小加工尺寸为 7.964mm，公差为 0.036mm；键槽加工深度为 $20^{+0.2}_{\ 0}$ ③以上两个键槽侧面的表面粗糙度要求均为 $Ra3.2\mu m$，底面为 $Ra6.3\mu m$
3. 其余加工表面	(1)倒角 (2)退刀槽	①倒角为 $C1$ ② $\phi28$ 外圆表面粗糙度为 $Ra6.3\mu m$，其余未标注加工表面的表面粗糙度为 $Ra12.5\mu m$ ③退刀槽为 2×1
4. 其他技术要求	(1)热处理 (2)其他加工	①该轴材料 45，需进行调质处理，硬度 HBS 达到 220～250，表面处理发蓝 ②锐角倒钝

实作练习

一、填空题

1. 国标中规定，标准公差为________级，相同尺寸公差值越小，精度________；公差值越大，精度________，同一等级的公差，尺寸越小，公差值________尺寸越大，公差值________。

2. 零件的表面越光滑，粗糙度值越________。

3. 孔与轴的配合为 $\phi30\ \frac{H8}{f7}$，这是基________制________配合。

二、选择题

1. 下面哪种符号是代表形位公差中的同轴度（　　）。

A. ◎　　B. ⌖　　C. ↗　　D. ⌭

2. 公差表示尺寸允许变动的范围，所以为（　　）。

A. 一定正值　　B. 一定为负值

C. 可以为零　　D. 以上值都可以

三、应用题

1. 按题中给定的表面粗糙度要求，把符号标注在如图 5-1-24 所示的相应的表面上。

A. MRR*Ra*1. 6　　B. MRR 车 *Rz*3. 2

C. MRR 铰 *Ra*0. 4　　D. MRR*Ra*3. 2

E. MRR 车 *Ra*12. 5　　F. MRR 车 *Ra*1. 6

其余 MRR 车 *Ra*25，其中：APA 为允许任何工艺，MRR 为去除材料，NMR 为不去除材料。

2. 识读如图 5-1-25 所示零件的几何公差。

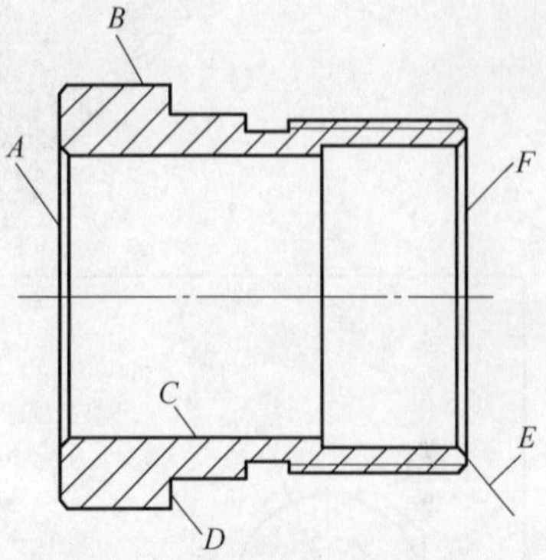

图 5-1-24　习题图 1（轴套）

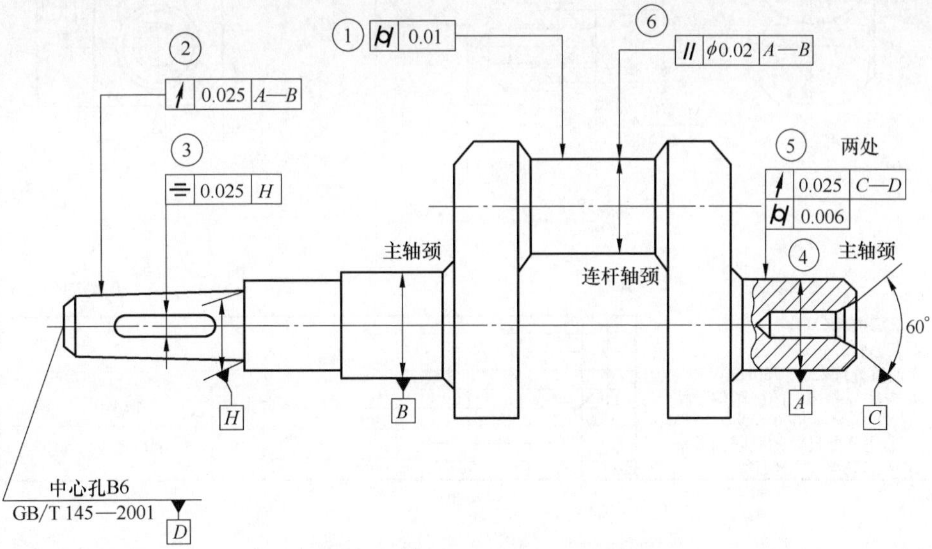

图 5-1-25　习题图 2（曲轴）

任务二　识读零件图

配套课件　配套视频

项目五任务二

如图 5-2-1（a）所示为齿轮传动式偏心滑块机构。该机构由基座、齿轮、齿轮轴、连杆、偏心套等 25 种零件组成，先分别绘制 25 个零件的零件图，按零件图分别

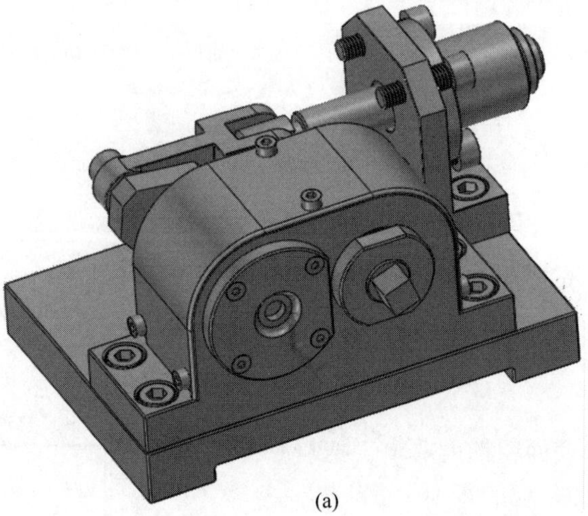

(a)

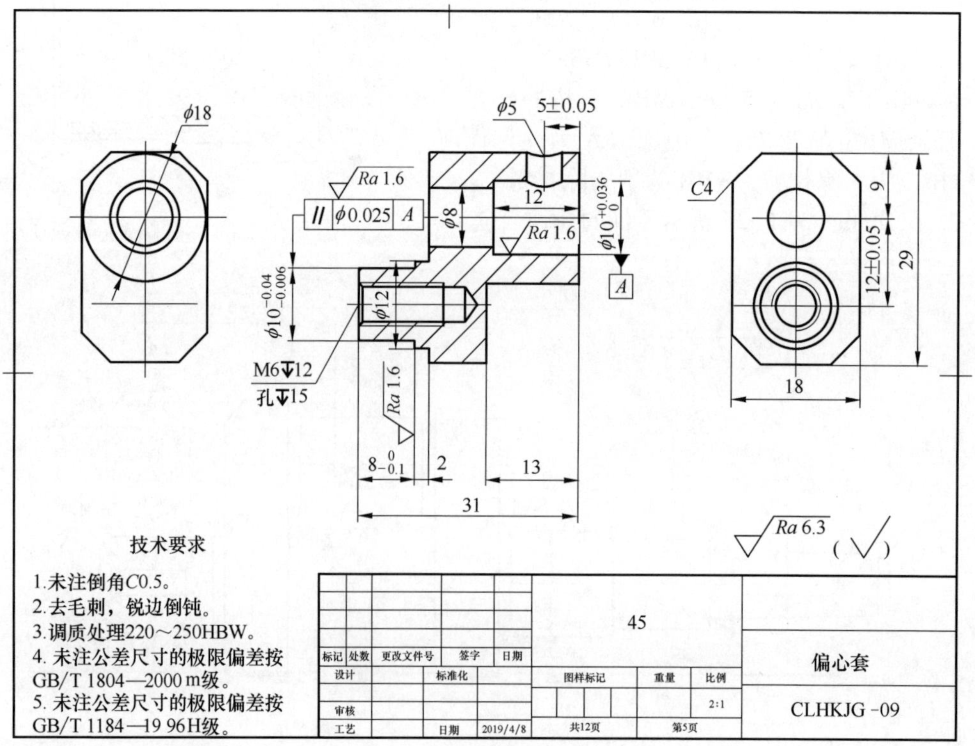

(b)

图 5-2-1　齿轮传动式偏心滑块机构

（a）机构图　（b）偏心套零件图

生产出 25 种零件，然后再组装成偏心滑块机构。如图 5-2-1（b）所示中画出了偏心套的零件图。显然这个图比以前要求的图多了些内容。

学习目标

（1）熟悉零件图包含的内容、掌握零件表达方案的选择。

（2）掌握零件图尺寸标注方法、零件的工艺结构。

（3）学会看中等复杂程度的零件图。

学习任务单

<table>
<tr><td>任务名称</td><td>识读零件图</td></tr>
<tr><td>任务描述及要求</td><td>读懂一级齿轮减速器箱盖零件图

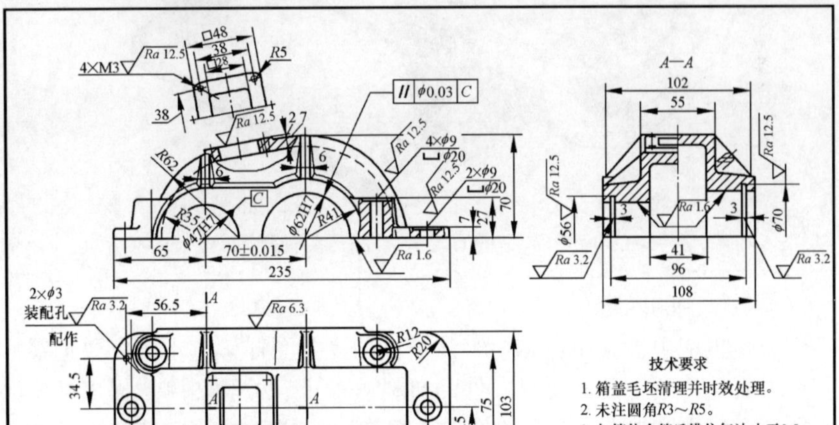
</td></tr>
<tr><td>任务分析</td><td>1. 从标题栏等方面概括了解零件
2. 从视图、尺寸方面分析
3. 从技术要求方面分析</td></tr>
<tr><td>任务评价</td><td>采用教师讲评与学生互评相结合。评价内容：活动是否积极，将讨论回答的问题评分，计入平时成绩</td></tr>
</table>

知识导航

一、零件图概述

（一）零件图的作用

零件图是表示零件结构、大小及技术要求的图样。任何机器或部件都是由若干零件按一定要求装配而成的。图 5-2-2 所示的铣刀头是铣床上的一个部件，供装铣刀盘用。它是由座体 7、轴 6、端盖 10、带轮 5 等十多种零件组成。如图 5-2-3 所示即是其中座体的零件图。零件图是制造和检验零件的主要依据，是指导生产的重要技术文件。

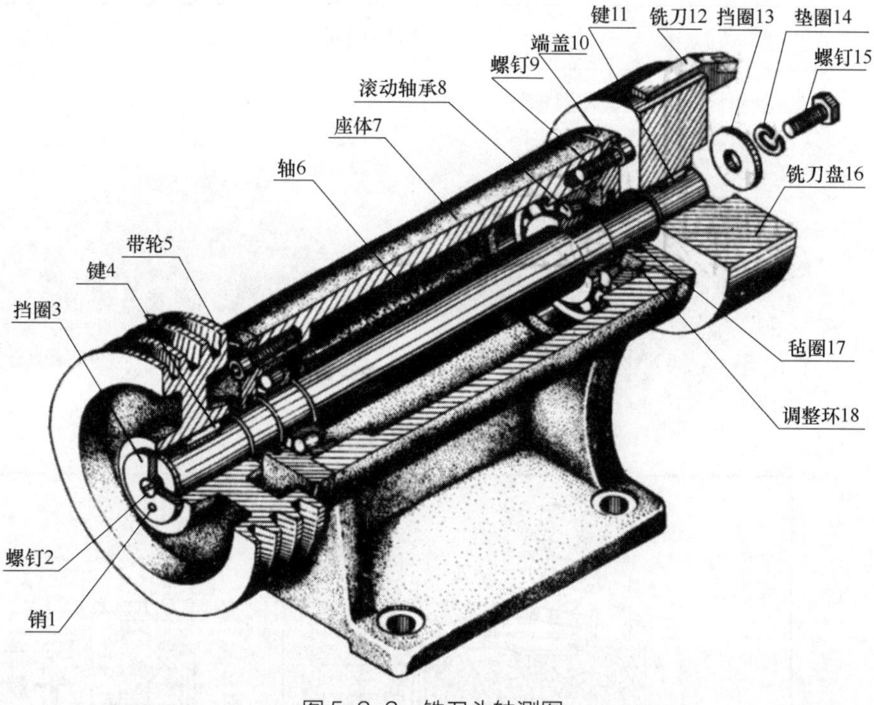

图 5-2-2　铣刀头轴测图

（二）零件图的内容

零件图是生产中指导制造和检验该零件的主要图样，它不仅仅要把零件的内、外结构形状和大小表达清楚，还需要对零件的材料、加工、检验、测量提出必要的技术要求。零件图必须包含制造和检验零件的全部技术资料。因此，一张完整的零件图一般应包括以下几项内容，如图 5-2-3 所示。

（1）一组图形。用于正确、完整、清晰和简便地表达出零件内外形状的图形，其中包括零件的各种表达方法，如视图、剖视图、断面图、局部放大图和简化画法等。

（2）完整的尺寸。零件图中应正确、完整、清晰、合理地注出制造零件所需的全部尺寸。

（3）技术要求。零件图中必须用规定的代号、数字、字母和文字注解说明制造和检验零件时在技术指标上应达到的要求，如表面粗糙度、尺寸公差、形位公差、材料和热处理、检验方法以及其他特殊要求等。技术要求的文字一般注写在标题栏上方图纸空白处。

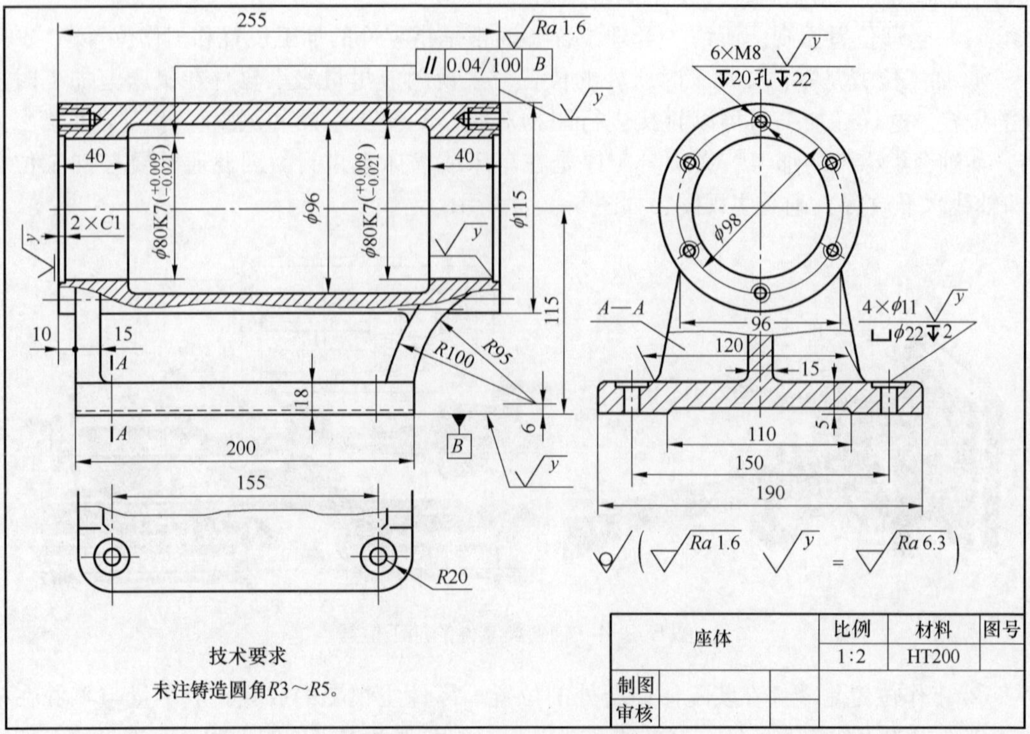

图 5-2-3　铣刀头座体零件图

（4）标题栏。标题栏应配置在图框的右下角。它一般由更改区、签字区、其他区、名称以及代号区组成。填写的内容主要有零件的名称、材料、数量、比例、图样代号以及设计、审核、批准者的姓名、日期等。标题栏的尺寸和格式已经标准化，可参见有关标准。

二、零件表达方案的选择

零件的表达方案选择，应首先考虑看图方便。根据零件的结构特点，选用适当的表示方法。由于零件的结构形状是多种多样的，所以在画图前，应对零件进行结构形状分析，结合零件的工作位置和加工位置，选择最能反映零件形状特征的视图作为主视图，并选好其他视图，以确定一组最佳的表达方案。

选择表达方案的原则是：在完整、清晰地表示零件形状的前提下，力求制图简便。

（一）视图选择一般原则

1. 零件分析

零件分析是认识零件的过程，是确定零件表达方案的前提。零件的结构形状及其工作位置或加工位置不同，视图选择也往往不同。因此，在选择视图之前，应首先对零件进行形体分析和结构分析，并了解零件的工作和加工情况，以便确切地表达零件的结构形状，反映零件的设计和工艺要求。

2. 主视图的选择

主视图是表达零件形状最重要的视图，其选择是否合理将直接影响其他视图的选择和看图的便利性，甚至影响到画图时图幅的合理利用。一般来说，零件主视图的选择应满足

“合理位置”和“形状特征”两个基本原则。

（1）合理位置原则。所谓“合理位置”通常是指零件的加工位置和工作位置。

① 加工位置是零件在加工时所处的位置。主视图应尽量表示零件在机床上加工时所处的位置。这样在加工时可以直接进行图物对照，既便于看图和测量尺寸，又可减少差错。如轴套类零件的加工，大部分工序是在车床或磨床上进行，因此通常要按加工位置(即轴线水平放置）画其主视图，如图 5-2-4 所示。

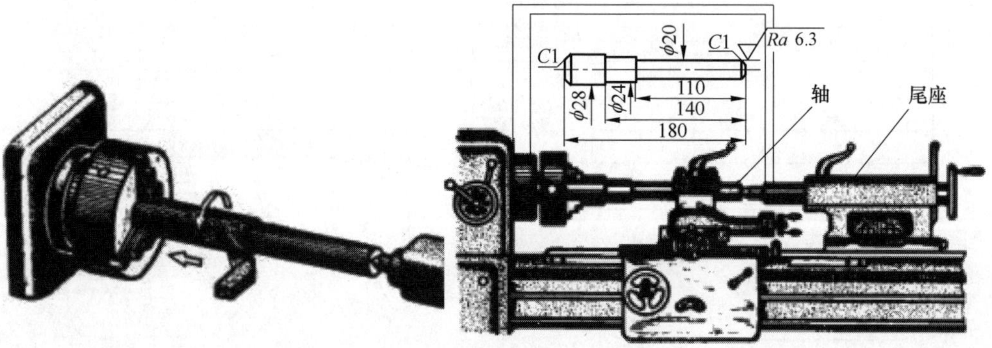

图 5-2-4　轴套类零件的加工位置

② 工作位置是零件在装配体中所处的位置。零件主视图的放置，应尽量与零件在机器或部件中的工作位置一致。这样便于根据装配关系来考虑零件的形状及有关尺寸，便于校对。如图 5-2-3 所示的铣刀头座体零件的主视图就是按工作位置选择的。对于工作位置歪斜放置的零件，因为不便于绘图，应将零件放正。

（2）形状特征原则。确定了零件的安放位置，还要确定主视图的投影方向。形状特征原则就是将最能反映零件形状特征的方向作为主视图的投影方向，即主视图要较多地反映零件各部分的形状及它们之间的相对位置，以满足表达零件清晰的要求。如图 5-2-5 所示是确定机床尾架主视图投影方向的比较。由图可知，图 5-2-5（a）的表达效果显然比图 5-2-5（b）的表达效果要好得多。

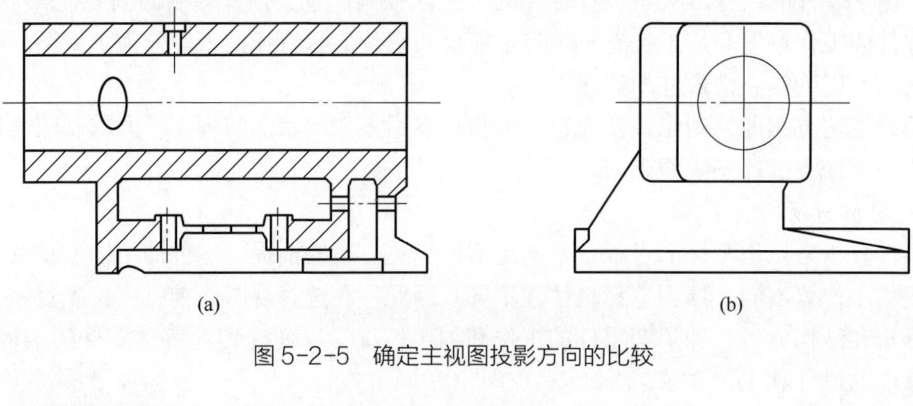

图 5-2-5　确定主视图投影方向的比较

3. 选择其他视图

一般来讲，仅用一个主视图是不能完全反映零件的结构形状的，必须选择其他视图，包括剖视、断面、局部放大和简化画法等各种表达方法。主视图确定后，对其表达未尽的部分，再选择其他视图予以完善。具体选用时，应注意以下几点：

（1）根据零件的复杂程度及内、外结构形状，全面地考虑还应需要的其他视图，使每个所选视图应具有独立存在的意义及明确的表达重点，注意避免不必要的细节重复，在明确表达零件的前提下，使视图数量为最少。

（2）优先考虑采用基本视图，当有内部结构时应尽量在基本视图上作剖视；对尚未表达清楚的局部结构和倾斜部分结构，可增加必要的局部（剖）视图和局部放大图；有关的视图应尽量保持直接投影关系，配置在相关视图附近。

（3）按照视图表达零件形状要正确、完整、清晰、简便的要求，进一步综合、比较、调整、完善，选出最佳的表达方案。

（二）典型零件的视图选择及表达方法

1. 轴套类零件

（1）结构分析。轴套类零件的基本形状是同轴回转体。在轴上通常有键槽、销孔、螺纹退刀槽、倒圆等结构。此类零件主要是在车床或磨床上加工。如图 5-2-6 柱塞阀即属于轴套类零件。

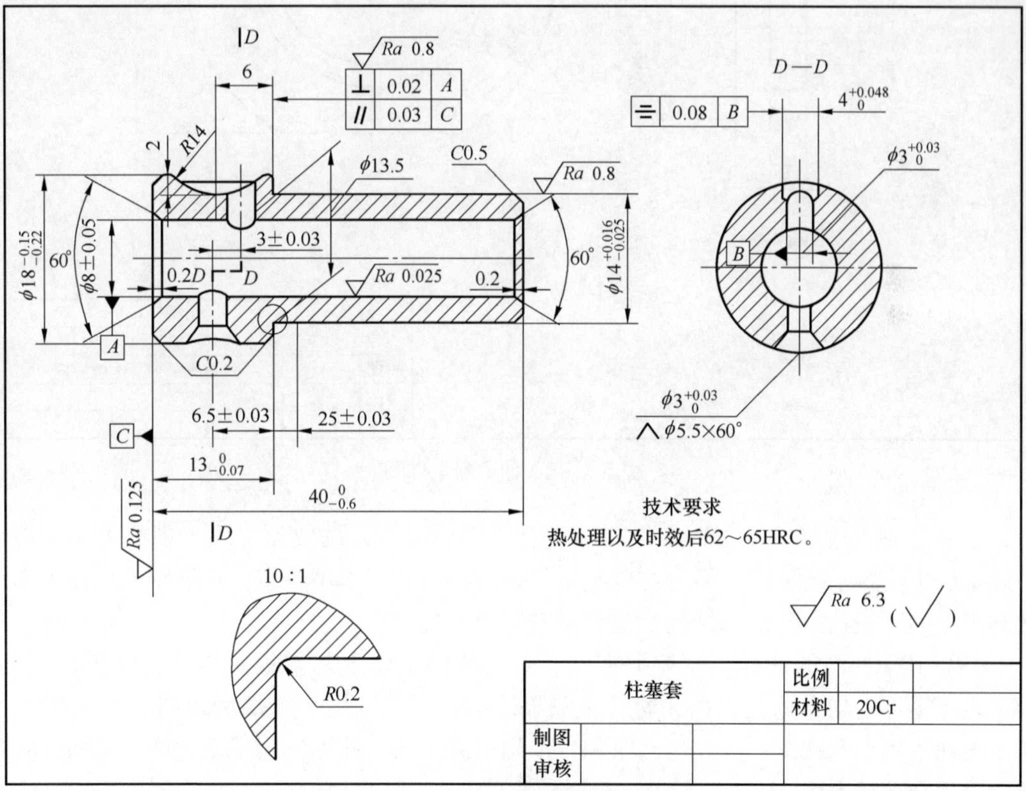

图 5-2-6　柱塞阀零件图

（2）主视图选择。这类零件的主视图按其加工位置选择，一般按水平位置放置。这样既可把各段形体的相对位置表示清楚，同时又能反映出轴上轴肩、退刀槽等结构。

（3）其他视图的选择。轴套类零件主要结构形状是回转体，一般只画一个主视图。确定了主视图后，由于轴上的各段形体的直径尺寸在其数字前加注符号“ϕ”表示，因此不必画出其左（或右）视图。对于零件上的键槽、孔等结构，一般可采用局部视图、局部剖视图、移出断面和局部放大图，如图 5-2-6 所示。

2. 盘盖类零件

（1）结构分析。盘盖类零件包括端盖、阀盖、齿轮等，这类零件的基本形体一般为回转体或其他几何形状的扁平的盘状体，通常还带有各种形状的凸缘、均布的圆孔和肋等局部结构。盘盖类零件的作用主要是轴向定位、防尘和密封，如图 5-2-7 所示的轴承盖。

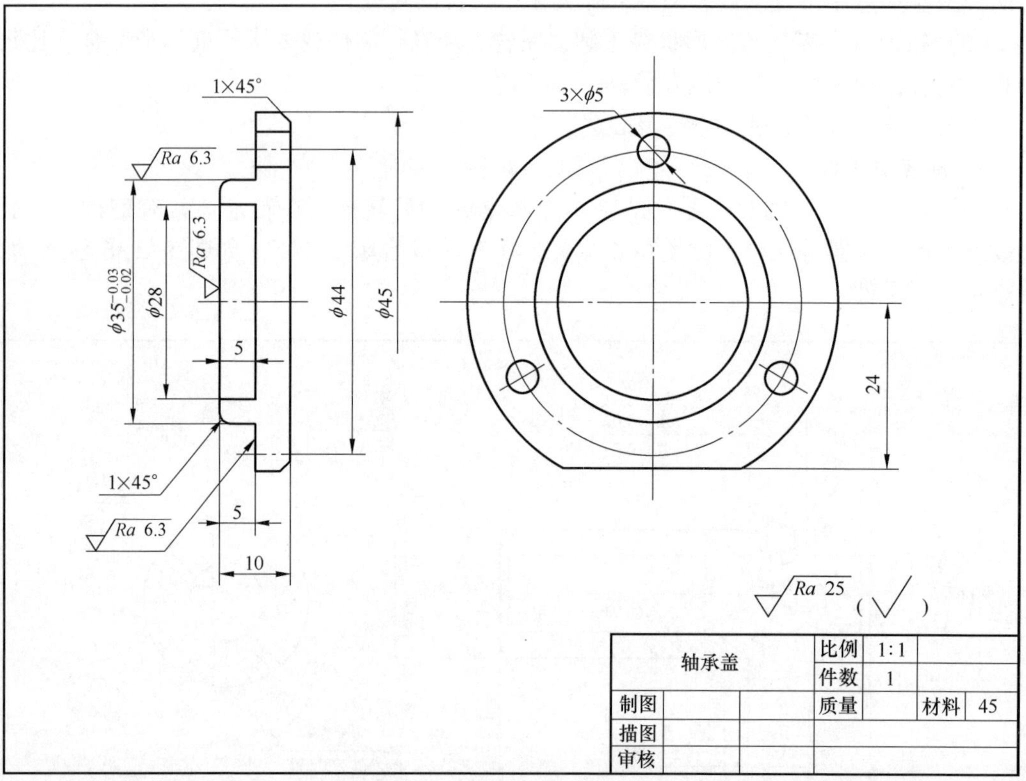

图 5-2-7　轴承盖零件图

（2）主视图选择。盘盖类零件的毛坯有铸件或锻件，机械加工以车削为主，主视图一般按加工位置水平放置。但有些较复杂的盘盖，因加工工序较多，主视图也可按工作位置画出。为了表达零件内部结构，主视图常取全剖视。

（3）其他视图的选择。盘盖类零件一般需要两个以上基本视图表达，除主视图外，为了表示零件上均布的孔、槽、肋、轮辐等结构，还需选用一个端面视图，如图 5-2-7 所示增加了一个左视图，以表达凸缘和三个均布的通孔。此外，为了表达细小结构，有时还常采用局部放大图。

3. 叉架类零件

（1）结构分析。叉架类零件一般有拨叉、连杆、支座等。此类零件常用倾斜或弯曲的结构连接零件的工作部分与安装部分。叉架类零件多为铸件或锻件，因而具有铸造圆角、凸台、凹坑等常见结构，如图 5-2-8 所示踏脚座属于叉架类零件。

（2）主视图选择。叉架类零件结构形状比较复杂，加工位置多变，有的零件工作位置也不固定，所以这类零件的主视图一般按工作位置原则和形状特征原则确定，如图 5-2-8 所示踏脚座零件图。

（3）其他视图的选择。对其他视图的选择，常常需要两个或两个以上的基本视图，并且还要用适当的局部视图、断面图等表达方法来表达零件的局部结构。如图 5-2-8 所示踏脚座零件图选择表达方案精练、清晰。对于表达轴承孔和肋的宽度来讲右视图是没有必要的，而对 T 字形肋，采用移出断面比较合适。

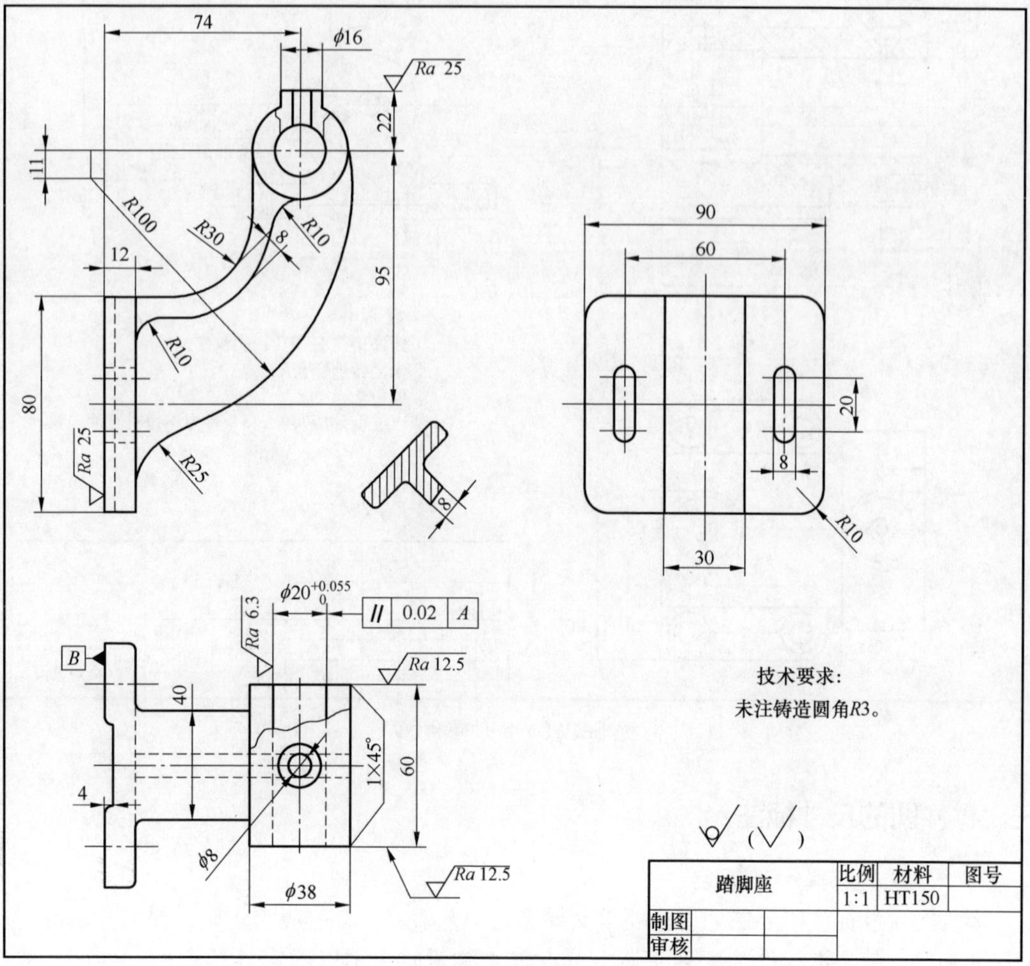

图 5-2-8　踏脚座零件图

4. 箱体类零件

（1）结构分析。箱体类零件主要有阀体、泵体、减速器箱体等零件，其作用是支持或包容其他零件，如图 5-2-9 所示。这类零件有复杂的内腔和外形结构，并带有轴承孔、凸台、肋板，此外还有安装孔、螺孔等结构。

（2）主视图选择。由于箱体类零件加工工序较多，加工位置多变，所以在选择主视图时，主要根据工作位置原则和形状特征原则来考虑，并采用剖视，以重点反映其内部结构，如图 5-2-9 中的主视图所示。

（3）其他视图的选择。为了表达箱体类零件的内外结构，一般要用三个或三个以上的基本视图，并根据结构特点在基本视图上取剖视，还可采用局部视图、斜视图及规定画法等表达外形。在图 5-2-9 中，由于主视图上无对称面，采用了全剖视来表达内部形状，并选用了 *A*—*A* 半剖视，局部剖视，表达内外形状，俯视图主要表达缸体的外形。

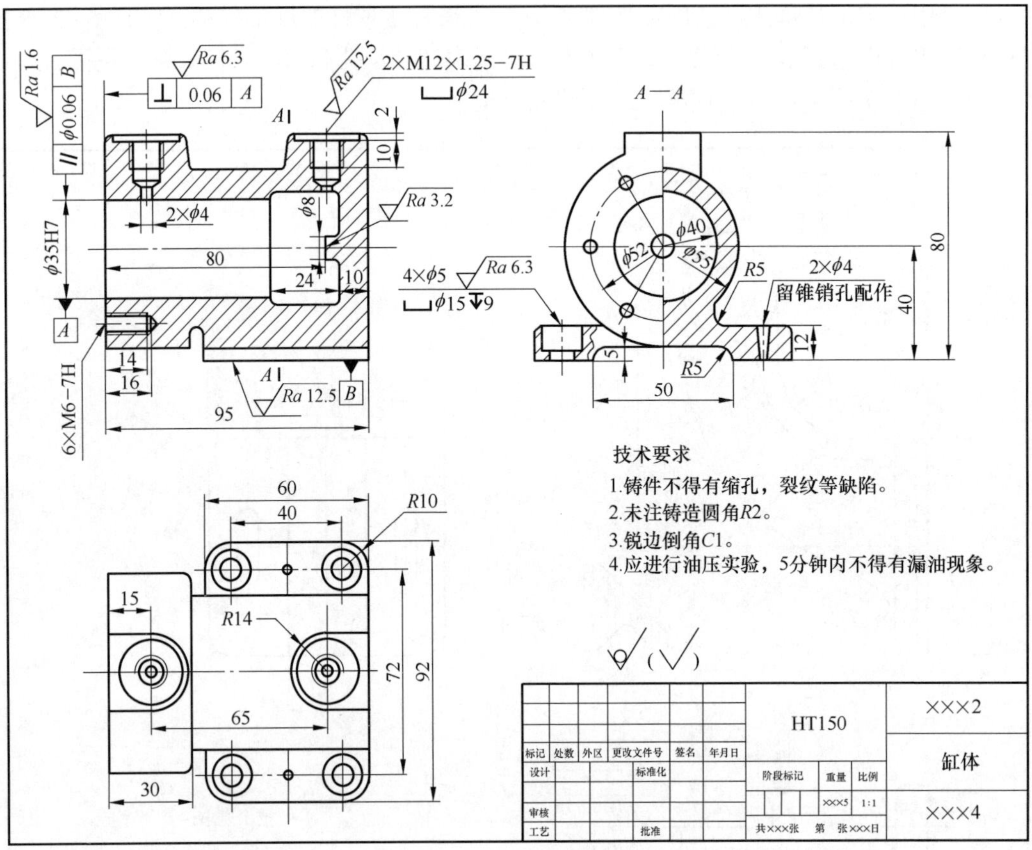

图 5-2-9 缸体零件图

三、零件图的尺寸标注

（一）正确选择尺寸基准

零件图尺寸标注既要保证设计要求又要满足工艺要求，首先应当正确选择尺寸基准。所谓尺寸基准，就是指零件装配到机器上或在加工测量时，用以确定其位置的一些面、线或点。它可以是零件上对称平面、安装底平面、端面、零件的结合面、主要孔和轴的轴线等。

1. 选择尺寸基准的目的

一是为了确定零件在机器中的位置或零件上几何元素的位置，以符合设计要求；二是为了在制作零件时，确定测量尺寸的起点位置，便于加工和测量，以符合工艺要求。

2. 尺寸基准的分类

根据基准作用不同，一般将基准分为设计基准和工艺基准两类。

(1) 设计基准。根据零件结构特点和设计要求而选定的基准，称为设计基准。零件有长、宽、高三个方向，每个方向都要有一个设计基准，该基准又称为主要基准，如图 5-2-10（a）所示。

对于轴套类和盘盖类零件，实际设计中经常采用的是轴向基准和径向基准，而不用长、宽、高基准，如图 5-2-10（b）所示。

（2）工艺基准。在加工时，确定零件装夹位置和刀具位置的一些基准以及检测时所使用的基准，称为工艺基准。工艺基准有时可能与设计基准重合，该基准不与设计基准重合时又称为辅助基准。零件同一方向有多个尺寸基准时，主要基准只有一个，其余均为辅助基准。辅助基准必有一个尺寸与主要基准相联系，该尺寸称为联系尺寸，如图 5-2-10（a）中的 40、11、30，图 5-2-10（b）中的 30、90。

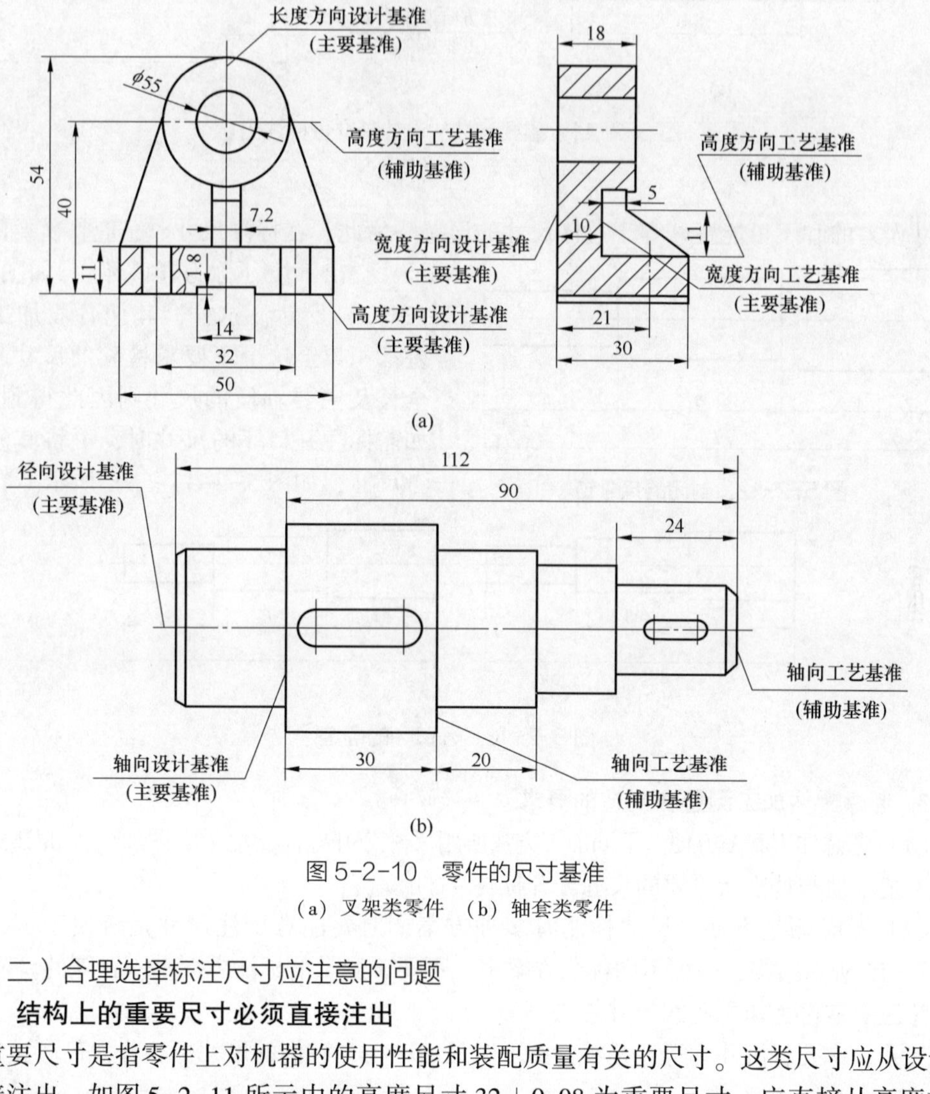

图 5-2-10　零件的尺寸基准

（a）叉架类零件　（b）轴套类零件

（二）合理选择标注尺寸应注意的问题

1. 结构上的重要尺寸必须直接注出

重要尺寸是指零件上对机器的使用性能和装配质量有关的尺寸。这类尺寸应从设计基准直接注出。如图 5-2-11 所示中的高度尺寸 32±0.08 为重要尺寸，应直接从高度方向主要基准直接注出，以保证精度要求。

2. 避免出现封闭的尺寸链

封闭的尺寸链是指一个零件同一方向上的尺寸像车链一样，一环扣一环首尾相连，成为封闭形状的情况。如图 5-2-12 所示，各分段尺寸与总体尺寸间形成封闭的尺寸链，在机器生产中这是不允许的，因为各段尺寸加工不可能绝对准确，总有一定尺寸误差，而各

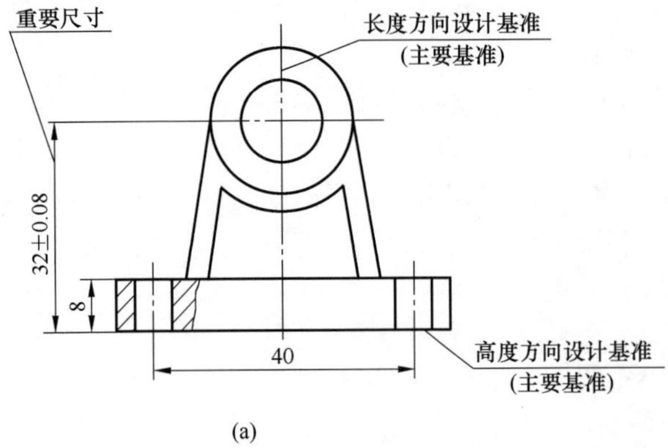

图 5-2-11　重要尺寸从设计基准直接注出

（a）合理　（b）不合理

段尺寸误差的和不可能正好等于总体尺寸的误差。为此，在标注尺寸时，应将次要的轴段尺寸空出不注（称为开口环），如图 5-2-13（a）所示。这样，其他各段加工的误差都积累至这个不要求检验的尺寸上，而全长及主要轴段的尺寸则因此得到保证。如需标注开口环的尺寸时，可将其注成参考尺寸，如图 5-2-13（b）所示。

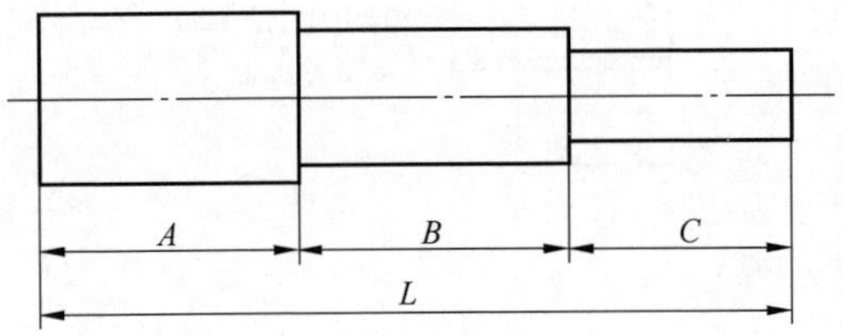

图 5-2-12　封闭的尺寸链

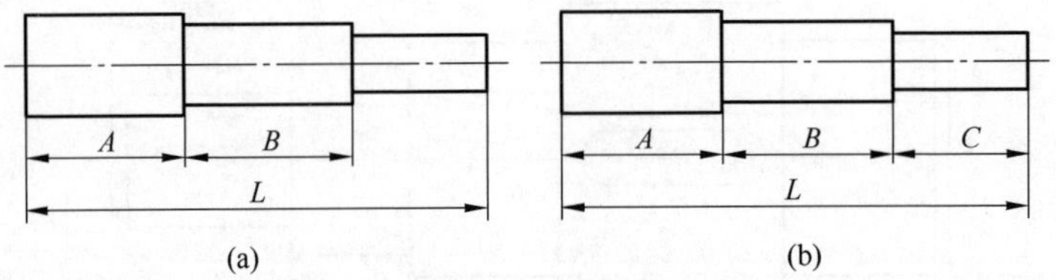

图 5-2-13　开口环的确定

3. 考虑零件加工测量和制造的要求

（1）考虑加工看图方便。不同加工方法所用尺寸分开标注，便于看图加工，如图 5-2-14 所示，把车削与铣削所需要的尺寸分开标注。

（2）考虑测量方便。尺寸标注有多种方案，但要注意所注尺寸是否便于测量，如图 5-2-15 所示结构，两种不同标注方案中，不便于测量的标注方案是不合理的。

（三）零件上常见孔的尺寸注法

光孔、锪孔、沉孔和螺孔是零件图上常见的结构，它们的尺寸标注分为普通注法和旁注法。

四、铸件零件的工艺结构

（一）铸造加工工艺结构

1. 拔模斜度

用铸造方法制造零件的毛坯时，为了便于将木模从砂型中取出，一般沿木模拔模的方

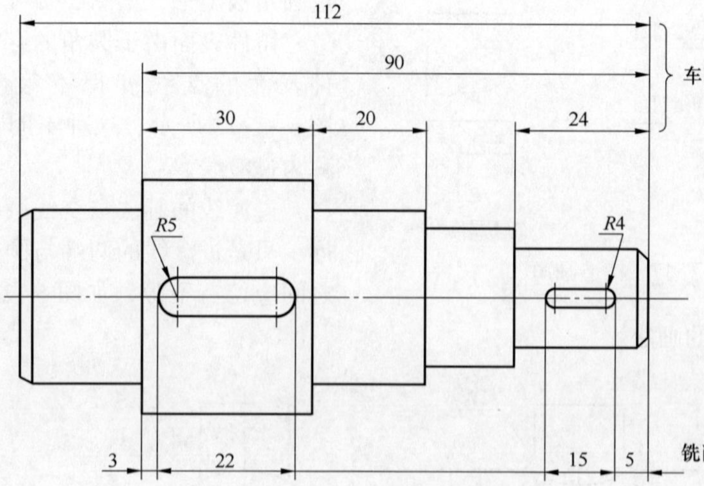

图 5-2-14　按加工方法标注尺寸

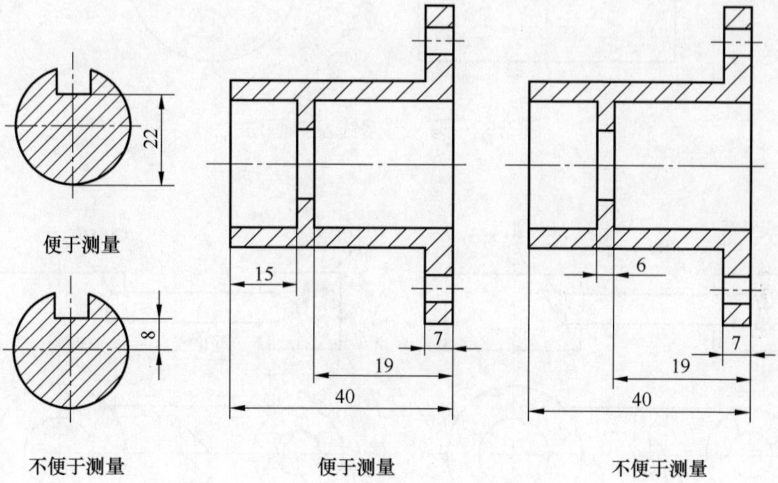

图 5-2-15　考虑尺寸测量方便

向做成约 1∶20 的斜度，称作拔模斜度。因而铸件上也有相应的斜度，如图 5-2-16（a）所示。这种斜度在图上可以不标注，也可不画出，如图 5-2-16（b）所示。必要时，可在技术要求中注明。

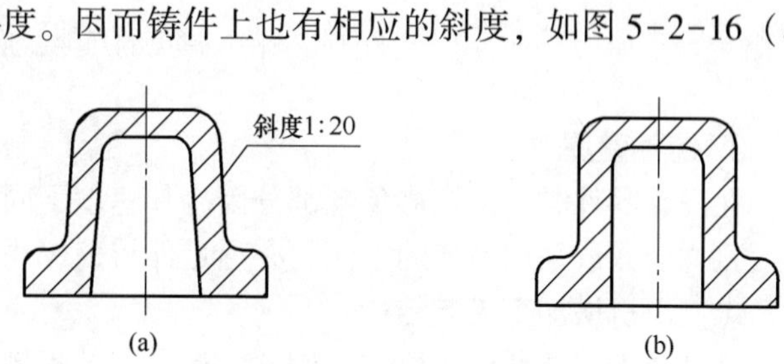

图 5-2-16　拔模斜度

2. 铸造圆角

在铸件毛坯各表面的相交处，都有铸造圆角，如图 5-2-17 所示。这样既便于起模，又能防止在浇铸时铁水将砂型转角处冲坏，还可避免铸件在冷却时产生裂纹或缩孔。铸造圆角半径在图上一般不注出，而写在技术要求中。铸件毛坯底面（作安装面）常需经切削加工，这时铸

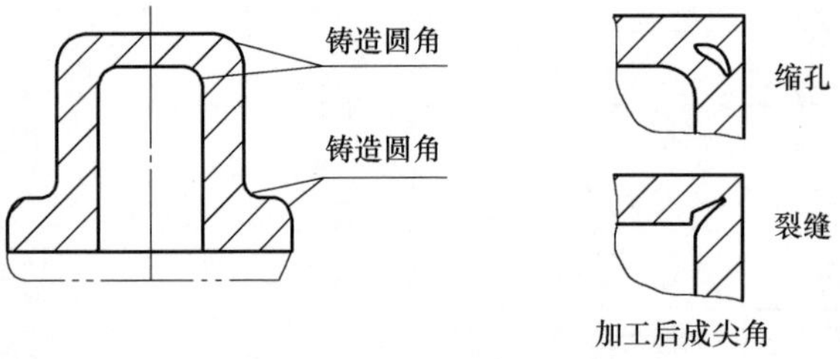

图 5-2-17　铸造圆角

造圆角被削平，如图 5-2-17 所示。

铸件表面由于圆角的存在，使铸件表面的交线变得不很明显，如图 5-2-18 所示，这种不明显的交线称为过渡线。

过渡线的画法与交线画法基本相同，只是过渡线的两端与圆角轮廓线之间应留有空隙。如图 5-2-19 所示是常见的几种过渡线的画法。

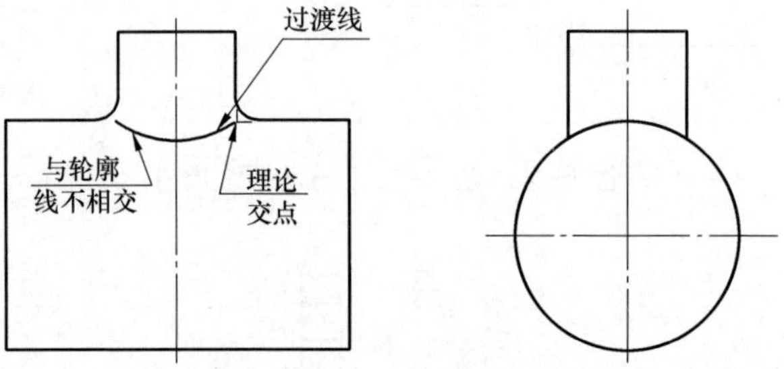

图 5-2-18　过渡线及其画法

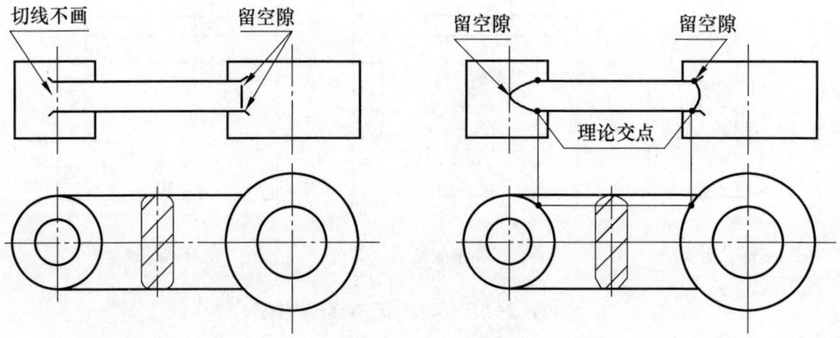

图 5-2-19　常见的几种过渡线的画法

3. 铸件壁厚

在浇铸零件时，为了避免各部分因冷却速度不同而产生缩孔或裂纹，铸件的壁厚应保持大致均匀，或采用渐变的方法，并尽量保持壁厚均匀，如图 5-2-20 所示。

（二）机械加工工艺结构

机械加工工艺结构主要有：倒圆、例角、越程槽、退刀槽、凸台和凹坑、中心孔等。

1. 倒角与倒圆

倒角与倒圆，如图 5-2-21 所示。

2. 退刀槽和越程槽

退刀槽和越程槽，如图 5-2-22 所示。

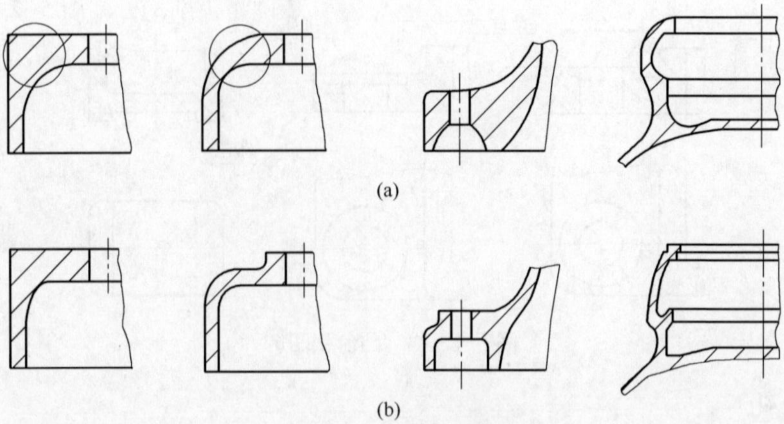

图 5-2-20　铸件壁厚的变化

（a）错误　（b）正确

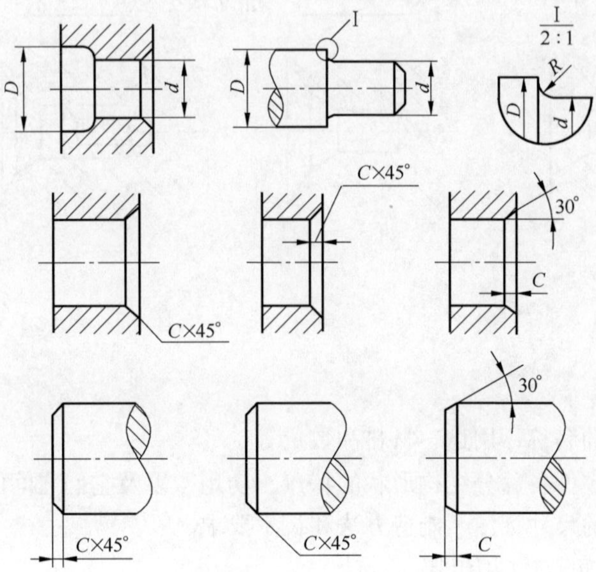

图 5-2-21　倒角与倒圆

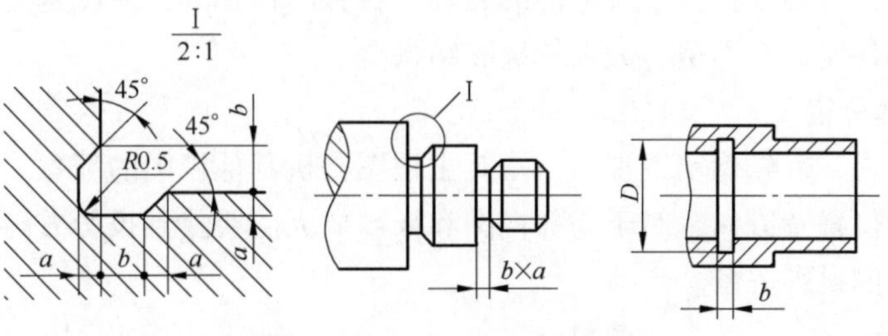

图 5-2-22　退刀槽和越程槽

3. 凸台和凹坑

凸台和凹坑，如图 5-2-23 所示。

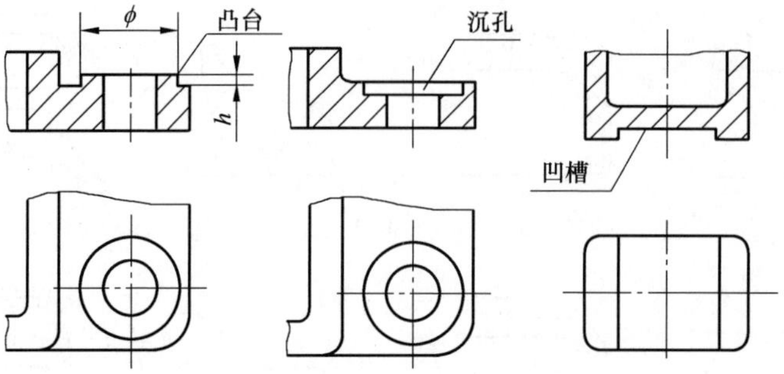

图 5-2-23　凸台和凹坑

4. 中心孔

中心孔，如图 5-2-24 所示。

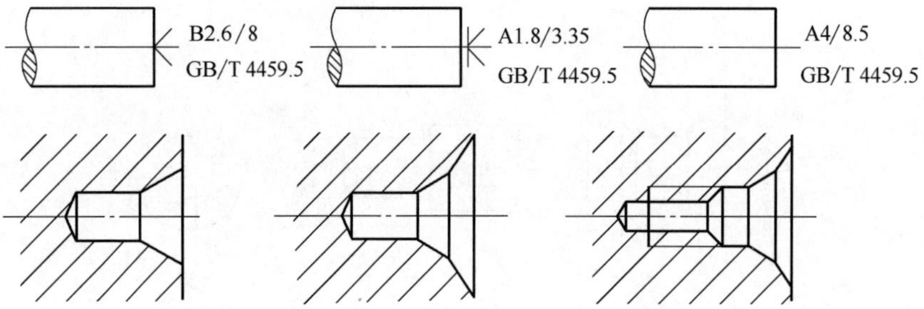

图 5-2-24　中心孔

五、读零件图

（一）读图的要求

（1）了解零件的名称、用途、材料和数量等。

（2）了解组成零件各部分结构形状的特点、功用，以及它们之间的相对位置。

（3）了解零件的尺寸标注、制造方法和技术要求。

（二）读零件图的方法和步骤

1. 看标题栏

读零件图首先看标题栏，了解零件的名称、材料、比例等，并浏览全图，对零件有个概括了解，如零件属什么类型、大致轮廓和结构等。

2. 表达方案分析

根据视图布局，首先确定主视图，围绕主视图分析其他视图的配置。对于剖视图、断面图要找到剖切位置及方向，对于局部视图和局部放大图要找到投影方向和部位，弄清楚各个图形彼此间的投影关系。

3. 形体分析

首先利用形体分析法，将零件按功能分解为主体、安装、连接等几个部分，然后明确每一部分在各个视图中的投影范围与各部分之间的相对位置，最后仔细分析每一部分的形状和作用。

4. 分析尺寸和技术要求

根据零件的形体结构，分析确定长、宽、高各方向的主要基准。分析尺寸标注和技术要求，找出各部分的定形和定位尺寸，明确哪些是主要尺寸和主要加工面，进而分析制造方法等，以保证质量要求。

5. 综合考虑

综上所述，将零件的结构形状、尺寸标注及技术要求综合起来，就能比较全面地阅读这张零件图。在实际读图过程中，上述步骤常常是穿插进行的。

（三）读图举例

如图 5-2-25（a）所示为连杆实物图，如图 5-2-25（b）所示为连杆零件图，具体读图过程如下。

(a)

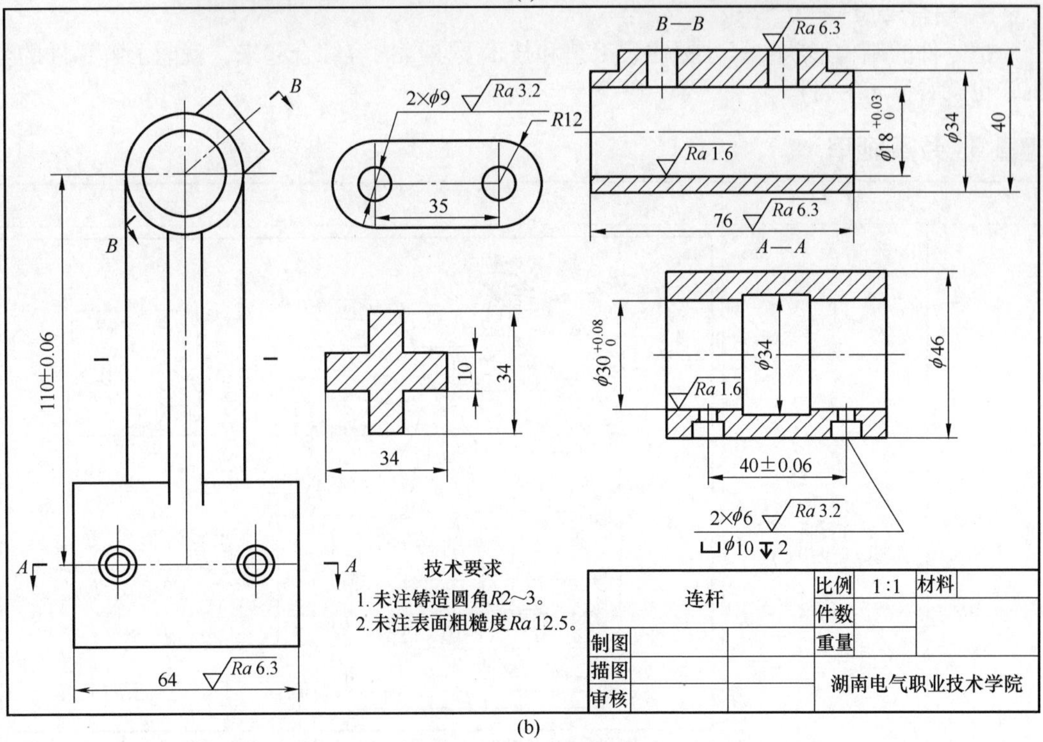

(b)

图 5-2-25 连杆机构

（a）实物图 （b）零件图

1. 看标题栏

从标题栏中了解零件的名称（连杆）、材料（ZG310-570）等。

2. 表达方案分析

（1）找出主视图。

（2）分析用多少视图、剖视、断面等，找出它们的名称、相互位置和投影关系。

（3）凡有剖视、断面处要找到剖切平面位置。

（4）有局部视图和斜视图的地方必须找到表示投影部位的字母和表示投影方向的箭头。

（5）有无局部放大图及简化画法。

该连杆零件图用一个主视图表达支架的基本外形，用一个移出断面图表达中间连接部分筋板形状，用两个局部剖视图表达孔的内部情况，用一个局部视图表达 *B* 向突出部分的形状。这样整个支架零件的结构都会体现出来，让人一目了然。

3. 进行形体分析和线面分析

（1）先看大致轮廓，再分几个较大的独立部分进行形体分析，逐一看懂。

（2）对外部结构逐个分析。

（3）对内部结构逐个分析。

（4）对不便于形体分析的部分进行线面分析。

4. 进行尺寸分析和了解技术要求

（1）形体分析和结构分析，了解定形尺寸和定位尺寸。

（2）据零件的结构特点，了解基准和尺寸标注形式。

（3）了解功能尺寸与非功能尺寸。

（4）了解零件总体尺寸。

5. 综合考虑

把零件的结构形状、尺寸标注、工艺和技术要求等内容综合起来，就能了解零件的全貌，也就看懂了零件图。

任务实施单

方法步骤		图示
1. 概括了解	(1)从标题栏了解 (2)查资料了解减速器及箱盖作用	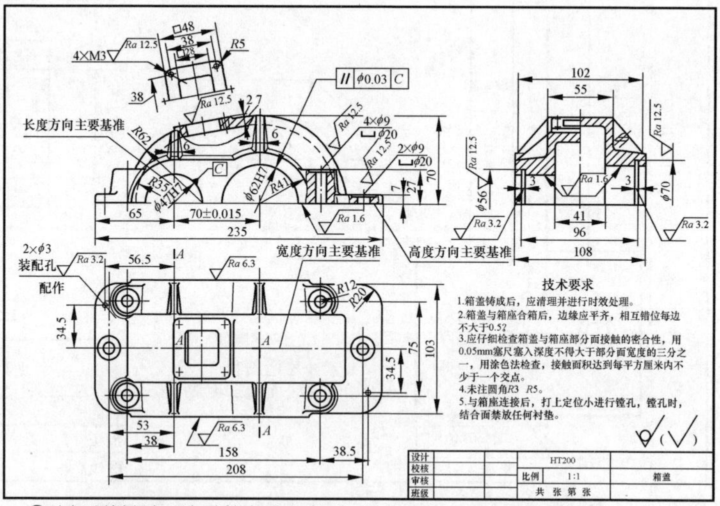 ①从标题栏得知，该零件名称是箱盖，材料为 HT200，绘图比例为 1：1，有四个视图表达零件结构，属于箱体类零件 ②箱盖是减速器的主要零件，它与箱体结合在一起，起支撑齿轮轴及密封减速器的作用

续表

方法步骤		图示
2. 分析视图	(1)分析主视图 (2)分析其他视图	①箱盖的主视图选择符合工作位置原则,采用三个基本视图及局部视图表达。主视图采用三个局部剖,表达螺栓连接孔及窥视孔结构 ②左视图采用阶梯剖,主要表达两个轴孔内部结构及两块肋板的形状 ③俯视图只画箱盖外形,主要表达螺栓孔、锥销孔、视孔、肋板的分布情况,同时表达了箱盖的外形
3. 分析尺寸	(1)找尺寸基准 (2)找尺寸关系及重要尺寸	①长度方向的尺寸主要基准为左侧竖向中心线,以此确定两轴孔中心距为(70±0.015)mm,左端面到中心线的距离为65mm,左端面为长度辅助基准,以此确定箱盖长度为235mm ②宽度方向的尺寸基准为前后方向的对称面,箱盖的宽度108mm,内腔宽度41mm,槽的定位尺寸为96mm ③高度方向的尺寸基准为箱盖底面,底板高度7mm,凸台的高度为27mm,总高度为70mm ④两轴孔 ϕ47H7 和 ϕ62H7 及中心距(70±0.015)mm,是加工及装配的重要尺寸
4. 了解技术要求	(1)尺寸及表面加工要求 (2)其他要求	①有配合要求的是两轴孔,分别是 ϕ47H7 和 ϕ62H7,其表面粗糙度为 Ra1.6;两轴孔中心距(70±0.015)mm 是重要尺寸,公差为 0.03mm;两个定位销孔与箱盖同时钻绞,表面粗糙度为 Ra3.2;箱盖底面与箱体上面是接触面,表面粗糙度为 Ra1.6;非加工表面是毛坯面,由铸造所得 ②箱盖两轴孔有几何公差要求,以 ϕ62H7 孔轴线对 ϕ47H7 孔轴线平行度公差为 ϕ0.03 ③其他技术要求看图纸文字技术要求

实作练习

一、填空题

1. 零件图四大内容是：__________、__________、__________、__________。

2. 零件图的尺寸标注要求是：________、________、________、________。

二、选择题

以下尺寸标注不合理的是（　　）。

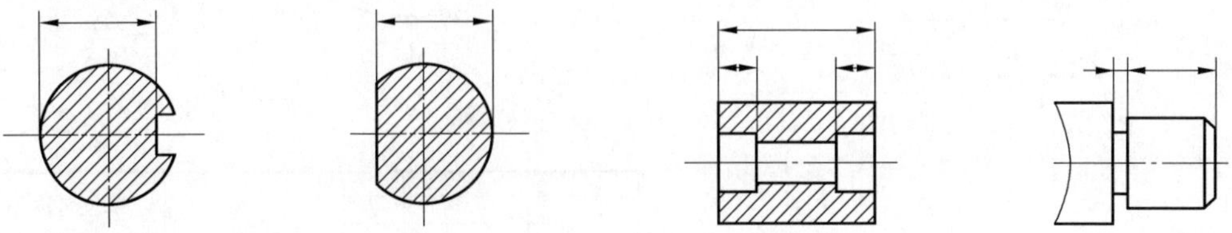

A　　B　　C　　D

三、应用题

1. 识读涡轮轴零件图，如图 5-2-26 所示。
2. 识读法兰盘零件图，如图 5-2-27 所示。

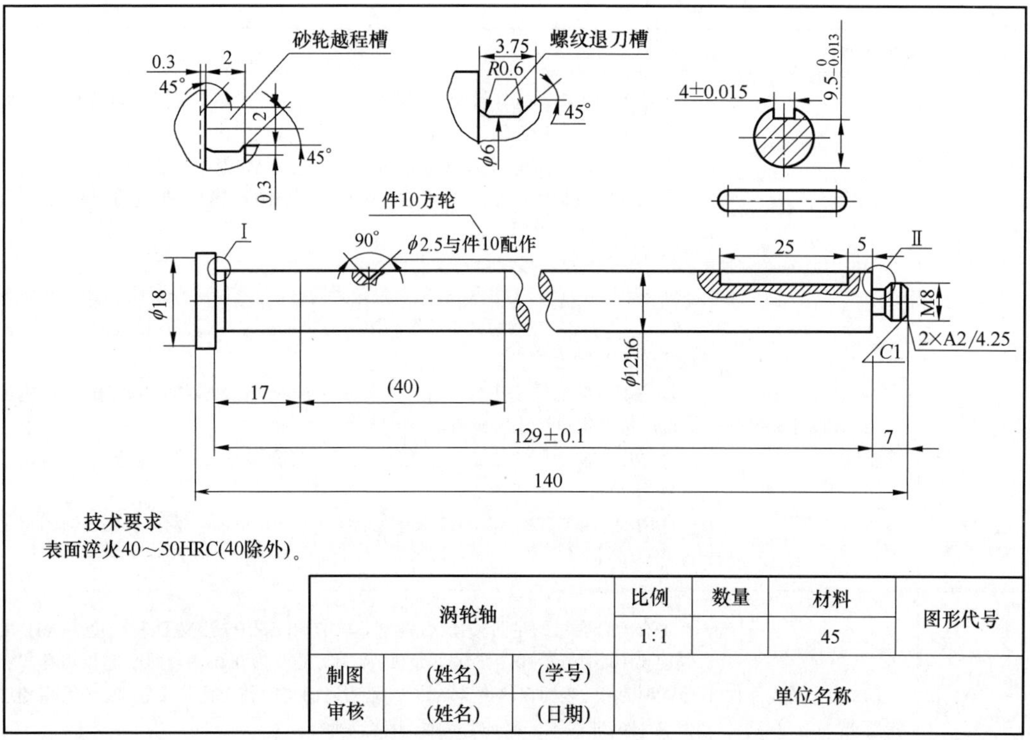

图 5-2-26 涡轮轴零件图

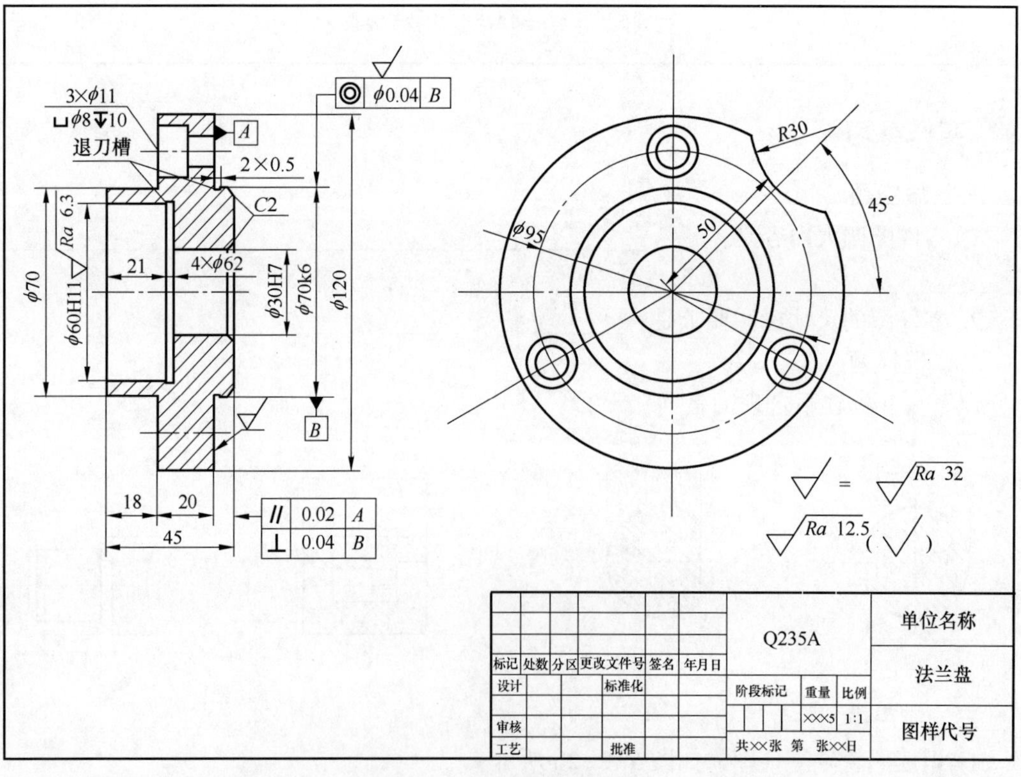

图 5-2-27 法兰盘零件图

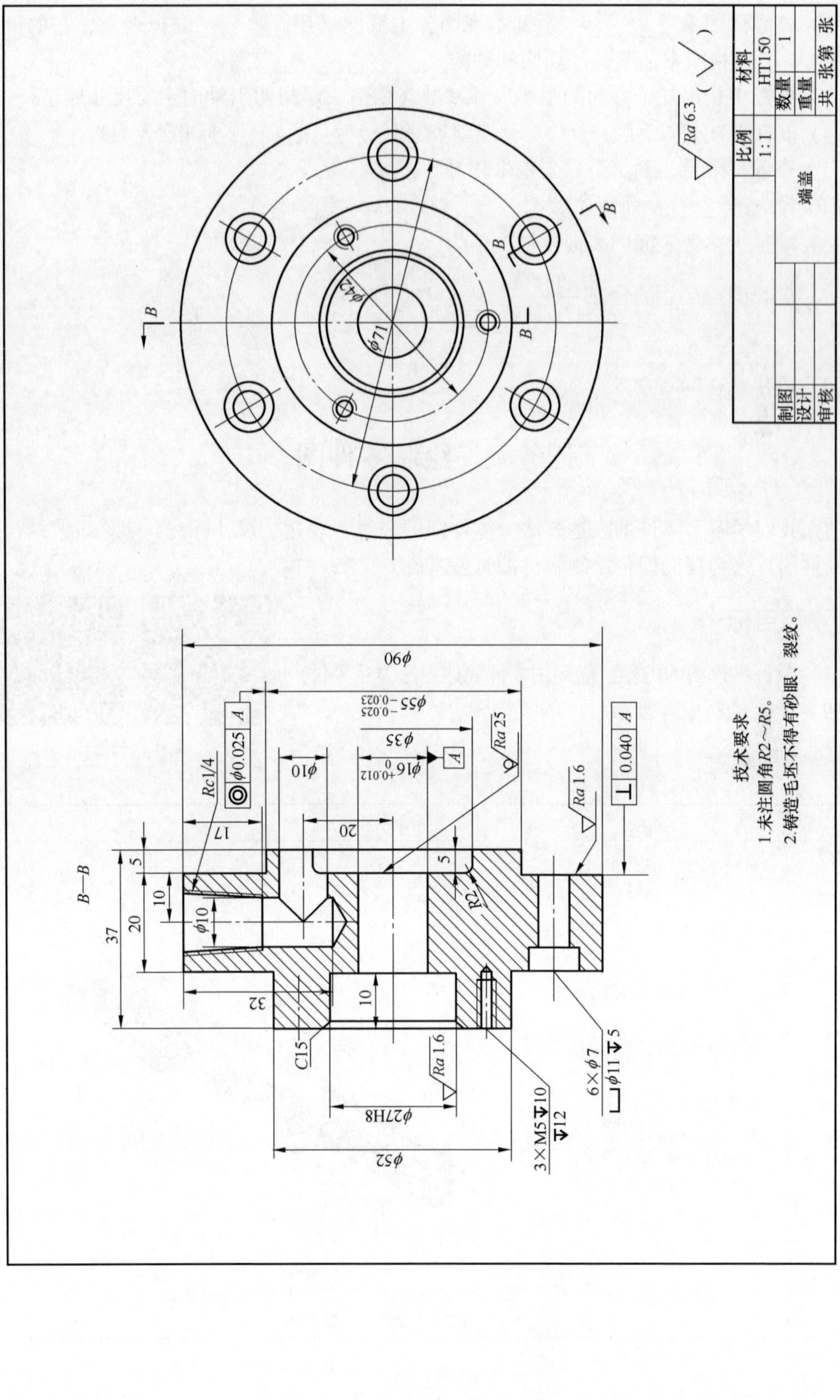
B—B
技术要求
1.未注圆角R2～R5。
2.铸造毛坯不得有砂眼、裂纹。
Ra 6.3
比例
1:1
材料
HT150
数量
1
重量
端盖
制图
设计
审核
共　张第　张
φ90
φ55 −0.025 −0.023
φ35
φ16 +0.012 0
φ10
Rc1/4
17
20
5
10
37
32
R2
C15
φ27H8
φ52
3×M5▼10
▼12
6×φ7
⌴φ11▼5
φ0.025 A
⊥ 0.040 A
Ra 25
Ra 1.6
φ71
φ42

图 5-2-28　端盖零件图

3. 识读端盖零件图，如图 5-2-28 所示，并回答问题。

（1）该零件属于________类零件，材料________绘图比例________。

（2）该零件图采用________个基本视图，主视图采用________剖视表示，它的剖切位置在________视图中注明，剖切面的种类________________。

（3）在图中指出三个方向的主要尺寸基准（用箭头线指明引轴向主要尺寸标注）。

（4）ϕ27H8 的公称尺寸为________，基本偏差代号为________，标准公差为 IT ________。

（5）查教材附录，确定下列公差带代号寸：

$\phi16^{+0.018}_{0}$ ________ $\phi50^{-0.010}_{-0.029}$ ________。

（6）端盖大多数表面的表面粗糙度值为________________。

（7）解释图中尺寸的含义 $\dfrac{6\times\phi7}{\sqcup\phi11\,\bar{\downarrow}5}$

____。

（8）画出端盖的右视外形图。

任务三　绘制零件图

前面我们学习了零件的表达方法，零件图的内容、表达、尺寸标注，零件工艺结构和识读零件图，这为我们即将绘制零件图打好基础。

配套课件　配套视频

项目五任务三

学习目标

（1）掌握零件图的内容，能运用零件表达方法表达零件。

（2）学会绘制中等复杂程度的零件图。

学习任务单

任务名称	绘制零件图	
任务描述及要求	1. 根据给定的轴绘制零件图 2. 所绘制的图形应满足以下要求 ①要符合标准 ②尽量符合生产实际 ③布局合理、图形简洁、尺寸清晰、字迹工整、便于看图	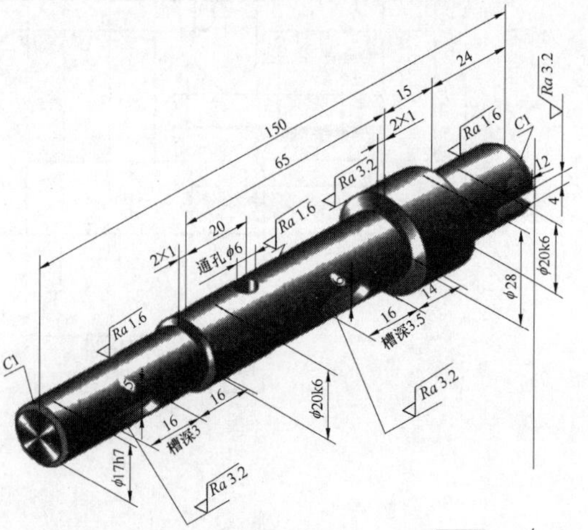 技术要求： Ra 12.5（√） 1. 淬火硬度 40~50HRC； 2. 除毛刺。

续表

任务分析	1. 根据轴类零件表达特点,确定视图 2. 布局好图,按作图顺序画图,标注尺寸 3. 填技术要求
任务评价	采用教师讲评与学生互评相结合。评价内容:活动是否积极,将图形、讨论回答的问题评分,计入平时成绩

知识导航

绘制零件图方法及步骤

绘制零件图的基本过程为：分析零件，确定表达方案；画零件草图；画零件工作图。

（一）分析零件、确定表达方案

画图前，先要了解零件的名称、功用以及它在机器或部件中的位置和装配连接关系。在弄清零件的结构形状的前提下，结合其工作位置和加工位置，确定它是属于四类典型零件（轴套/盘盖/叉架/箱体类）中的哪一种，再根据这类零件的表达特点，确定合适的表达方案。

在选定表达方案时，应注意以下两点。

（1）视图数量要恰当。应考虑尽量减少视图中的虚线，恰当运用少量虚线，在满足表达清楚零件各部分形状的前提下，力求表达简洁，视图数量恰到好处，尽可能避免重复表达。

（2）表达方法要恰当。根据零件的内外结构形状，每个视图的表达都应有其侧重点和目的，主体结构与局部结构的表达也要分明。同时，需考虑图形的合理布局，如基本视图按规定方式配置等。

（二）画零件草图

零件草图即徒手所画的零件图，它是画零件图和部件测绘时画装配图的重要依据。画零件草图时，要求目测零件的大小，确定绘图比例，且徒手绘制。一般步骤如下。

（1）根据零件的大小、复杂程度和表达方案，确定恰当的绘图比例和图幅。画草图最好用方格纸。

（2）画图框线和标题栏。定出主要视图的位置线，如主要轴线、中心线和作图基准线等。

（3）目测徒手绘图。先画主要结构的轮廓线，后画次要结构的轮廓线。每个结构的相关视图应联系起来画，以符合投影特性。相邻结构组合处，应考虑图线的增减问题（如相交处有交线，相切处无线等）。最后完成全部图形。

（4）检查、修正全图，擦掉不必要的图线；确定三个方向的尺寸基准，画出所有尺寸的尺寸界线、尺寸线和尺寸箭头；画剖面线。

（5）测量并确定所有尺寸。对于标准结构（如键槽、倒角等）的尺寸，应查阅有关手册或进行计算后再填写。

(6) 注写必要的技术要求，填写标题栏，完成零件草图。

（三）画零件工作图

在完成零件草图的基础上，结合生产实际情况和加工工艺经验，先对零件草图进行全面校核，再绘制零件工作图。校核草图时，通常注意几个问题，例如：表达方案是否合理、完整，尺寸标注是否清晰齐全、正确合理，所提出的技术要求是否既能满足工艺要求又能实现零件的性能要求等。草图校核修正后，开始画零件工作图。零件工作图的绘制步骤如下。

(1) 分析零件，选定表达方案。

(2) 确定绘图比例和图幅，画图框线、主要视图的定位线。

(3) 画底稿图。

(4) 检查修正底稿，无误后加深全部图形，画剖面线。

(5) 画尺寸界线、尺寸线和尺寸箭头，注写尺寸数值和技术要求。

任务实施单

方法步骤		图示
1. 分析零件,确定表达方案	(1)确定主视图 (2)确定其他视图	①从给定的图得知该零件属于轴类零件,主视图采用轴线水平放置,符合加工位置原则,两个键槽及轴右端的槽均正向朝前 ②通孔 $\phi6$ 在主视图中用局部剖表达 ③两个键槽用移出断面图表达 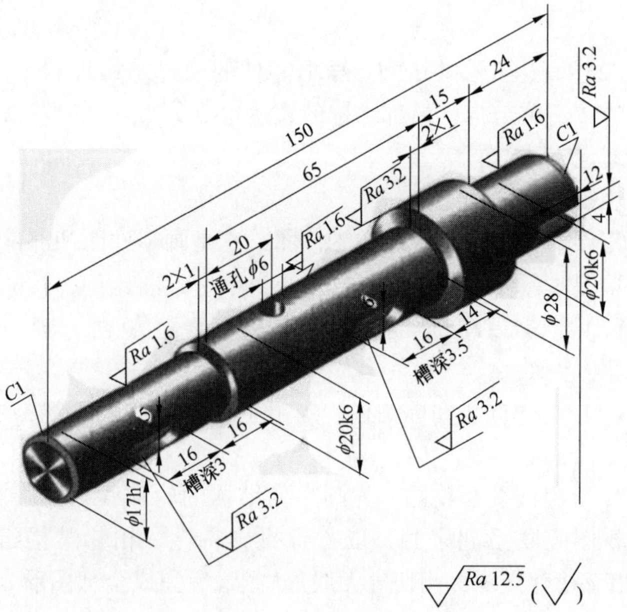 技术要求: 1.淬火硬度40～50HRC; 2.除毛刺。

续表

方法步骤		图示
2. 确定比例、图幅、画定位线	(1)确定绘图比例和图幅 (2)画图框线、主要视图的定位线	①根据给定轴尺寸,确定绘图比例为 1∶1,选 A4 号图纸 ②画定位线 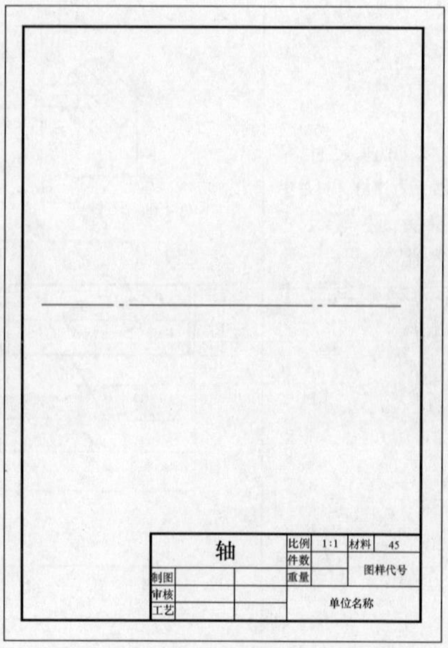
3. 画底稿图	(1)画主视图 (2)画断面图	 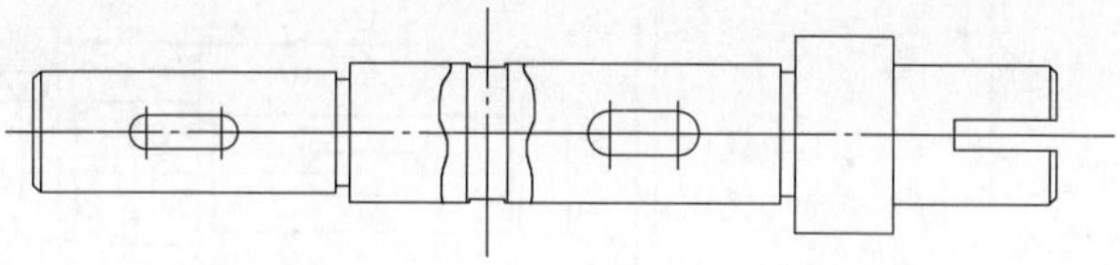
4. 检查加深	(1)检查修正底稿,无误后加深全部图形 (2)画剖面线	 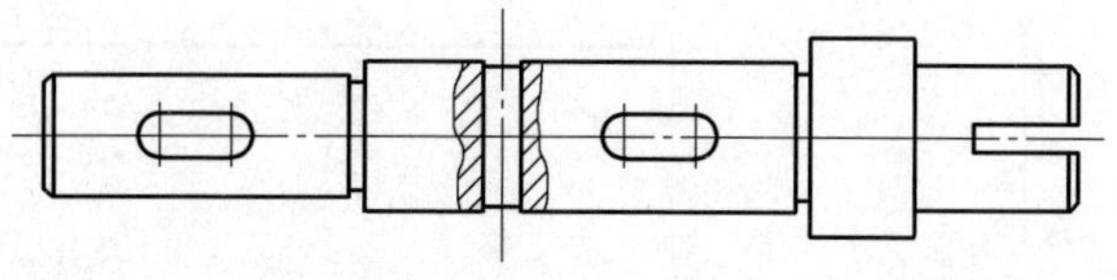

续表

方法步骤		图示
5. 标注尺寸和技术要求	(1)画尺寸界线、尺寸线和尺寸箭头，注写尺寸数值 (2)填写技术要求	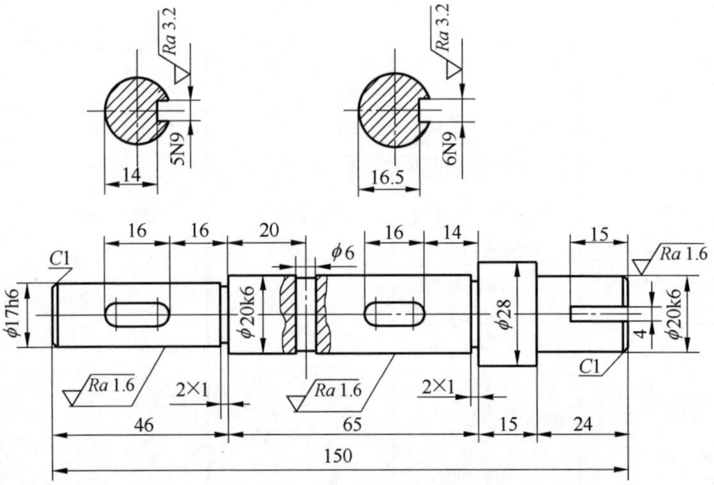
6. 填写标题栏，校核	(1)填写标题栏 (2)校核，完成零件工作图	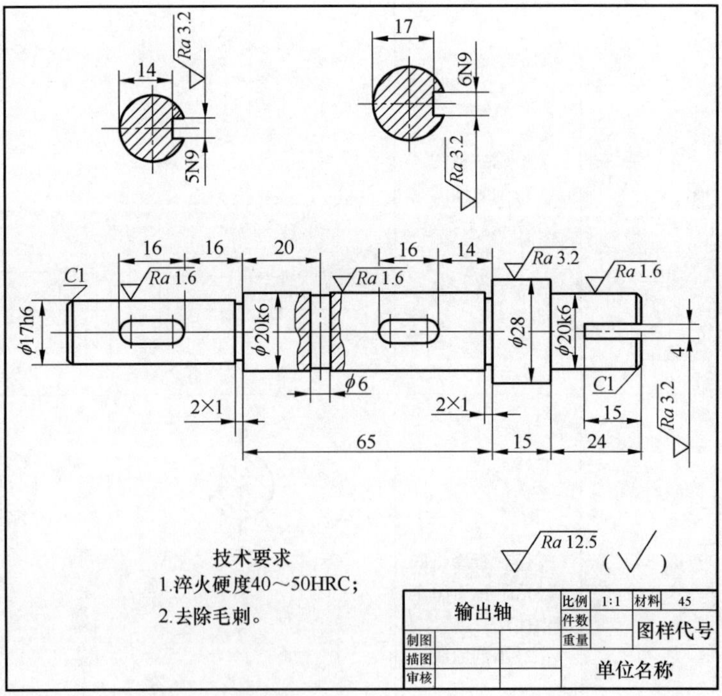

实作练习

一、填空题

1. 尺寸公差是指________________。

2. 在表面粗糙度的评定参数中，轮廓算术平均偏差的代号为________。

3. 零件图主视图的选择原则有________原则，________原则，________原则。

二、选择题

1. 零件图主视图选择原则有（　　）。

A. 形状特征原则　　B. 加工位置原则

C. 工作位置原则　　D. 以上答案均正确

2. 在零件图中对尺寸基准根据其作用分为（　　）两类。

A. 设计基准和工艺基准　　B. 长宽高基准

C. 主要基准和辅助基准　　D. 合理基准和不合理基准

3. 表面粗糙度中，*Ra* 的单位为（　　）。

A. 米　　B. 毫米　　C. 微米　　D. 厘米

三、应用题

绘制如图 5-3-1 所示螺塞零件图（螺孔 M27×1.5-7H，其他尺寸自己定）。

图 5-3-1　螺塞零件图

配套课件　配套视频

项目五任务四

任务四　机械零件测绘

测绘是测量和绘制工程图样的简称。机械零件测绘是根据机械零件实物，通过测量绘制出零件图的过程。在工程上，零部件测绘在设计、仿制和机械设备的修配方面起着重要的作用。

学习目标

（1）掌握零件测绘的方法和步骤，提高制图综合应用能力。

（2）掌握常见测量工具的使用方法。

学习任务单

任务名称	泵体零件测绘
任务描述及要求	1. 测绘齿轮油泵泵体(图 5-4-1) 2. 画出零件草图及零件工作图  图 5-4-1　泵体实物图
任务分析	1. 分析零件作用 2. 绘制草图 3. 绘制零件工作图
任务评价	采用教师讲评与学生互评相结合。评价内容:草图是否包含所需表达的内容,零件工作图是否正确,活动是否积极,将讨论回答的问题及绘制图纸评分,计入平时成绩

知识导航

一、测绘方法及步骤

零件测绘就是对零件实物进行测绘。先徒手画出零件草图，测量出零件尺寸，并确定出技术要求，然后根据零件草图绘制出零件工作图，其过程如图 5-4-2 所示。

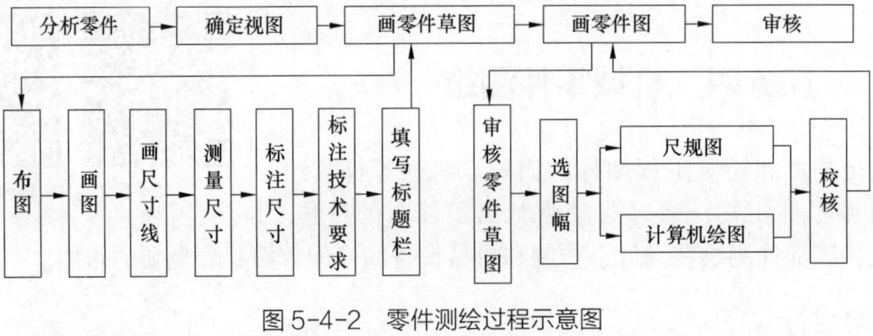

图 5-4-2　零件测绘过程示意图

（一）画图步骤

（1）分析零件，了解名称、类型、用途、材料及其在装配体中的位置和作用，进而分析零件结构和表达方法。

(2) 选择确定零件视图的表达方案。选择视图方案时，最好在草稿纸上进行，设想几种表达方案，经过分析对比后选定一种最佳表达方案。

(3) 目测、选择大致比例，目测比例尽量采用1∶1，徒手画出零件草图。

① 将草图纸按零件数量分成几部分，要求逐个零件绘制草图。

② 布图。画中心线或基准线。

③ 画所需视图。

④ 检查，加深视图。

(4) 标注尺寸。

① 确定所需尺寸，画尺寸界线、尺寸线。

② 用测量工具测量所需尺寸，填入相应尺寸线内。

在测绘零件中，常用简单量具如直尺、内卡钳和外卡钳测量非加工尺寸、无公差标注要求的尺寸；用游标卡尺、千分尺、高度游标尺等测量精度要求高的尺寸，如轴的直径，若与轴承配合，则可用游标卡尺测量如箱体、箱盖上，与轴承接触的孔直径；用螺纹规测量螺距；用圆角规测量圆角；用曲线尺、铅丝和印泥等用具测量曲面、曲线。

③ 对于零件的工艺结构（如倒角、迟刀槽、键槽等），查阅有关资料（或教材）；对于有配合的尺寸应查阅有关手册（或教材）。

④ 测量尺寸时，要注意正确使用测量工具，对毛坯面或不加工表面的尺寸要取整数。

(5) 制定并填写技术要求。

① 分析表面粗糙度。重要接触面、接触面、非接触面可由小到大取值，如重要接触面、接触面、非接触面可分别取值1.6，6.3，25。

② 分析尺寸公差。重要尺寸可设计公差，如轴与轴承配合，则此处可设计公差为h8，如减速器箱体、箱盖上两孔为中心距可设计公差值。

③ 分析形位公差。重要形状、位置可设计公差，如减速器箱体、箱盖上两孔的轴心线可设计平行度要求。

④ 分析其他技术要求。

(6) 检查、填写标题栏，完成草图。

(7) 校对、修改草图，补齐内容。

草图完成后，要进行全面、认真的检查，对错、漏之处要及时修正。

（二）要求

(1) 图形正确，尺寸完整。

(2) 草图必须具备零件工作图的全部内容，图形、尺寸、技术要求、标题栏完整。

(3) 草图也要按规定加深线型。

(4) 不同零件的表达方式选择不一定相同。

(5) 尺寸完整，又不重复，标注位置适当。

(6) 粗糙度的类型在不同表面不完全相同，标注位置按规定进行。

(7) 重要位置要设计形位公差，标注方法要符合规定。

（三）绘制零件工作图

根据相应零件草图绘制。零件表达方案可以照抄草图，但尺寸需以测量标注的数值为准。按标注数值，先选择合适的比例，再绘图。需用绘图工具在图纸上绘制图样，不要徒手绘制图形和标注。

二、常用测量工具及使用方法

测量尺寸是零件测绘过程中一个很重要的环节，尺寸测量的准确与否，将直接影响机器的装配和工作性能，因此，测量尺寸要谨慎。测量时，应根据对尺寸精度要求的不同选用不同的测量工具。测量尺寸的工具很多，有较低精度的手动测量工具，也有精度较高的测量仪器。本节只介绍手动测量工具的使用方法。

（一）常用测量工具

机械零部件测绘常用的手动测量工具包括：钢板尺、游标卡尺、千分尺、圆弧规、螺纹规和内、外卡钳等，具体如表 5-4-1 所示。

表 5-4-1　　常用测量工具

名称	简图	测量范围	说明
直尺（钢板尺）	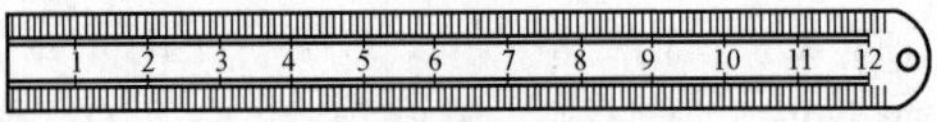	线性尺寸	直接读数，精度为 1mm
外卡钳	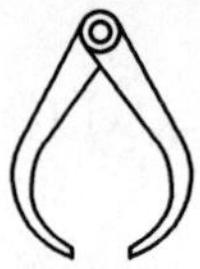	轴径、壁厚等	与直尺配合读数
内卡钳	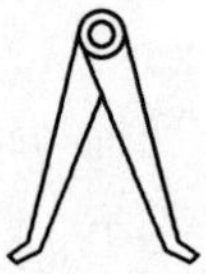	孔径	
游标卡尺	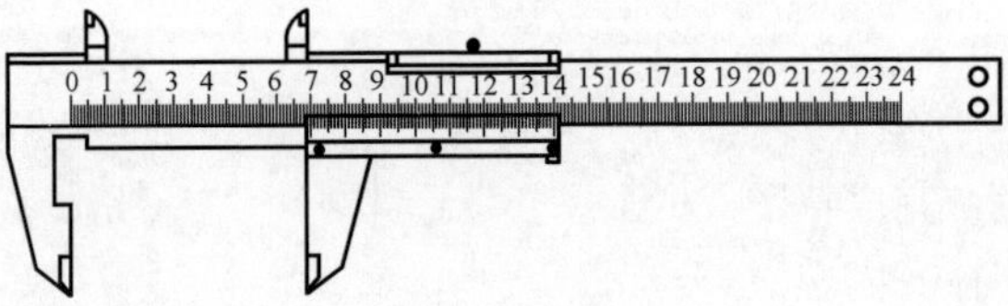	线性尺寸、轴径和孔径	精度为 0.02mm

（二）常用尺寸测量工具的使用方法

1. 钢尺的使用方法

钢直尺的外形如图 5-4-3（a）所示，可以用它来直接测量工件的尺寸。用钢直尺测

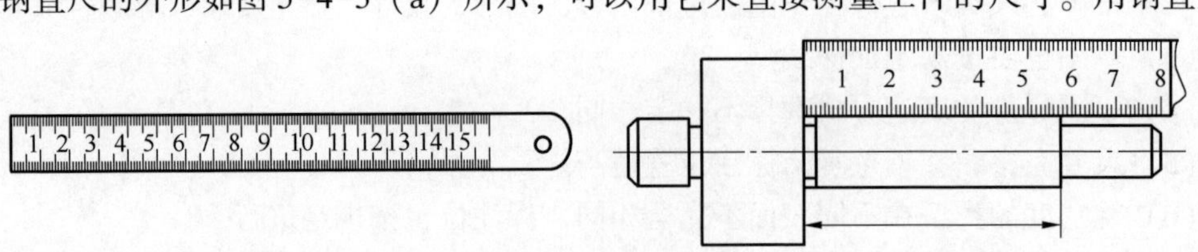

(a)　　(b)

图 5-4-3　钢直尺的外形及其使用方法

（a）钢直尺的外形　（b）钢直尺测量长度的方法

量长度的方法如图 5-4-3（b）所示。

2. 游标卡尺的使用

游标卡尺可以用来测量工件的内、外径和深度尺寸等。用游标卡尺测量工件内、外径的方法如图 5-4-4（a）所示，用游标卡尺测量工件深度的方法，如图 5-4-4（b）所示。

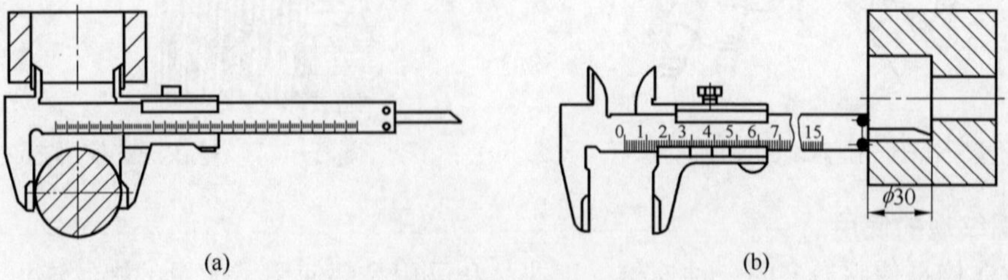

图 5-4-4 用游标卡尺测量工件深度的方法

（a）测量内、外径的方法 （b）测量工件深度的方法

3. 卡钳的使用

卡钳可以和钢直尺、游标卡尺等结合起来测量工件的长度、壁厚、中心距和内腔尺寸等。使用卡钳测量零件尺寸时，经常在卡钳上画上辅助线，作为测量位置的标记。使用内、外卡钳的测量工件的实例，如图 5-4-5 所示。

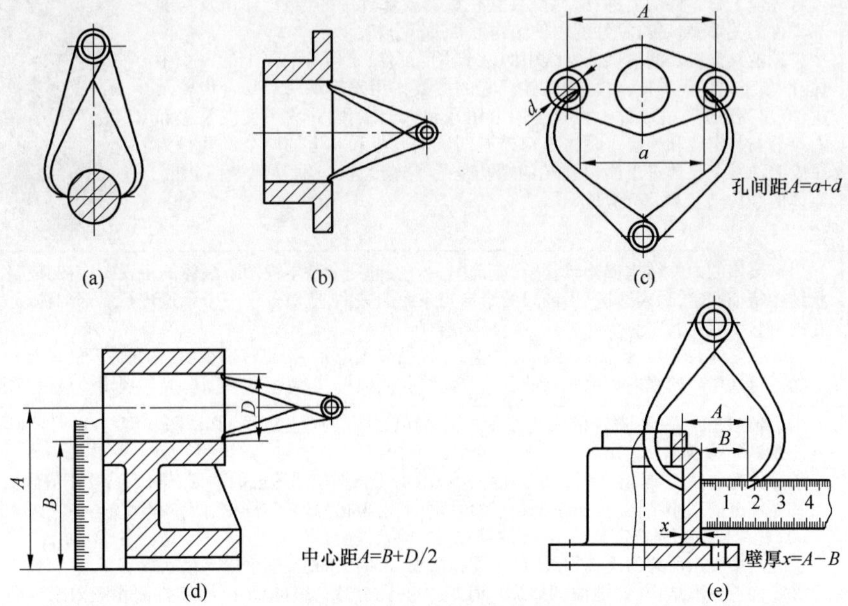

图 5-4-5 卡钳的使用方法

4. 圆弧规的使用

圆弧规可以用于测量轴类零件变截面处的过渡圆弧。过渡圆弧是轴类零件减少应力集中的有效措施，而过渡圆弧的大小直接影响轴类零件的强度和轴上零件的定位。

圆弧规是一组具有不同圆弧的量规，其使用方法如图 5-4-6 所示。

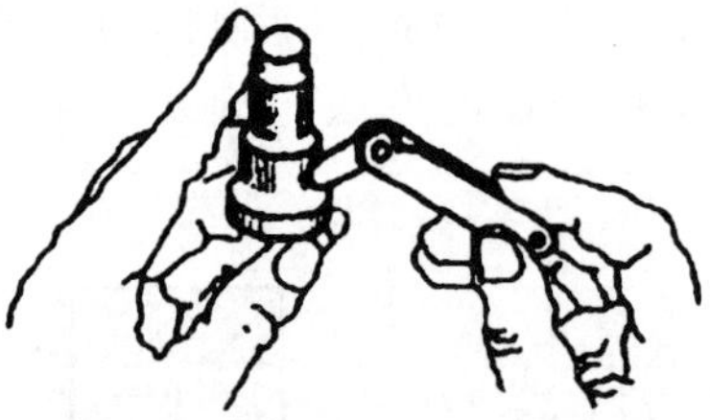

图 5-4-6　圆弧规的使用方法

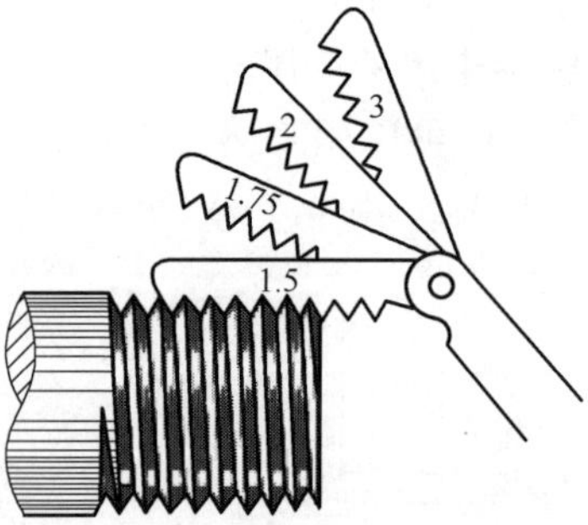

图 5-4-7　螺纹规的使用方法

5. 螺纹规的使用

螺纹连接是使用最多的一种连接，工业品和民用品都使用了大量的螺纹连接。螺纹的主要参数是螺距，螺距的大小主要与螺纹的直径和螺纹类型有关。

螺纹规是一组具有不同螺距的样板，可以用来直接测量螺距的大小。三角螺纹规的使用方法如图 5-4-7 所示。

任务实施单

方法步骤	图示
1. 了解和分析测绘对象	首先应了解零件的名称、材料以及它在机器或部件中的位置、作用及与相邻零件的关系，然后对零件的内外结构形状进行分析 齿轮油泵是机器润滑供油系统中的一个主要部件，泵体是油泵上的一个主体件，属于箱体类零件，材料为铸铁。它的主要作用是容纳一对啮合齿轮及进油、出油通道。在泵体上设置了两个销孔和六个螺孔，是为了使左泵盖和右泵盖与其定位和连接。泵体下部带有凹坑的底板和其上的两个沉孔是为了安装油泵。泵体进出油口孔端的螺孔是为了连接进、出油管等等。至此，泵体的结构已基本分析清楚 
2. 确定表达方案	由于泵座的内外结构都比较复杂，应选用主、左、仰三个基本视图。泵体的主视图应按其工作位置及形状结构特征选定，为表达进、出油口的结构与泵腔的关系，应对其中一个孔道进行局部剖视。为表达安装孔的形状也应对其中一个安装孔进行局部剖视 为表达泵体与底板、出油口的相对位置，左视图应选用 *A—A* 旋转剖视图，将泵腔及孔的结构表示清楚 然后再选用一俯视图表示底板的形状及安装孔的数量、位置。俯视图取局部视图。最后选定表达方案
3. 绘制零件草图	(1)绘制图形。根据选定的表达方案，徒手画出视图、剖视等图形，其作图步骤与画零件画法相同。但需注意以下两点： ①零件上的制造缺陷(如砂眼、气孔等)，以及由于长期使用造成的磨损、碰伤等，均不应画出 ②零件上的细小结构(如铸造圆角、倒角、倒圆、退刀槽、砂轮越程槽、凸台和凹坑等)必须画出 (2)标注尺寸。先选定基准，再标注尺寸，具体应注意以下三点： ①先集中画出所有的尺寸界线、尺寸线和箭头，再依次测量、逐个记入尺寸数字 ②零件上标准结构(如键槽、退刀槽、销孔、中心孔、螺纹等)的尺寸，必须查阅相应国家标准，并予以标准化 ③与相邻零件的相关尺寸(如泵体上螺孔、销孔、沉孔的定位尺寸，以及有配合关系的尺寸等)一定要一致 (3)注写技术要求。零件上的表面粗糙度、极限与配合、形位公差等技术要求，通常可采用类比法给出。具体注写时需注意以下三点： ①主要尺寸要保证其精度。泵体的两轴线、轴线距底面以及有配合关系的尺寸等，都应给出公差 ②有相对运动的表面及对形状、位置要求较严格的线、面等要素，要给出既合理又经济的粗糙度或形位公差要求

续表

<table>
<tr><th>方法步骤</th><th>图示</th></tr>
<tr><td>3. 绘制零件草图</td><td>③有配合关系的孔与轴，要查阅与其相结合的轴与孔的相应资料（装配图或零件图），以核准配合制度和配合性质。只有这样，经测绘而制造出的零件，才能顺利地装配到机器上并达到其功能要求
（4）填写标题栏。一般可填写零件的名称、材料及绘图者的姓名和完成时间等。零件草图如图 5-4-8 所示。
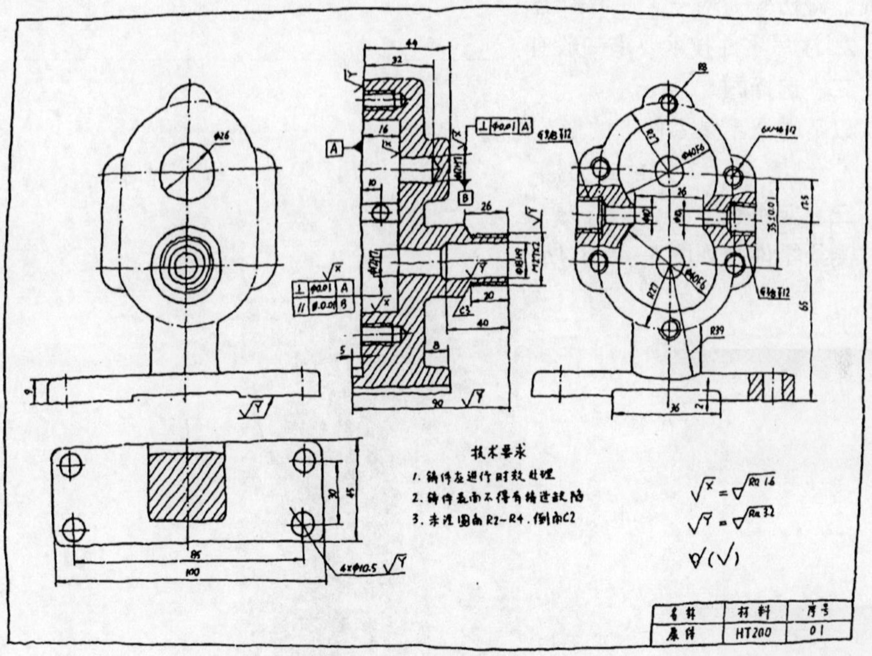

图 5-4-8 泵体零件草图</td></tr>
<tr><td>4. 根据零件草图画零件图</td><td>草图完成后，便要根据它绘制零件图，其绘图方法和步骤同前，这里不再赘述。完成的零件图如图 5-4-9 所示
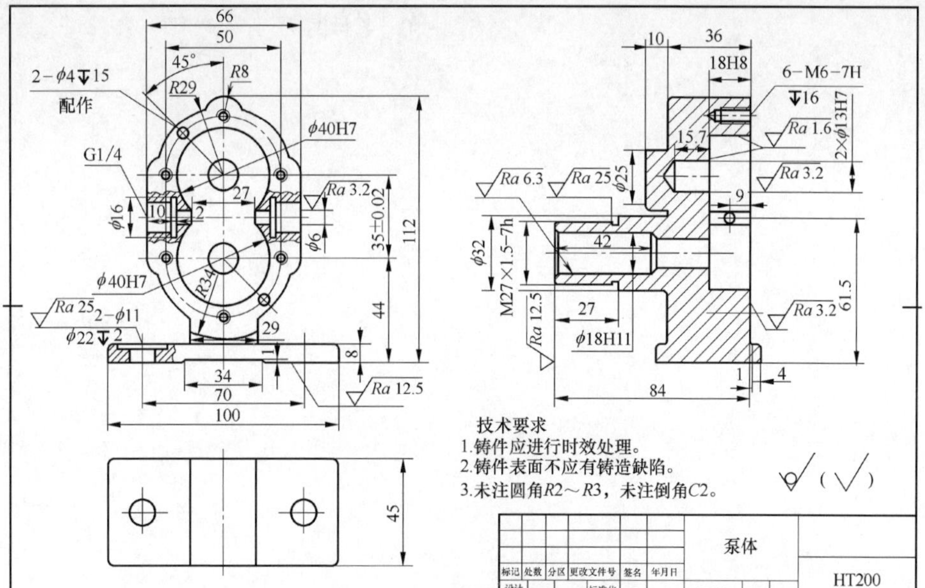

图 5-4-9 泵体零件图</td></tr>
</table>

实作练习

一、填空题

1. 画零件草图时，零件上的制造缺陷（如砂眼、气孔等），以及由于长期使用造成的磨损、碰伤等，均________画出。

2. 注写零件技术要求一般有：________、________、________、________等。

二、选择题

以下哪个不是零件上的工艺结构（　　）。

A. 键槽　　B. 退刀槽　　C. 倒角　　D. 中心孔

三、应用题

测绘零件，如图 5-4-10 所示。

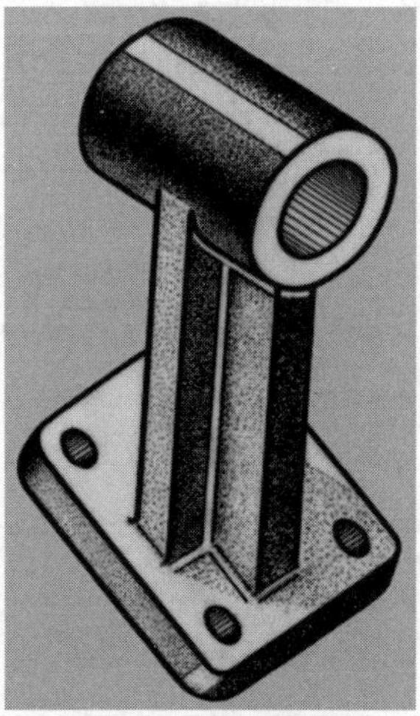

图 5-4-10　零件图

项目六

识读与绘制装配图

在机械设计和机械制造过程中，装配图是不可缺少的重要技术文件。它是表达机器或部件的工作原理，以及零件、部件间的装配、连接关系的技术图样。本次任务将学习装配图的相关内容。

配套课件　配套视频

项目六任务一

任务一　识读台虎钳装配图

学习目标

（1）掌握装配图的特殊表达方法、规定、画法、尺寸标注等内容。

（2）掌握装配图的绘图步骤，学会编写零件序号、填写明细表、技术要求等内容。

（3）掌握读装配图的方法，能读懂中等复杂机器的装配图。

学习任务单

任务名称	识读台虎钳装配图
任务描述及要求	如图 6-1-1 所示为台虎钳装配图，该虎钳由 11 种零件组成，用哪些表达方案能将虎钳中各种零件的装配位置关系展现出来，又能看出工作原理、传动关系、大致外形、装配要求等是本节任务要解决的问题

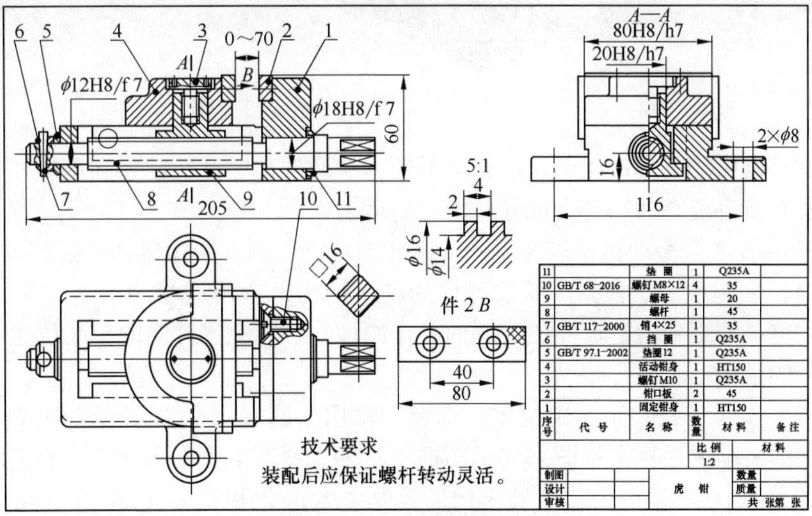

图 6-1-1　台虎钳装配图

续表

任务分析	1. 观察11种零件装配位置关系,每种零件结构外形,绘制零件草图 2. 阅读技术要求,通过装配关系,大致明白工作原理及传动关系,掌握装配要求
任务评价	可采用学生互评与教师点评相结合。学生拆装部件是否积极,测量尺寸是否认真,零件草图是否认真,零件图绘图方案是否合理,尺寸标注是否正确,技术要求是否合理,作图是否认真,标题栏填写是否正确,图线是否正确,图面是否整洁

知识导航

一、装配图的作用和内容

1. 装配图的作用

在产品或部件的设计过程中，一般是先设计画出装配图，然后再根据装配图进行零件设计，画出零件图；在产品或部件的制造过程中，先根据零件图进行零件加工和检验，再依据装配图所制定的装配工艺规程将零件或部件装配成机器；在产品或部件的使用、维护及维修过程中，也经常要通过装配图来了解产品或部件的工作原理及构造。

2. 装配图的内容

如图6-1-2所示为微动机构的轴测图。

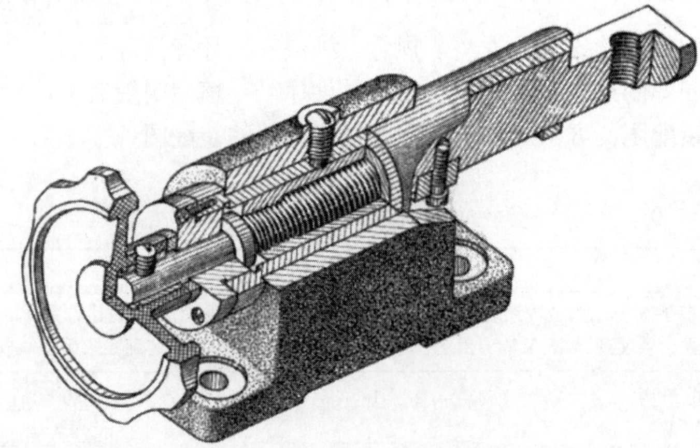

图6-1-2 微动机构的轴测图

微动机构的工作过程是通过转动手轮，从而带动螺杆转动，利用螺杆和导杆间的螺纹连接关系，将旋转运动转变成导杆的直线运动。

图6-1-3是微动机构的装配图，由此图可以看到一张完整的装配图应具备如下内容：

（1）一组视图。根据产品或部件的具体结构，选用适当的表达方法，用一组视图正确、完整、清晰地表达产品或部件的工作原理、各组成零件间的相互位置和装配关系及主要零件的结构形状。

图6-1-3采用以下一组视图：主视图采用全剖视，主要表示微动机构的工作原理和零件间的装配关系；左视图采用半剖视图，主要表达手轮1和支座8的结构形状；俯视图采用*A—A*剖视，主要表达微动机构安装基面的形状和安装孔的情况；*C—C*剖面图表示键11与螺钉10等的连接方式。

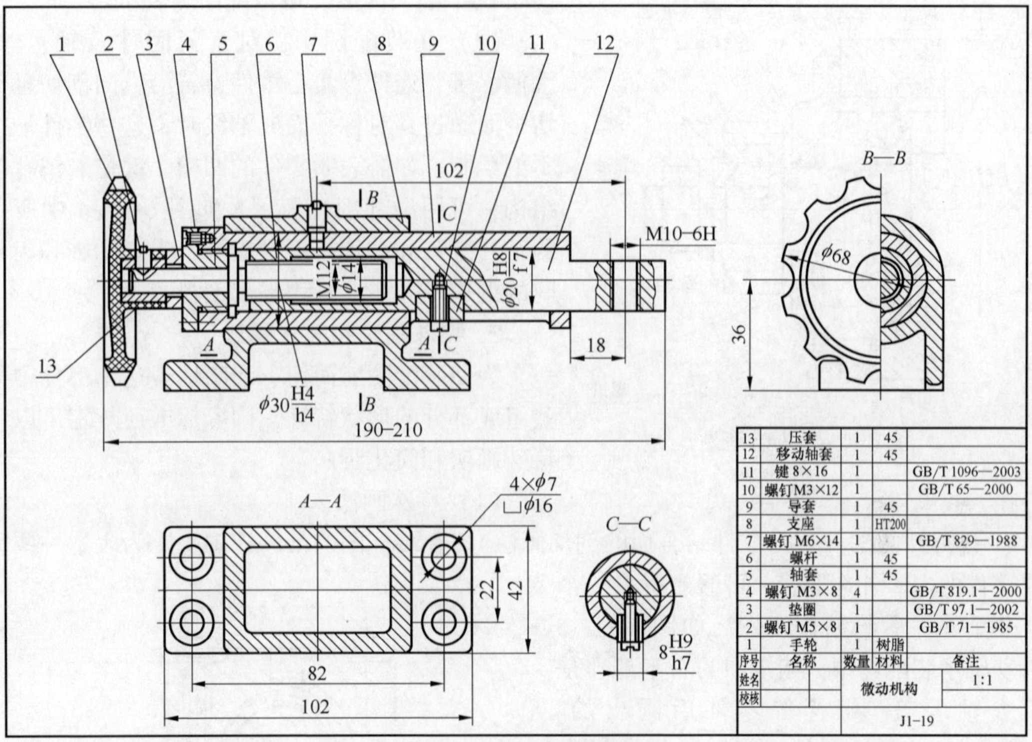

图 6-1-3　微动机构装配图

(2) 必要的尺寸。装配图中必须标注反映产品或部件的规格、外形，装配、安装所需的必要尺寸，另外，在设计过程中经过计算而确定的重要尺寸也必须标注。

如在图 6-1-3 中所标注的 M12，ϕ30H8/k7，82，36 等。

(3) 技术要求。在装配图中用文字或国家标准规定的符号注写出该装配体在装配、检验、使用等方面的要求，如图 6-1-3 所示。

(4) 零部件序号、标题栏和明细栏。按国家标准规定的格式绘制标题栏和明细栏，并按一定格式将零部件进行编号，填写标题栏和明细栏，如图 6-1-3 所示。

二、装配图的表达方法

装配图的侧重点是将装配体的结构、工作原理和零件间的装配关系正确、清晰地表示清楚。前面所介绍的零件表示法中的画法及相关规定对装配图同样适用。但由于表达的侧重点不同，国家标准对装配图的画法，又做了一些规定。

1. 规定画法

(1) 零件间接触面、配合面的画法。如图 6-1-4 所示，相邻两个零件的接触面和基本尺寸相同的配合面，只画一条轮廓线；但若相邻两个零件的基本尺寸不相同，则无论间隙大小，均要画成两条轮廓线。

(2) 装配图中剖面符号的画法。如图 6-1-4 所示，装配图中相邻两个金属零件的剖面线，必须以不同方向或不同的间隔画出。要特别注意的是，在装配图中，所有剖视、剖面图中同一零件的剖面线方向、间隔须完全一致。另外，在装配图中，宽度小于或等于

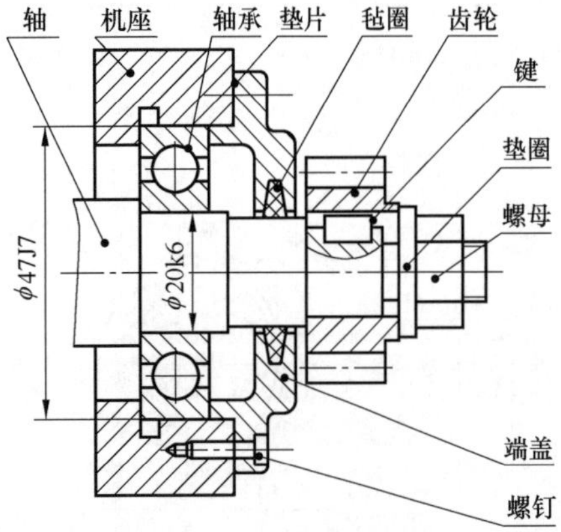

图 6-1-4　规定画法

2mm 的窄剖面区域，可全部涂黑表示。

（3）在装配图中，对于紧固件及轴、球、手柄、键、连杆等实心零件，若沿纵向剖切且剖切平面通过其对称平面或轴线时，这些零件均按不剖绘制。如需表明零件的凹槽、键槽、销孔等结构，可用局部剖视表示。如图 6-1-4 中所示的轴、螺钉和键均按不剖绘制。为表示轴和齿轮间的键连接关系，采用局部剖视。

2. 特殊画法和简化画法

为使装配图能简便、清晰地表达出部件中某些组成部分的形状特征，国家标准还规定了以下特殊画法和简化画法。

（1）特殊画法。

① 拆卸画法（或沿零件结合面的剖切画法）。在装配图的某一视图中，为表达一些重要零件的内、外部形状，可假想拆去一个或几个零件后绘制该视图。如图 6-1-5 滑动轴承装配图中，俯视图的右半部即是拆去轴承盖、螺栓等零件后画出的。图 6-1-6 转子油泵的右视图采用的是沿零件结合面剖切画法。

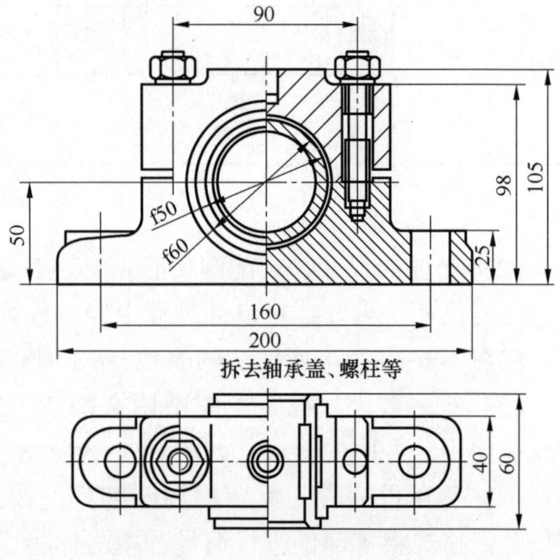

图 6-1-5　滑动轴承装配图

② 假想画法。在装配图中，为了表达与本部件有装配关系，但又不属于本部件的相邻零、部件时，可用双点画线画出相邻零、部件的部分轮廓。如图 6-1-6 中的主视图，与转子油泵相邻的零件即是用双点画线画出的。

在装配图中，当需要表达运动零件的运动范围或极限位置时，也可用双点画线画出该零件在极限位置处的轮廓。如图 6-1-3 微动机构装配图中移动轴套 12 的运动极限位置。

③ 单独表达某个零件的画法。在装配图中，当某个零件的主要结构在其他视图中未能表示清楚，而该零件的形状对部件的工作原理和装配关系的理解起着十分重要的作用时，可单独画出该零件的某一视图，如图 6-1-6 转子油泵的 *B* 向视图。

注意：这种表达方法要在所画视图上方注出该零件及其视图的名称。

（2）简化画法。

① 在装配图中，若干相同的零、部件组，可详细地画出一组，其余只需用点画线表示其位置即可，如图 6-1-4 中的螺钉连接。

② 在装配图中，零件的工艺结构，如倒角、圆角、退刀槽、拔模斜度、滚花等均可不画，如图 6-1-4 中的轴。

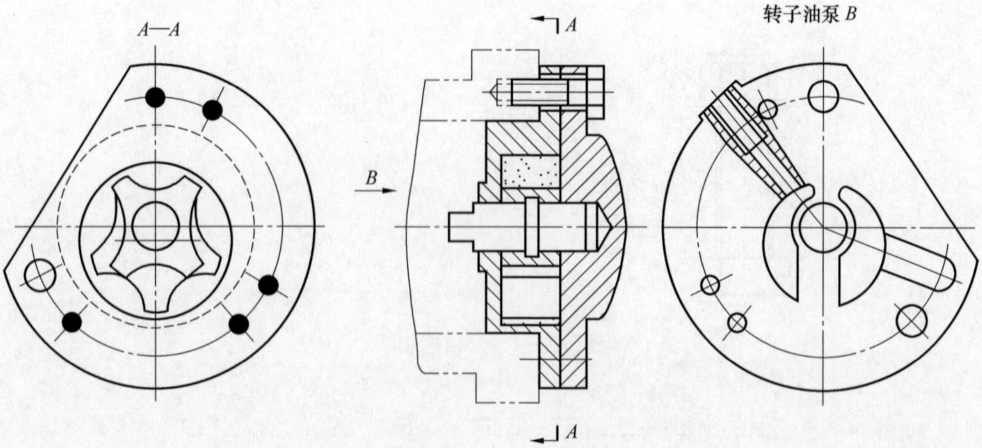

图 6-1-6　转子油泵

三、装配图的零、部件编号与明细栏

1. 装配图中零、部件序号及其编排方法（GB/T 4458. 2—2003）

（1）一般规定。

① 装配图中所有的零、部件都必须编写序号。

② 装配图中一个部件可以只编写一个序号；同一装配图中相同的零、部件只编写一次。

③ 装配图中零、部件序号，要与明细栏中的序号一致。

（2）序号的编排方法。

① 装配图中编写零、部件序号的常用方法有三种，如图 6-1-7 所示。

② 同一装配图中编写零、部件序号的形式应一致。

③ 指引线应自所指部分的可见轮廓引出，并在末端画一圆点。如所指部分轮廓内不便画圆点时，可在指引线末端画一箭头，并指向该部分的轮廓，如图 6-1-8 所示。

④ 指引线可画成折线，但只可曲折一次。

图 6-1-7　序号的编写方式

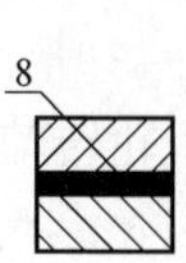

图 6-1-8　指引线画法

⑤ 一组紧固件以及装配关系清楚的零件组，可以采用公共指引线，如图 6-1-9 所示。

⑥ 零件的序号应沿水平或垂直方向按顺时针或逆时针方向排列，序号间隔应尽可能相等，如图 6-1-3 所示。

2. 图中的标题栏及明细栏

（1）标题栏（GB/T 10609. 1—2008）。装配图中标题栏格式与零件图中相同。

（2）明细栏（GB/T 10609. 2—2009）。明细栏按 GB/T 10609. 2—2009 规定绘制，如图 6-1-10 所示。填写明细栏时要注意以下问题：

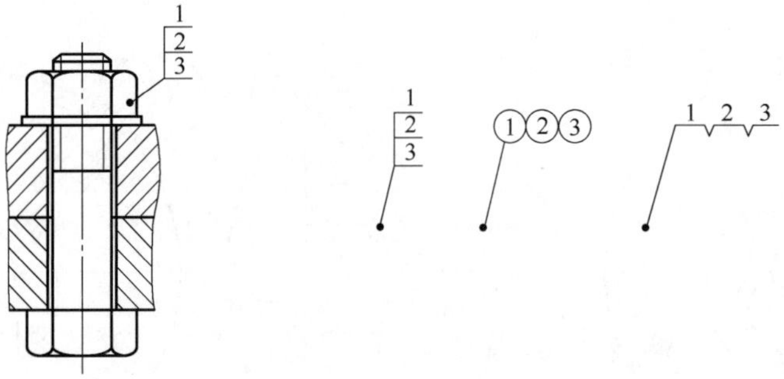

图 6-1-9　公共指引线

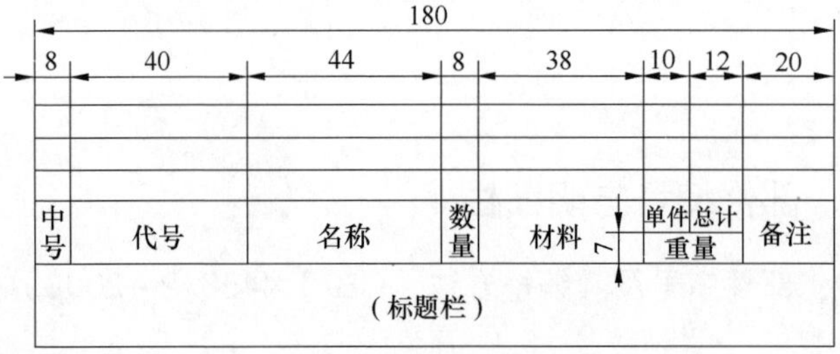

图 6-1-10　标题栏与明细栏

① 序号按自下而上的顺序填写，如向上延伸位置不够，可在标题栏紧靠左边自下而上延续。

② 备注栏可填写该项的附加说明或其他有关的内容。

四、装配图的尺寸标注和技术要求

1. 装配图的尺寸标注

由于装配图主要是用来表达零、部件的装配关系的，所以在装配图中不需要注出每个零件的全部尺寸，只需注出一些必要的尺寸。这些尺寸按其作用不同，可分为以下五类。

（1）规格尺寸。规格尺寸是表明装配体规格和性能的尺寸，是设计和选用产品的主要依据。如图 6-1-3 所示微动机构装配图中螺杆 6 的螺纹尺寸 M12 是微动机构的性能的尺寸，它决定了手轮转动一圈后移动轴套 12 的位移量。

（2）装配尺寸。装配尺寸包括零件间有配合关系的配合尺寸以及零件间相对位置尺寸。如图 6-1-3 所示微动机构装配图中 ϕ20H8/f7，ϕ30H8/k7，ϕH8/h7 的配合尺寸。

（3）安装尺寸。安装尺寸是机器或部件安装到基座或其他工作位置时所需的尺寸。如图 6-1-3 所示微动机构装配图中 4-ϕ7 孔所表示的安装尺寸的 82、22。

（4）外形尺寸。外形尺寸是指反映装配体总长、总宽、总高的外形轮廓尺寸。如图 6-1-3 所示微动机构装配图中的 190~210，36，ϕ68。

（5）其他重要尺寸。在设计过程中经过计算而确定的尺寸和主要零件的主要尺寸以及在装配或使用中必须说明的尺寸。如图 6-1-3 所示微动机构装配图中的尺寸 190~210，它不仅表示了微动机构的总长，而且表示了运动零件移动轴套 12 的运动范围。非标准零件上的螺纹标记，如图 6-1-3 所示微动机构装配图中的 M10、M12 在装配图中要注明。

以上五类尺寸，并非装配图中每张装配图上都需全部标注，有时同一个尺寸，可同时兼有几种含义。所以装配图上的尺寸标注，要根据具体的装配体情况来确定。

2. 装配图的技术要求

装配图的技术要求一般用文字注写在图样下方的空白处。技术要求因装配体的不同，其具体的内容有很大不同，但技术要求一般应包括以下几个方面。

（1）装配要求。装配要求是指装配后必须保证的精度以及装配时的要求等。

（2）检验要求。检验要求是指装配过程中及装配后必须保证其精度的各种检验方法。

（3）使用要求。使用要求是对装配体的基本性能、维护、保养、使用时的要求。

五、装配工艺结构

在设计和绘制装配图时，应考虑装配结构的合理性，以保证机器或部件的使用及零件的加工、装拆方便。

1. 接触面与配合面的结构

（1）两个零件接触时，在同一方向只能有一对接触面，这种设计既可满足装配要求，同时制造也很方便，如图 6-1-11 所示。

（2）轴颈和孔配合时，应在孔的接触端面制作倒角或在轴肩根部切槽，以保证零件间接触良好，如图 6-1-12 所示。

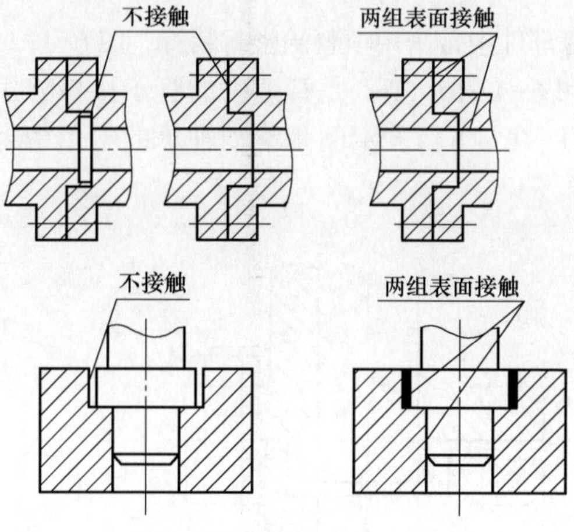

(a)　　(b)

图 6-1-11　两零件间的接触面

（a）正确　（b）不正确

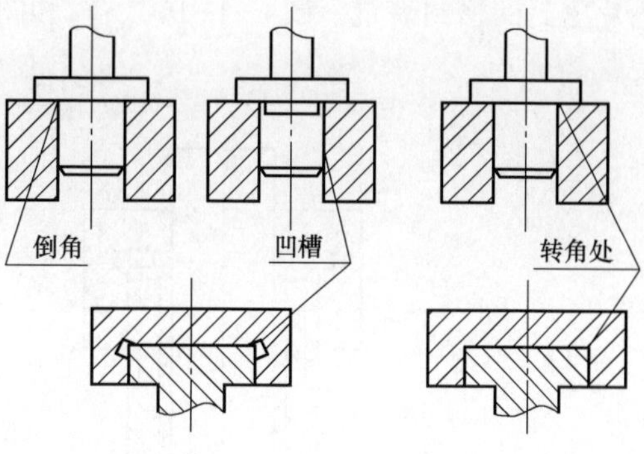

(a)　　(b)

图 6-1-12　接触面转角处的结构

（a）正确　（b）不正确

2. 便于装拆的合理结构

（1）滚动轴承的内、外圈在进行轴向定位设计时，必须考虑到拆卸的方便，如图 6-1-13 所示。

（2）用螺纹紧固件连接时，要考虑到安装和拆卸紧固件是否方便，如 6-1-14 所示。

3. 密封装置和防松装置

密封装置是为了防止机器中油的外溢或阀门、管路中气体、液体的泄漏，通常采用的

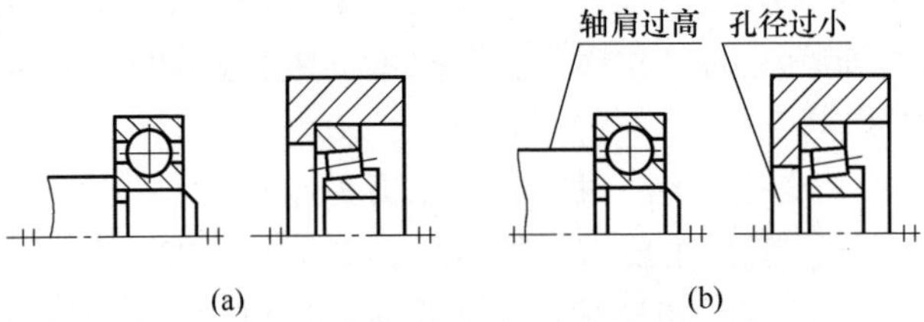

图 6-1-13　滚动轴承端面接触的结构

（a）正确　（b）不正确

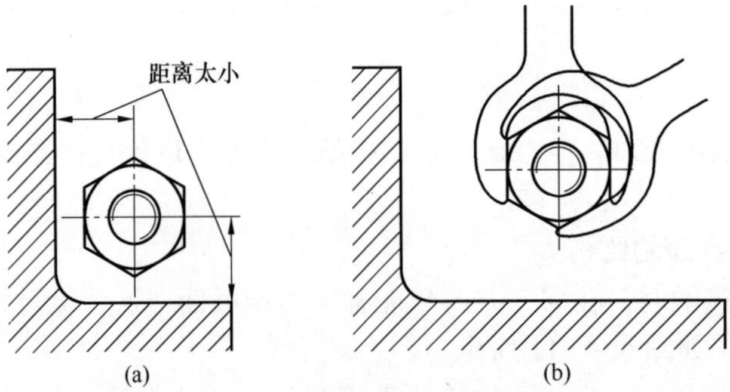

图 6-1-14　留出扳手活动空间

（a）不合理　（b）合理

密封装置如图 6-1-15 所示。其中在油泵、阀门等部件中常采用填料函密封装置，图 6-1-15（a）所示为常见的一种用填料函密封的装置。图 6-1-15（b）是管道中的管子接口处用垫片密封的密封装置。图 6-1-16（a）和图 6-1-16（b）表示的是滚动轴承的常用密封装置。

图 6-1-15　密封装置（一）

（a）填料函密封　（b）垫片密封

为防止机器因工作震动而致使螺纹紧固件松开，常采用双螺母、弹簧垫圈、止动垫圈、开口销等防松装置，如图 6-1-17 所示。

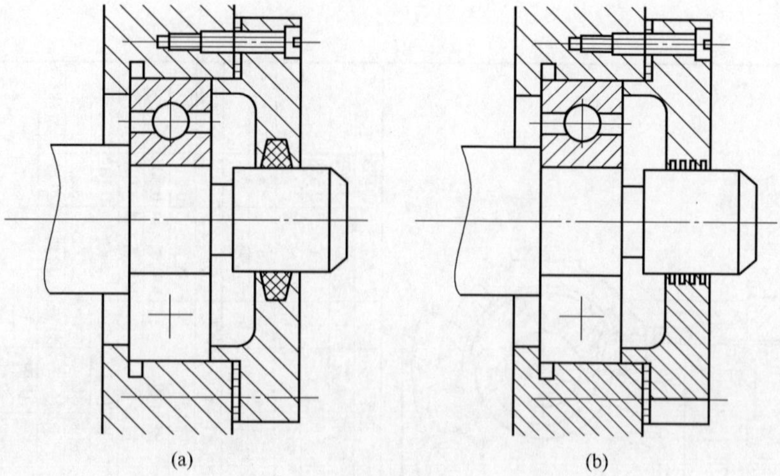

图 6-1-16　密封装置（二）
（a）毡圈式密封　（b）油沟式密封

螺纹连接的防松。按防松的原理不同，可分为摩擦防松与机械防松。如采用双螺母、弹簧垫圈的防松装置属于摩擦防松装置；采用开口销、止动垫圈的防松装置属于机械防松装置。

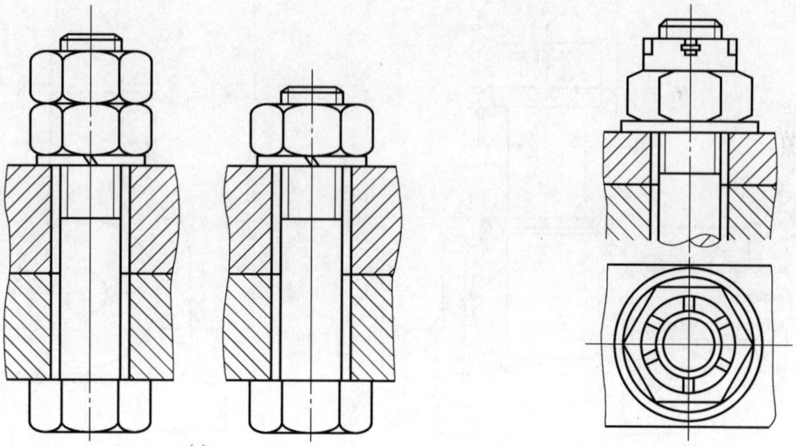

图 6-1-17　防松装置
（a）摩擦防松　（b）机械防松

六、读装配图的方法和步骤

如图 6-1-18 所示球阀为例说明读装配图的一般方法和步骤。

1. 概括了解

由标题栏、明细栏了解部件的名称、用途以及各组成零件的名称、数量、材料等。对于有些复杂的部件或机器还需查看说明书和有关技术资料，以便对部件或机器的工作原理和零件间的装配关系进行深入的分析。

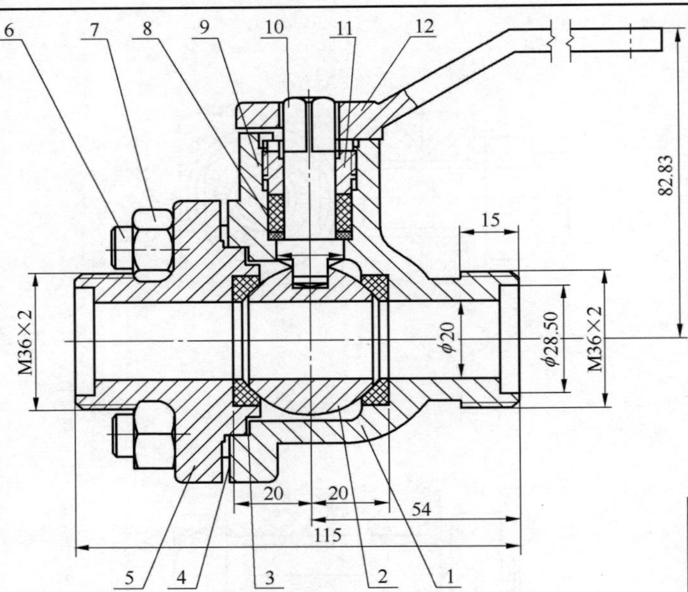

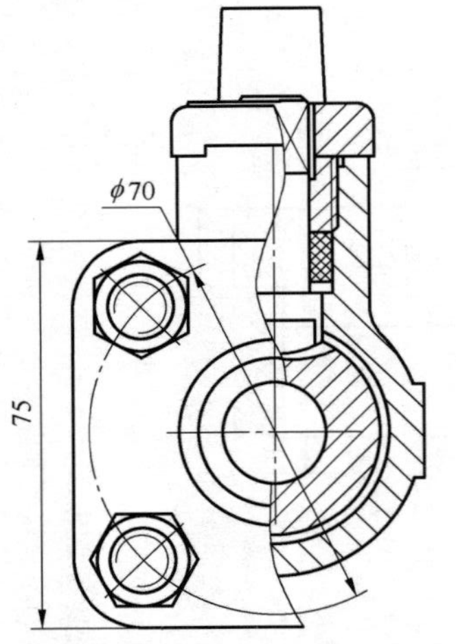

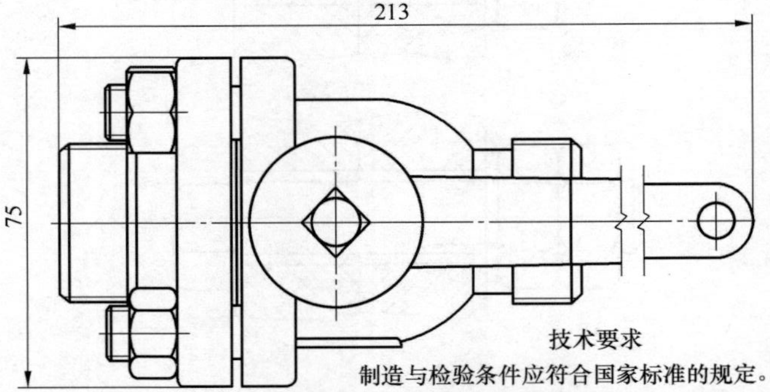

序号	代号	名称	数量	材料	单量	备注
12		把手	1	ZG25	0.185	
11		填料压紧盖	1	35	0.061	
10		阀杆	1	40Cr	0.058	
9		密封填料	1	聚四氯乙烯	3	
8		填料垫	1	40Cr	4	
7	GB/T 6170—2015	螺母 M12	4	QZ35		
6	GB/T 897—1998	双头螺柱 M12×30	4	QZ35		
5		阀盖	1	ZG25	0.616	
4		密封圈	2	聚四氯乙烯	0.004	
3		调整垫	1	聚四氯乙烯	0	
2		阀花	1	40Cr	0.162	
1		球阀阀体	1	2G25	0.852	

球阀	比例	1:1		
	材料			
制图	数量		重量 (kg)	2.168
审核			（单位）	

技术要求

制造与检验条件应符合国家标准的规定。

图 6-1-18　球阀装配图

由图 6-1-18 的标题栏、明细栏可知，该图所表达的是管路附件-球阀，共由 12 种零件组成。球阀的主要作用是控制管路中流体的流通量。从其作用及技术要求可知，密封结构是该阀的关键部位。

2. 分析各视图及其所表达的内容

如图 6-1-18 所示，共采用三个基本视图。主视图采用局部剖视图，主要反映该阀的组成、结构和工作原理。俯视图采用局部剖视图，主要反映阀盖和阀体以及扳手和阀杆的连接关系。左视图采用半剖视图，主要反映阀盖和阀体等零件的形状及阀盖和阀体间连接孔的位置和尺寸等。

3. 弄懂工作原理和零件间的装配关系

如图 6-1-18 所示，有两条装配线。从主视图看，一条是水平方向，另一条是垂直方向。其装配关系是：阀盖和阀体用四个双头螺柱和螺母连接，并用合适的调整垫调节阀芯与密封圈之间的松紧程度。阀体垂直方向上装配有阀杆，阀杆下部的凸块嵌入到阀芯上的凹槽内。为防止流体泄漏，在此处装有填料垫、填料、并旋入填料压紧套将填料压紧。

球阀的工作原理：扳手在主视图中的位置时，阀门为全部开启，管路中流体的流通量最大。当扳手顺时针旋转到俯视图中双点画线所示的位置时，阀门为全部关闭，管路中流体的流通量为零。当扳手处在这两个极限位置之间时，管路中流体的流通量随扳手的位置而改变。

4. 分析零件的结构形状

在弄懂部件工作原理和零件间的装配关系后，分析零件的结构形状，可有助于进一步了解部件结构特点。

分析某一零件的结构形状时，首先要在装配图中找出反映该零件形状特征的投影轮廓。接着可按视图间的投影关系、同一零件在各剖视图中的剖面线方向、间隔必须一致的画法规定，将该零件的相应投影从装配图中分离出来。然后根据分离出的投影，按形体分析和结构分析的方法，弄清零件的结构形状。

七、由装配图拆画零件图

在设计过程中，需要由装配图拆画零件图，简称拆图。拆图应在全面读懂装配图的基础上进行。

1. 拆画零件图时要注意的三个问题

（1）由于装配图与零件图的表达要求不同，在装配图上往往不能把每个零件的结构形状完全表达清楚，有的零件在装配图中的表达方案也不符合该零件的结构特点。因此，在拆画零件图时，对那些未能表达完全的结构形状，应根据零件的作用、装配关系和工艺要求予以确定并表达清楚。此外，对所画零件的视图表达方案一般不应简单地按装配图照抄。

（2）由于装配图上对零件的尺寸标注不完全，因此在拆画零件图时，除装配图上已有的与该零件有关的尺寸要直接照搬外，其余尺寸可按比例从装配图上量取。标准结构和工艺结构，可查阅相关国家标准来确定。

（3）标注表面粗糙度、尺寸公差、形位公差等技术要求时，应根据零件在装配体中的作用，参考同类产品及相关资料确定。

2. 拆图实例

以图 6-1-19 所示球阀中的阀盖为例，介绍拆画零件图的一般步骤。

（1）确定表达方案。由装配图上分离出阀盖的轮廓，如图 6-1-19 所示。根据端盖类零件的表达特点，决定主视图采用沿对称面的全剖，侧视图采用一般视图。

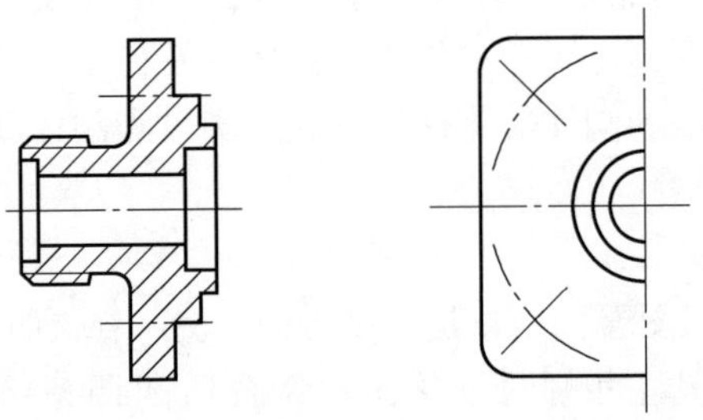

图 6-1-19　由装配图上分离出阀盖的轮廓

（2）尺寸标注。对于装配图上已有的与该零件有关的尺寸要直接照搬，其余尺寸可按比例从装配图上量取。标准结构和工艺结构，可查阅相关国家标准确定，标注阀盖的尺寸。

（3）技术要求标注。根据阀盖在装配体中的作用，参考同类产品的有关资料，标注表面粗糙度、尺寸公差、形位公差等，并注写技术要求。

（4）填写标题栏，核对检查，完成后的全图如图 6-1-20 所示。

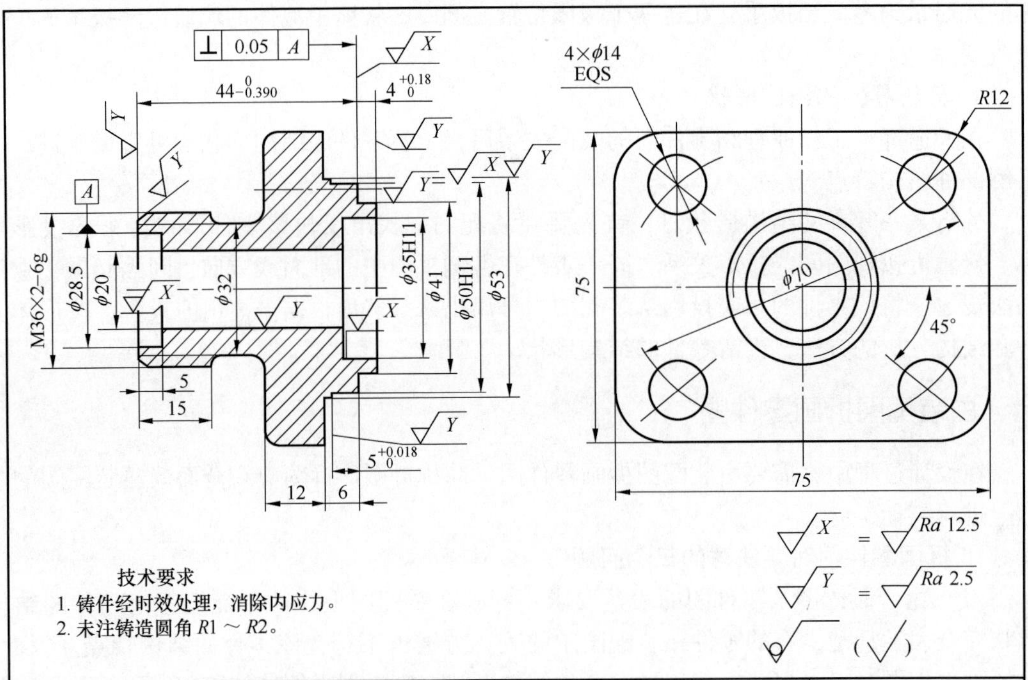

图 6-1-20　阀盖零件图

任务实施单

方法步骤		解析
1. 台虎钳的工作原理及作用是什么？由多少种零件装配而成？	(1)分析零件结构，明白零件之间装配连接关系 (2)看明细栏，清楚零件组成	螺钉将钳口固定在钳身上、夹紧螺钉旋紧，将固定钳身紧固——连接作用 旋转丝杠，带动活动钳身相对固定钳身移动，将丝杠的转动转变为活动钳身的直线运动，把丝杠的运动传到活动钳身上——传动作用，起传动作用的螺纹是传动螺纹 明细栏的零件有11种组成
2. 图中采用了哪些表达方法？主要作用是什么？	(1)观察视图的组成 (2)视图表达的作用是什么	装配图上有4个视图 主视图采用全剖，主要表达装配连接关系、工作原理。左视图采用半剖视图主要表达*A—A*内部结构及外形，俯视图表达顶部结构特征、安装位置，*B*视图是局部视图，表达钳口板结构
3. 台虎钳的外形尺寸，安装尺寸及装配尺寸是多少？	(1)找到整体尺寸。地脚螺钉安装尺寸 (2)带配合的装配尺寸	总长205mm，总高60mm。钳口宽度100mm，最大夹持70mm 地脚安装尺寸116mm 配合尺寸ϕ12H8/f7，ϕ18H8/f7，ϕ20H8/h7，80H8/h7
4. 拆画螺杆零件图	(1)轴线水平放置画主视图 (2)画断面图	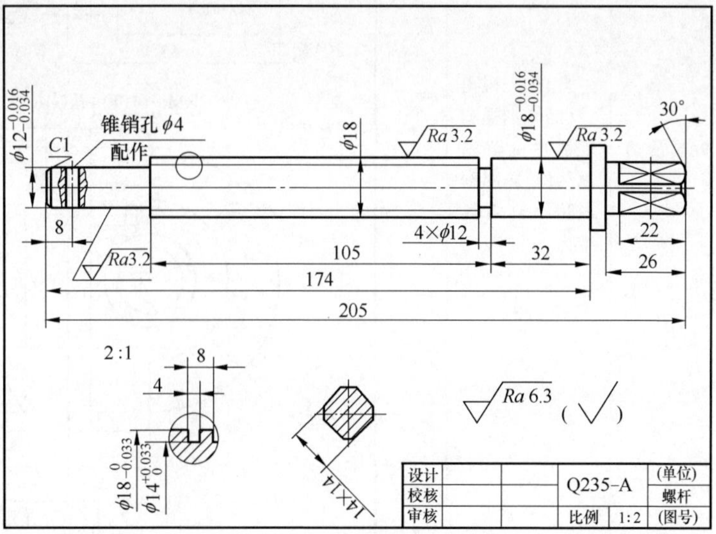

续表

<table>
<tr><th colspan="2">方法步骤</th><th>解析</th></tr>
<tr><td>5. 拆画固定钳座的零件图</td><td>（1）画三视图
（2）剖视图表达内部结构</td><td>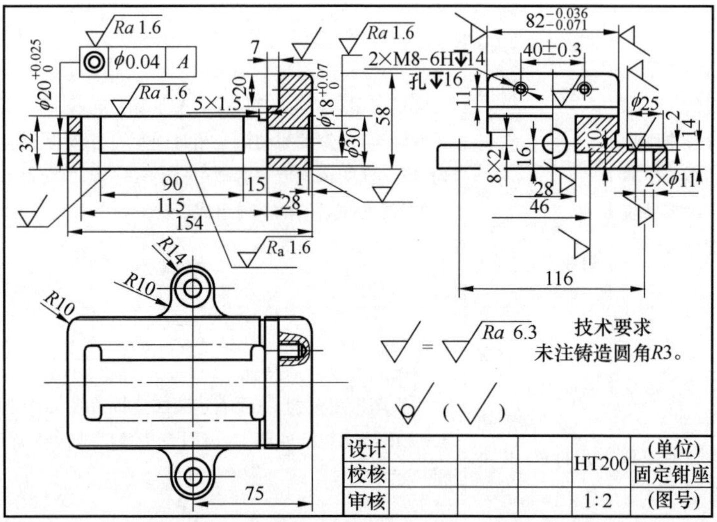
</td></tr>
<tr><td>6. 拆画活动钳身</td><td>（1）画三视图
（2）全剖视图表达主视图内部结构，局部剖表达螺钉内孔结构</td><td>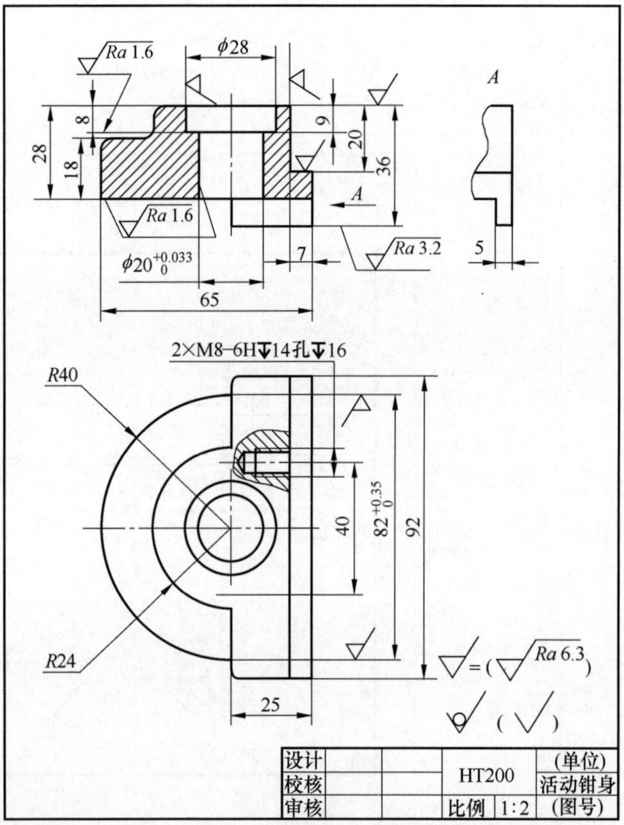
</td></tr>
</table>

实作练习

读装配图，并回答问题。

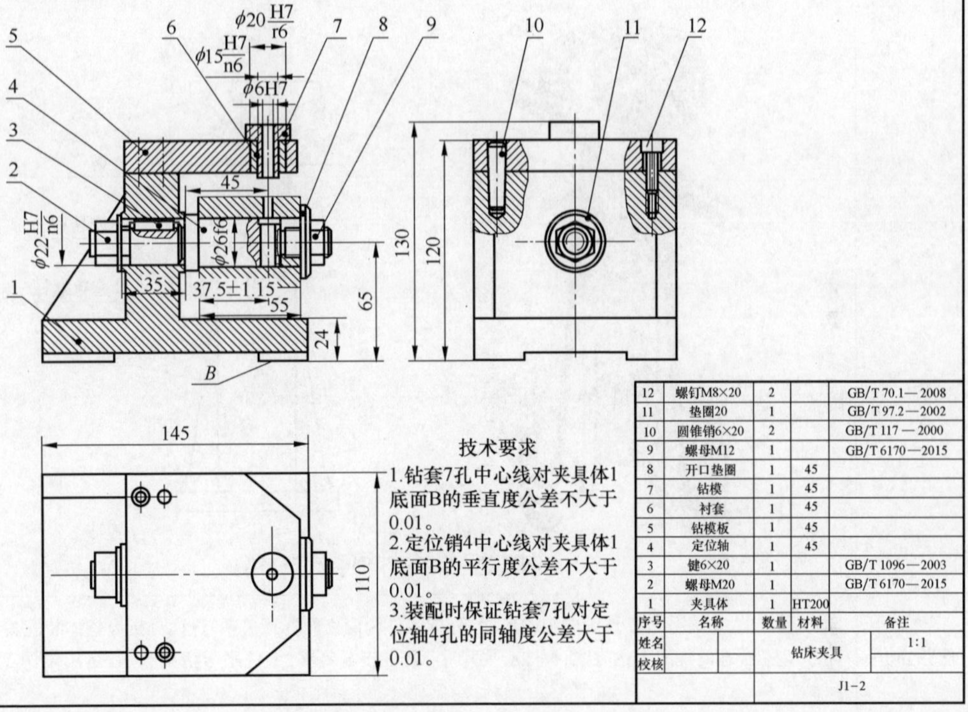

序号	名称	数量	材料	备注
12	螺钉M8×20	2		GB/T 70.1—2008
11	垫圈20	1		GB/T 97.2—2002
10	圆锥销6×20	2		GB/T 117—2000
9	螺母M12	1		GB/T 6170—2015
8	开口垫圈	1	45	
7	钻模	1	45	
6	衬套	1	45	
5	钻模板	1	45	
4	定位轴	1	45	
3	键6×20	1		GB/T 1096—2003
2	螺母M20	1		GB/T 6170—2015
1	夹具体	1	HT200	
姓名			钻床夹具	1:1
校核				
			J1−2	

1. 该夹具的名称为________。共有________种零件。

2. 装配图上有________个视图，分别是：________视图、________视图、________视图。采用________视图表达主视图。

3. 装配图有________个装配尺寸，分别表示①________和________相配；②________和________相配；③________和________相配。

4. 装配图上的标准件有________个。

配套课件　配套视频

项目六任务二

任务二　绘制千斤顶装配图

学习目标

（1）巩固对装配图基本组成内容的理解。

（2）熟悉装配图所有零件装配关系，通过机械结构原理知道工作原理。

（3）掌握装配体的绘图方法，正确绘制装配图。

学习任务单

任务名称	根据千斤顶装配示意图和零件图绘制装配图
任务描述及要求	1. 千斤顶(图 6-2-1)工作原理是顶起重物的部件,使用时只需逆时针方向转动旋转杆,起重螺杆就向上移动,并将物体顶起 2. 根据零件图纸,装配图纸竖放,截取图上尺寸,比例 1∶1 合适的视图表达方法绘制装配图 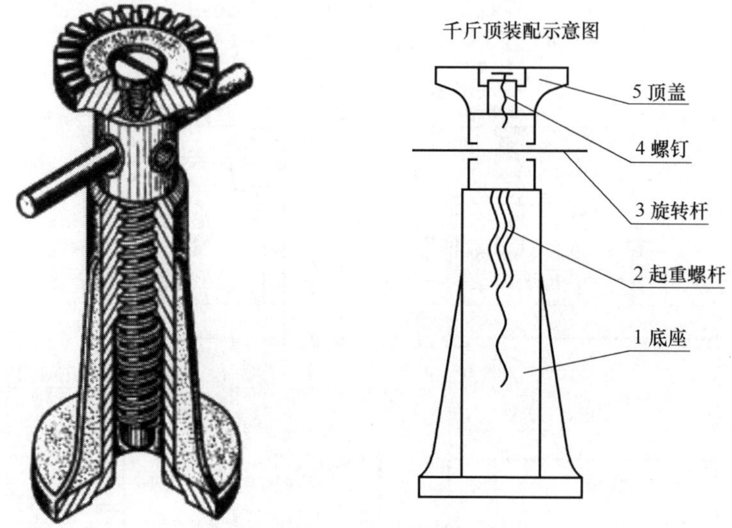 图 6-2-1 千斤顶装配示意图
任务分析	1. 绘图前,首先分析零件图的结构尺寸,分析零件两两之间连接关系,进而分析出整体装配关系 2. 选择合理的视图表达方案,标注必要尺寸,填写技术要求,零件序号清晰整洁,运用绘图工具完成绘制
任务评价	可采用学生互评与教师点评相结合。学生思考装配关系是否合理,测量尺寸是否认真,装配图表达方案是否合理,尺寸标注是否正确,技术要求是否合理,作图是否认真,序号和明细栏填写是否正确,装配图面是否整洁

知识导航

装配图绘制方法及步骤

对已有的部件（或机器）进行测量，并画出其装配图和零件图的过程称为部件（或机器）测绘。下面以齿轮油泵为例（图 6-2-2），来说明部件测绘的方法和步骤。

（一）部件测绘

1. 分析、了解部件工作原理及结构

在测绘开始前，首先要对部件的结构进行分析，参阅相关技术资料，了解部件的用途、工作原理、结构特点及各零件间的装配关系。

齿轮油泵的轴测图见图 6-2-2。它主要的装配干线有一条，即主动齿轮和轴。装在该轴上的齿轮与另一个齿轮构成齿轮副啮合，轴的伸出端有一个密封装置。另一个装配关系是泵盖与泵体的连接关系，二者用六个螺钉连接，为防止油的泄漏，泵盖与泵体间有密封垫片。

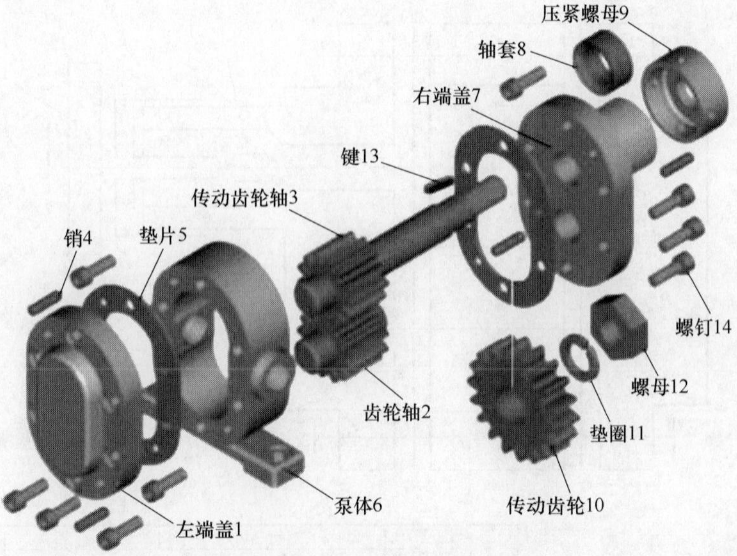

图 6-2-2　齿轮油泵轴测图

2. 零部件拆卸和画装配示意图

装配示意图是用来表示部件中各零件的相互位置和装配关系的示意性图样，是重新装配部件和画装配图的参考依据。

装配示意图是用简单的线条和符号示意性的画出部件图样，如图 6-2-3 所示。画图时应采用国家标准 GB/T 4460—2013《机构运动简图符号》中所规定的符号，可参见相关技术标准。

在初步了解部件工作原理及结构的基础上，要按照主要装配关系和装配干线依次拆卸各零件，通过对各零件的作用和结构的仔细分析进一步了解各零件间的装配关系。要特别注意零件间的配合关系，弄清其配合性质。拆卸时为了避免零件的丢失与混乱，一方面要妥善保管零件，另一方面可对各零件进行编号，并分清标准件与非标准件，做出相应的记录。标准件要在测量尺寸后查阅标准，核对并写出规定标记，不必画零件草图和零件图。

3. 画零件草图

部件中所有的非标准件均要画零件草图。按照在零件图章节所学习的零件草图的绘制方法，我们可以画出齿轮油泵的所有零件的零件草图。图 6-2-4 是根据泵盖的零件草图绘制的零件图。

4. 画装配图

根据绘制好的装配示意图和零件草图，即可绘出装配图。装配图绘制的详细步骤如下。

（二）画装配图

绘制装配图前，我们要将绘制好的装配示意图和零件草图等资料进行分析、整理，对

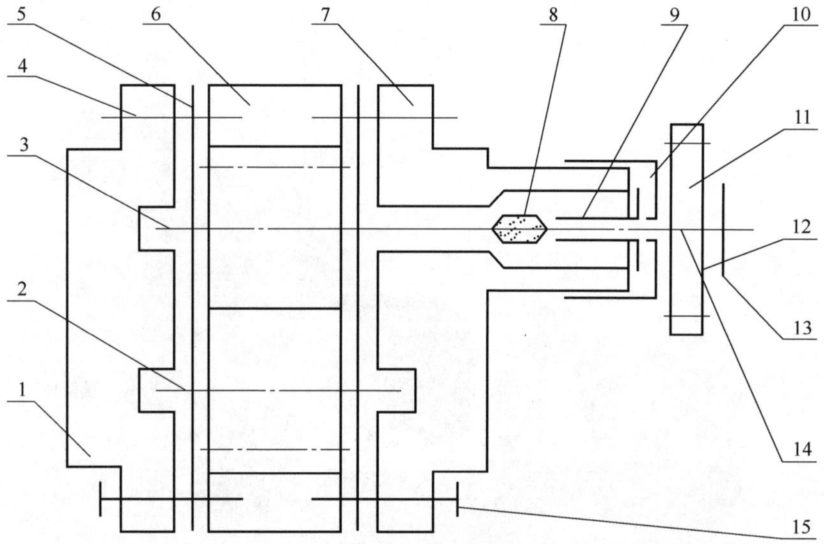

序号	代号	名称	数量	材料	备注
15	GB/T 70.1—2008	螺钉 M6×16	12	35	
14	GB/T 1096—2003	键 4×4×10	1	45	
13	GB/T 6170—2000	螺母 M12	1	35	
12	GB/T 96—1987	垫圈 12	1	65 Mn	
11		传动齿轮	1	45	m=2.5，z=20
10		压紧螺母	1	35	
9		压盖	1	ZCuSn5-5-5	
8		密封圈	1	毛毡	
7		右端盖	1	HT200	
6		泵体	1	HT200	
5		垫片	2	纸	t=1
4	GB/T 119.1—2000	销 5 m6×18	4	45	
3		传动齿轮轴	1	45	m=3，z=9
2		齿轮轴	1	45	m=3，z=9
1		左端盖	1	HT200	

齿轮油泵装配示意图	比例	图号	09.01.00
		共 张	第 张
	（单位）		

图 6-2-3　齿轮油泵的装配示意图

所要绘制部件的工作原理、结构特点及各零件间的装配关系做进一步的了解，拟定表达方案和绘图步骤，最后完成装配图的绘制。

1. 拟定表达方案

（1）选择主视图。画装配图时，部件大多按工作位置放置。主视图方向应选择反映部件主要装配关系及工作原理的方位，为详细地表达零件间的装配关系，主视图的表达方法多采用剖视。

齿轮油泵的主视图采用沿主要装配干线的全剖视的表达方法，将齿轮油泵中主要零件的相互位置及装配关系等表达出来。为了表达齿轮间的啮合关系，又采用了两个局部剖视。

（2）选择其他视图。其他视图的选择以进一步准确、完整、简便地表达各零件间的

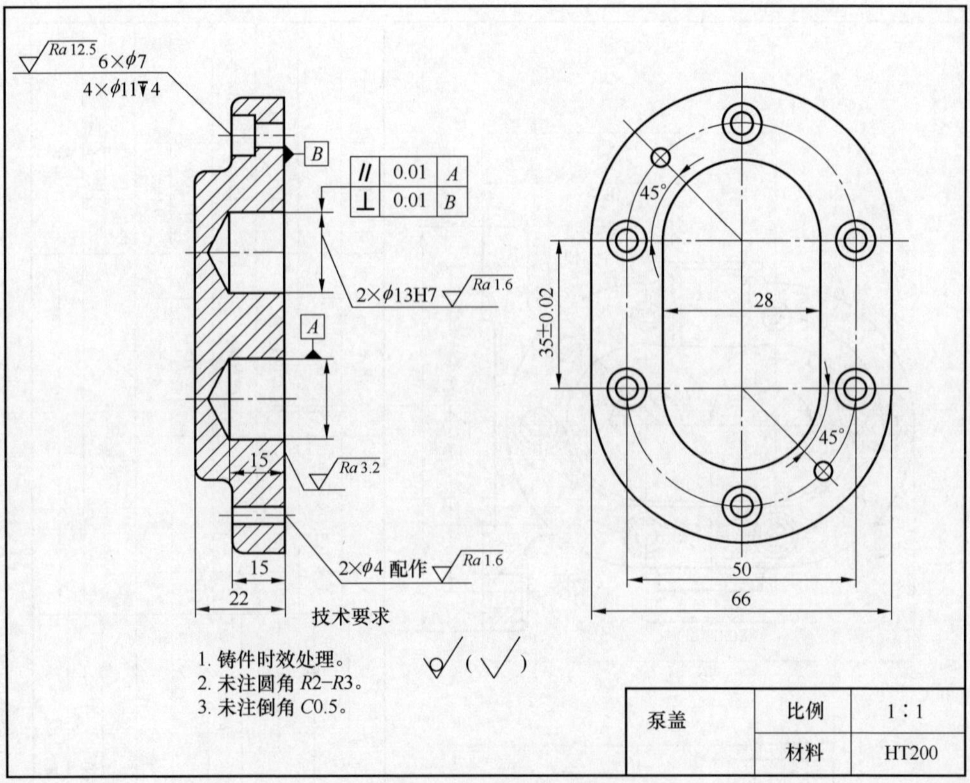

图 6-2-4　泵盖零件图

结构形状及装配关系为原则，因此多采用局部剖、拆去某些零件后的视图、断面图等表达方法。

齿轮油泵在主视图采用全剖视的基础上，由于油泵结构对称，左视图采用沿结合面剖切的半剖视图，这样既清楚地表达了油泵的工作原理，也清楚地表明了连接泵盖和泵体的螺钉的分布情况及泵盖和泵体的内外结构。另外，为表达吸油口及安装孔的形状，左视图还采用了两个局部剖视。完整的表达方案如图 6-2-5 所示。

2. 装配图画图步骤

根据拟定的表达方案，按以下步骤绘制装配图。

（1）选比例、定图幅、布图。按照部件的复杂程度和表达方案，选取装配图的绘图比例和图纸幅面。布图时，要注意留出标注尺寸、编序号、明细栏和标题栏以及写技术要求的位置。在以上工作准备好后，即可画图框、标题栏、明细栏，画各视图的主要基准线，如图 6-2-5 所示。

（2）按装配关系依次绘制主要零件的投影。按齿轮油泵的主要装配干线由里往外逐个绘制主要零件的投影，如图 6-2-5 所示。

（3）绘制部件中的连接、密封等装置的投影。继续绘制详细的连接、密封等装置的投影，如图 6-2-5 所示。

（4）标注必要的尺寸、编序号、填写明细表和标题栏，写技术要求。如图 6-2-5 所示为最后完成的装配图。

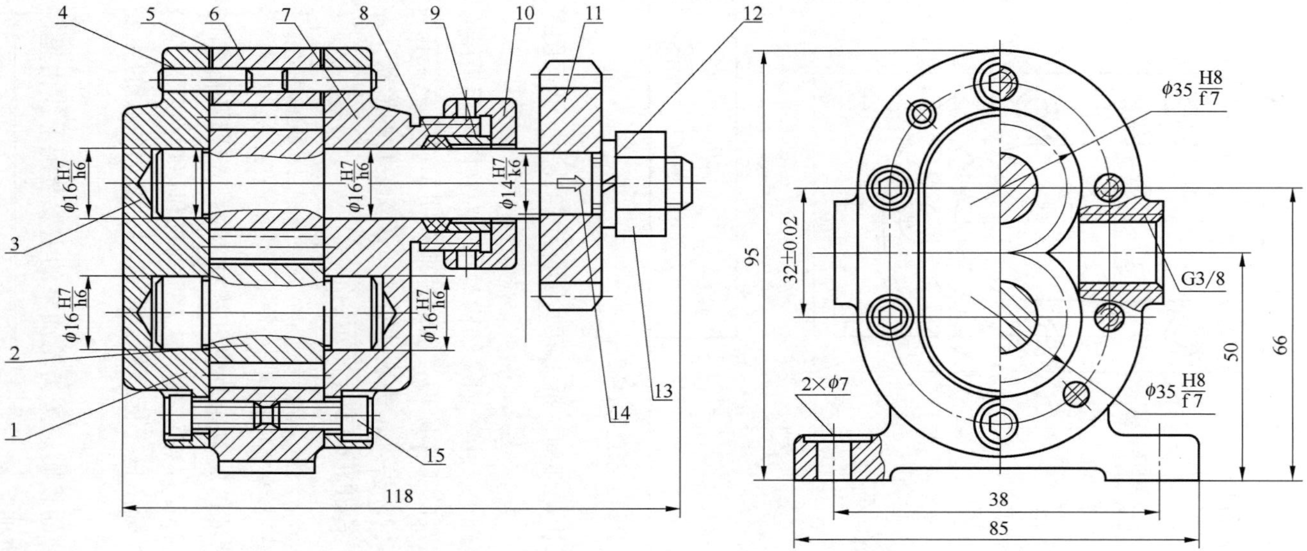

技术要求

1. 齿轮安装后，手转动传动齿轮时，应灵活旋转。
2. 两齿轮轮齿的接触面应占齿面的 3/4 以上。

序号	代号	名称	数量	材料	备注
15	GB/T 70.1—2008	螺钉 M6×16	12	35	
14	GB/T 1096—2003	键 4×4×10	1	45	
13	GB/T 6170—2015	螺母 M12	1	35	
12	GB/T 96—2002	垫圈 12	1	65 Mn	
11		传动齿轮	1	45	m=2.5，z=20
10		压紧螺母	1	35	
9		压盖	1	ZCuSn5-5-5	
8		密封圈	1	毛毡	
7		右端盖	1	HT200	
6		泵体	1	HT200	
5		垫片	2	纸	t=1
4	GB/T 119.1—2000	销 5 m6×18	4	45	
3		传动齿轮轴	1	45	m=3，z=9
2		齿轮轴	1	45	m=3，z=9
1		左端盖	1	HT200	

齿轮油泵	比例	图号	09.01.00
		共 张	第 张
	（单位）		

图 6-2-5　齿轮油泵装配图

任务实施单

<table>
<tr><th colspan="2">方法步骤</th><th>解析</th></tr>
<tr><td>1. 分析千斤顶各部件的组成及工作原理</td><td>(1)通过零件图分析零件结构,明白零件之间装配连接关系
(2)明白千斤顶工作原理</td><td>千斤顶由 5 部分组成,结构相对简单,主要靠螺纹连接
通过旋转杆将起重螺杆旋转,从而使升降顶盖获得起升或下降,而达到起重物体的功能</td></tr>
<tr><td rowspan="2">2. 看懂各零件图纸,知道各零件的结构</td><td>(1)旋转杆</td><td>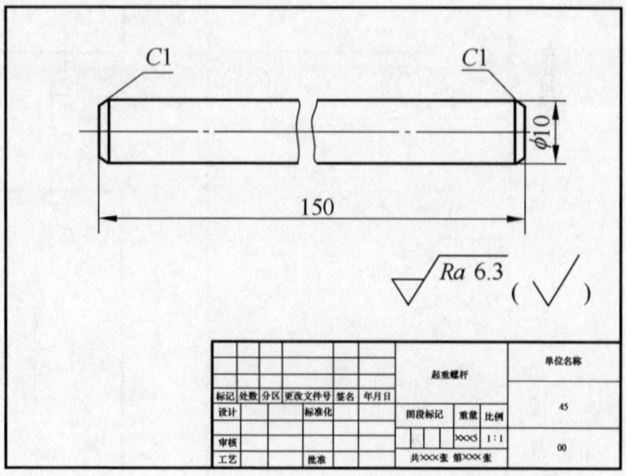
</td></tr>
<tr><td>(2)螺杆</td><td>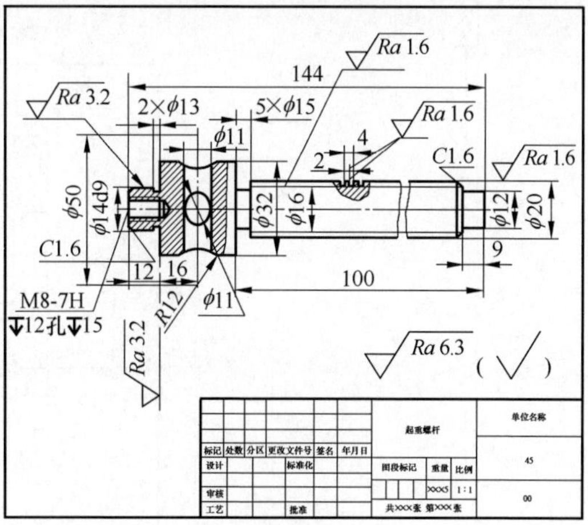
</td></tr>
</table>

续表

方法步骤		解析
2. 看懂各零件图纸，知道各零件的结构	(3)底座	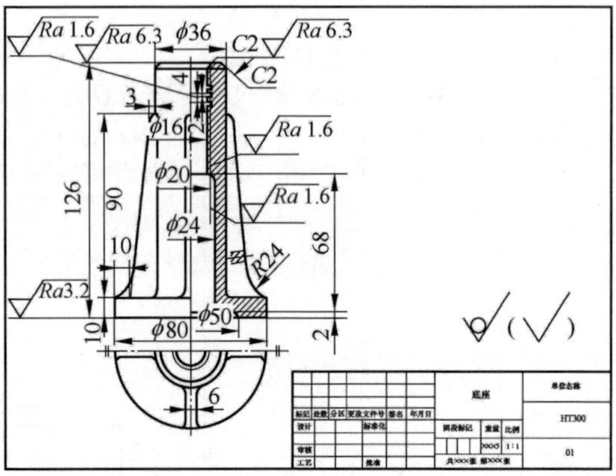
	(4)螺钉	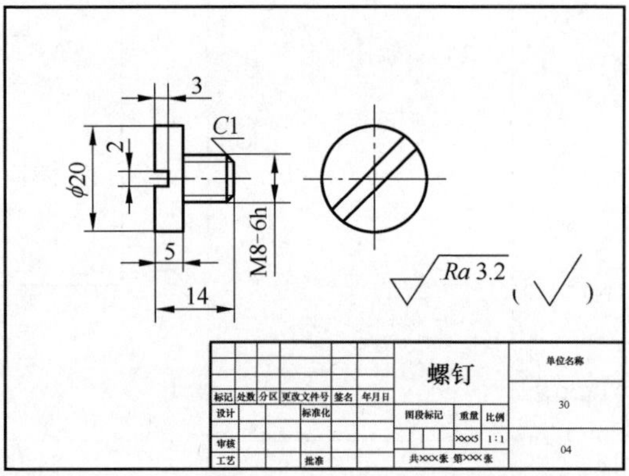
	(5)顶盖	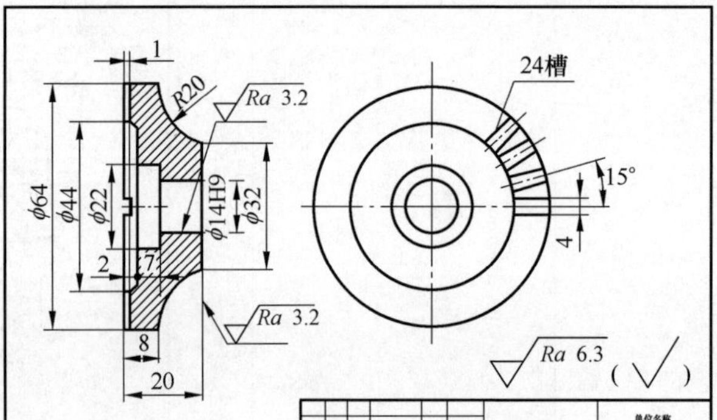

续表

方法步骤	解析
3. 拟定表达方案,画装配图	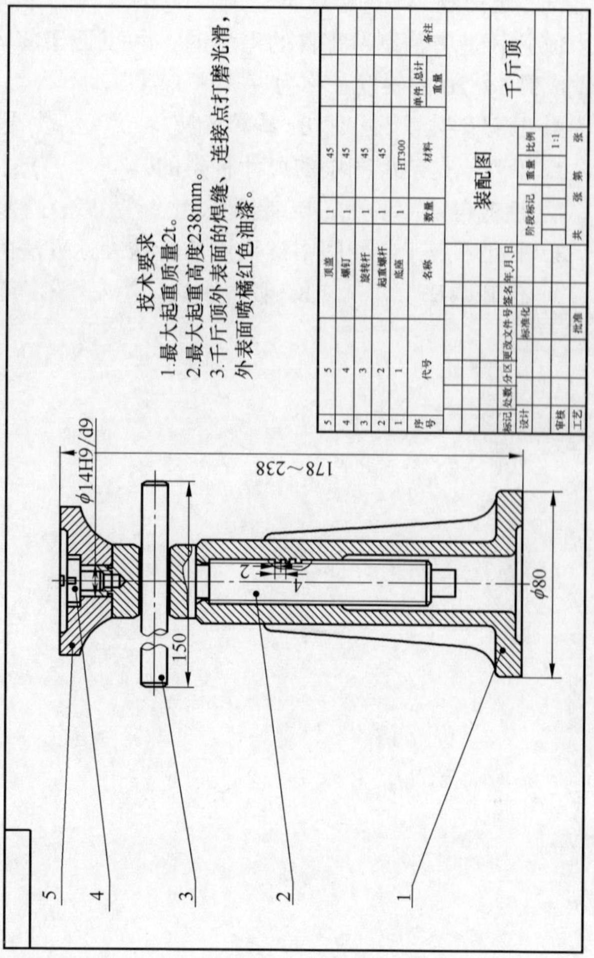

实作练习

一、填空题

1. 一张完整的装配图应具有下列四部分内容__________、__________、__________、__________。

2. 表面粗糙度是评定零件________的一项技术指标，常用参数是________，其值越小，表面越________；其值越大，表面________。

3. 表面粗糙度符号用________表示，表示表面是用________的方法获得。

4. 标准公差是国家标准所列的用以确定________的任一公差。公差等级是确定________的等级。标准公差分________个等级，即________，等级依次________；其中IT表示________，阿拉伯数字表示________。

5. 对于一定的基本尺寸，公差等级越高，标准公差值越________，尺寸的精确程度越________。

6. 配合分为________、________、________三类。

7. 配合的基准制有________和________两种。优先选用________。

二、选择题

1. 用铸造方法制造零件的毛坯时，为了便于将木模从砂型中取出，一般沿木模的方向做成约 1 : 20 的斜度，称为（　　）。

A. 拔模斜度　　B. 拔模角度　　C. 拔模比　　D. 起模角度

2. 下列不是装配图中的尺寸种类的是（　　）。

A. 性能尺寸　　B. 装配尺寸　　C. 零件尺寸　　D. 安装尺寸

3. 下列不属于装配图中常采用的特殊表达方法的是（　　）。

A. 拆卸画法　　B. 假想画法　　C. 简化画法　　D. 省略画法

模块三

计算机绘图

计算机绘图指用绘图软件和计算机实现图形显示、辅助绘图与设计的一项技术。AutoCAD（Auto Computer Aided Design）是美国 Autodesk 公司开发的 CAD 软件包，用于二维绘图、详细绘制、设计文档和基本三维设计。AutoCAD 操作简便、应用广泛，是现在工程领域最流行的图形软件之一。机械、机电类专业学生运用计算机软件绘制机械图样是必须具备的重要技能。

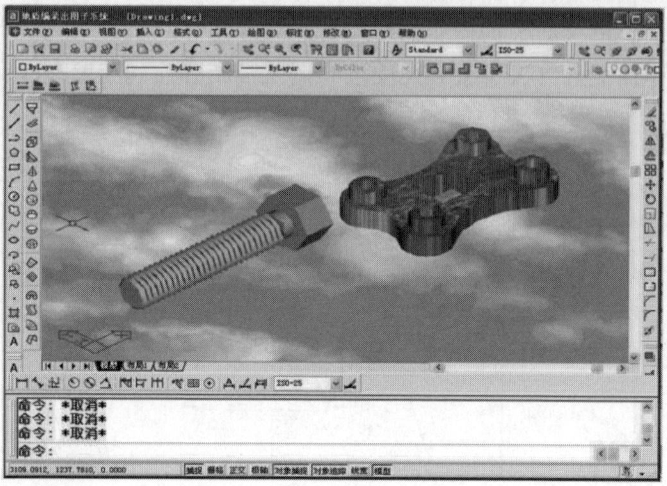

AutoCAD 三维绘图

职业素养：图形如所做的产品一样，必须要有质量，不能看着像就行，手工绘图存在诸多弊端，计算机绘图顺应时代发展，不仅提高了绘图效率，而且准确表达了设计意图，但绘制也必须做到“精益求精”。

项目七

AutoCAD绘图基础

在学习 CAD 软件时，要了解软件的基本情况，熟悉软件的应用特点，才能有目的、有针对性地学习，养成良好的作图习惯，精确、快速、规范地作图。

配套课件　配套视频

项目七任务一

任务一　认识 AutoCAD 及基本操作

学习目标

（1）熟悉 AutoCAD 工作界面，会进行文件的基本操作。

（2）了解绘图环境，会根据需要初步设置绘图环境。

（3）会掌握坐标输入方法，会利用辅助绘图工具精确绘制图形。

学习任务单

任务名称	AutoCAD 基本操作
任务描述及要求	1. 利用极坐标追踪模式绘制图 7-1-1 图形 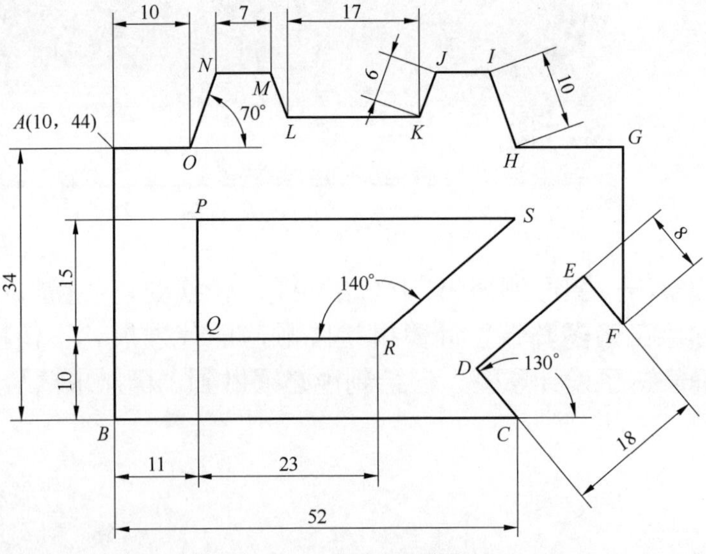 图 7-1-1　极轴追踪绘图

续表

<table>
<tr><td>任务描述及要求</td><td>2. 设置图层，绘制图 7-1-2 图形
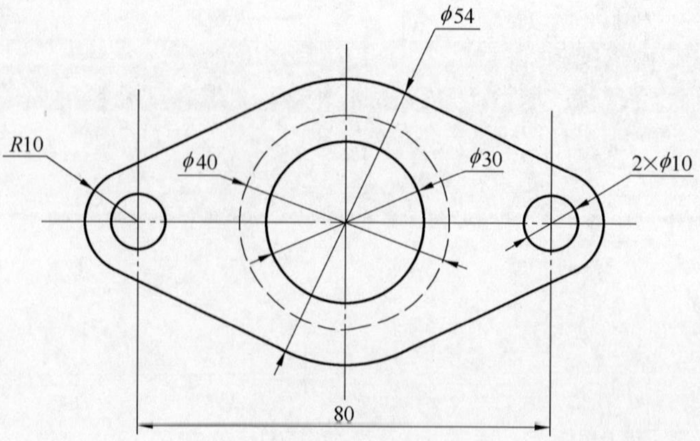

图 7-1-2 设置图层、绘图</td></tr>
<tr><td>任务分析</td><td>1. 熟悉坐标绘图及 CAD 辅助功能，极轴增量角设置合理
2. 熟悉图层的设置</td></tr>
<tr><td>任务评价</td><td>采用教师讲评与学生互评相结合。评价内容：图形绘制是否正确，活动是否积极，将讨论回答的问题评分，计入平时成绩</td></tr>
</table>

知识导航

一、 AutoCAD 的启动和退出

1. 启动 AutoCAD

（1）双击桌面上的 AutoCAD 快捷图标。

（2）单击 Windows 任务栏上的“开始/程序/Autodesk”菜单项。

（3）双击任一已经存在的 AutoCAD 图形文件。

2. 退出 AutoCAD

（1）单击标题栏上的“关闭”按钮。

（2）单击“文件/退出”菜单项。

（3）使用 Ctrl+Q 组合键。

二、 AutoCAD 的工作界面

如图 7-1-3 所示是 AutoCAD 典型的工作界面，其组成部分有：标题栏、菜单栏、工具条、绘图区、文本窗口、十字光标、坐标系及图标、命令行、状态栏等。

1. 标题栏

标题栏在工作界面最上方，左端为快速访问工具栏，有一些常用的命令按钮，如“新建”“打开”等，中间显示当前运行的程序名及当前绘制的图形文件名等信息，右上角为最小（大）化/还原和关闭按钮。

2. 菜单栏

菜单栏是 Windows 应用程序广泛采用的人机交互形式，它包含了 AutoCAD 运行的功

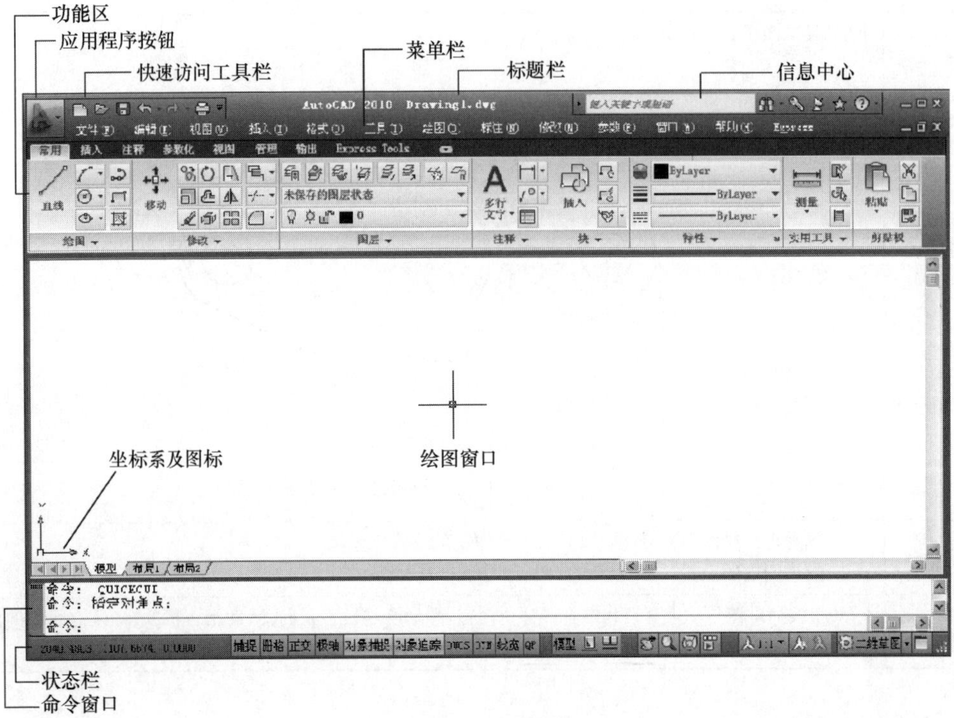

图 7-1-3　AutoCAD 典型工作界面

能和命令。下拉菜单位于标题栏的下方，单击任意菜单项都会出现一个下拉菜单，可以采用光标、热键和快捷键等任意一种方式实现菜单命令的调用，如图 7-1-4 所示是“绘图”下拉菜单。菜单命令后带有小三角符号表示还有子菜单；菜单命令后带有“...”符号表示执行该命令后会弹出一个对话框；菜单命令后带有热键字母的表示可以通过按下该热键字母来启动此命令；菜单命令后带有快捷键字母的表示可以通过直接按下快捷键来启动该命令。如果命令显示为灰色，则表示该命令在当前状态下是不可用的。

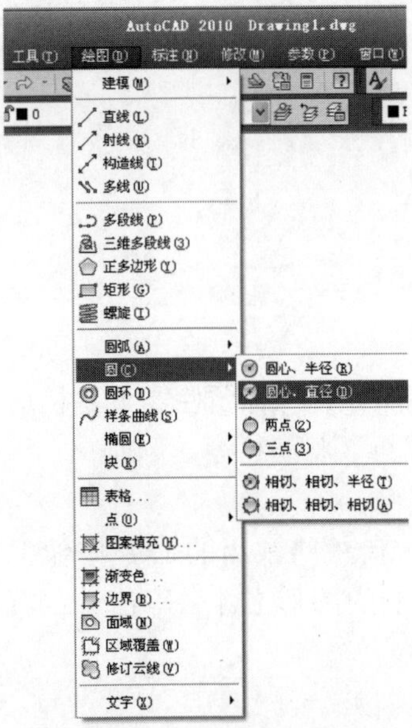

图 7-1-4　“绘图”下拉菜单

快捷菜单集成了系统的常用功能和命令。快捷菜单的内容与当前状态密切相关，如没有几何对象被选中时，在绘图区中单击鼠标右键，菜单提供最基本的命令；当选中对象后，快捷菜单中提供了关于该选定对象的编辑命令；在命令执行过程中，快捷菜单提供了该命令的所有选项。

3. 工具栏

工具栏是 Windows 应用程序图形化用户界面广泛使用的人机交互方式，是命令按钮的集合，是浮动的，一般设 Standard（标准）、ObjectProperties（对象特征）、Draw（绘图）、Modify（修改）等常用工具栏。将鼠标光标停放在某个工具栏图标上，系统将在鼠标位置显示详细的命令提示。

可以通过以下两种方法显示工具栏。

(1) 右键单击任意工具栏的空白处，在弹出的快捷菜单中单击“AutoCAD”，再在其级联菜单中选择要显示的工具栏选项。

(2) 单击【AutoCAD】→要显示的工具栏选项。

4. 绘图窗口

绘图窗口是用户的绘图工作区域，如图 7-1-3 所示。绘图区实际上是无限大的，用户可以通过缩放、平移等命令在有限的屏幕范围来观察绘图区中的图形。在默认情况下，绘图区的颜色是黑色的。在实际操作中建议用户将绘图区的背景色改为白色。

方法是：单击菜单栏中【工具】→【选项】→【显示】→【颜色】→“白”→【应用并关闭】→【确定】。

5. 命令行

命令行位于绘图区的下方，是通过键盘输入命令和输入绘图数据的地方，也是计算机向用户作出相关提示的地方。用户在功能区或工具栏中选择某个命令时，也会在命令行中显示提示信息，如图 7-1-5 所示。

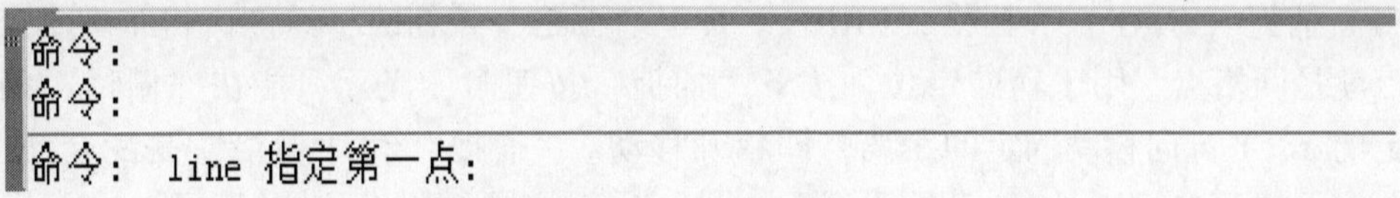

图 7-1-5 命令行

6. 十字光标

绘图区中的光标为十字光标（图 7-1-3），用于绘图时的坐标定位和对象选择。

7. 坐标系及图标

利用坐标系可以确定对象在绘图空间所处的位置。AutoCAD 默认坐标系为世界坐标系（WCS），其图标如图 7-1-6（a）所示。

AutoCAD 中还有另外一种非常重要的坐标系——用户坐标系（UCS），其图标如图 7-1-6（b）所示。它是一种相对坐标系，我们可以设置各种不同的用户坐标系以适应绘图的不同需要。

图 7-1-6（a）表示用户处于世界坐标系（WCS）。

图 7-1-6（b）表示用户处于用户坐标系（UCS）。

图 7-1-6（c）表示用户处于世界坐标系（WCS）图纸空间。

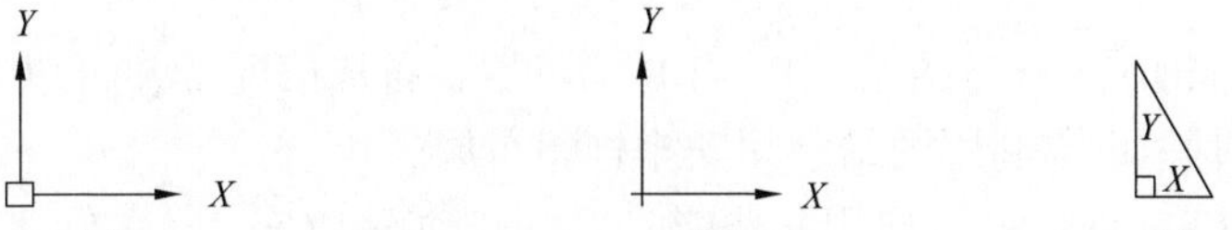

图 7-1-6 坐标系及图标

8. 状态栏

状态栏位于主窗口底部，用来反馈用户当前工作状态。状态栏由应用程序状态栏和图形状态栏组成。图形状态栏显示缩放注释的若干工具，图形状态栏打开时，显示在图形的底部；图形状态栏关闭时，图形状态栏上的工具移至应用程序状态栏。

应用程序状态栏有 11 个开关按钮，分别对应相关的辅助绘图工具，即 SNAP（捕捉）、GRID（栅格）、ORTHO（正交）、POLAR（极轴）、OSNAP（对象捕捉）、OTRACK（对象追踪）、DUCS（动态 UCS）、DYN（动态数据输入）、LWT（线宽）、QP（快捷特性）、MODEL（模型空间）或者 PAPER（图纸空间），如图 7-1-7 所示。用鼠标单击任意按钮，可以切换当前状态为“开”或“关”。这些按钮的功能如下。

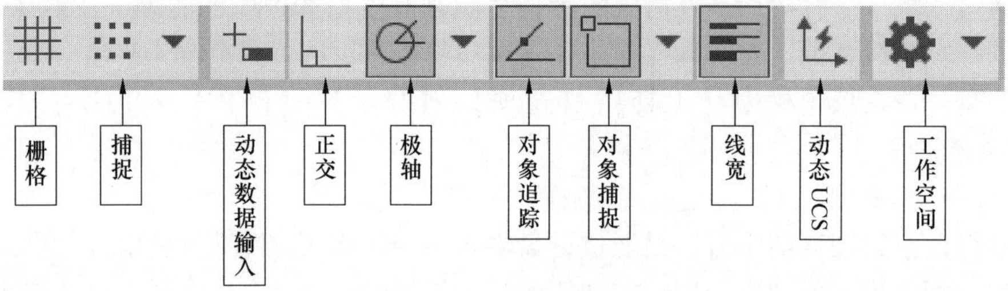

图 7-1-7　状态栏

（1）捕捉（SNAP）和栅格（GRID）。按下“栅格”按钮时，绘图区将布满小点，这些小点就是网格点，用于辅助定位。按下“捕捉”按钮时，光标只能在“栅格”网格点所指定的 X、Y 方向移动固定的距离，即精确移动。“捕捉”和“栅格”是配合使用的，可以单击下拉菜单“工具”/“草图设置”，设置 X、Y 方向的栅格和捕捉间距。

（2）正交（ORTHO）。启用此功能时，只能绘制垂直或者水平的直线。

（3）极轴（POLAR）。启用此功能时，系统将根据绘图的方向显示一条追踪线，可以根据追踪线的提示精确移动光标，从而精确绘图。利用草图设置对话框的极轴追踪选项卡可重新设置追踪线与 X 轴的夹角。

（4）对象捕捉（OSNAP）。启用此功能时，系统将捕捉已有对象的关键点，从而实现精确绘图。可以在草图设置对话框中设置捕捉端点、中点、交点、圆心等。

（5）对象追踪（OTRACK）。启用此功能时，可以通过捕捉对象上的关键点，然后移动光标，此时系统将显示光标当前位置与捕捉点之间的相对关系。如果找到符合要求的点，可以直接单击它。

（6）线宽（LWT）。启用此功能时，可以直接在屏幕上显示线条宽度，以便表现出各种具有不同线条宽度的对象之间的区别。

（7）动态数据输入（DYN）。启用此功能时，可以直接在屏幕上的文本输入框中输入相应的准确数值。

（8）模型（MODEL）与图纸（PAPER）切换。通常情况下，可以在模型空间绘图，当希望打印图纸时，可以利用图纸空间安排打印布局。

（9）动态 UCS（DUCS）。启用此功能时，打开动态 UCS，以在创建对象时使 UCS 的 XY 平面自动与实体模型上的平面临时对齐。

9. 功能区和面板

应用功能区和面板是调用命令的一种常用方式，功能区中列出了各种应用命令，功能区选项标签如图 7-1-3 所示，单击某个选项标签，会显示其下的面板工具栏，面板是一组图标型工具的集合，默认情况下，当使用“二维草图与注释”工作空间或“三维建模”工作空间时，面板将自动打开。此外，单击【工具】→【选项板】→【功能区】菜单也可以打开功能区面板窗口。

三、文件的基本操作

1. 新建图形文件

在画第一张图之前，先要创建新图，在 AutoCAD 中创建新图有四种途径：

① 菜单栏：单击【文件】→【新建】。

② 工具栏：单击标准工具栏中的“新建”图标。

③ 命令行：输入 New 并回车。

④ 键盘：Ctrl+N。

以上任何一种方法操作完毕后，屏幕上都会弹出如图 7-1-8 所示“选择样板”对话框。可单击“打开”按钮右侧的倒三角按钮，“无样板打开-公制”选项，以创建新的无样板图形文件。

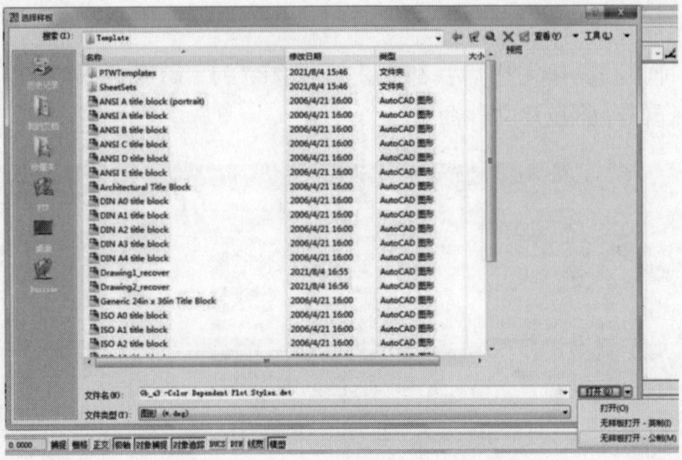

图 7-1-8 “选择样板”对话框

2. 打开原有图形文件

打开已有图形文件有四种方法：

① 菜单栏：单击【文件】→【打开】。

② 工具栏：单击标准工具栏上的“打开”图标。

③ 命令行：输入“Open”并回车。

④ 键盘：Ctrl+O。

以上任何一种方法操作完毕后，都会出现如图 7-1-9 所示的“选择文件”对话框，用户可以直接输入文件名，打开已有文件，也可在选择框中双击需打开的文件。

3. 保存图形文件

保存图形文件有四种方法：

① 菜单栏：单击【文件】→【保存】。

② 工具栏：单击标准工具栏上的“保存”图标。

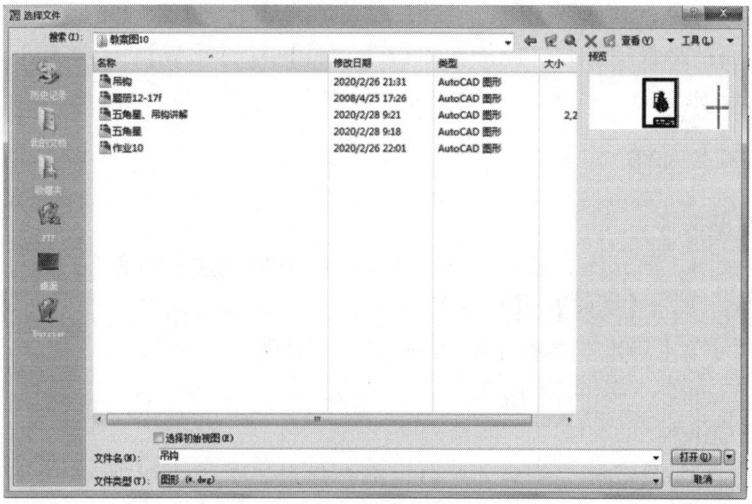

图 7-1-9 “选择文件”对话框

③ 命令行：输入“Save”并回车。

④ 键盘：Ctrl+S。

以上任何一种方法操作完毕后，都会出现如图 7-1-10 所示的“图形另存为”对话框，用户可以选择保存路径及文件命名。

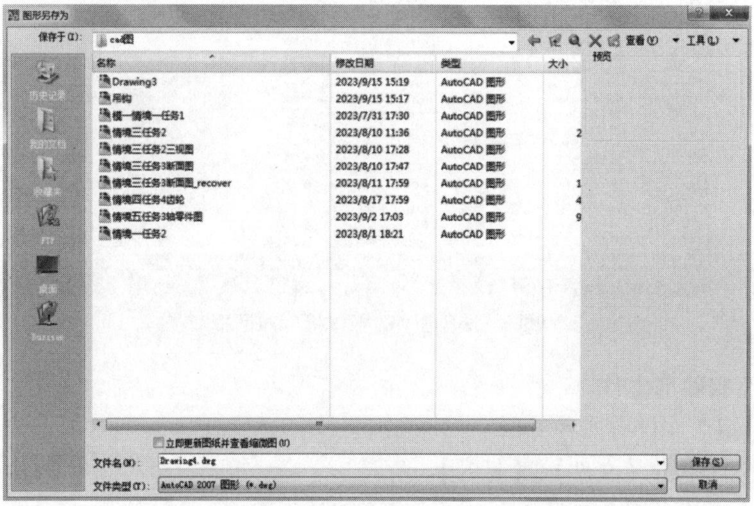

图 7-1-10 “图形另存为”对话框

四、AutoCAD 命令输入方法

1. 键盘操作

AutoCAD 所有命令都可在命令行输入“命令”操作，如图 7-1-11 所示。

2. 菜单输入

单击“修改”下拉菜单，在屏幕上就会显示“修改”的各个命令。除了下拉菜单，还有快捷菜单、屏幕菜单等其他形式，如图 7-1-12 所示。

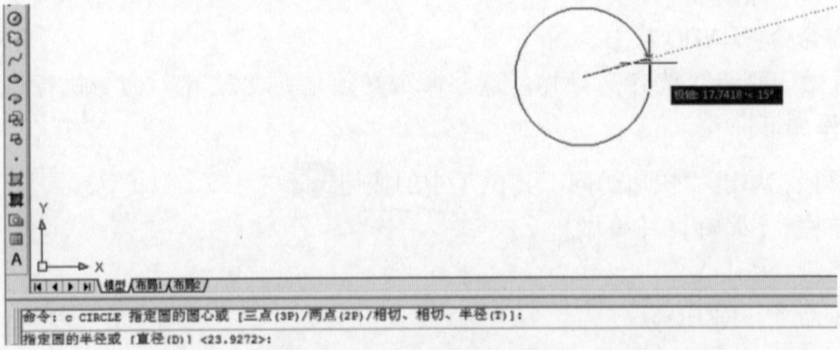

图 7-1-11　命令行输入命令

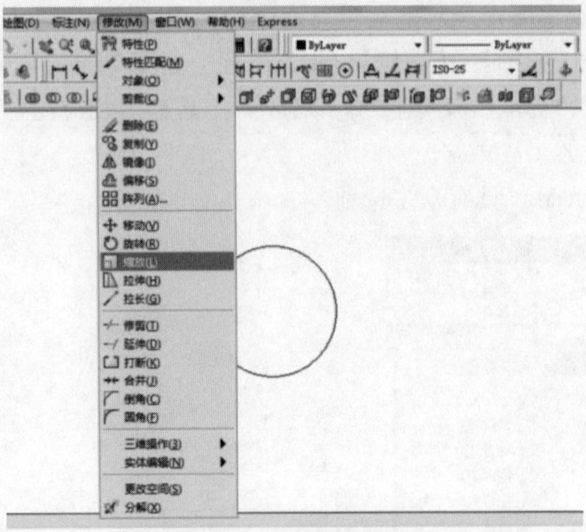

图 7-1-12　菜单输入

3. 工具栏输入

单击工具栏上的相应按钮即可执行命令，是最为快捷的方法之一，如图 7-1-13 所示。

图 7-1-13　工具栏输入

4. 重复执行

按下空格键，就可以重复执行上一个刚刚执行的命令。

5. 放弃和重做命令

（1）放弃。逐次取消已经完成的一些错误操作，“放弃”操作如下：

① 工具栏：单击“快速访问工具栏”中的按钮。

② 菜单栏：【编辑】→【放弃】。

③ 功能键：Ctrl+Z。

④ 键盘命令：UNDO 或 U。

（2）重做。取消“放弃”操作。这一命令必须是在“放弃”命令执行后立刻执行。“重做”操作如下：

① 工具栏：单击“快速访问工具栏”中的按钮。

② 菜单栏：【编辑】→【重做】。

③ 功能键：Ctrl+Y。

④ 键盘命令：REDO。

6. 图形缩放和平移

（1）缩放。可以增大或减小图形在视窗中显示的比例，满足用户既能观察图形中复杂的局部结构，又能观察图形全貌的需求。命令的调用方式如下：

① 菜单栏：单击【视图】→【缩放】→相应选项，如图 7-1-14 所示。

② 工具栏：单击“标准”工具栏或“缩放”工具栏中相应图标，如图 7-1-15 所示。

③ 命令行：输入 ZOOM 或 Z。

④ 缩放命令（ZOOM）具有众多选项。

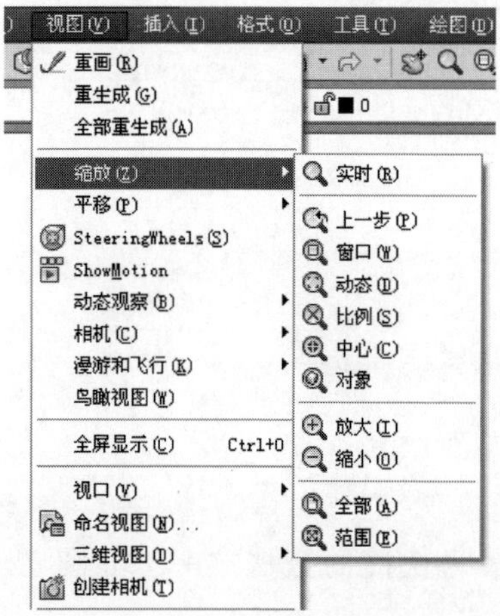

图 7-1-14 “缩放”菜单命令

图 7-1-15 “缩放”工具栏

（2）平移。由于屏幕的大小是有限的，在 AutoCAD 中绘图时，如果图形比较大，必然会有部分内容无法显示在屏幕内，如果想查看处在屏幕外的图形，就可以使用平移命令。该命令的调用方式如下：

① 菜单栏：单击【视图】→【平移】→【实时】。

② 工具栏：单击“标准”工具栏“实时平移”图标。

③ 命令行：输入 PAN。

进入“实时平移”模式后，光标变成手形，此时按住鼠标左键不放并拖动，即可平移视图。要结束实时平移视图，可按 Esc 键、Enter 键，或单击鼠标右键打开快捷菜单，然后从中选择“退出（E）”选项。如果用户所用鼠标带有滚轮，通过滚动滚轮可以进行实时缩放。按住鼠标滚轮并移动可以进行实时平移。

五、AutoCAD 绘图环境设置

（一）设置图形界限

用户在绘图时可将 AutoCAD 的绘图区看作一幅无穷大的图纸，用户可在 AutoCAD 中绘制任何尺寸的图形。但是，实际上任何对象都不可能真正是无穷大的。因此，为了规划绘图区域，我们需要设置图形界限。

1. 启用命令方式

菜单栏：单击【格式】→【图形界限】。

命令行：输入 LIMITS。

2. 操作步骤

启用命令后，在命令提示行将显示：

命令：'_limits

重新设置模型空间界限：指定左下角点或［开（ON）/关（OFF）］<0.0000，0.0000>：指定右上角点<420.0000，297.0000>：

3. 执行结果

设置了一个以左下角点和右上角点为对角点的矩形绘图区域。默认时，设置的是 A3 图幅的绘图界限。

4. 说明

若选择"开（ON）"，则只能在设定的绘图界限内绘图；若选择"关（OFF）"，则绘图没有界限限制。默认状态为"关（OFF）"。

设置了绘图界限并打开其开关后，用户将无法在图形界限外绘制图形，从而确保了绘图的准确性。此外，图形界限也用于辅助栅格显示和图形缩放。单击状态栏上的"栅格"显示开关后，系统仅在图形界限内显示栅格；若单击标准工具栏上的"全部缩放"工具或选择"视图"→"缩放"→"全部"菜单后，系统将按图形界限缩放图形。

5. 使用举例

其步骤如下：

① 新建一图形文件。

② 选择"格式"→"图形界限"菜单，并在命令行依次输入"0，0"和"200，100"，指定图形界限。其初始画面如图 7-1-16 所示。

③ 按回车键重新发出 LIMITS 命令，并输入"ON"打开图形界限。

④ 单击状态栏上的"栅格"按钮，打开栅格显示。

⑤ 选择"视图"→"缩放"→"全部"菜单，使图形界限所设区域居中并充满屏幕，其结果如图 7-1-17 所示。

（二）设置绘图单位

在 AutoCAD 中，用户可以用任何实际单位进行绘图，如 mm、cm、m、km 等。但是，对于系统而言，它不管用户采用什么单位，它只以图形单位来计算绘图尺寸。为了绘图方便，用户可以随时改变所使用的单位格式。启用命令方式如下：

菜单栏：单击【格式】→【单位】。

命令行：输入 UNITS 或 UN。

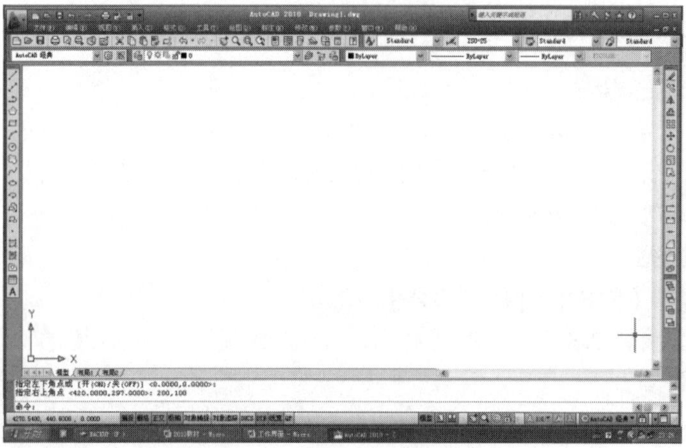

图 7-1-16　新建图形

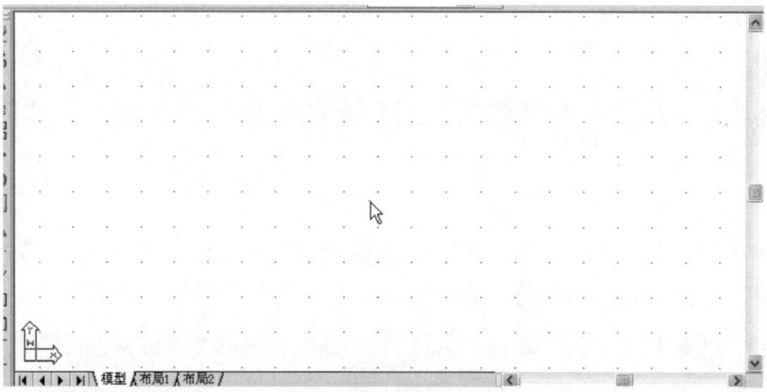

图 7-1-17　全部缩放图形界限

启用命令后，屏幕上将弹出图 7-1-18 所示“图形单位”对话框。用户可对此对话框中的相应内容进行设置。

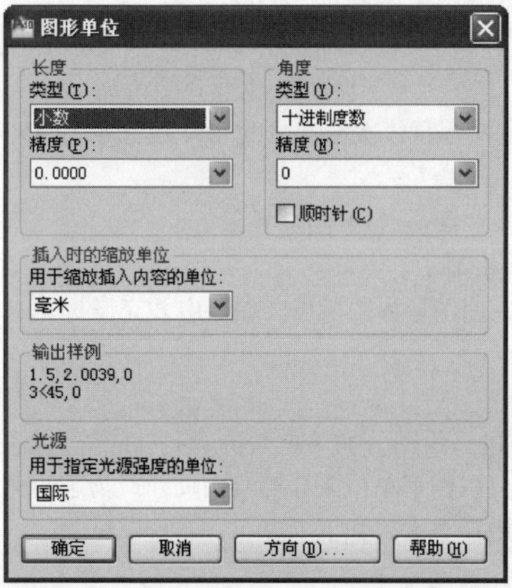

图 7-1-18　“图形单位”对话框

（三）图层设置及管理

图层是用户用来组织自己的图形的最为有效的工具之一。使用图层的目的是使图形清晰和方便图形管理，同时也节省存储空间。可以将 AutoCAD 的图层想象成没有厚度的透明纸，一层挨一层放置，将具有不同特性（如颜色、线型、线宽等）的对象按相同的比例绘制在不同的图层上，然后将这些图层按同一基准点对齐，就得到一幅完整的图形。

1. 图层的创建和设置

当打开 AutoCAD 时，系统已自动创建一个名为 0 的图层，0 图层不能被删除。用户可以根据需要增加和删除图层。每层均可以拥有任意的 AutoCAD 颜色、线型和线宽，而在该层上创建的对象则采用这些颜色、线型和线宽。

（1）创建图层。

方法一：单击下拉菜单【格式】→【图层】。

方法二：单击“图层”工具栏中的图标。

方法三：在命令行输入 LAYER 或 LA，回车。

以上三种方法激活命令后，均会弹出图 7-1-19 所示的“图层特性管理器”对话框，单击“新建图层”按钮可建立新的图层。单击该按钮后，系统将显示图 7-1-20 所示画面，其中显示了新建图层“图层 1”。接下来用户可更改图层名称、设置其属性等。

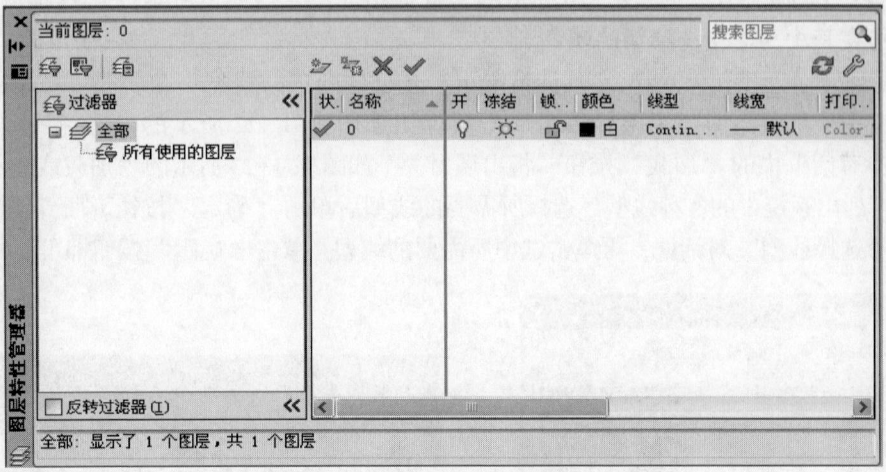

图 7-1-19　“图层特性管理器”对话框

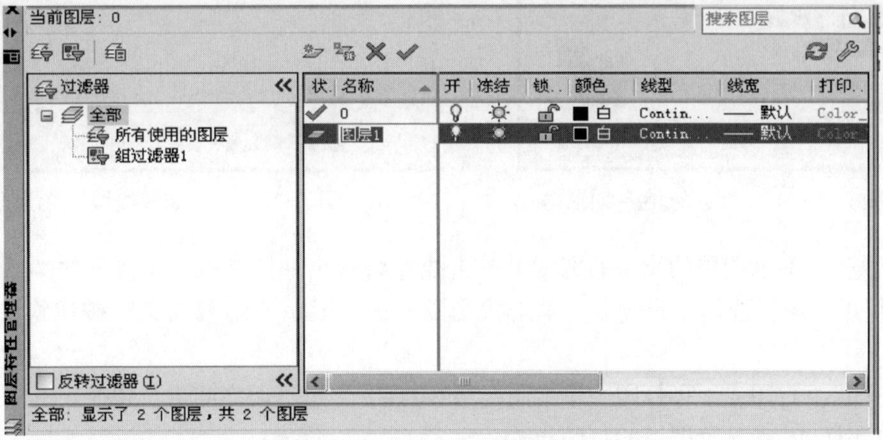

图 7-1-20　创建新图层

（2）设置图层。

此时新建的图层颜色为白色，处于被选中的状态，可以对该图层的各项属性进行设置。

说明如下：

“名称”：显示图层名。单击名称后，可更改图层名。

“打开”：打开或关闭图层。图标是灯泡，当图层被关闭时，该图层上的对象不可见，也不能被编辑和打印，但该图层仍参与处理过程的运算。

“冻结”：冻结或解冻图层。解冻状态的图标是太阳，冻结状态的图标是雪花，当图层被冻结时，该图层上的对象不可见，也不能被编辑和打印，重新生成图形等操作在该图层上也不生效，图层也不参与处理过程的运算，当前图层不能被冻结。

“锁定”：锁定或解锁图层。图标是一把锁，当图层被锁定时，该图层上的对象既能在显示器上显示，也能打印，但不能被选择和编辑修改。当用户在当前图层上进行编辑操作时，可以对其他图层加以锁定，以免不慎对其上的对象进行误操作。

“颜色”：显示图层的颜色。单击颜色名将弹出如图 7-1-21 所示的“选择颜色”对话框，可在其中为图层选择新的颜色。

“线型”：显示图层的线型。默认情况下，新创建图层的线型均为实线（Continuous）。需要改变图层的线型时，用鼠标单击线型将弹出如图 7-1-22 所示的“选择线型”对话框。单击对话框中的“加载”按钮，将出现另一个如图 7-1-23 所示的“加载或重载线型”对话框，列出系统中的各种线型，选择所需要的线型后单击“确定”按钮。回到图 7-1-22 所示的“选择线型”对话框，再单击选中所需要的线型，单击“确定”按钮即可。

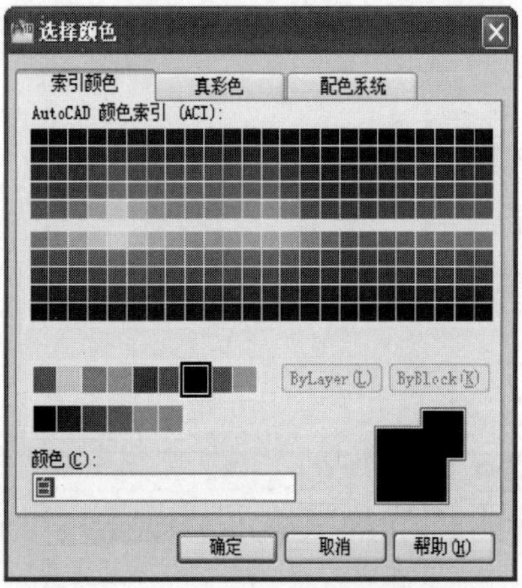

图 7-1-21 “选择颜色”对话框

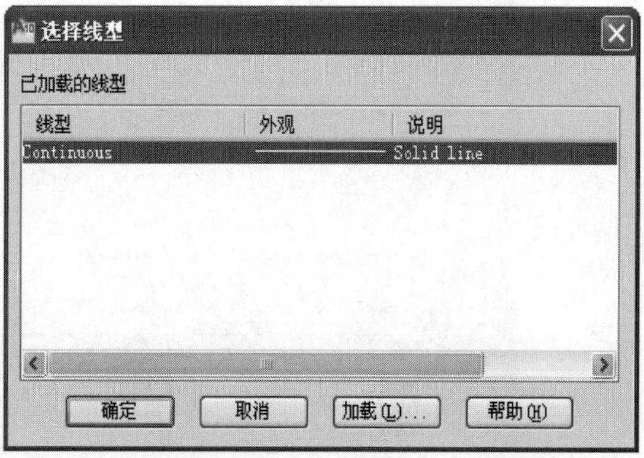

图 7-1-22 “选择线型”对话框

“线宽”：显示图层的线条的宽度。单击线宽将弹出如图 7-1-24 所示的“线宽”对话框，可以为图层选择新的线宽。单击状态栏上的“显示或隐藏线宽”按钮将线宽开启显示。

“打印”：打印或不可打印。单击图标可在打印/不可打印之间进行切换。

“打印样式”：显示图层的打印样式。

2. 图层的管理

（1）设置当前层。当前层就是绘图层，用户只能在当前层上绘制图形，而且所绘制实体的属性将继承当前图层的属性。要将某个图层切换为当前层，可使用以下几种方法实现：

方法一：在“图层特性管理器”对话框中，在图层列表中选中某一图层后（其呈高

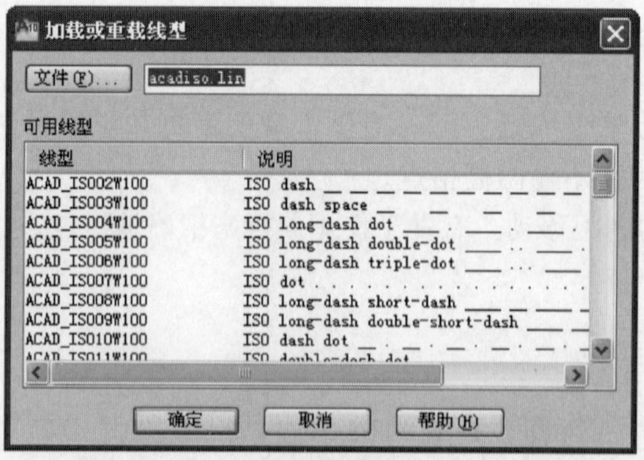

图 7-1-23 “加载或重载线型”对话框

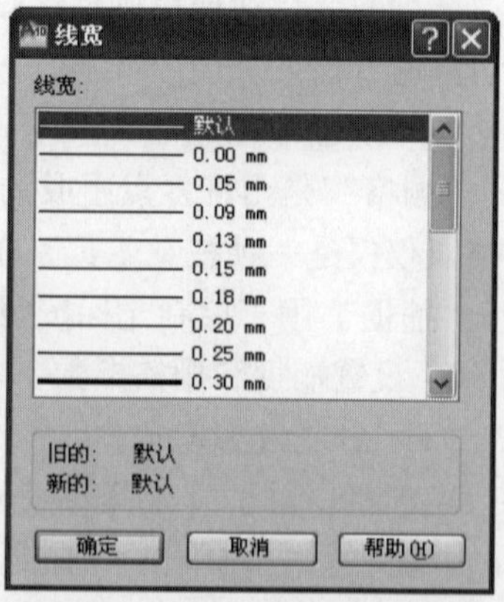

图 7-1-24 “线宽”对话框

亮度显示)，单击“置为当前”按钮✔。刚选中的图层前面就出现✔图标。

方法二：通过“图层”工具栏上的下拉列表框，如图 7-1-25 所示，单击下拉箭头，将高亮度光条移至所需的图层名上，单击鼠标左键。新选的当前层就出现在图层控制区内。

方法三：单击“图层”工具栏上的“上一个图层”按钮，可恢复上一个图层为当前层。

方法四：如果要把某个具体对象所在图层设为当前层，单击“图层”工具栏的“将对象的图层置为当前”按钮，选择一个已绘制的图形线条，该图线所对应的图层即成为当前层。

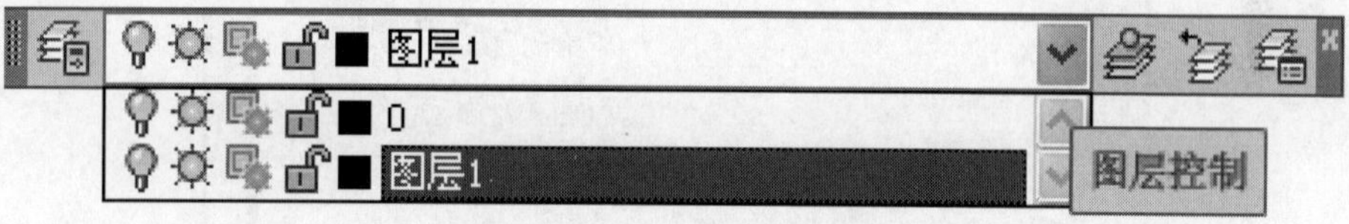

图 7-1-25 “图层”工具栏

使用图层时应注意：

① 当前层不能被冻结，被冻结的图层不能作为当前层。

② 编辑已存在的图形不受当前层的限制。

③ 同一文件的所有图层处于同一个坐标系和绘图界限中。

(2) 删除图层。要删除图层，可在“图层特性管理器”对话框中的图层列表区选中要删除的图层后单击“删除”按钮✖。

注意：下列图层不能被删除：

① 0 层和 Defpoints 层。

② 当前层和含有对象的图层。

③ 依赖外部参照的图层。

六、辅助与精确绘图

AutoCAD 状态栏处的相关按钮为用户提供了常用的绘图辅助工具，熟练地使用它们，可以帮助我们快速而精确地绘图。这些按钮大多属于透明命令，在绘制和编辑图形的过程中可随时开启或关闭。

（一）栅格和捕捉

“栅格”是由许多点组成的矩形，类似于坐标纸，可以提供直观的距离和位置参照。栅格点仅仅是一种视觉工具，在图形输出时并不输出栅格点。

“捕捉”用于控制光标按照用户定义的间距移动，有助于使用鼠标来精确地定位。

1. 设置捕捉和栅格参数

（1）命令激活方式。

菜单栏：单击【工具】→【草图设置 ... 】。

状态栏：右键单击“捕捉”或“栅格”按钮，在弹出的快捷菜单中单击“设置”命令。

（2）操作步骤。激活命令后，打开如图 7-1-26 所示的“草图设置”对话框，在“捕捉”和“栅格”选项卡中，可以设置捕捉和栅格的相关参数。

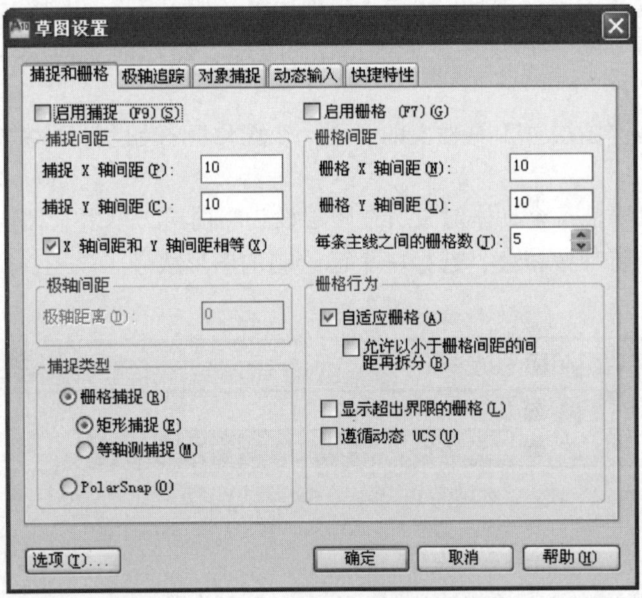

图 7-1-26 “草图设置”对话框

2. 打开或关闭捕捉和栅格

打开或关闭捕捉和栅格功能有以下几种方法：

① 单击状态栏中的“捕捉”或“栅格”按钮。

② 按 F9 键打开或关闭捕捉，按 F7 键打开或关闭栅格。

③ 在“草图设置”对话框中，在“捕捉和栅格”选项卡中选中或取消“启用捕捉”和“启用栅格”复选框。

（二）正交

打开正交模式，用户只能画水平或垂直线。当光标在线段的终点方向时，只需键入线段的长度即可精确绘制水平线段或垂直线段。用户可通过单击状态栏上的“正交”按钮、使用 ORTHO 命令、按 F8 键打开或关闭正交模式。

（三）对象捕捉

对象捕捉作用是：十字光标可以被强制地准确定位在已有目标的特定点或特定位置上，保证了作图的准确度。在 AutoCAD 中，当靶区捕捉到捕捉点时，便会在该点闪出一个黄色的特定的小框，以提示用户不需要再移动靶区，可以确定该捕捉点。对象特征点有端点、交点、圆点、象限点、垂足、中点、切点等。对象捕捉的使用有两种，一种是临时捕捉方式，一种是自动捕捉方式。

1. 临时捕捉方式

（1）在命令行输入捕捉类型的前三个字母（如端点捕捉 END）；被输入的临时捕捉命令将暂覆盖其他的捕捉命令，在命令行中显示一个“于”标记。

（2）单击“对象捕捉”工具栏（图 7-1-27）上的各捕捉按钮。

（3）按下 Ctrl 或 Shift 键+鼠标右键，选择各临时捕捉方式。

注意：临时捕捉方式每使用一次都必须重新启动。

图 7-1-27 “对象捕捉”工具栏

2. 自动捕捉方式

设置为自动捕捉方式后，绘图中一直保持着对象捕捉状态，直至下次取消该功能为止。自动捕捉模式需通过对话框进行设置。可通过四种方法进行设置：

① 在“对象捕捉”工具栏中单击“对象捕捉设置”工具。

② 在“命令:”提示下执行 OSNAP 命令，或在点提示下透明执行这个命令。

③ 选择【工具】→【草图设置 ...】对话框里的“对象捕捉”选项卡，如图 7-1-28 所示。

④ 右击状态栏中的对象捕捉按钮，选择“设置 ...”快捷菜单打开对话框。

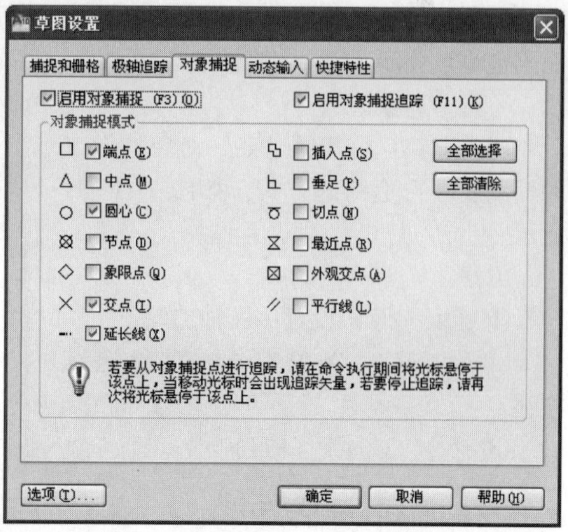

图 7-1-28 “草图设置”→“对象捕捉”选项卡

（四）极轴

用户可通过单击状态栏上的“极轴”按钮、按 F10 键打开或关闭极轴追踪，使用“极轴追踪”时，对齐路径由相对于起点和端点的极轴角定义，角度的增量是一个可以设置的值。

1. 设置极轴角

选择【工具】→【草图设置】菜单，然后在打开的“草图设置”对话框中选择“极轴追踪”选项卡，如图 7-1-29 所示。

“极轴追踪”选项卡中与极轴追踪相关的设置项如下：

① 启用极轴追踪：是否打开极轴追踪模式。

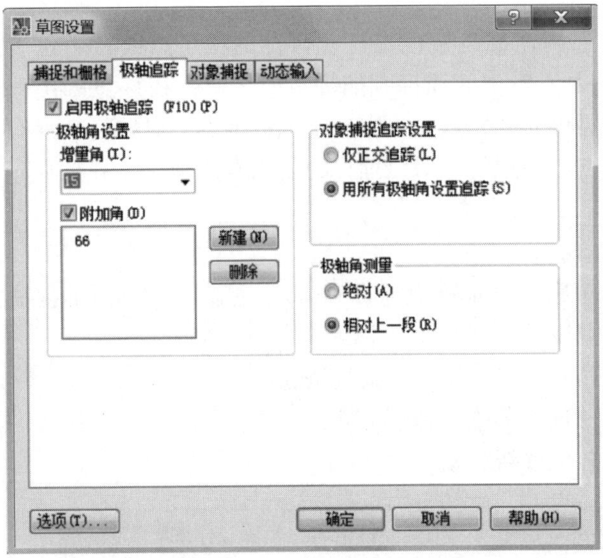

图 7-1-29 设置极轴追踪

② 角增量：选择极轴角的递增角度。如增量角设置为 15、15 倍数的角度都可捕捉到。

③ 附加角：除了根据角增量设置的极轴角外，用户还可以添加非递增角度。例如，如果想追踪 66°，可以添加 66 作为附加极轴角。

④ 极轴角测量：

a. 绝对：以当前 UCS 的 *X* 轴为基准计算极轴追踪角。

b. 相对上一段：以最后创建的对象为基准计算极轴追踪角。

2. 设置极轴捕捉

缺省情况下，捕捉类型为矩形捕捉。因此，打开捕捉后，光标沿极轴追踪时仍遵循 *X*、*Y* 捕捉设置移动光标。如果用户希望光标沿极轴精确移动，可设置极轴捕捉。为此，可选择“草图设置”对话框中的“捕捉和栅格”选项卡，然后选中“极轴”单选按钮，并利用“极轴间距”编辑框设置极轴捕捉间距，如图 7-1-30 所示。

3. 正交模式对极轴追踪的影响

正交模式和极轴追踪模式不能同时打开。若打开了正交模式，极轴追踪模式将自动关闭；反之，若打开了极轴追踪模式，正交模式也将被关闭。

（五）对象追踪

对象追踪：沿着通过某一对象捕捉点的辅助线进行追踪的方式，如图 7-1-31 所示。

方法：

① 工具→草图设置→极轴追踪。

② 状态栏：对象捕捉 + 对象追踪按钮。

③ 命令：Otrack（F11）。

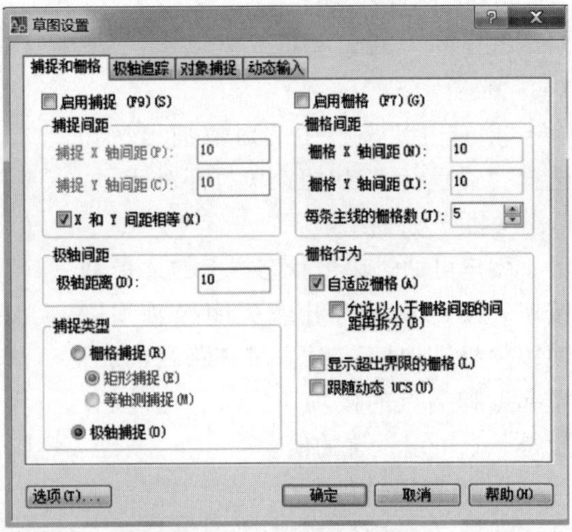

图 7-1-30 设置极轴捕捉

七、绘制直线、圆方法

1. 直线（LINE）

直线是各种绘图中最常用，也是最简单的一类图形对象。有三种方法：

① 工具栏：单击“绘图”工具栏中的“直线”图标。

② 菜单栏：单击【绘图】→【直线】。

③ 命令行：键入 LINE（或 L），并回车。

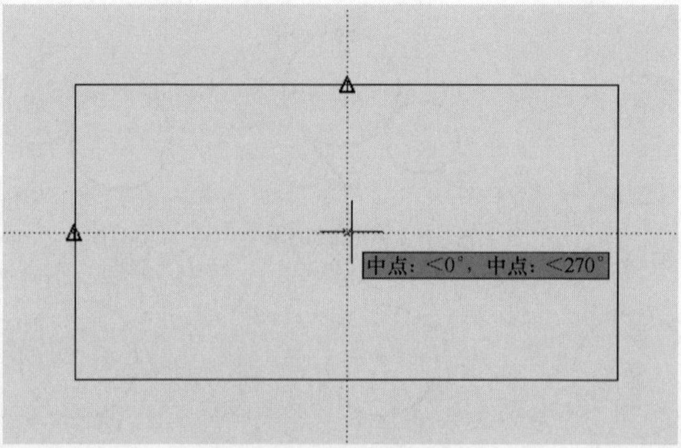

图 7-1-31　对象追踪

用户在使用 LINE 命令绘制直线时，既可绘制单条直线，也可绘制一系列的连续直线。绘制连续的直线时，前一条直线的终点被作为下一条直线的起点。如果在画线提示下输入“C”，表示创建封闭图形，即将最后一段直线的终点与本次所画第一条直线的起点相连。如果在画线提示下输入“U”，表示取消上面绘制的一个线段。

举例：绘制三角形 *ABC*。

命令：选择“绘图”/“直线”工具	发出 LINE 命令
命令：_line 指定第一点：拾取 *A* 点↙	指定直线起点
指定下一点或［放弃（U）］：拾取 *B* 点↙	指定直线终点
指定下一点或［放弃（U）］：拾取 *C* 点↙	指定第二条直线的终点（此时 *B* 被作为该直线的起点）
指定下一点或［闭合©/放弃（U）］：*C*↙	连接 *C* 和 *A* 绘制第三条封闭直线，并结束，如图 7-1-32 所示

2. 圆（CIRCLE）

AutoCAD 提供了六种画圆的方法，如图 7-1-33 所示。

命令的输入方式：

① 命令：circle（C）。

② 绘图→圆下拉菜单：CRAW→circle→选择子菜单。

③ 绘图工具条：圆→图标。

执行命令后，出现：3P/2P/TTR<Center　Point>。

3P（三点）：以三点法画圆。

2P（两点）：以直径上两个端点画圆。

TTR（切点、切点、半径）：绘制与两条直线、圆或圆弧相切的圆。

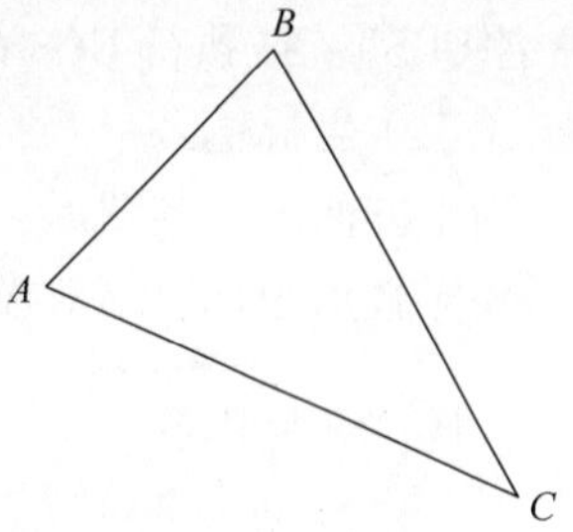

图 7-1-32　绘制直线示例

八、坐标系及坐标输入

（一）坐标系统

1. 笛卡儿坐标（CarteSian Coordinate SyStem，CCS）

AutoCAD 采用三维笛卡儿坐标系统来确定点的位置。在屏幕底部状态栏上所显示的

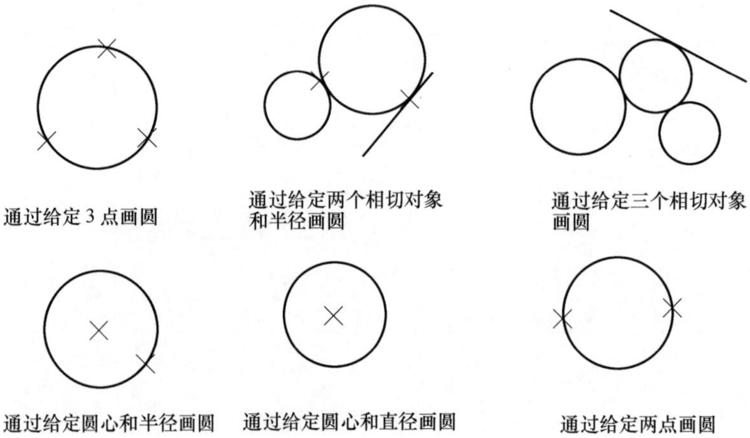

图 7-1-33　画圆的各种方法

三维坐标值，就是笛卡儿坐标系中的数值，它能准确无误地反映当前十字光标所处的位置。

2. 世界坐标系统（World Coordinate System，WCS）

世界坐标系统是 AutoCAD 的基本坐标系统。它由三个相互垂直并相交的坐标轴 *X*，*Y* 和 *Z* 组成。在绘制和编辑图形过程中，WCS 的坐标原点和坐标轴方向都不会改变。如图 7-1-6（a）所示，世界坐标系统在默认情况下，*X* 轴正方向水平向右，*Y* 轴正方向垂直向上，*Z* 轴正方向垂直屏幕平面向外，指向用户，坐标原点在绘图区左下角。

注意：在 *XOY* 平面上绘制、编辑工程图形时，只需输入 *X* 轴、*Y* 轴坐标，*Z* 轴坐标由 AutoCAD 自动赋值为 0。

3. 用户坐标系统（User Coordinate System，UCS）

AutoCAD 提供了可变的用户坐标系统以方便用户绘制图形。在默认情况下用户坐标系统和世界坐标系统相重合。要设置 UCS，可选择【工具】菜单中的“新建 UCS”和“命名 UCS”，或执行 UCS 命令。

（二）坐标输入

为了方便地绘制图形，我们经常采用通用坐标精确定位。通用坐标包括绝对直角坐标、相对直角坐标、绝对极坐标和相对极坐标四种。

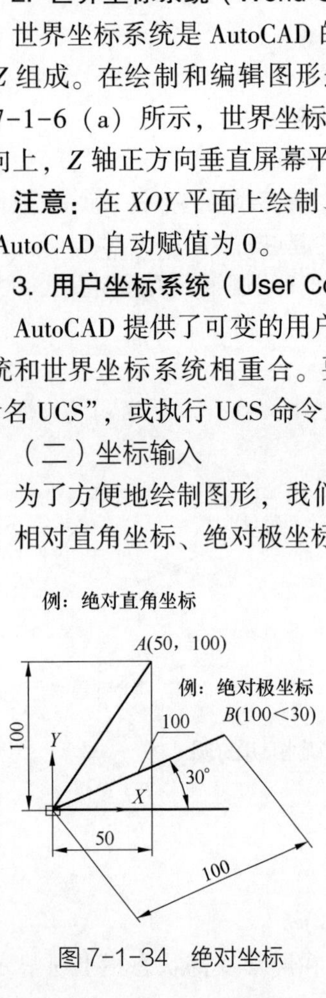

图 7-1-34　绝对坐标

1. 绝对直角坐标

绝对直角坐标是指相对于当前坐标原点的坐标。在三维空间里，*X*、*Y*、*Z* 坐标值表示点的位置。在二维空间里，*X*、*Y* 坐标值表示点的位置。缺省时，屏幕坐标左下角为（0，0），右上角为（420，297），如图 7-1-34 所示绝对坐标。*A*（50，100）是绝对直角坐标。

2. 绝对极坐标

相对于当前坐标原点，极坐标以“距离<角度数”的形式表示一个点的位置。*B*100<30 是绝对极坐标。

3. 相对直角坐标

相对直角坐标是指相对于前一个坐标点的坐标。*C* 点@ 50，60 是相对直角坐标。

4. 相对极坐标

相对极坐标是指相对于前一个坐标点的极坐标。*D* 点@ 100<45 是相对极坐标。

如图 7-1-35 所示相对坐标。

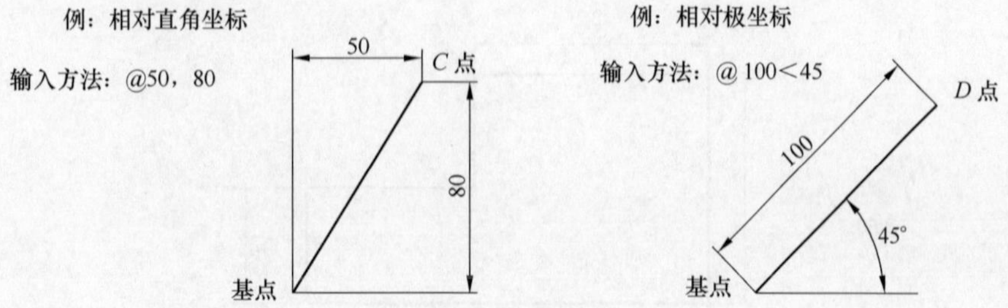

图 7-1-35　相对坐标

任务实施单

实施步骤(请扫码看具体步骤)

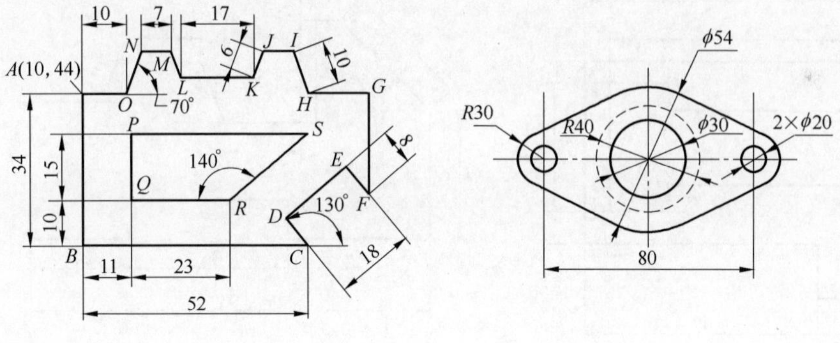

实施步骤

项目七任务一

实作练习

一、填空题

1. ________层是不能删除和重命名的。

2. AutoCAD 坐标表示有________、________、________、________四种。

3. 图形文件的扩展名是________。

二. 选择题

1. 在 CAD 中取消命令执行的键是（　　）。

A. 按回车键　　B. 按空格键　　C. 按 ESC 键　　D. 按 F1 键

2. 在 CAD 中以下哪个操作用于平移视图（　　）。

A. ZOOM/W　　B. PAN　　C. ZOOM　　D. ZOOM/A

3. 在 CAD 中以下有关图层锁定的描述，错误的是（　　）。

A. 在锁定图层上的对象仍然可见　　B. 在锁定图层上的对象不能打印

C. 在锁定图层上的对象不能被编辑　　D. 锁定图层可以防止对图形的意外修改

三、绘图题

1. 用点的坐标绘制如图 7-1-36 所示图形。

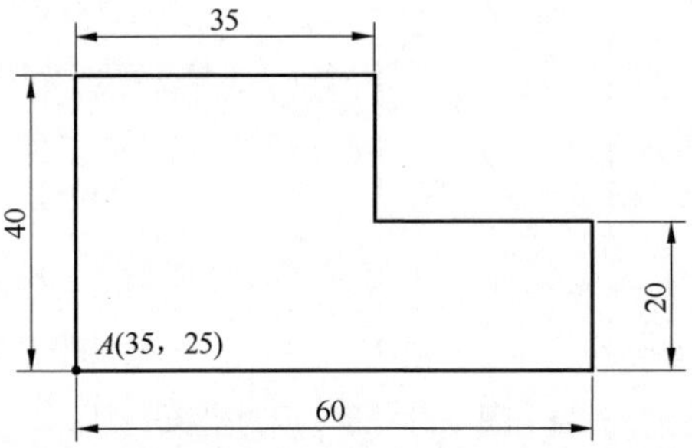

图 7-1-36　习题练习 1（坐标）

2. 打开正交模式，通过输入直线的长度绘制如图 7-1-37 所示图形。

3. 打开极轴模式，绘制如图 7-1-38 所示图形。

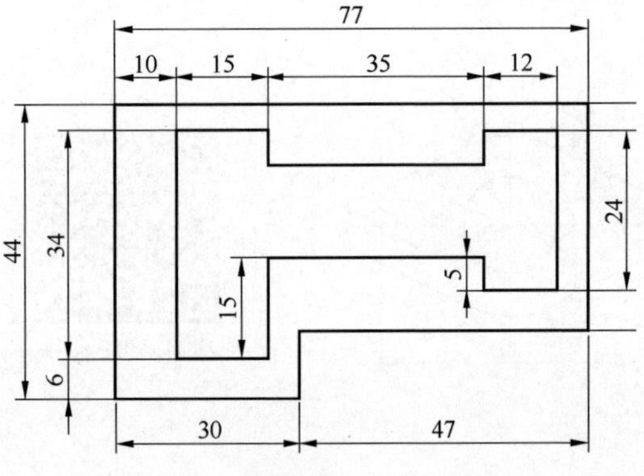

图 7-1-37　习题练习 2（正交模式）

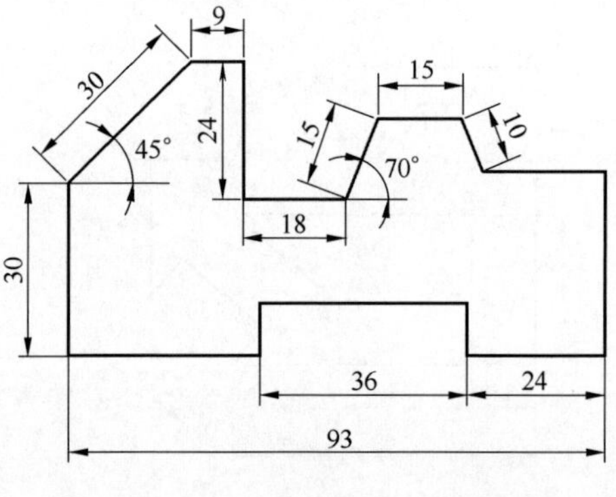

图 7-1-38　习题练习 3（极轴模式）

4. 设置恰当图层，绘制如图 7-1-39 所示图形。

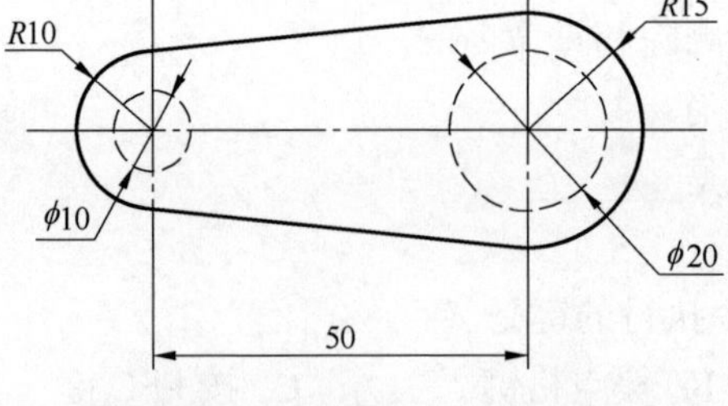

图 7-1-39　习题练习 4（图层）

配套课件　配套视频

项目七任务二

任务二　用绘图命令绘制图形

学习目标

熟悉 AutoCAD 的各种绘图命令，会用绘图命令精确绘制图形。

学习任务单

<table>
<tr><td>任务名称</td><td>用绘图命令精确绘图</td></tr>
<tr><td>任务描述
及要求</td><td>利用所学绘图命令绘制如图 7-2-1、图 7-2-2 所示的图形
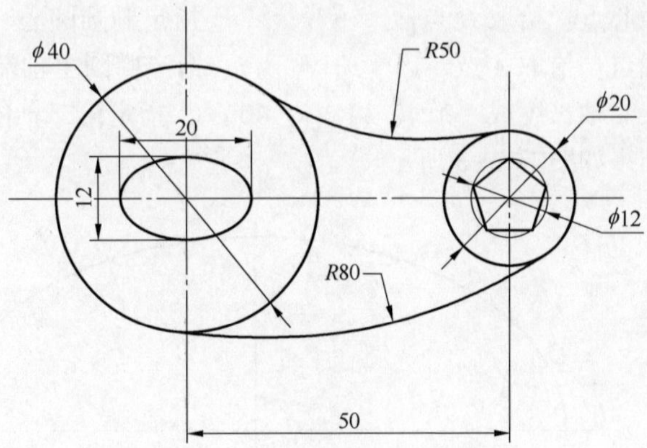

图 7-2-1　绘图（椭圆、多边形）
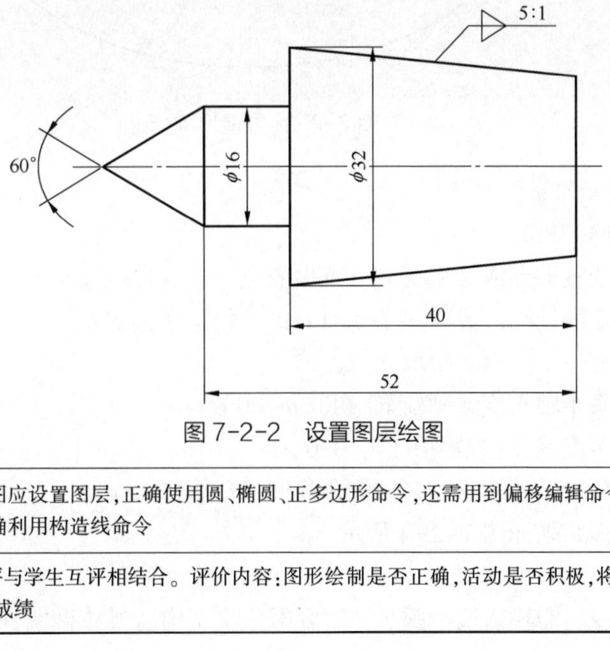

图 7-2-2　设置图层绘图</td></tr>
<tr><td>任务分析</td><td>1. 以上第一图应设置图层，正确使用圆、椭圆、正多边形命令，还需用到偏移编辑命令
2. 第二图正确利用构造线命令</td></tr>
<tr><td>任务评价</td><td>采用教师讲评与学生互评相结合。评价内容：图形绘制是否正确，活动是否积极，将讨论回答的问题评分，计入平时成绩</td></tr>
</table>

知识导航

一、绘制椭圆及椭圆弧

1. 访问方法

（1）命令行：ELLIPSE（或 EL）。

（2）菜单栏：【绘图】→【椭圆】。

（3）工具栏：单击“绘图”工具栏中的“椭圆”或“椭圆弧”按钮。

2. 椭圆操作举例

命令：选择“绘图”→“椭圆”→“中心点”发出 ELLIPSE 命令和“中心点（C）”选项

命令：_ellipse ↙

指定椭圆的轴端点或［圆弧（A）/中心点（C）］：C ↙

指定椭圆中心点：拾取 *O* 点↙　　　　　　指定椭圆圆心

指定轴的端点：拾取 *A* 点 ↙　　　　　　指定椭圆主轴端点

指定另一条半轴长度或［旋转（R）］：40 ↙　指定第二轴的半轴长度

绘制椭圆结果如图 7-2-3 所示。

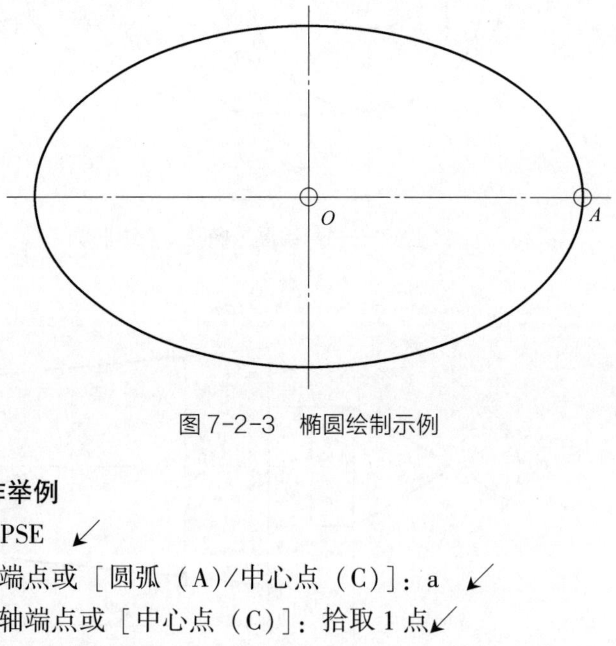

图 7-2-3　椭圆绘制示例

3. 椭圆弧操作举例

命令：el ELLIPSE ↙

指定椭圆的轴端点或［圆弧（A）/中心点（C）］：a ↙

指定椭圆弧的轴端点或［中心点（C）］：拾取 1 点↙

指定轴的另一个端点：拾取 2 点↙

指定另一条半轴长度或［旋转（R）］：20 ↙

指定起始角度或［参数（P）］：330 ↙

指定终止角度或［参数（P）/包含角度（I）］：260 ↙

绘制椭圆弧结果如图 7-2-4 所示。

操作说明：

下椭圆命令后需输入椭圆弧 *A*，然后第一步需构造母体椭圆，先出现与构造全椭圆所需的相同选项和提示，后询问椭圆弧的起始角和终止角以绘制椭圆弧（角顶点为椭圆圆心，长轴角度定义为0°）。用户也可以指定起始角和夹角度。当用户指定椭圆弧角度时，可以使用键盘输入或在图形窗口拾取点。拾取点时用户可以应用对象捕捉的方法捕捉点。

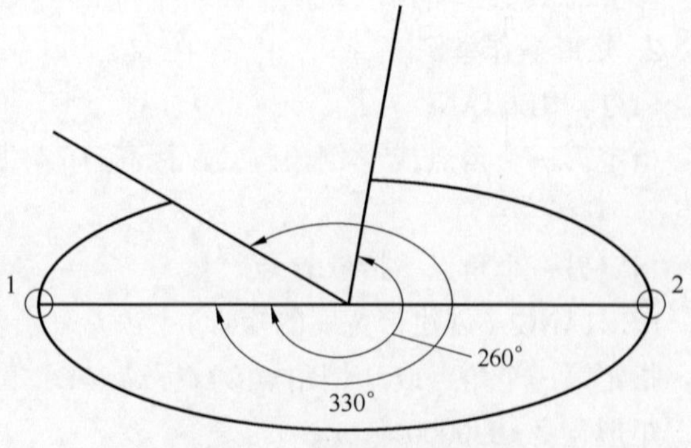

图 7-2-4　椭圆弧绘制示例

二、绘制圆弧

1. 访问方法

（1）命令行：输入 ARC（或 A）并回车。

（2）菜单栏：在【绘图】→【圆弧】菜单项中，单击下级子菜单。

（3）工具栏：单击“绘图”工具栏中的“圆弧”工具按钮。

2. 圆弧操作举例

“绘图”→“圆弧”子菜单中提供了 11 种圆弧构造方法，它对应了 ARC 命令的各种选项。从中选择某一菜单项，随着命令的进行，系统将自动发出相应的提示。举例如下：

（1）绘制直线 *AB*。

（2）绘制圆弧 1。“绘图”→“圆弧”子菜单中选端点 *A*→圆心 *O*→角度（-180）

命令：_arc 指定圆弧的起点或［圆心（C）］：拾取 *A* 点↙

指定圆弧的第二个点或［圆心（C）/端点（E）］：_c 指定圆弧的圆心 *C*

指定圆弧的圆心：拾取 *O* 点↙

指定圆弧的端点或［角度（A）/弦长（L）］：_a 指定包含角：-180↙

（3）绘制圆弧 2。“绘图”→“圆弧”子菜单中选端点 *A*→端点 *O*→方向（*AB* 上方）

命令：_arc 指定圆弧的起点或［圆心（C）］：拾取 *A* 点↙

指定圆弧的第二个点或［圆心（C）/端点（E）］：_e

指定圆弧的端点：拾取 *O* 点↙

指定圆弧的圆心或［角度（A）/方向（D）/半径（R）］：_d 指定圆弧的起点切向：*AB* 垂直上方点一点↙

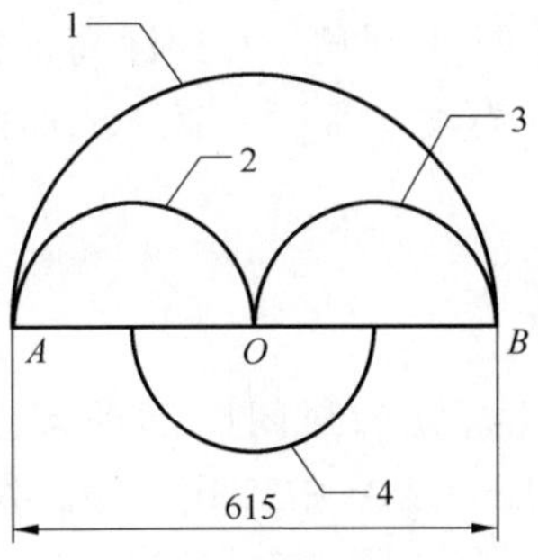

图 7-2-5　圆弧绘制示例

（4）绘制圆弧 3。“绘图”→“圆弧”子菜单中选端点 *B*→端点 *O*→角度（180）

（5）绘制圆弧 4。“绘图”→“圆弧”子菜单中选圆心 *O*→圆 2 圆心→圆 3 圆心

绘制圆弧结果如图 7-2-5 所示。

三、绘制矩形

1. 访问方法

（1）命令行：输入 RECTANG（或 REC）并回车。

（2）菜单栏：单击【绘图】→【矩形】。

（3）工具栏：单击“绘图”工具栏中的“矩形”工具按钮。

2. 矩形操作举例

命令：RECTANG ↙

指定第一个角点或［倒角（C）/标高（E）/圆角（F）/厚度（T）/宽度（W）］：拾取*A*点↙

指定另一个角点：拾取*B*点 ↙

RECTANG（创建带宽度的矩形）

指定第一个角点或［倒角（C）/标高（E）/圆角（F）/厚度（T）/宽度（W）］：*W*↙

矩形宽度<0.0000>：5↙

指定第一个角点或［倒角（C）/标高（E）/圆角（F）/厚度（T）/宽度（W）］：拾取*C*点↙

指定另一角点：拾取*D*点↙

RECTANG（创建带圆角的矩形）

当前矩形模式：宽度=5.0000

指定第一个角点或［倒角（C）/标高（E）/圆角（F）/厚度（T）/宽度（W）］：*F*↙

指定矩形的圆角半径<0.0000>：10↙

指定第一个角点或［倒角（C）/标高（E）/圆角（F）/厚度（T）/宽度（W）］：单击*E*点↙

指定另一个角点：单击*F*点↙

RECTANG（创建带倒角的矩形）

指定第一个角点或［倒角（C）/标高（E）/圆角（F）/厚度（T）/宽度（W）］：*C*↙

指定矩形的第一个倒角距离<10.0000>：5↙

指定矩形的第二个倒角距离<10.0000>：↙

指定第一个角点或［倒角（C）/标高（E）/圆角（F）/厚度（T）/宽度（W）］：单击*G*点↙

指定另一个角点：单击*H*点↙

RECTANG

当前矩形模式：倒角=5.0000 × 10.0000

宽度=5.0000

指定第一个角点或［倒角（C）/标高（E）/圆角（F）/厚度（T）/宽度（W）］：按Esc键如图7-2-6所示。

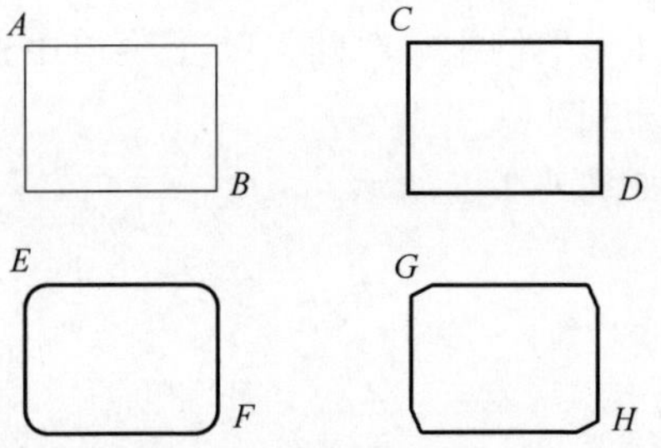

图7-2-6 矩形绘制示例

四、绘制正多边形

三条以上的线段组成的封闭图形即多边形（POLYGON）。在AutoCAD中，用户可利用PLOYGON命令绘制具有3到1024条等边的正多边形。

1. 访问方法

（1）命令行：输入 POLYGON（或 POL）并回车。

（2）菜单栏：单击【绘图】→【正多边形】。

（3）工具栏：单击“绘图”工具栏上的多边形工具。

2. 正多边形操作举例

（1）已知边长绘制多边形。

命令：_polygon 输入边的数目<4>：6↙

指定多边形的中心点或［边（E）］：*E*↙

指定边的第一个端点：拾取 *B* 点↙

指定边的第二个端点：拾取 *A* 点↙

（2）已知圆心内接于圆半径绘制正多边形。

命令：pol POLYGON 输入边的数目<6>：6↙

指定正多边形的中心点或［边（E）］：

输入选项［内接于圆（I）/外切于圆（C）］<I>：*i*↙

指定圆的半径：15↙

（3）已知圆心外切于圆半径绘制正多边形。

命令：pol POLYGON 输入边的数目<6>：6↙

指定正多边形的中心点或［边（E）］：

输入选项［内接于圆（I）/外切于圆（C）］<I>：*C*↙

指定圆的半径：15↙

结果如图 7-2-7 所示。

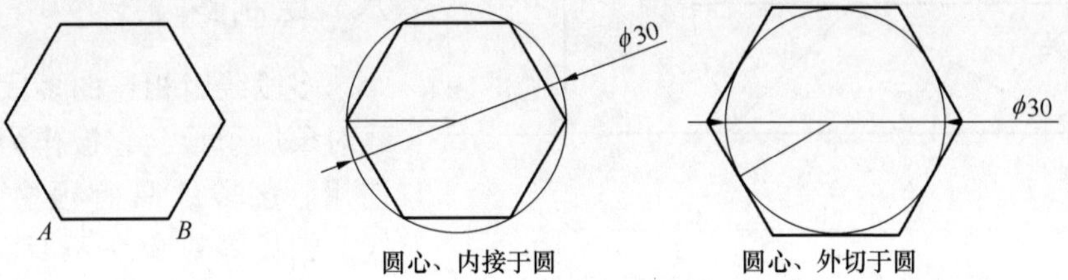

图 7-2-7　正多边形绘制示例

五、绘制构造线

构造线是三维空间中通过两个点并向两个方向无限延伸的直线。它常用来作绘图的辅助线。

1. 访问方法

（1）命令行：输入 XLINE（或 XL）并回车。

（2）菜单栏：单击【绘图】→【构造线】。

（3）工具栏：单击“绘图”工具栏的“构造线”图标。

2. 构造线操作举例

（1）用直线命令绘制外围图。

（2）用构造线绘制里面直线。

命令：xl XLINE 指定点或［水平（H）/垂直（V）/角度（A）/二等分（B）/偏移（O）］：a↙

输入构造线的角度（0）或［参照（R）］：30↙

指定通过点：单击 A 点↙

命令：XLINE 指定点或［水平（H）/垂直（V）/角度（A）/二等分（B）/偏移（O）］：a

输入构造线的角度（0）或［参照（R）］：-45

指定通过点：点击 *B* 点↙

指定通过点：点击 *C* 点↙

命令：tr TRIM

当前设置：投影=UCS，边=延伸

选择剪切边…

选择对象或<全部选择>：指定对角点：找到 8 个

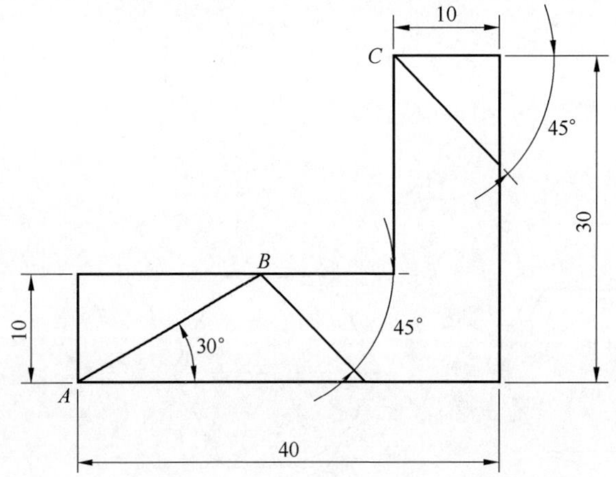

图 7-2-8 构造线绘制示例

选择对象：选择要修剪的对象，或按住 Shift 键选择要延伸的对象，或［栏选（F）/窗交（C）/投影（P）/边（E）/删除（R）/放弃（U）］：选择对象修剪结果如图 7-2-8 所示。

六、绘制多段线

多段线由相连的多段直线和弧线对象所组成，它被作为单一对象使用。多段线具有很多单独的直线、圆弧等对象所不具备的优点，主要表现在以下两点：

① 多段线可直可曲、可宽可窄、宽度既可固定也可变化（如箭头形状等）。

② 多段线编辑很容易，这使得对多段线作图案填充处理或在 3D 空间对多段线进行操作变得轻松自如。

1. 访问方法

（1）命令行：输入 PLINE（或 PL）。

（2）菜单栏：单击【绘图】→【多段线】。

（3）工具栏：单击“绘图”工具栏中“多段线”工具按钮。

2. 多段线操作举例

命令：pl PLINE↙

指定起点：任单击一点↙

当前线宽为 0. 5000

指定下一个点或［圆弧（A)/半宽（H)/长度（L)/放弃（U)/宽度（W)]：w↙

指定起点宽度<0. 5000>：6↙

指定端点宽度<6. 0000>：↙

指定下一个点或［圆弧（A)/半宽（H)/长度（L)/放弃（U)/宽度（W)]：80↙

指定下一点或［圆弧（A)/闭合（C)/半宽（H)/长度（L)/放弃（U)/宽度（W)]：w↙

指定起点宽度<6. 0000>：18↙

指定端点宽度<18. 0000>：1↙

指定下一点或［圆弧（A)/闭合（C)/半宽（H)/长度（L)/放弃（U)/宽度（W)]：40↙

指定下一点或［圆弧（A)/闭合（C)/半宽（H)/长度（L)/放弃（U)/宽度（W)]：100↙

指定下一点或［圆弧（A)/闭合（C)/半宽（H)/长度（L)/放弃（U)/宽度（W)]：a↙

指定圆弧的端点或［角度（A)/圆心（CE)/闭合（CL)/方向（D)/半宽（H)/直线（L)/半径（R)/

第二个点（S)/放弃（U)/宽度（W)]：r↙

指定圆弧的半径：40↙

指定圆弧的端点或［角度（A)]：a↙

指定包含角：-180↙

指定圆弧的弦方向<0>：270 度垂直方向点击一点↙

指定圆弧的端点或［角度（A)/圆心（CE)/闭合（CL)/方向（D)/半宽（H)/直线（L)/半径（R)/第二个点（S)/放弃（U)/宽度（W)]：l↙

指定下一点或［圆弧（A)/闭合（C)/半宽（H)/长度（L)/放弃（U)/宽度（W)]：60↙

指定下一点或［圆弧（A)/闭合（C)/半宽（H)/长度（L)/放弃（U)/宽度（W)]：180 度方向点击一点↙

如图 7-2-9 所示。

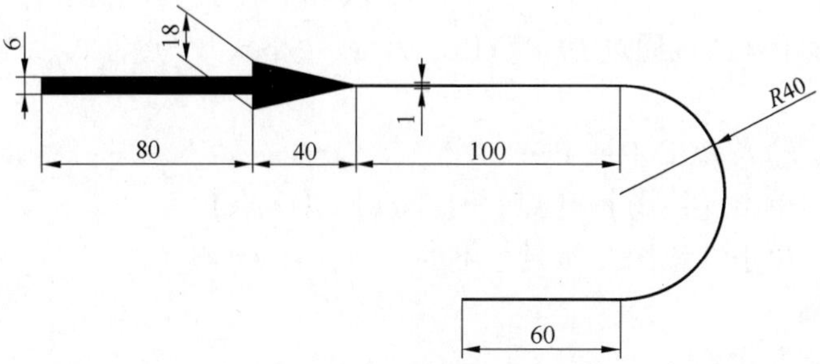

图 7-2-9　多段线绘制示例

七、编辑多段线

在 AutoCAD 中，PEDIT 命令用于修改 2D 或 3D 多段线。使用该命令可改变线宽，增加、删除或移动顶点，用曲线或样条拟合顶点，删除顶点信息、调整顶点切线方向，也可打开或闭合多段线。

访问方法

（1）命令行：输入 PEDIT（或 PE）命令。

（2）菜单栏：单击【修改】→【对象】→【多段线】。

（3）工具栏：单击“修改Ⅱ”/“编辑多段线”图标。

八、绘制样条曲线

所谓样条曲线就是通过拟合数据点（顶点），利用 SPLINE 命令绘制的光滑曲线，样条曲线可以是 2D 或 3D 图形。样条曲线可用来画机械制图中的波浪线。

1. 访问方法

（1）命令行：输入 SPLINE 命令（或 SPL）。

（2）菜单栏：单击【绘图】→【样条曲线】。

（3）工具栏：单击“绘图”工具栏上的“样条曲线”图标。

2. 样条曲线操作举例

命令：选择“绘图”工具栏中的“样条曲线”工具发出 SPLINE 命令

指定第一个点或［对象（O）］：拾取 A 点↙

指定下一点：拾取 B 点 ↙

指定下一点或［闭合（C）/拟合公差（F）］<起点切向>：拾取 *C* 点↙

指定下一点或［闭合（C）/拟合公差（F）］<起点切向>：拾取 *D* 点↙

闭合（C）/拟合公差（D）/<输入点>：↙

指定起点切向：拾取 *E* 点↙

指定端点切向：拾取 *F* 点↙

结果如图 7-2-10 所示。

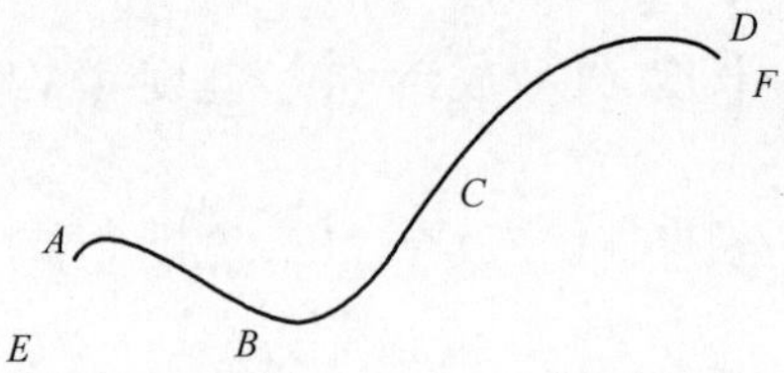

图 7-2-10　样条曲线绘制示例

九、绘制点

在 AutoCAD 中，用户可通过两种方法设置点，即 POINT 命令、DIVIDE 命令和 MEASURE 命令。点的大小和显示样式可通过 DDPTYPE 命令或“格式”/“点样式 ... ”来设置。

1. 访问方法

（1）命令行：输入 POINT 或 PO。

（2）菜单栏：单击【绘图】→【点】→【单点】或【多点】。

（3）工具栏：单击“绘图”工具栏上的“点”图标。

2. 点样式设置

（1）命令激活方式。

① 命令行：输入 DDPTYPE。

② 菜单栏：单击【格式】→【点样式】。

(2) 操作步骤。执行该命令，将弹出如图 7-2-11 所示“点样式”对话框。用户可利用该对话框设置点的显示类型和尺寸，其中点的尺寸可以按照相对于绘图屏幕的百分比以及绝对绘图单位两种方式来设置。

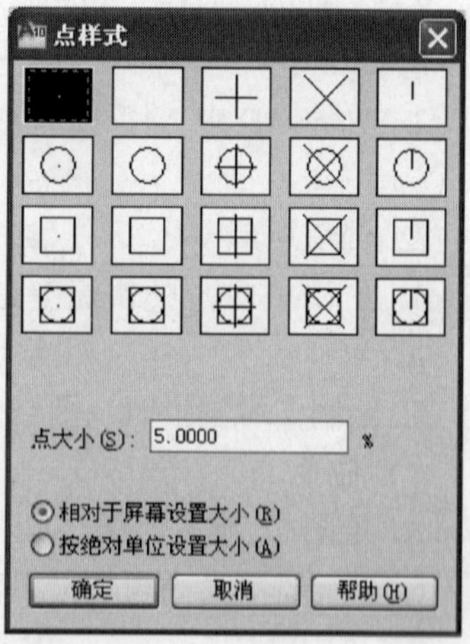

图 7-2-11　“点样式”对话框

3. 点操作举例

(1) 用直线命令绘制三角形 ADE。

命令：lLINE 指定第一点：E 点↙

指定下一点或［放弃（U）］：54↙

指定下一点或［放弃（U）］：30↙

指定下一点或［闭合（C）/放弃（U）］：c↙

(2) 用点一定距等分将 AD 分为三等分。

命令：_divide

选择要定数等分的对象：点击线段 AD↙

输入线段数目或［块（B）］：3↙

(3) 用直线命令连接 EB，EC。

命令：lLINE 指定第一点：E 点↙

指定下一点或［放弃（U）］：B 点↙

命令：LINE 指定第一点：E 点↙

指定下一点或［放弃（U）］：C 点↙

结果如图 7-2-12 所示。

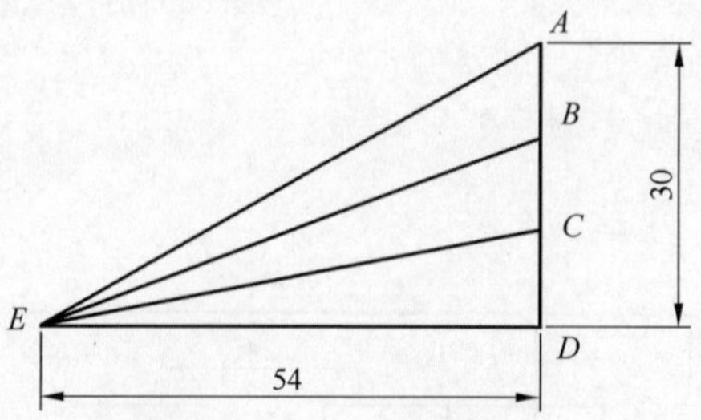

图 7-2-12　点绘制示例

任务实施单

实施步骤(请扫码看具体步骤)

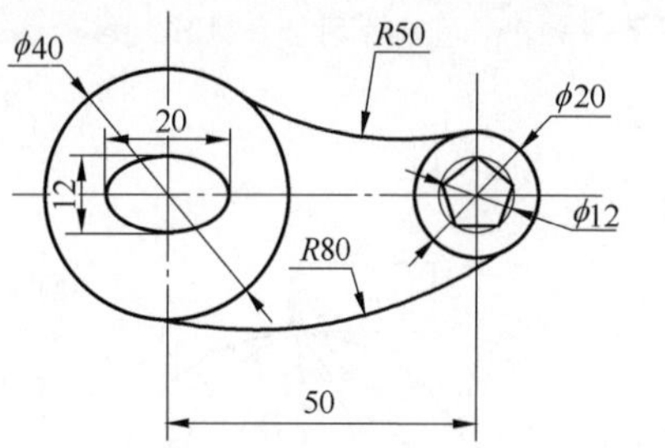

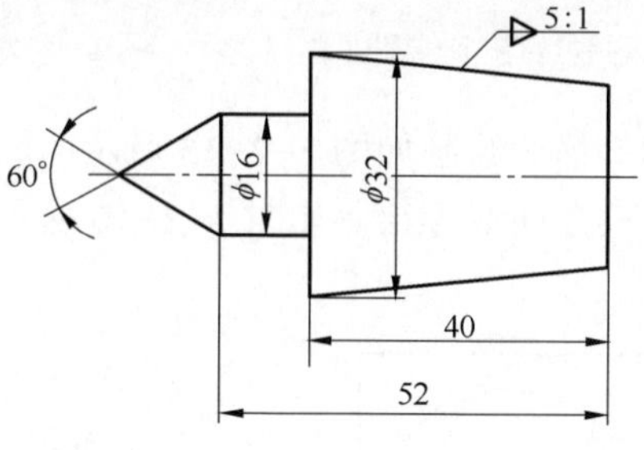

实施步骤

项目七任务二

实作练习

一、选择题

1. 在 CAD 中圆弧快捷键是（　　）。

A. tr　　B. a　　C. rec　　D. pl

2. 在 AutoCAD 中，POLYGON 命令最多可以绘制（　　）条边的正多边形。

A. 128　　B. 256　　C. 512　　D. 1024

3. AutoCAD 中，使用“绘图”/“矩形”命令可以绘制多种图形，以下答案最恰当的是（　　）。

A. 倒角矩形　　B. 圆角矩形　　C. 有厚度矩形　　D. 以上答案全正确

4. 在 CAD 中点的快捷键是（　　）。

A. W　　B. O　　C. TR　　D. PO

5. 绘制二维图形时，要绘制为一个对象且有直线段和圆弧的连续曲线，可以选择（　　）命令。

A. 绘图/三维多段线　　B. 绘图/多段线　　C. 绘图/多线　　D. 绘图/样条曲线

6. 下面哪个命令可以绘制连续的直线段，且每一部分都是单独的线对象（　　）。

A. POLYLINE　　B. LINE　　C. RECTANGLE　　D. POLYGON

二、绘图题

1. 用椭圆等命令绘制如图 7-2-13 所示的图形。

2. 用矩形等命令绘制如图 7-2-14 所示的图形。

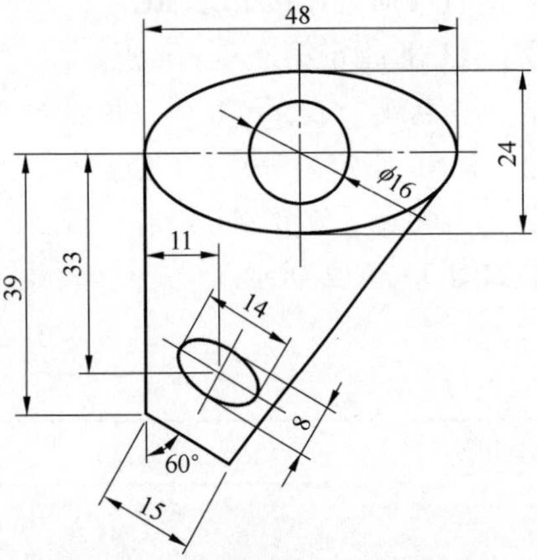

图 7-2-13　习题练习 1（椭圆）

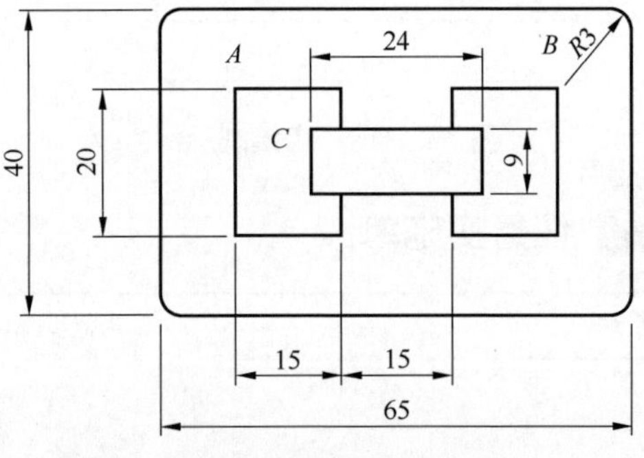

图 7-2-14　习题练习 2（矩形）

3. 用正多边形等命令绘制如图 7-2-15 所示的图形。

4. 用多段线、样条曲线等绘制如图 7-2-16 所示的图形。

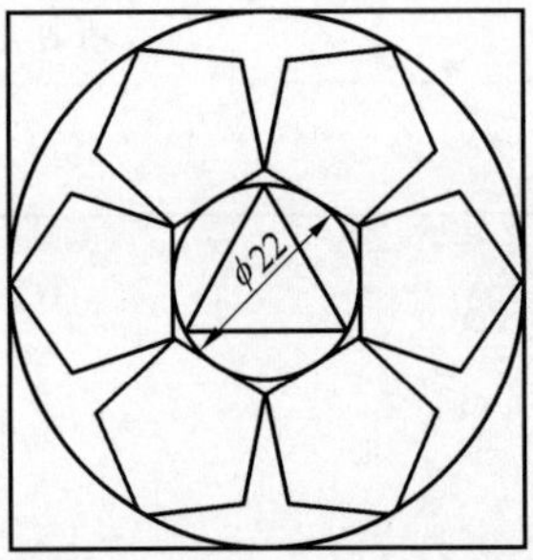

图 7-2-15　习题练习 3（正多边形）

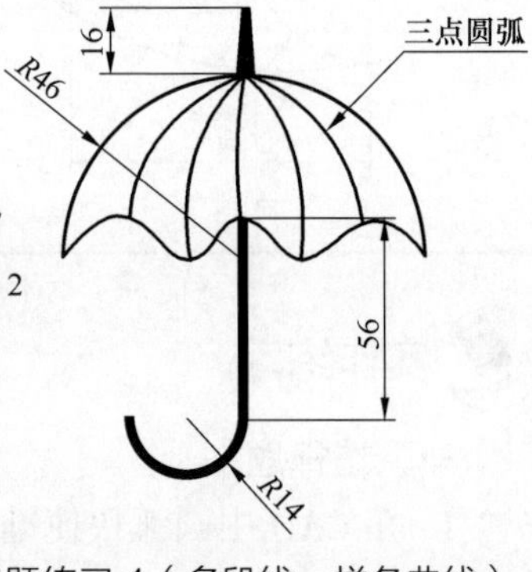

图 7-2-16　习题练习 4（多段线、样条曲线）

任务三 用编辑命令修改图形

配套课件 配套视频

项目七任务三

学习目标

熟悉 AutoCAD 的各种编辑命令，会用编辑命令修改绘制图形。

学习任务单

任务名称	用编辑命令修改及绘制图形
任务描述及要求	1. 利用所学编辑命令将图 7-3-1(a)改为图 7-3-1(b) 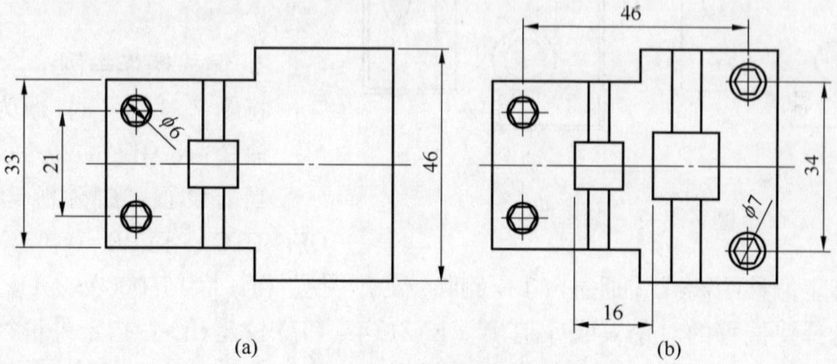 图 7-3-1 修改图形 2. 绘制如图 7-3-2 所示的图形 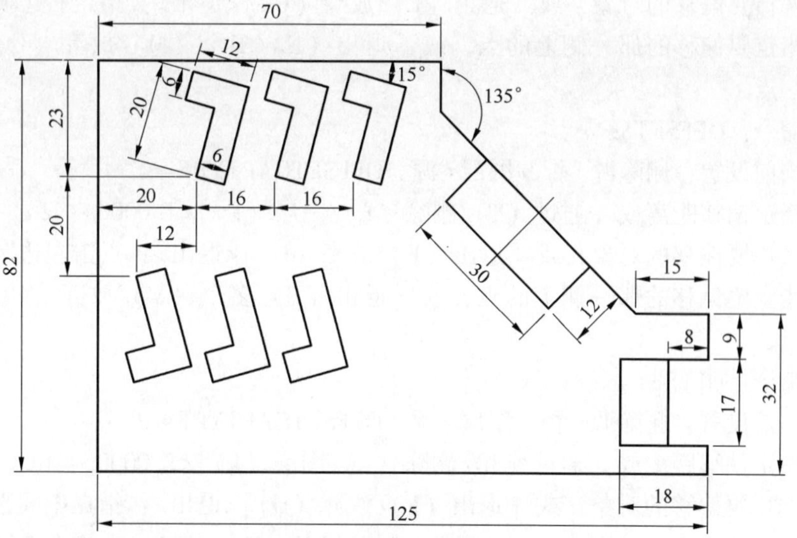 图 7-3-2 习题图
任务分析	1. 以上图 7-3-1 需用偏移、复制、缩放、镜像等命令 2. 图 7-3-2 要用阵列等命令
任务评价	采用教师讲评与学生互评相结合。评价内容:图形绘制是否正确,活动是否积极,将讨论回答的问题评分,计入平时成绩

知识导航

一、偏移（OFFSET）

偏移是指被复制的新对象上的点与原对象上对应点均保持相等的距离。用户只能偏移直线、圆、多段线、椭圆、椭圆弧、多边形和曲线，不能偏移点、图块、属性和文字。

1. 访问方法

（1）命令行：输入 OFFSET 或 O。

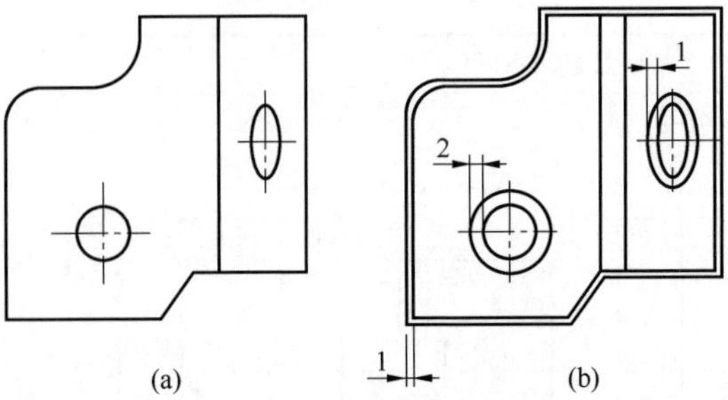

图 7-3-3　偏移示例

（2）菜单栏：单击【修改】→【偏移】菜单项。

（3）工具栏：单击“修改”工具栏的“偏移”图标。

2. 偏移操作举例

将图 7-3-3（a）改为图 7-3-3（b）。

命令：o OFFSET↙

当前设置：删除源 = 否　图层 = 源　OFFSETGAPTYPE = 0

指定偏移距离或［通过（T）/删除（E）/图层（L）］<15.0000>：1↙

选择要偏移的对象，或［退出（E）/放弃（U）］<退出>：指定外框线

指定要偏移的那一侧上的点，或［退出（E）/多个（M）/放弃（U）］<退出>：外框线外点击一点↙

选择要偏移的对象，或［退出（E）/放弃（U）］<退出>：指定右边椭圆

指定要偏移的那一侧上的点，或［退出（E）/多个（M）/放弃（U）］<退出>：椭圆外点一点↙

命令：OFFSET↙

当前设置：删除源 = 否　图层 = 源　OFFSETGAPTYPE = 0

指定偏移距离或［通过（T）/删除（E）/图层（L）］<1.0000>：2↙

选择要偏移的对象，或［退出（E）/放弃（U）］<退出>：点击左边圆

指定要偏移的那一侧上的点，或［退出（E）/多个（M）/放弃（U）］<退出>：圆外点一点↙

命令：OFFSET↙

当前设置：删除源 = 否　图层 = 源　OFFSETGAPTYPE = 0

指定偏移距离或［通过（T）/删除（E）/图层（L）］<2.0000>：t↙

选择要偏移的对象，或［退出（E）/放弃（U）］<退出>：指点中间直线↙

指定通过点或［退出（E）/多个（M）/放弃（U）］<退出>：指点通过点↙

绘制结果如图 7-3-3（b）所示。

二、修剪（TRIM）

该命令可以使用户裁去直线、圆弧、圆、多段线、射线以及样条曲线中穿过所选切割

边的部分。

1. 访问方法

(1) 命令行：输入 TRIM 或 TR，并回车。

(2) 菜单栏：单击【修改】→【修剪】菜单项。

(3) 工具栏：单击“修改”工具栏的“修剪”工具。

2. 修剪操作举例

命令：tr TRIM↙

当前设置：投影=UCS，边=延伸

选择剪切边 ... 点击圆↙

选择对象或<全部选择>：找到 1 个

选择对象：

选择要修剪的对象，或按住 Shift 键选择要延伸的对象，或

[栏选（F）/窗交（C）/投影（P）/边（E）/删除（R）/放弃（U）]：点击要修剪的对象（直线）↙

绘制结果如图 7-3-4（b）所示。

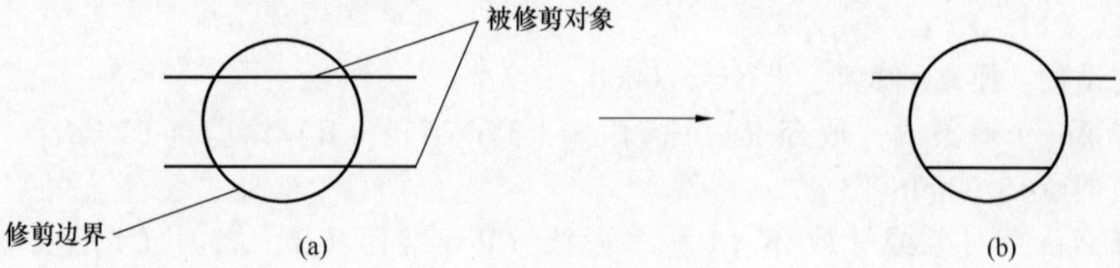

图 7-3-4 修剪示例

用户在使用 TRIM 命令时应注意：

① 修剪边和被修剪的对象一定相交，这种相交可以是直接相交，也可以延伸相交。

② 下修剪命令后，应先选择修剪边界再选择被修剪的对象。

三、倒角（CHAMFER）与圆角（FILLET）

倒角命令用来在两个对象间加一倒角，可由每条线段的距离或一条线段的距离和角度来确定。

圆角用于在两个对象间加上一段圆弧，适合于直线、多段线顶点及整个多段线、圆弧和圆等各种对象。

1. 倒角访问方法

(1) 命令行：输入 CHAMFER 或 CHA，回车。

(2) 菜单栏：单击【修改】→【倒角】菜单项。

(3) 工具栏：单击“修改”工具栏的“倒角”图标。

2. 圆角访问方法

(1) 命令行：输入 FILLET 或 F。

(2) 菜单栏：单击【修改】→【圆角】菜单项。

（3）工具栏：单击“常用”功能区“修改”面板上的图标。

3. 倒角圆角操作举例

命令：cha CHAMFER↙

（“修剪”模式）当前倒角距离 1＝10.0000，距离 2＝10.0000

选择第一条直线或［放弃（U）/多段线（P）/距离（D）/角度（A）/修剪（T）/方式（E）/多个（M）］：d↙

指定第一个倒角距离<10.0000>：2↙

指定第二个倒角距离<2.0000>：3↙

选择第一条直线或［放弃（U）/多段线（P）/距离（D）/角度（A）/修剪（T）/方式（E）/多个（M）］：m↙

选择第一条直线或［放弃（U）/多段线（P）/距离（D）/角度（A）/修剪（T）/方式（E）/多个（M）］：选上面直线↙

选择第二条直线，或按住 Shift 键选择要应用角点的直线：选左边直线↙

选择第一条直线或［放弃（U）/多段线（P）/距离（D）/角度（A）/修剪（T）/方式（E）/多个（M）］：选上面直线↙

选择第二条直线，或按住 Shift 键选择要应用角点的直线：选右边直线选上面直线↙

命令：f FILLET↙

当前设置：模式＝修剪，半径＝5.0000

选择第一个对象或［放弃（U）/多段线（P）/半径（R）/修剪（T）/多个（M）］：r 指定圆角半径<5.0000>：3↙

选择第一个对象或［放弃（U）/多段线（P）/半径（R）/修剪（T）/多个（M）］：m↙

选择第一个对象或［放弃（U）/多段线（P）/半径（R）/修剪（T）/多个（M）］：选择圆 *R*3 对象↙

选择第二个对象，或按住 Shift 键选择要应用角点的对象：选择圆 *R*3 的另一对象↙

命令：f FILLET↙

当前设置：模式＝修剪，半径＝3.0000

选择第一个对象或［放弃（U）/多段线（P）/半径（R）/修剪（T）/多个（M）］：t↙

输入修剪模式选项［修剪（T）/不修剪（N）］<修剪>：n↙

选择第一个对象或［放弃（U）/多段线（P）/半径（R）/修剪（T）/多个（M）］：r 指定圆角半径<3.0000>：6↙

选择第一个对象或［放弃（U）/多段线（P）/半径（R）/修剪（T）/多个（M）］：m↙

选择第一个对象或［放弃（U）/多段线（P）/半径（R）/修剪（T）/多个（M）］：选择圆 *R*6 对象↙

选择第二个对象，或按住 Shift 键选择要应用角点的对象：*R*6 的另一对象↙

命令：FILLET↙

当前设置：模式＝不修剪，半径＝6.0000

选择第一个对象或［放弃（U）/多段线（P）/半径（R）/修剪（T）/多个（M）］：t↙

输入修剪模式选项［修剪（T）/不修剪（N）］<不修剪>：t↙

选择第一个对象或［放弃（U）/多段线（P）/半径（R）/修剪（T）/多个（M）］：r
指定圆角半径<6.0000>：2↙

选择第一个对象或［放弃（U）/多段线（P）/半径（R）/修剪（T）/多个（M）］：p
选择二维多段线：点击二维多段线↙

8 条直线已被圆角↙

绘制结果如图 7-3-5（b）所示。

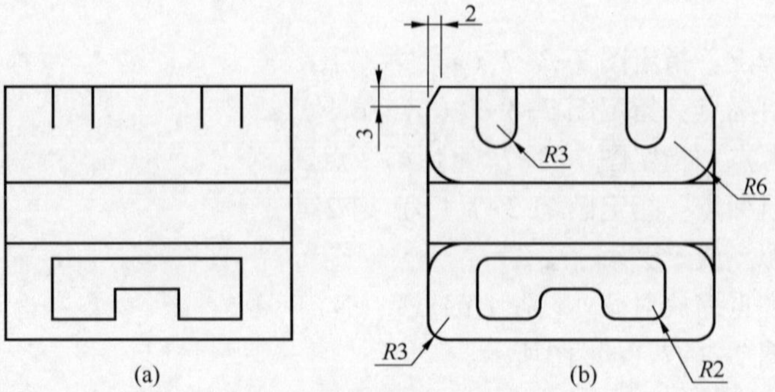

图 7-3-5　倒角、圆角示例

四、镜像（MIRROR）

在实际作图过程中，经常会遇到一些对称的图形。图形镜像功能（MIRROR），只需绘制相对称的图形，利用镜像命令就可将对称的另一部分镜像复制出来。

1. 访问方法

（1）命令行：输入 MIRROR 或 MI。

（2）菜单栏：单击【修改】→【镜像】菜单项。

（3）工具栏：单击“修改”工具栏的“镜像”图标。

2. 镜像操作举例

命令：mi MIRROR↙

选择对象：指定对角点：找到 15 个↙

选择对象：指定镜像线的第一点：点击中心线上一点↙

　　　　　指定镜像线的第二点：点击中心线上另一点↙

要删除源对象吗？［是（Y）/否（N）］<N>：↙

绘制结果如图 7-3-6（b）所示。

五、对齐（ALIGN）

在绘图中，有时需要将对象与另一个对象对齐。前者是要变动的对象，称为源对象［图 7-3-7（a）］，后者是不动的对象，称为目标对象［图 7-3-7（b）］（适合二维、三维作图）。

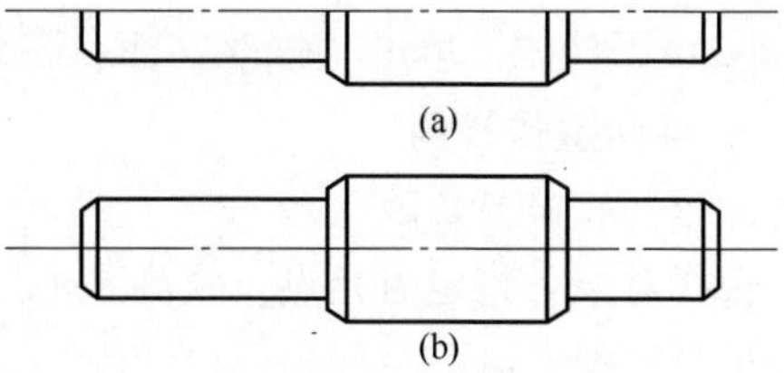

图 7-3-6　镜像示例

1. 访问方法

（1）命令行：输入 ALIGN 或 AL。

（2）菜单栏：单击【修改】→【三维操作】→【对齐】菜单项。

（3）功能区：单击“常用”功能区“修改”面板上的图标。

2. 对齐操作举例

命令：al ALIGN↙

选择对象：指定对角点：找到 19 个［选图 7-3-7（a）］↙

选择对象：

指定第一个源点：指定图 7-3-7（a）第 1 点↙

指定第一个目标点：指定图 7-3-7（b）第 1′点↙

指定第二个源点：指定图 7-3-7（a）第 2 点↙

指定第二个目标点：指定图 7-3-7（b）第 2′点↙

指定第三个源点或<继续>：↙

是否基于对齐点缩放对象？［是（Y）/否（N）］<否>：↙

绘制结果如图 7-3-7（c）图所示。

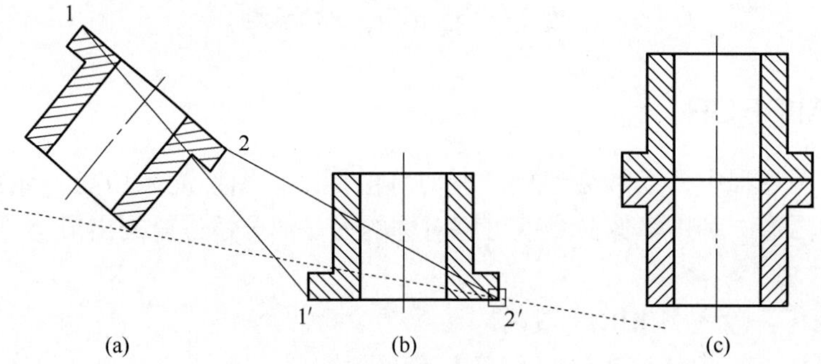

图 7-3-7 对齐示例

六、移动（MOVE）

该命令用于对二维或三维对象进行重新定位。移动对象仅仅是位置平移，而不改变对象的方向和大小。

1. 访问方法

（1）命令行：输入 MOVE 或 M。

（2）菜单栏：单击【修改】→【移动】菜单项。

（3）工具栏：单击“修改”工具栏的“移动”工具。

2. 移动操作举例

命令：m MOVE↙

选择对象：指定对角点：找到 5 个（指定左边图）↙

选择对象：↙

指定基点或［位移（D）］<位移>：指定左边图圆心 O↙

指定第二个点或<使用第一个点作为位移>：80↙

绘制结果如图 7-3-8（b）所示。

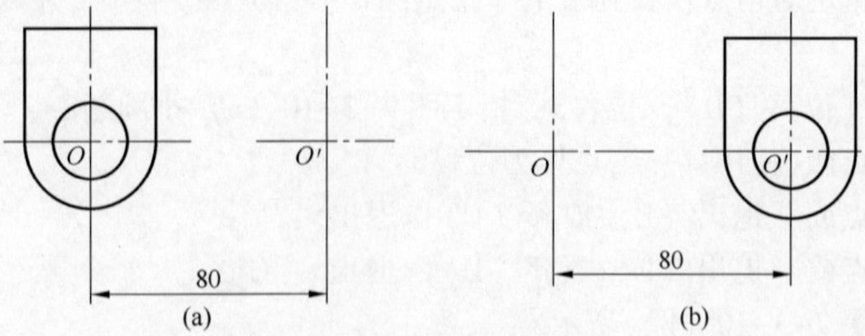

图 7-3-8 移动示例

七、旋转（ROTATE）

该命令可以使用户精确地旋转一个或一组对象。要求用户首先输入一个基点，然后输入要旋转的角度。正角度值使对象按逆时针方向旋转，负角度值将使对象按顺时针方向旋转。

1. 访问方法

（1）命令行：输入 ROTATE 或 RO。

（2）菜单栏：单击【修改】→【旋转】菜单。

（3）工具栏：单击“修改”工具栏中的“旋转”工具。

2. 旋转操作举例

命令：ro ROTATE↙

UCS 当前的正角方向：ANGDIR＝逆时针 ANGBASE＝0

选择对象：指定对角点：找到 7 个（指定 A 图）↙

选择对象：↙

指定基点：指定 A 图圆心↙

指定旋转角度，或［复制（C）/参照（R）］<0>：30↙

绘制结果如图 7-3-9（b）所示。

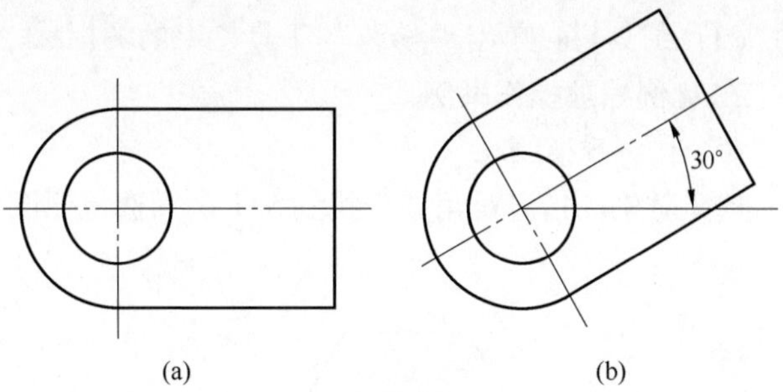

图 7-3-9 旋转示例

八、复制（COPY）

该命令用于复制二维或三维对象，它和 MOVE 命令很类似，只是保留了原对象而已。

1. 访问方法

（1）命令行：键盘输入 COPY 或 CO。

（2）菜单栏：单击【修改】→【复制】菜单。

（3）工具栏：单击“修改”工具栏中的“复制”工具。

2. 复制操作举例

命令：co COPY↙

选择对象：指定对角点：找到 1 个［指定图 7-3-10（a）小圆］↙

选择对象：↙

指定基点或［位移（D）］<位移>：指定图 7-3-10（a）小圆圆心↙

指定第二个点或<使用第一个点作为位移>：F↙

指定第二个点或［退出（E）/放弃（U）］<退出>：E↙

指定第二个点或［退出（E）/放弃（U）］<退出>：C↙

绘制结果如图 7-3-10（b）所示。

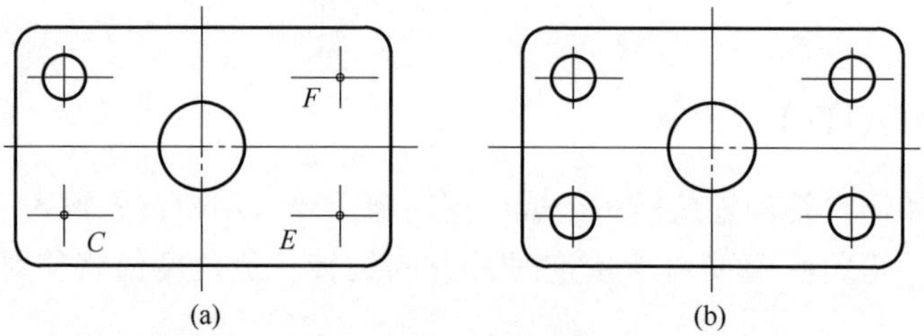

图 7-3-10　复制示例

九、比例缩放（SCALE）

该命令使用户可以通过指定比例因子，引用与另一对象间的指定距离，或用这两种方法的组合来改变相对于给定基点的现有对象的尺寸。

1. 访问方法

（1）命令行：输入 SCALE 或 SC。

（2）菜单栏：单击【修改】→【缩放】菜单项。

（3）工具栏：单击“修改”工具栏上的图标。

2. 比例缩放操作举例

命令：sc SCALE↙

选择对象：指定对角点：找到 5 个↙　选择原图［图 7-3-11（a）］

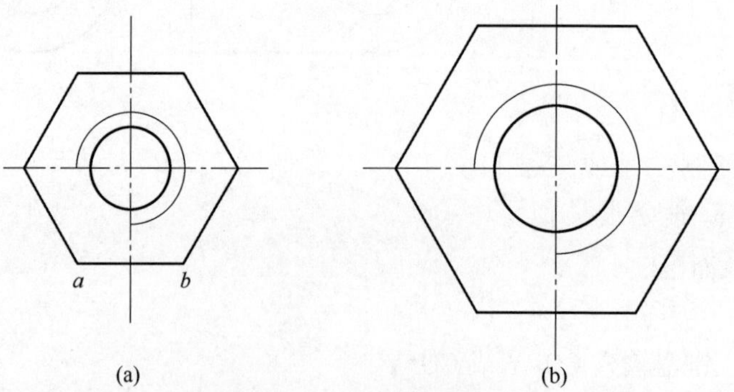

图 7-3-11　比例缩放示例

（a）原图　（b）放大 1.5 倍

指定基点：指定原图圆心↙

指定比例因子或［复制（C）/参照（R）］<1.0000>：1.5↙

绘制结果如图 7-3-11（b）所示。

十、打断（BREAK）

该命令可以将对象指定的两点间的部分删掉，或将一个对象打断成两个具有同一端点的对象。

1. 访问方法

（1）命令行：键盘输入 BREAK 或 BR。

（2）菜单栏：单击【修改】→【打断】菜单。

（3）工具栏：单击“修改”工具栏“打断”工具。

2. 打断操作举例

命令：br BREAK 选择对象：选择直线 ↙

指定第二个打断点或［第一点（F）］：f↙

指定第一个打断点：指定 *F*1↙

指定第二个打断点：指定 *F*2↙

绘制结果如图 7-3-12（b）所示。

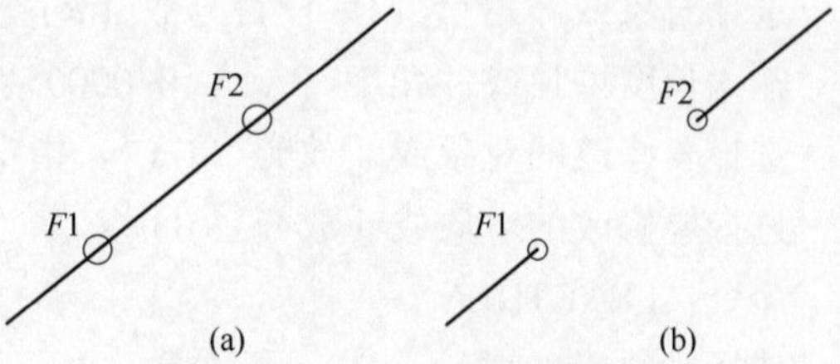

图 7-3-12　打断示例

十一、延伸（EXTEND）

该命令可使用户延伸所选取的直线、圆弧、椭圆弧、多段线和射线。有效的延伸边界对象包括多段线、圆、椭圆、直线、射线、区域、样条曲线、文本和构造线。所选取的对象既可以被看做边界边，又可以被看作是有待延伸的对象，待延伸的对象上的拾取点确认了所应延伸的一端。

1. 访问方法

（1）命令行：键盘输入 EXTEND 或 EX。

（2）菜单栏：【修改】→【延伸】菜单项。

（3）工具栏：“修改”工具栏的“延伸”工具。

2. 延伸操作举例

命令：_extend↙

当前设置：投影=UCS　边=延伸　选择边界的边…

选择对象：拾取圆①　↙

选择要延伸的对象，或按住 Shift 键选择要修剪的对象，

或［栏选（F）/窗交（C）/投影（P）/边（E）/放弃（U）］：选择直线②↙

或［栏选（F）/窗交（C）/投影（P）/边（E）/放弃（U）］：选择直线③↙

选择要延伸的对象，或按住 Shift 键选择要修剪的对象

或［栏选（F）/窗交（C）/投影（P）/边（E）/放弃（U）］：↙

绘制结果如图 7-3-13（b）所示。

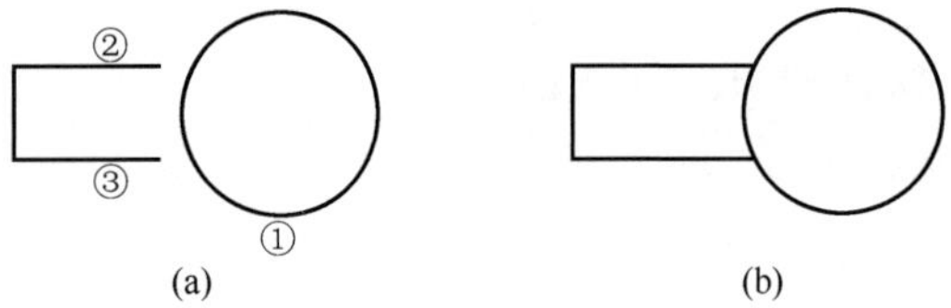

图 7-3-13　延伸示例

十二、拉长（LENGTHEN）

该命令可以改变对象的尺寸和圆弧的夹角，但它无法使用户改变一个封闭的对象。用户可以给定一个合法的数值，该数值可以是总长度或角度的百分比，以及绝对长度。用户也可通过动态拖动来确定对象的长度。

1. 访问方法

（1）命令行：键盘输入 LENGTHEN 或 LEN。

（2）菜单栏：单击【修改】→【拉长】菜单项。

（3）功能区面板：单击“常用”功能区“修改”面板上的图标。

2. 拉长操作举例

命令：len LENGTHEN ↙

选择对象或［增量（DE）/百分数（P）/全部（T）/动态（DY）］：de ↙

输入长度增量或［角度（A）］<0.0000>：25 ↙

选择要修改的对象或［放弃（U）］：指定直线右端↙

选择要修改的对象或［放弃（U）］：↙

命令：LENGTHEN ↙

选择对象或［增量（DE）/百分数（P）/全部（T）/动态（DY）］：de ↙

输入长度增量或［角度（A）］<25.0000>：a ↙

输入角度增量<30>：30 ↙

选择要修改的对象或［放弃（U）］：指定圆弧下端↙

选择要修改的对象或［放弃（U）］：↙

绘制结果如图 7-3-14（b）所示。

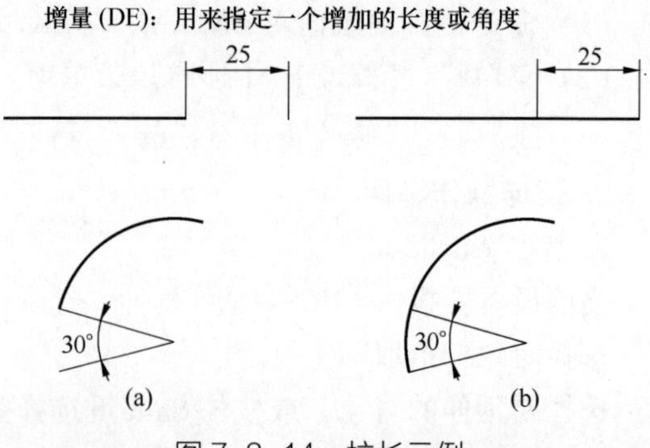

图 7-3-14　拉长示例

十三、拉伸（STRETCH）

该命令可以使用户移动并拉伸对象，可以拉长或缩短对象，并改变它的形状。拉伸的结果依赖于所选取的对象的类型及所选取的方式。该命令可以拉伸直线、圆弧、实体、轨迹线、多段线以及三维曲面。对可拉伸的对象而言，如果用户使用交叉窗口进行拉伸，则位于交叉窗口内的端点将会被移动，而位于窗口外的端点将保持不动，而所有端点和顶点都在窗口内的对象会被移动。对于文字、块、形、椭圆和圆而言，当它们的主定义点位于窗口内时可移动，否则它们将不移动，这几类对象均不可拉伸。

1. 访问方法

（1）命令行：输入 STRETCH 或 S。

（2）菜单栏：单击【修改】→【拉伸】菜单项。

（3）工具栏：单击“修改”工具栏上的图标。

2. 拉伸操作举例

命令：s STRETCH↙

以交叉窗口或交叉多边形选择要拉伸的对象...

选择对象：指定对角点，找到 10 个↙选 1-2 交叉窗口

指定基点或［位移（D）］<位移>：指定基点 3↙

指定第二个点或<使用第一个点作为位移>：15↙

绘制结果如图 7-3-15（b）所示。

十四、阵列（STRETCH）

该命令可以建立矩形或环形阵列，而且阵列中的新对象与原始对象具有相同的图层、颜色和线型。如果用户在构造阵列时选择了多个对象，则系统在复制和排列过程中将把这些对象视为一个整体进行处理。所谓对象阵列是指将某一对象一次复制多个，并使其呈矩形或环形排列。

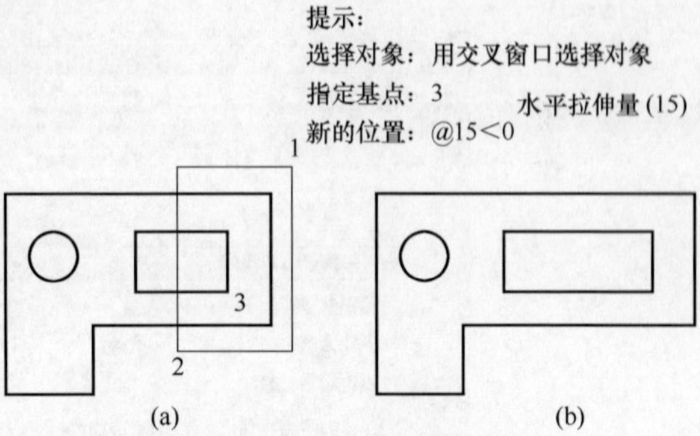

图 7-3-15　拉伸示例

1. 访问方法

（1）命令行：输入 ARRAY 或 AR。

（2）菜单栏：单击【修改】→【阵列】菜单项。

（3）工具栏：单击“修改”工具栏的“阵列”图标。

2. 阵列操作举例

（1）矩形阵列。

命令：ar ARRAY↙

弹出阵列对话框，如图 7-3-16 所示。

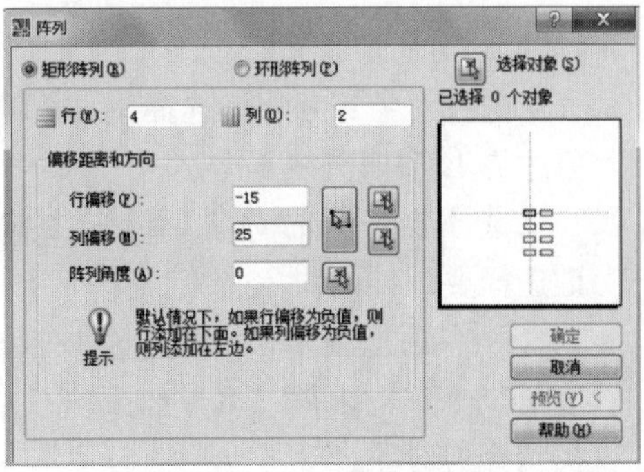

图 7-3-16　矩形阵列对话框

填写阵列类型，行距离，列距离，点击选择对象。

选择对象：指定对角点：找到 1 个↙选择左图圆角矩形。

弹出阵列对话框，单击确定。

绘制结果如图 7-3-17（b）所示。

（2）环形阵列。

命令：ar ARRAY↙

弹出阵列对话框，如图 7-3-18 所示，填写阵列类型，项目总数 4，单击拾取中心点。

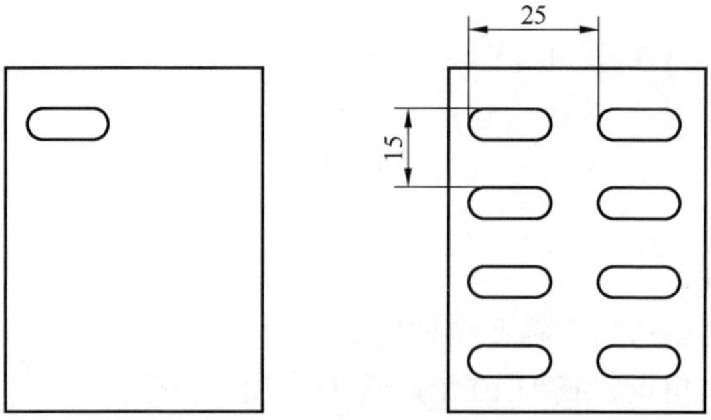

(a) (b)

图 7-3-17 矩形阵列示例

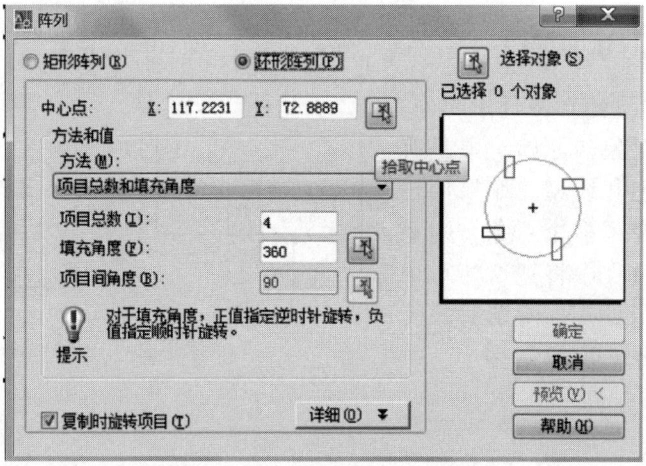

图 7-3-18 环形阵列对话框

指定阵列中心点：点击左图 O 点↙

选择对象：指定对角点：找到 2 个↙指定 U 形槽两直线

选择对象：找到 1 个，总计 3 个↙指定 U 形槽圆弧

弹出阵列对话框，点击确定。

命令：tr TRIM↙

当前设置：投影=UCS，边=延伸

选择剪切边...

选择对象或<全部选择>：找到修剪边界 U 型槽直线 6 个↙

选择要修剪的对象，或按住 Shift 键选择要延伸的对象，或

[栏选（F）/窗交（C）/投影（P）/边（E）/删除（R）/放弃（U）]：找到修剪对象↙

绘制结果如图 7-3-19（b）所示。

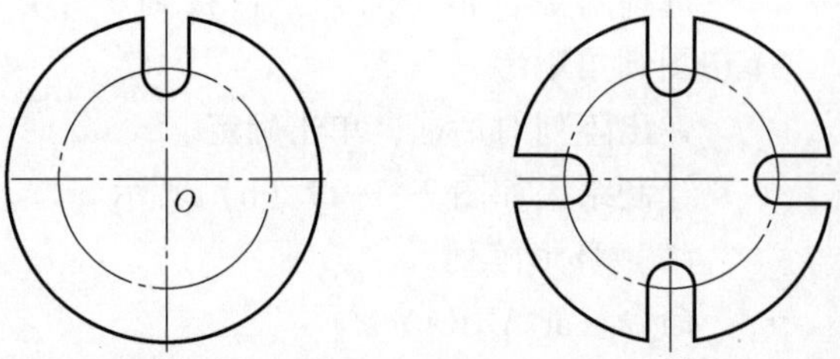

(a) (b)

图 7-3-19 环形阵列示例

十五、分解（EXPLODE）

该命令可以方便用户炸开图块。

1. 访问方法

（1）命令行：输入 EXPLODE 或 X。

（2）菜单栏：单击【修改】→【分解】菜单项。

（3）工具栏：单击“修改”工具栏的“分解”图标。

2. 分解操作举例

命令：EXPLODE↙

选择对象：（选择要炸开的实体目标。）↙

选择对象：（继续选择实体目标或直接回车退出操作。）↙

绘制结果如图 7-3-20（b）所示。

有一定宽度的多段线 (a)　　分解后的多段线 (b)

图 7-3-20　分解示例

任务实施单

实施步骤(请扫码看具体步骤)

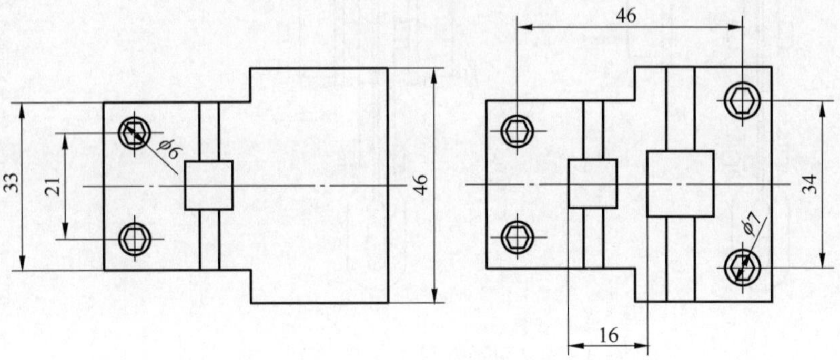

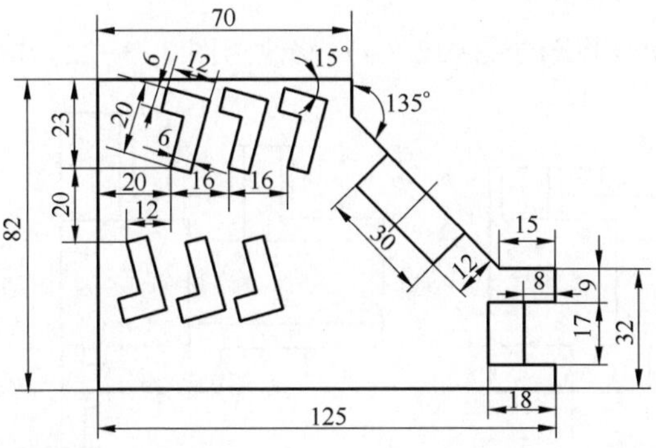

实施步骤

项目七任务三

实作练习

一、选择题

1. 拉伸命令“stretch”拉伸对象时，不能（　　）。

A. 把圆拉伸为椭圆　　B. 把正方形拉伸成长方形

C. 移动对象特殊点　　D. 整体移动对象

2. 拉长命令“lengrhen”修改开放曲线的长度时有很多选项，除了（　　）。

A. 增量　　B. 封闭　　C. 百分数　　D. 动态

3. 在 CAD 中要创建矩形阵列，必须指定（　　）。

A. 行数、项目的数目以及单元大小　　B. 项目的数目和项目间的距离

C. 行数、列数以及单元大小　　D. 以上都不是

4. 在 CAD 中下列不可以用分解命令分解的图形（　　）。

A. 圆形　　B. 填充的图案　　C. 多线　　D. 块

5. 如果想把直线、弧和多线段的端点延长到指定的边界，则应该使用哪个命令（　　）。

A. EXTEND　　B. PEDIT　　C. FILLET　　D. ARRAY

二、绘图题

1. 用移动（MOVE）和镜像（MIRROR）命令将图 7-3-21（a）修改为图 7-3-21（b）。

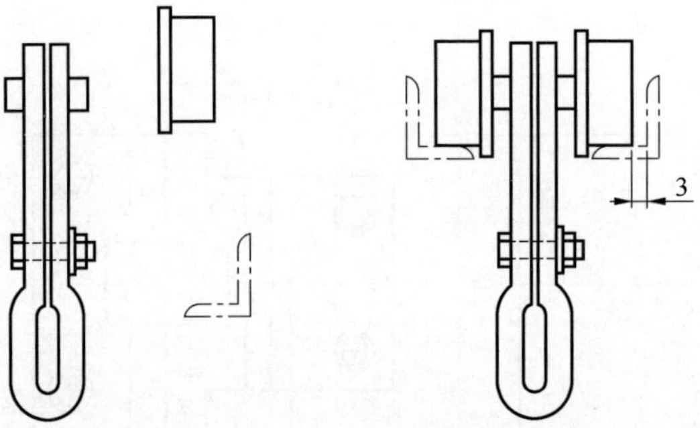

图 7-3-21　习题练习 1

2. 用拉伸（STRECH）命令将图 7-3-22（a）修改为图 7-3-22（b）。

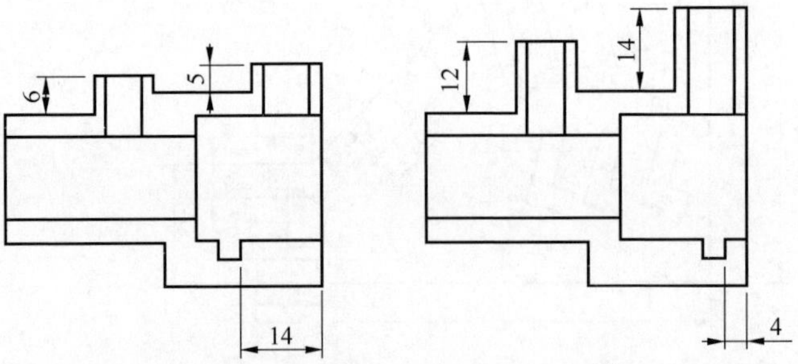

图 7-3-22　习题练习 2

3. 用所学命令绘制图 7-3-23。

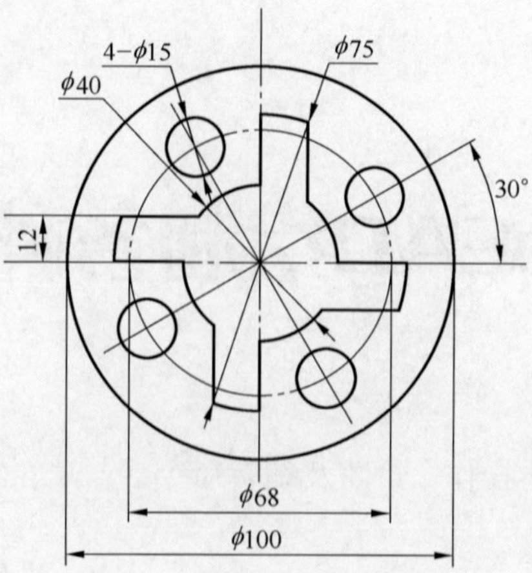

图 7-3-23　习题练习 3

项目八

AutoCAD绘制各种图形

在学完 AutoCAD 的基本操作、绘图及编辑命令后，现在我们要利用所学来绘制各种相关图形。

配套课件　配套视频

项目八任务一

任务一　绘制平面图形

学习目标

熟悉 AutoCAD 的各种绘图及编辑命令，会画各种平面图形。

学习任务单

任务名称	棘轮平面图绘制
任务描述及要求	按尺寸绘制如图 8-1-1 所示棘轮平面图 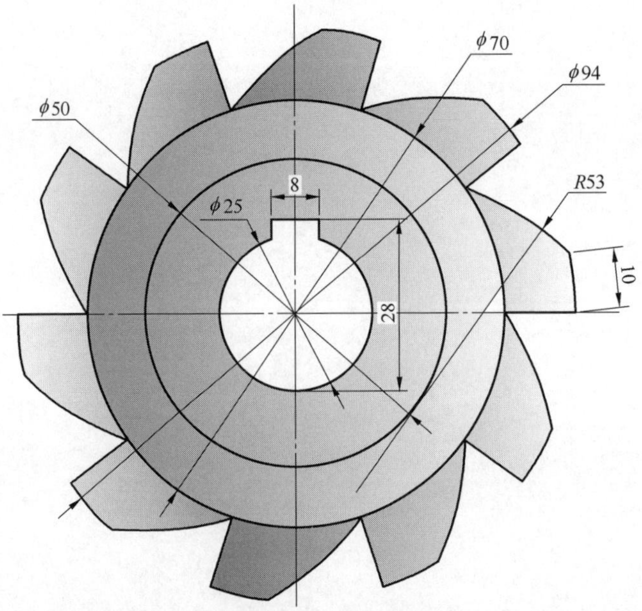 图 8-1-1　棘轮平面图

续表

任务分析	1. 熟悉 CAD 绘图及编辑命令，极轴增量角设置合理 2. 会分析图形尺寸
任务评价	采用教师讲评与学生互评相结合。评价内容：图形绘制是否正确，活动是否积极，将讨论回答的问题评分，计入平时成绩

知识导航

一、面域创建（REGION）

面域是封闭区所形成的 2D 对象，可将它看成一个平面实心区域，是 2D 实体模型。它不但含边的信息，还有边界内的信息，可对面域执行各种布尔操作。

1. 访问方法

（1）命令行：输入 REGION 或 reg。

（2）菜单栏：单击【绘图】→【面域】菜单项。

（3）工具栏：单击“绘图”工具栏的“面域”图标。

2. 面域操作举例

命令：reg REGION ↙

选择对象：指定对角点：找到 2 个↙（选取右图两个圆弧）

选择对象：↙

已提取 1 个环。

已创建 1 个面域。

绘制结果如图 8－1－2（b）所示。

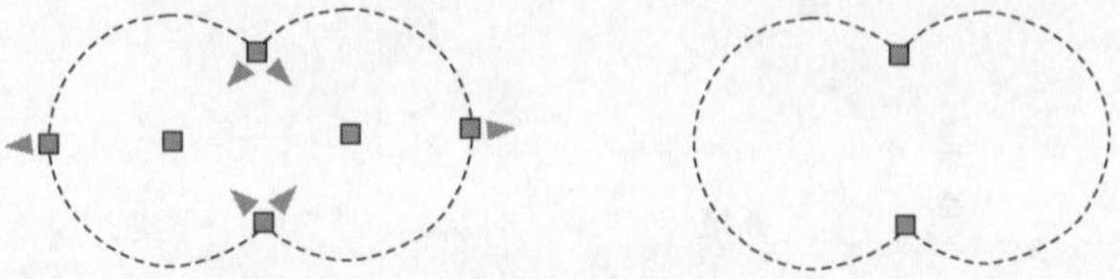

(a) (b)

图 8-1-2 面域示例

（a）创建面域前 （b）创建面域后

二、布尔操作

1. 访问方法

用户可对面域执行三种布尔操作，即并（UNION）、差（SUBTRACT）及交（INTERSECT）。

（1）并（UNION）。并是指将两个或多个面域合并为一个单独面域，而且与合并前面域的位置没有关系；执行面域合并的命令是 UNION 或下拉菜单【修改】→【实体编辑】→【并集】。

（2）差（SUBTRACT）。面域求差是指从一个面域中减去另一面域。执行面域相减的命令是 SUBTRACT，或可通过下拉菜单【修改】→【实体编辑】→【差集】来执行该命令。

（3）交（INTERSECT）。面域求交是指从两个或两个以上面域中抽取其重叠部分的操作。执行该操作的命令是 INTERSECT，或可利用下拉菜单【修改】→【实体编辑】→【交集】来执行它。

2. 布尔操作举例

先把图 8-1-3 上面图形分别形成面域，然后分别执行并集、差集、交集布尔操作。

命令：uni UNION↙
选择对象：指定对角点：找到 2 个↙（选择左边图形）
选择对象：↙
令：su SUBTRACT 选择要从中减去的实体或面域...
选择对象：找到 1 个↙（选择中间图形被减对象）
选择对象：选择要减去的实体或面域..
选择对象：找到 1 个↙（选择中间图形减去对象）
选择对象：↙
命令：in INTERSECT↙
选择对象：指定对角点：找到 2 个↙（选择右边图形）
选择对象：↙
绘制结果如图 8-1-3 下面图形所示。

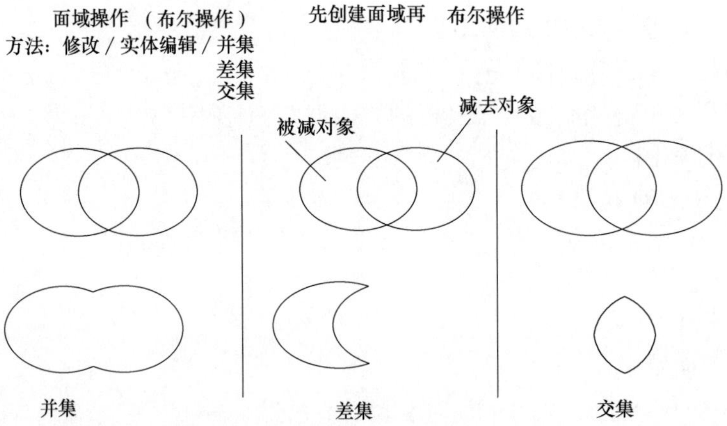

图 8-1-3 布尔操作示例

三、图案填充（BHATCH）

图案填充是使用一种图案来填充某一区域。它是在一个封闭的区域内进行的，围成填充区域的边界叫填充边界。

1. 访问方法

（1）命令行：输入 BHATCH 或 HATCH（或 BH 或 H）。

（2）菜单栏：单击【绘图】→【图案填充...】菜单。

（3）工具栏：单击“绘图”工具栏上“图案填充”按钮。

2. 图案填充操作举例

命令：bh HATCH↙

弹出“图案填充”对话框（图 8-1-4），选择 ANSI31 图案，点击添加拾取点。

拾取内部点或［选择对象（S）/删除边界（B）］：正在选择所有对象...在圆中点击一点↙

正在选择所有可见对象...

正在分析所选数据...

图 8-1-4 “图案填充”对话框

正在分析内部孤岛...

拾取内部点或 [选择对象 (S)/删除边界 (B)]: ↙

回到对话框点击确定。

绘制结果如图 8-1-5 (b) 所示。

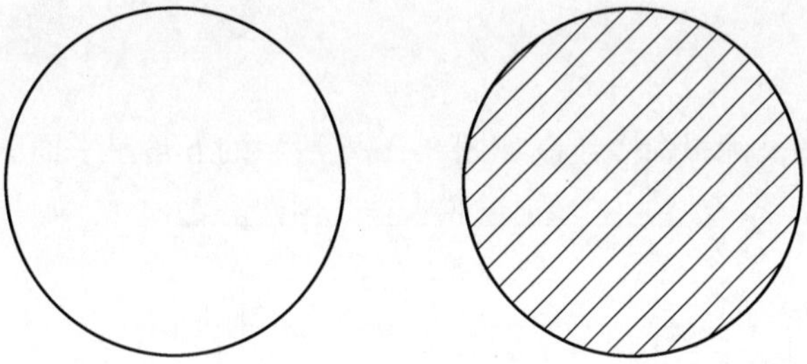

(a) (b)

图 8-1-5 图案填充示例

“编辑图案填充” HATCHEDIT (或 HE) 命令可修改已填充图案的类型、图案、角度、比例等特性。

四、平面图绘制步骤

(1) 设置恰当的图形界限。

(2) 设置所需的图层。

(3) 先画定位线、定位圆，再画轮廓线。

(4) 分析图形及尺寸，先画已知线段 (圆弧) 再画中间线段 (圆弧)，最后画连接线段（圆弧）。

（5）画细小部分。

（6）检查。

任务实施单

实施步骤(请扫码看具体步骤)

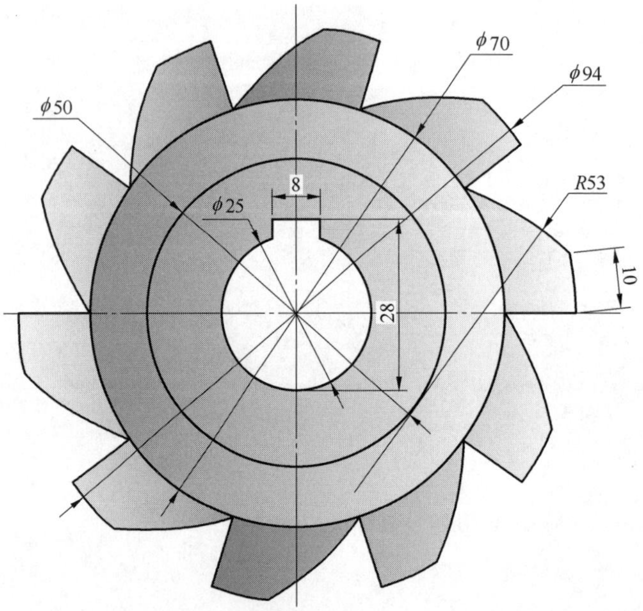

实施步骤

项目八任务一

实作练习

1. 应用所学绘图及编辑命令绘制如图 8-1-6 所示的五角星平面图。

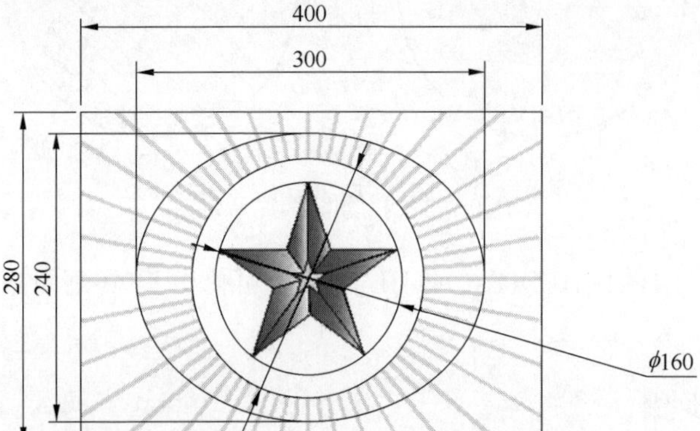

图 8-1-6　五角星平面图

2. 应用所学绘图及编辑命令绘制如图 8-1-7 所示的吊钩平面图。

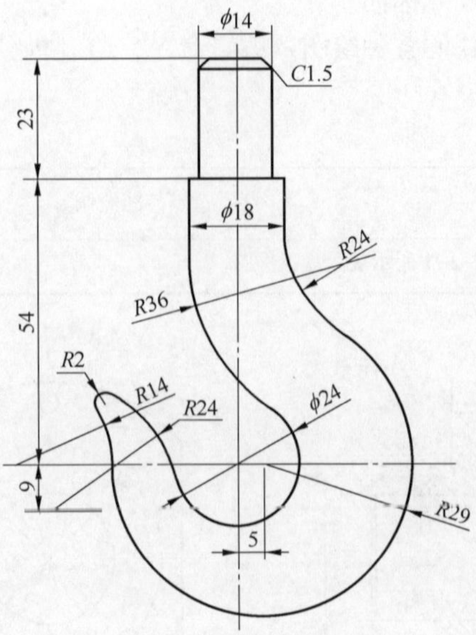

图 8-1-7 吊钩平面图

3. 应用所学绘图及编辑命令绘制如图 8-1-8、图 8-1-9 所示的平面图。

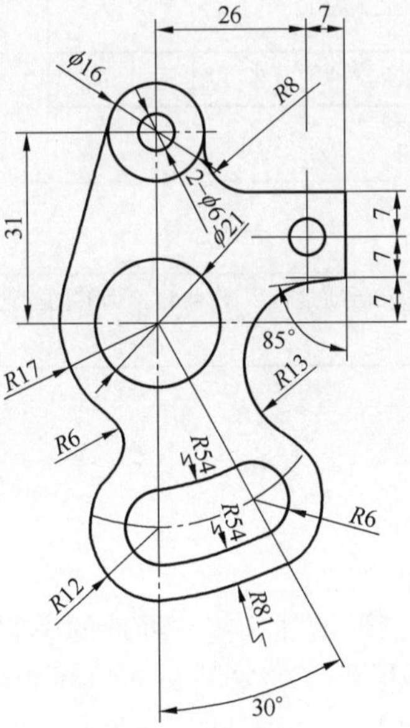

图 8-1-8 平面图练习 1

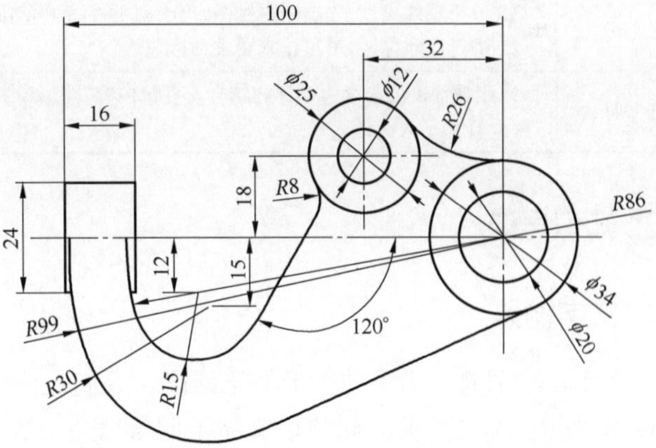

图 8-1-9 平面图练习 2

任务二 绘制机械图样

配套课件 配套视频

项目八任务二

学习目标

（1）学会 AutoCAD 的文字输入及块的创建。

（2）学会 AutoCAD 的尺寸标注。

（3）学会使用 AutoCAD 的各种绘图及编辑命令，绘制机械零件图。

学习任务单

<table>
<tr><td>任务名称</td><td>法兰盘零件图绘制</td></tr>
<tr><td>任务描述及要求</td><td>按尺寸绘制如图 8-2-1 所示法兰盘零件图
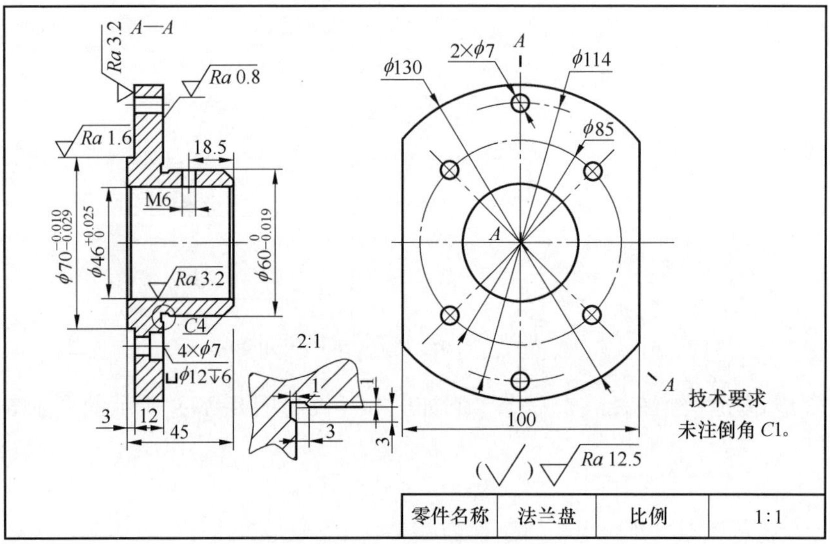

图 8-2-1　法兰盘零件图</td></tr>
<tr><td>任务分析</td><td>1. 分析零件尺寸，先绘制左视图，再绘制主视图，画剖面线
2. 进行尺寸标注，填写技术要求和标题栏</td></tr>
<tr><td>任务评价</td><td>采用教师讲评与学生互评相结合。评价内容：图形绘制是否正确，活动是否积极，将讨论回答的问题评分，计入平时成绩</td></tr>
</table>

知识导航

一、文字输入

在实际绘图时，为了使图形易于阅读，人们经常需要为图形增加一些注释性的说明，如技术要求、加工要求、标题栏文字、明细表等。AutoCAD 提供了完善的文字标注和修改功能。

（一）设置文字样式

1. 访问方法

（1）命令行：输入 STYLE 或 ST。

（2）菜单栏：单击【格式】→【文字样式】。

（3）工具栏：单击“文字”或“样式”工具栏中的“文字样式”图标。

2. 操作步骤

命令：st STYLE↙

点击大字体，选字体

弹出“文字样式”对话框如图 8-2-2 所示。

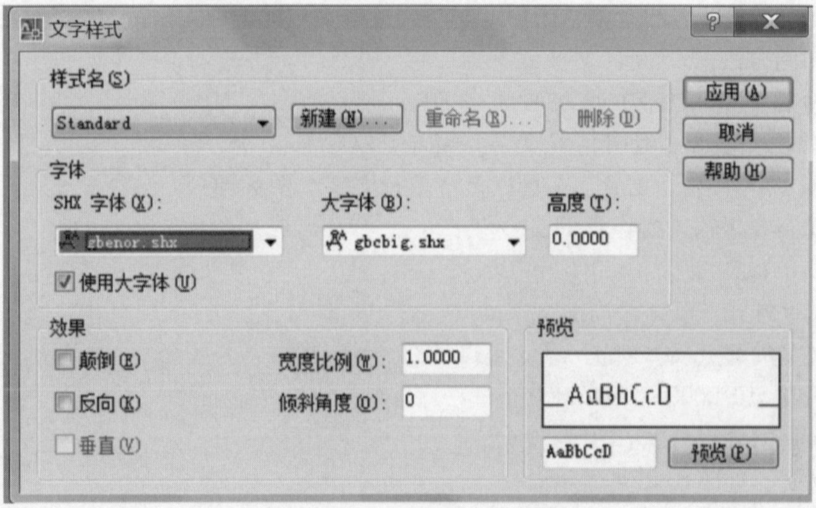

图 8-2-2　“文字样式”对话框

“样式”选项区：用于显示文字样式的名称、创建新的文字样式、为已有的文字样式命名及删除文字样式。“样式名”下拉列表框列出了当前可以使用的文字样式，默认文字样式为 Standard（标准）。

“新建”按钮：单击该按钮，将打开如图 8-2-3 所示的“新建文字样式”对话框。在该对话框“样式名”文本框中输入新文字样式名，单击“确定”按钮，返回“文字样式”对话框，自动将新文字样式名添加到“样式名”下拉列表框中，设置汉字样式。

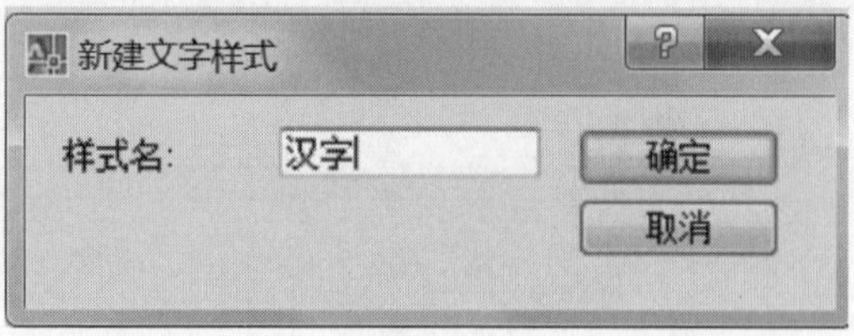

图 8-2-3　“新建文字样式”对话框

“删除”按钮：可以删除已存在的文字样式，但无法删除已经被使用了的文字样式和默认的 Standard 样式。

“字体”选项区：用于设置文字样式中使用的字体和字高等属性。

“字体名”下拉列表框：在此下拉列表框中选择字体。标记了 Windows 标准的 TrueType 字体，标记了 AutoCAD 的专用字体，系统默认的字体为 txt. shx（字符形文件）。

国家制图标准规定文字高度为 20、14、10、7、5、3. 5、2. 5。

“使用大字体”复选框：该选项用于指定亚洲语言的大字体文件。该项只对扩展名为 . shx 的 AutoCAD 专用字体有效。对其他字体，该项不可用。常用的大字体文件为 gbcbig. shx。

用 gbcbig. shx 字体注写的中文字为正体字，注写的英文或数字为斜体字。

（二）标注文字

在 AutoCAD 中，用户可以创建两种类型的文字：单行文字和多行文字。一般来说，比较简短的文字项目采用单行文字，而对带有段落格式的信息，通常使用多行文字。

1. 单行文字

利用 TEXT 或 DTEXT 命令可创建一行或多行文字，在每行结束处都需按 Enter 键。其中，每行文字都是独立的对象，用户可对其调整格式、重定位或修改其内容。

（1）访问方法。

① 命令行：输入 TEXT 或 DTEXT 或 DT。

② 菜单栏：单击【绘图】→【文字】→【单行文字】。

③ 工具栏：单击“文字”工具栏上“单行文字”图标 AI。

（2）单行文字输入操作举例

命令：dt TEXT ↙

当前文字样式：汉字　当前文字高度：

指定文字的起点或 [对正（J）/样式（S）]：

指定高度<10.0000>：10.0000 ↙

指定文字的旋转角度<270>：0 ↙

输入文字，如图 8-2-4 所示。

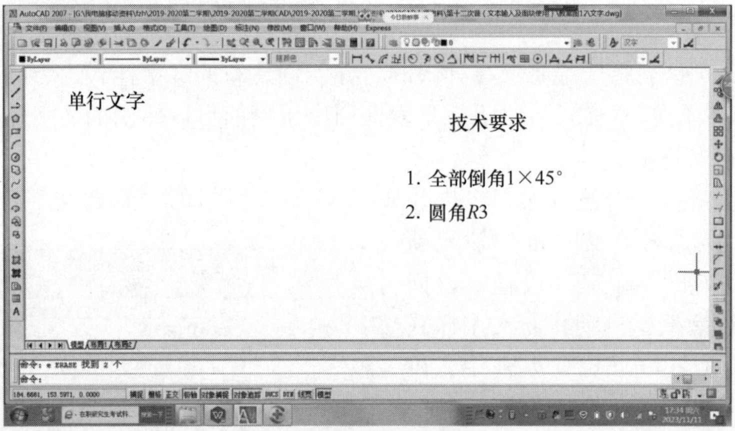

图 8-2-4　单行文字输入

在 AutoCAD 中某些符号不能用标准键盘直接输入，这些符号包括：上画线、下画线、°、“”、±、%等。但是，用户可使用某些替代形式输入这些符号。AutoCAD 常用控制符如表 8-2-1 所示。

表 8-2-1　AutoCAD 常用控制符

输入代码	对应字符	输入代码	对应字符
%%O	上画线	\u+00B3	立方
%%U	下画线	\u+2082	下标 2
%%D	角度符号“°”	\u+2126	欧姆
%%C	圆直径符号“　”	\u+2260	不相等
%%P	±	\u+2248	几乎相等
%%%	%	\u+2220	角度
\u+00B2	平方		

2. 多行文字

多行文字又称段落文字，是一种更易于管理的文字对象，可由任意数目的文字行组成，且所有文字构成一个单独的实体。工程图中比较复杂的文字说明通常使用多行文字。

(1) 访问方法。

① 命令行：输入 MTEXT 或 T 或 MT。

② 菜单栏：单击【绘图】→【文字】→【多行文字】。

③ 工具栏：单击“绘图”或“文字”工具栏上“多行文字”图标A。

(2) 多行文字输入操作举例。

命令：mt MTEXT 当前文字样式：“汉字”　当前文字高度：10

指定第一角点：

指定对角点或［高度 (H)/对正 (J)/行距 (L)/旋转 (R)/样式 (S)/宽度 (W)]：

输入文字，如图 8-2-5 所示。

图 8-2-5　多行文字输入

按钮用于创建或取消堆叠文本。选定包含堆叠字符的文字，单击此按钮可堆叠文字。堆叠符号左边的文字被堆叠到堆叠符号右边的文字的上面。如果选定堆叠文字，则取消堆叠。

堆叠字符有三个：“^”“/”和“#”。

默认情况下，包含“^”符号的文字转换为左对齐的公差值。包含“/”符号的文字被转换为居中对正的分数值，“/”被转换为一条与“/”左边和右边中较长的文字串长度相同的水平线。包含“#”符号的文字被转换为被斜线分开的分数，“#”被转换为一条斜线，斜线上方的文字右下对齐，斜线下方的文字左上对齐。堆叠文字示例见图 8-2-6 所示。

二、图块创建

图块是用一个图块名命名的一组图形实体的总称。在该图形单元中，各图形实体均有各自的图层、线型、颜色等特征，但 AutoCAD 把这个图形单元作为一个单独的、完整的对象来操作。用户可以根据实际需要将图块按给定的缩放系数和旋转角度插入到指定的任一位置，也可以对整个图块进行复制、移动、旋转、比例缩放、镜像、删除和阵列等操作。

在 AutoCAD 中，使用图块主要有如下优点：

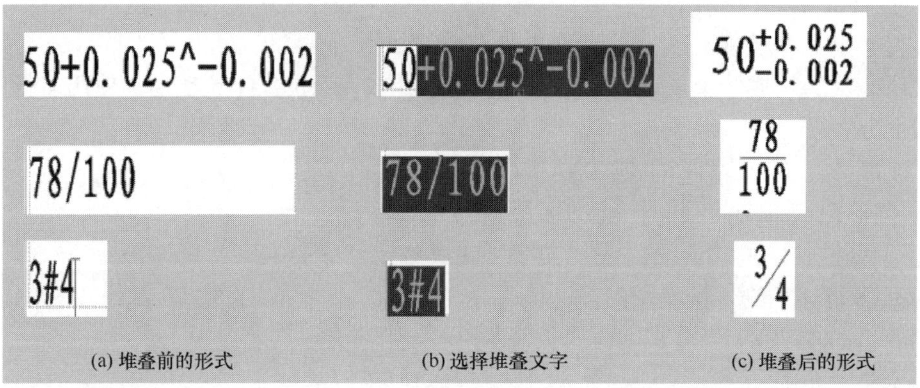

图 8-2-6 堆叠文字示例

便于创建图块库；节省磁盘空间；便于图形修改；便于携带属性。

1. 使用 BLOCK 命令创建附属图块

(1) 命令行：输入 BLOCK 或 Bmake 或 B。

(2) 菜单栏：单击【绘图】→【块】→【创建】。

(3) 工具栏：单击“绘图”工具栏上“创建块”图标，如图 8-2-7 所示。

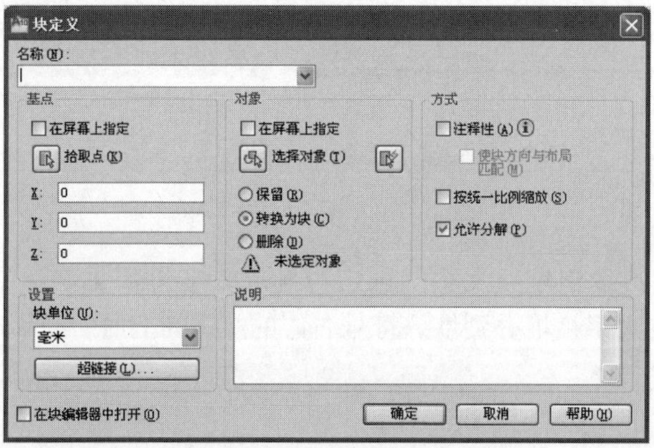

图 8-2-7 “块定义”对话框

2. 使用 WBLOCK 命令创建可存储的独立块

当用户使用 BLOCK 命令定义一个块时，该块只能在存储该块定义的图形文件中使用。因此，为了能在其他文件中再次引用，就必须使用其他办法，WBLOCK 正满足了这一要求。激活命令的方式，命令行：WBLOCK 或 W。

3. 图块创建操作举例

用 WBLOCK 和 ATTDEF 命令创建带属性的表面粗糙度块文件，文件名 CCD，如图 8-2-8 所示。

步骤一：绘制表面粗糙度符号

命令：选择“绘图”→“直线”工具 ↙	发出 LINE 命令
命令：_line 指定第一点：拾取任一点↙	指定直线起点
指定下一点或［放弃（U）］：@-6，0↙	指定直线终点

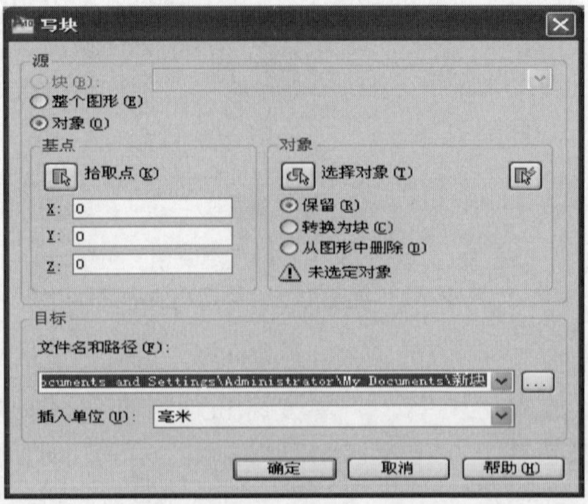

图 8-2-8　“写块”对话框

指定下一点或［放弃（U）］：@6<-60↙

指定下一点或［闭合（C）/放弃（U）］：@12<60↙

指定下一点或［闭合（C）/放弃（U）］：@12<0↙

指定下一点或［闭合（C）/放弃（U）］：↙　　画出表面粗糙度基本符号

结束 LINE 命令，单行文字输入“Ra”，结果如图 8-2-9 所示。

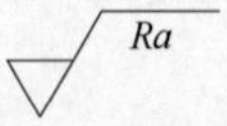

图 8-2-9　绘制表面粗糙度基本符号

步骤二：定义块属性

命令：选择“绘图”→“块”→“属性定义”菜单，发出 ATTDEF 命令，并打开“属性定义”对话框如图 8-2-10 所示。

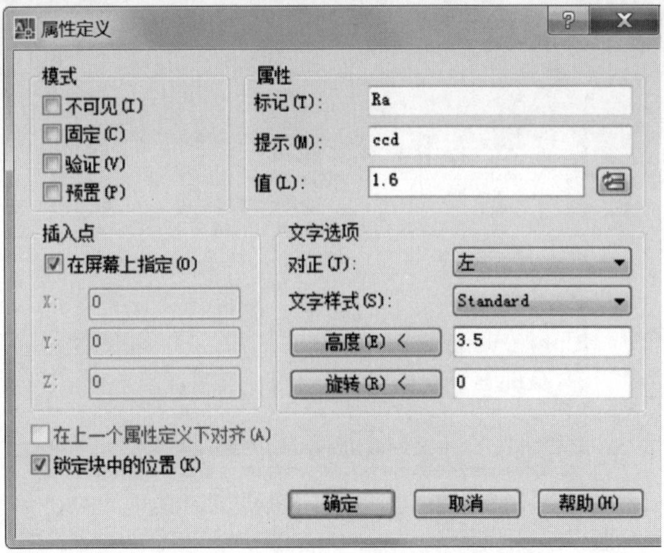

图 8-2-10　“属性定义”对话框的填写

在“标记”框中输入“Ra”，在“提示框”中设置标志、提示和缺省值。

输入“粗糙度”，在“值”框中输入“1.6”。其他如图 8-2-10 所示。

单击“确定”按钮	返回绘图区
起点：单击图 8-2-11（a）中 c 点	使用拾取点方式指定插入点

结果如图 8-2-11（b）所示。

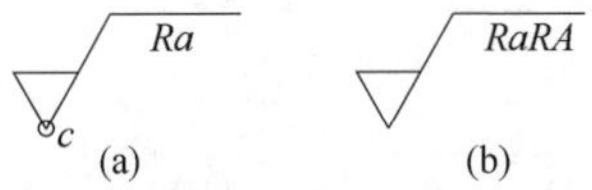

图 8-2-11　在图形文件中定义块的属性

步骤三：定义块文件

命令：WBLOCK（或 W）↙	发出 BLOCK 命令，打开“写块”对话框
单击“拾取点”按钮	暂时关闭“写块”对话框
指定插入基点：拾取 C	指定插入基点后回到“写块”对话框
选择“转换为块”框	选择将原对象转换为块引用
单击“选择对象”按钮	暂时关闭“写块”对话框（图 8-2-12）
选择对象：	
指定对角点：	用窗口方式选择图 8-2-11（b）中所有对象，找到 6 个
选择对象：↙	结束对象选择，回到“写块”对话框在“目标”区中指定文件名为“CCD”和路径

单击“确定”按钮，关闭“写块”对话框，已创建了名为“CCD”的表面粗糙度图块。

图 8-2-12　填写“写块”对话框

步骤四：插入使用表面粗糙度块

打开一张新图形文件

命令：选择“绘图”工具栏的“插	发出 INSERT 命令并打开“插入”

入块”工具 ↙	对话框
选择“名称”区的浏览按钮，按保存的路径选择“CCD”块	选择指定图块文件
选中“插入点”区的“在屏幕上指定”框，取消其他区的“在屏幕上指定”框	指定块插入点
选中“统一比例”等于 X 轴方向比例因子	接受 Y 轴方向比例因子缺省值
在“比例”区的“X”框中输入 1	设置 X 轴方向比例因子
在“旋转”区“角度”框中输入 0	接受块旋转角缺省值
按“确定”按钮	关闭“插入”对话框（图 8-2-13）
指定插入点或［基点（B）/比例（S）/旋转（R）]： 在绘图区单击任一点	指定插入基点
输入属性值	
粗糙度<3.2>：1.6 ↙	指定属性值（表面粗糙度值）
命令：↙	结束命令，如图 8-2-14 所示

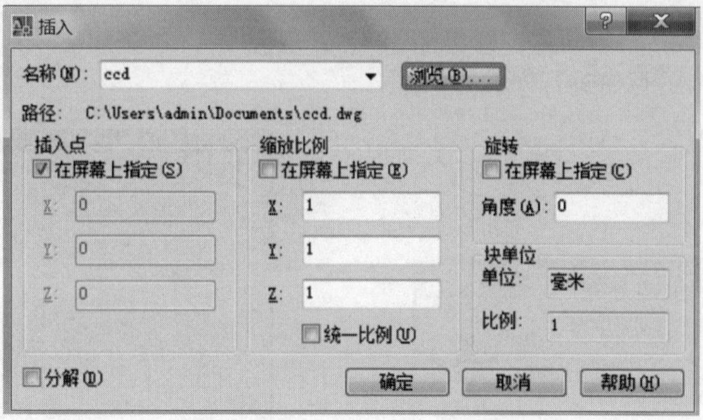

图 8-2-13　“插入”对话框

三、尺寸标注

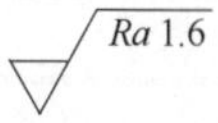

图 8-2-14　表面粗糙度块插入

（一）尺寸标注样式创建

用户可通过“标注样式管理器”对话框来设置和管理标注样式。

1. 访问方法

（1）命令行：DIMSTYLE 或 D，回车。

（2）菜单栏：单击【格式】→【标注样式】或【标注】→【标注样式】。

（3）工具栏：单击“样式”工具栏“标注样式”图标。

执行命令后，都可以弹出“标注样式管理器”对话框，如图 8-2-15 所示。

2. 尺寸标注样式创建

（1）单击“新建”按钮，弹出“创建新标注样式”对话框，如图 8-2-16 所示。在“新样式名”文本框中输入新样式的名称，默认的样式名是在当前标注样式的基础上创建

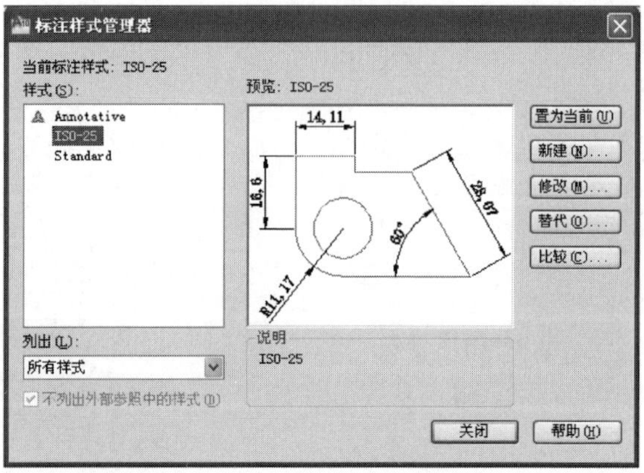

图 8-2-15　“标注样式管理器”对话框

新样式的副本。为了便于管理和应用，新建的标注样式最好输入一个有意义的名称。在“基础样式”下拉列表框中，选择以哪个样式为基础创建新样式。在“用于”下拉列表框中选择新建样式用于哪种类型的尺寸标注，默认的是用于所有标注。完成后，单击“继续”。

（2）单击“继续”按钮后，弹出如图 8-2-17 所示“新建标注样式”对话框，可以单击对话框的相应的标签进行样式的修改。

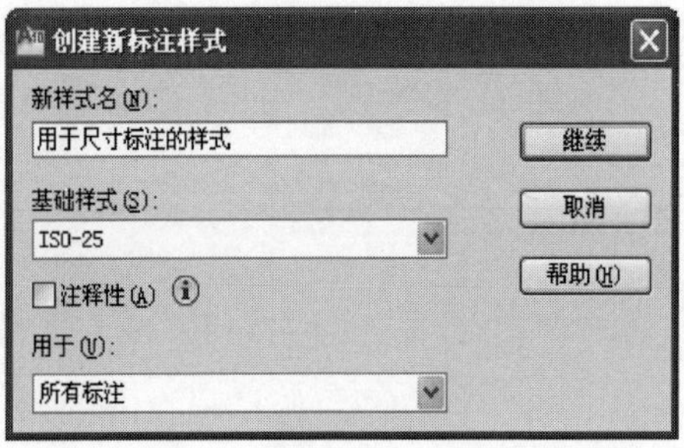

图 8-2-16　“创建新标注样式”对话框

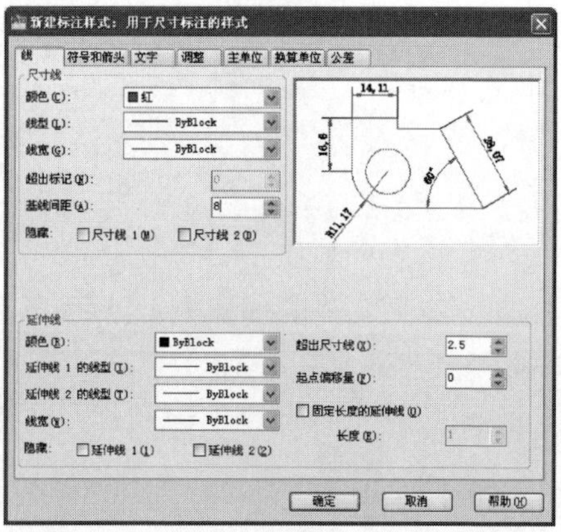

图 8-2-17　“新建标注样式”对话框

（二）各种类型尺寸标注

在设置好尺寸标注样式后，就可以采用设置好的“标注样式”进行尺寸标注了。按照标注尺寸的类型，可以将尺寸分成长度尺寸、半径、直径、坐标、指引线、圆心标记等；按照标注的方式，可以将尺寸标注分成水平、垂直、对齐、连续、基线等。AutoCAD 所有的尺寸标注命令均可通过菜单、工具条和命令行输入打开。如图 8-2-18 所示的“标注”工具栏。

1. 线性标注

线性标注用于标注两点间的水平尺寸或垂直尺寸，如图 8-2-19 所示。

（1）命令行：dimlinear 或 DLI。

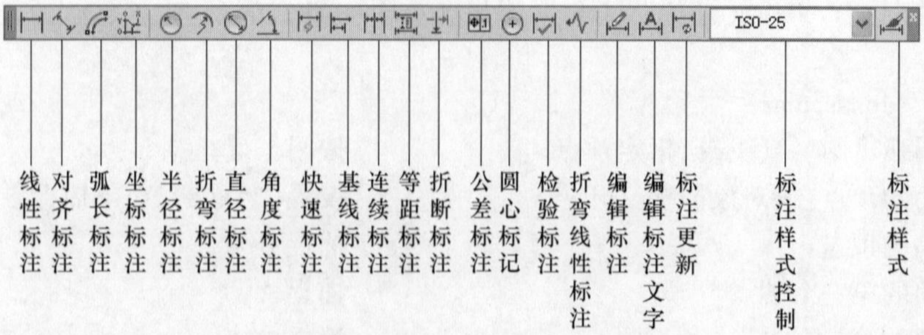

图 8-2-18　“标注”工具栏

（2）菜单栏：单击【标注】→【线性】。

（3）工具栏：单击“标注”工具栏“线性”图标。

2. 对齐标注

对齐标注用于标注倾斜对象的实长。对齐标注的尺寸线平行于被测对象，如图 8-2-20 为对齐标注尺寸。

（1）命令行：dimAlGneD 或 DAL。

（2）菜单栏：单击【标注】→【对齐】。

（3）工具栏：单击“标注”工具栏“对齐”图标。

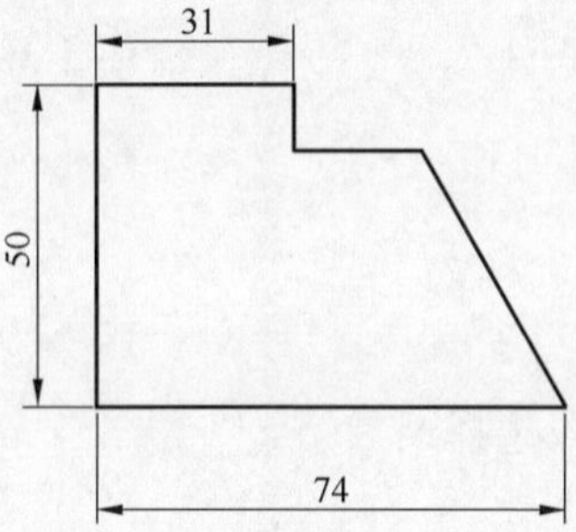

图 8-2-19　线性标注尺寸

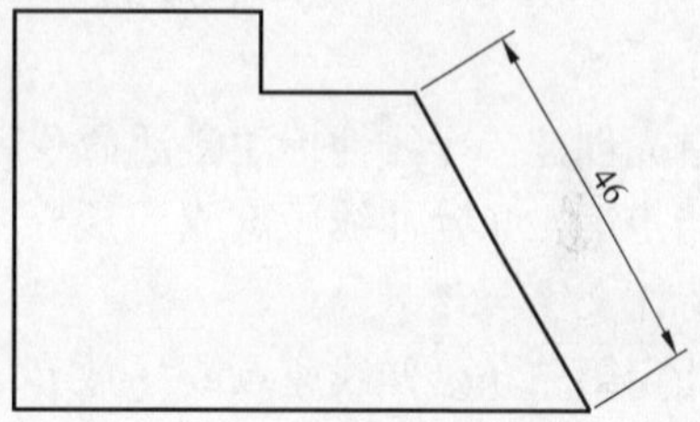

图 8-2-20　对齐标注尺寸

3. 半径标注和直径标注

该标注用于标注圆或圆弧的半径或直径，如图 8-2-21 所示。

（1）命令行：dimRADIUS（或 DRA）和 dimDIAMETER（或 DDI）。

（2）菜单栏：单击【标注】→【半径】和【标注】→【直径】。

（3）工具栏：单击“标注”工具栏“半径”图标。“标注”工具栏“直径”图标。

4. 角度标注

该标注用于标注圆弧或部分圆周之间的夹角，两条非平等线之间的夹角或不共线的三点之间的夹角。在机械制图中要求角度尺寸文字一律水平书写。

（1）命令行：DIMANGULAR（或 DAN）。

（2）菜单栏：单击【标注】→【角度】。

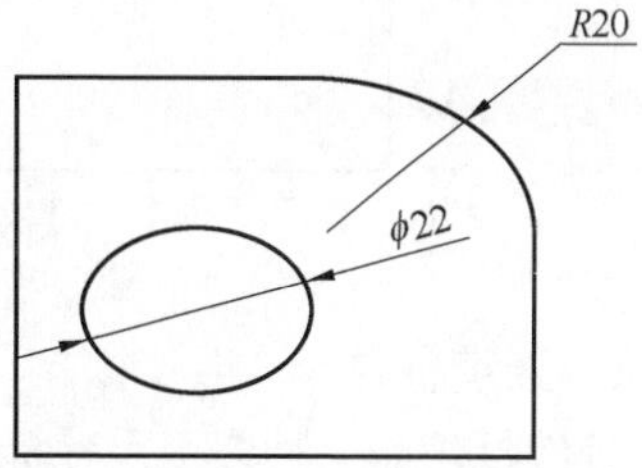

图 8-2-21　半径、直径标注

(3) 工具栏：单击“标注”工具栏“角度”图标。

举例

命令：_dimangular

选择圆弧、圆、直线或<指定顶点>：　　按回车键

指定角的顶点：<对象捕捉　开>>>　　设置“节点”对象捕捉方式

指定角的顶点：　　捕捉 B 点

指定角的第一个端点：　　捕捉 A 点

指定角的第二个端点：　　捕捉 C 点

指定标注弧线位置或［多行文字（M）/文字（T）/角度（A/象限点（Q））］：接受缺省值，直接单击确定尺寸线位置。

标注文字 = 64　　标注完之后，如图 8-2-22 所示。

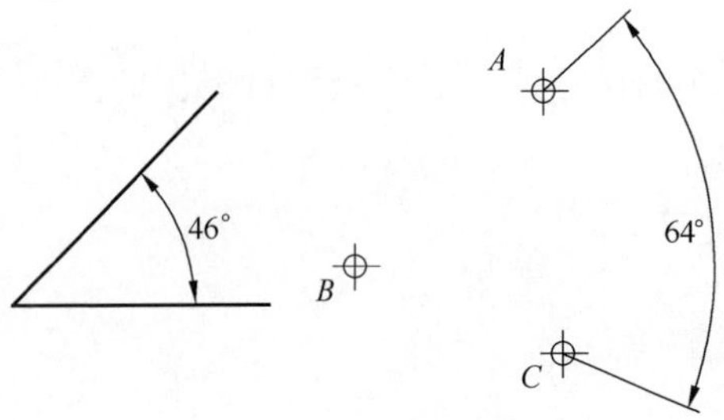

图 8-2-22　角度标注

5. 基线标注

基线标注是以现有尺寸界线为基线，来标注新的尺寸。一次可以标注多个尺寸。标注的样式如图 8-2-23 所示。

(1) 命令行：DIMBASELINE（或 DBA）。

(2) 菜单栏：单击【标注】→【基线】。

(3) 工具栏：单击“标注”工具栏“基线”图标。

举例

首先创建一个线性标注激活命令后，命令行提示：

指定第二条延伸线原点或［放弃（U）/选择（S）］<选择>：

标注文字 = 52

指定第二条延伸线原点或［放弃（U）/选择（S）］<选择>：

标注文字 = 75

指定第二条延伸线原点或［放弃（U）/选择（S）］<选择>：

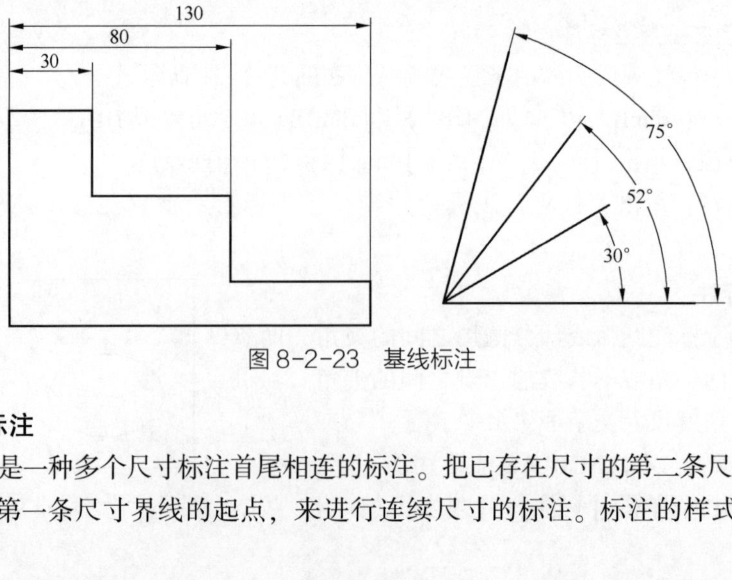

图 8-2-23　基线标注

6. 连续标注

连续标注是一种多个尺寸标注首尾相连的标注。把已存在尺寸的第二条尺寸界限的起点作为新尺寸的第一条尺寸界线的起点，来进行连续尺寸的标注。标注的样式如图 8-2-24

所示。

（1）命令行：DIMCONTINUS（或 DCO）。

（2）菜单栏：单击【标注】→【连续】。

（3）工具栏：单击“标注”工具栏“连续”图标。

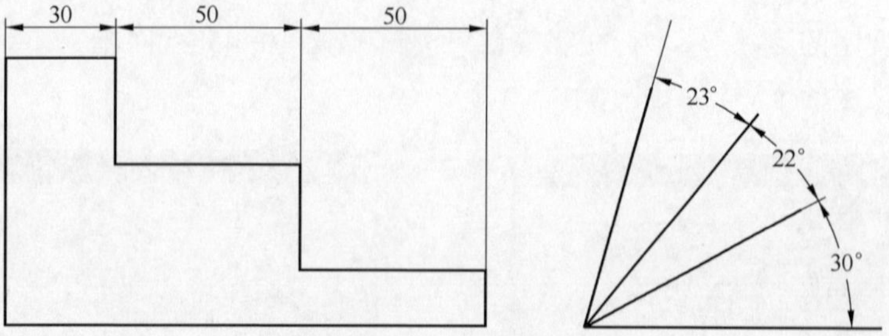

图 8-2-24　连续标注

7. 引线标注

在机械制图中，引线标注通常用于图形标注倒角、零件编号、形位公差等，在 AutoCAD 中，可以使用多重引线标注命令（MLRADER）创建引线标注。多重引线标注由带箭头或不带箭头的直线或样条曲线（又称引线），一条短水平线（又称基线），以及处于引线末端的文字或图块组成。引线标注结果如图 8-2-25 所示。

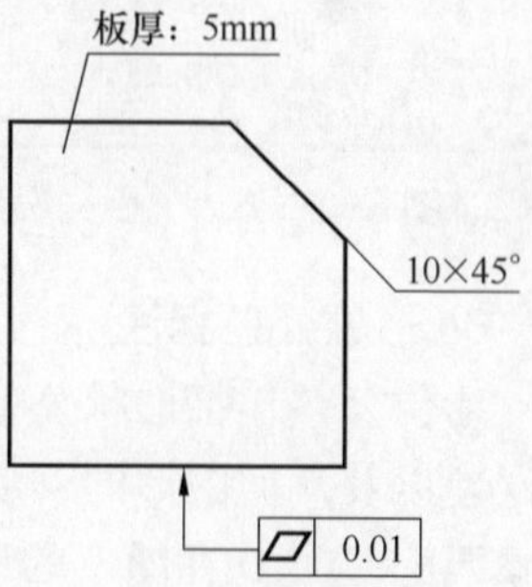

图 8-2-25　引线标注结果

（1）命令行：输入 LEADER，回车。

激活命令后，命令行提示：

指定引线起点：（指定指引线的起始点）

指定下一点：（指定指引线的第 2 点）

指定下一点或［注释（A）/格式（F）/放弃（U）］<注释>：（输入 f，回车）

输入引线格式选项［样条曲线（S）/直线（ST）/箭头（A）/无（N）］<退出>：（输入 n，回车）

指定下一点或［注释（A）/格式（F）/放弃（U）］<注释>：（指定指引线的第 3 点）

指定下一点或［注释（A）/格式（F）/放弃（U）］<注释>：（输入 a，回车）

输入注释文字的第一行或<选项>：（输入“板厚：5mm”，回车）

输入注释文字的下一行：（回车）

利用 QLEADER 命令可快速生成指引线及注释，可以通过命令行优化对话框进行用户自定义，由此可以消除不必要的命令提示，取得较高的工作效率。

以图 8-2-25 中 10×45°标注为例。

（2）命令行：输入 QLEADER 或 LE，回车。

激活命令后，命令行提示：

指定第一个引线点或［设置（S）］<设置>：（输入 S 或直接回车，弹出如图 8-2-26 所示的“引线设置”对话框，在其中“引线和箭头”选项卡（图 8-2-27）的“箭头”下拉列表框中选择“无”；在“附着”选项卡中选中“最后-行加下划线”复选框；单击

“确定”按钮。）

指定第一个引线点或［设置（S）]<设置>：（指定第一个引线点）

指定下一点：（指定第二个引线点）

指定下一点：（指定第三个引线点）

指定文字宽度<0>：（回车）

输入注释文字的第一行<多行文字（M）>：（输入 10×45°，回车）

输入注释文字的下一行：（回车）

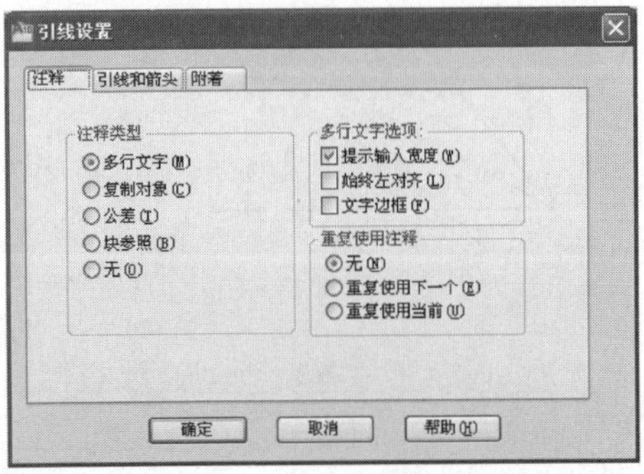

图 8-2-26 “引线设置”对话框

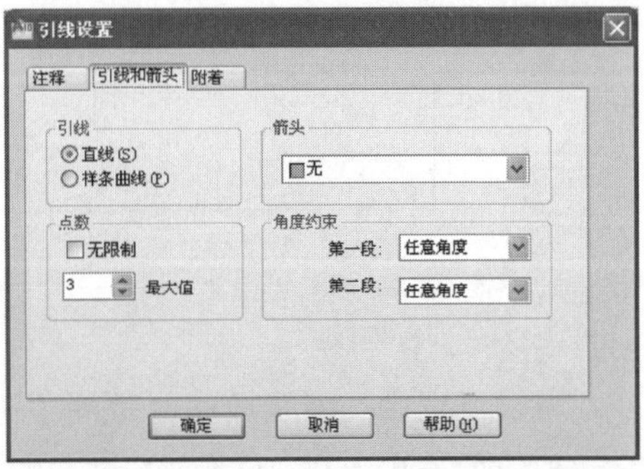

图 8-2-27 “引线和箭头”选项卡

8. 形位公差标注

形位公差包括形状公差和位置公差，用来定义图形中形状和轮廓定向、定位的最大允许误差以及几何图形的跳动允差。它们指定某些函数的精度，并与 AutoCAD 中所绘制的对象匹配。CAD 在图形的形位公差框格式中标出形位公差。

标注形位公差，可以通过公差命令来进行，也可以通过引线标注中的公差参数进行。

（1）使用公差命令标注。

① 激活命令的方式：

菜单栏：【标注】→【公差 ... 】。

工具栏：“标注”工具栏上的“公差”图标。

命令行：TOLERANCE 或 TOL。

② 操作步骤：命令激活后，弹出如图 8-2-28 所示的“形位公差”对话框。

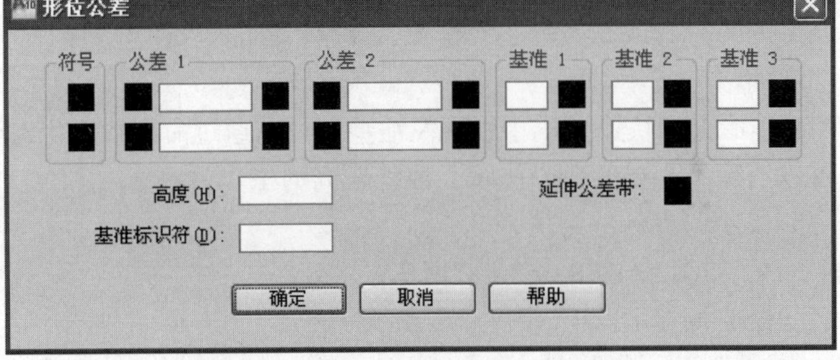

图 8-2-28 “形位公差”对话框

符号：用来选取形位公差类型符号。直接点取黑色方框，将显示“特征符号”对话框，如图 8-2-29 所示。只需点击其中一个，该符号将显示在图 8-2-28 对话框中的黑色方框内。

图 8-2-29　“特征符号”对话框

图 8-2-30　“附加符号”对话框

公差 1：用于创建公差框中的第一个公差值。该选项中的前一个黑色方框设置是否添加直径修饰符号。中间是文本框，可以直接输入形位公差值。后一个黑色方框设置是否添加包容条件。

公差 2：用于创建公差框中的第二个公差值。同公差 1。

基准 1：用于创建公差的主要基准，也是由值和修饰符号组成。点击后面的黑色方框，将弹出如图 8-2-30 所示的“附加符号”对话框。基准 2 和基准 3 类似。

标注出形位公差后，并不能自动生成引出形位公差的指引线，需要用“引线标注”命令 LEADER 或 QLEADER 来创建引线。

（2）使用引线标注。

使用引线标注可以一次性标注出形位公差，而且不用再画引线，应用过程中比较方便。下面以标注图 8-2-31 中的形位公差为例来说明。

操作步骤如下：

① 启动“引线标注”命：在命令行输入 QLEADER 命令，回车。

② 在“指定第一个引线点或［设置（S）］<设置>”提示后输入 S 或直接回车。弹出 8-2-32 所示的对话框。

③ 在对话框的“注释”选项卡的“注释类型”选项组中选择“公差”单选钮。在“引线和箭头”选项卡“点数”选项组中设置“点数”为 3，单击“确定”按钮。返回到绘图区域，鼠标变为“十”字形。

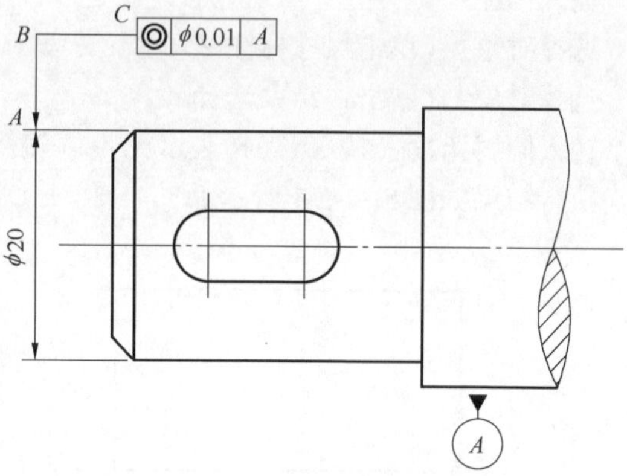

图 8-2-31　形位公差标注图例

④ 在“指定第一个引线点或［设置（S）］<设置>:”提示时，单击 A 点；在“指定下一点:”提示时，单击 *B* 点；在“指定下一点:”提示时，单击 *C* 点。

⑤ 此时，系统弹出“形位公差”对话框。单击“形位公差”对话框“符号”下方的小黑框，在弹出的“特征符号”对话框中选择“同轴度”符号◎。单击“公差 1”下方的小黑框，自动弹出“直径”符号∅，在其后面的文本框中输入数值“0.01”。在“基准 1”

下方文本框中单击并输入“A”，单击“确定”按钮，完成标注设置，结果如图 8-2-31 所示。

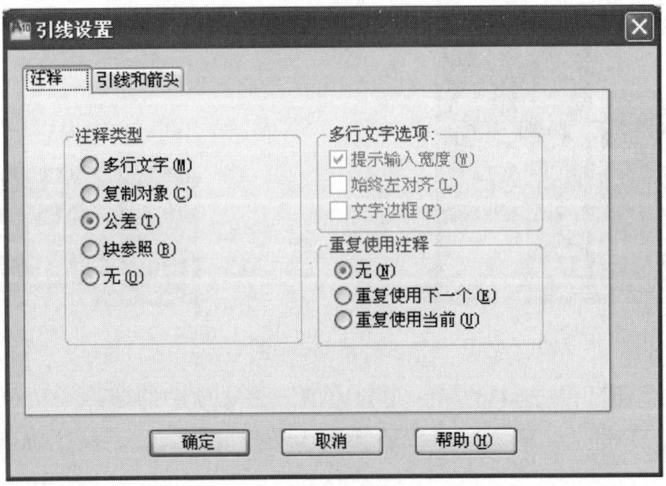

图 8-2-32　选择“公差”项

（三）尺寸标注编辑

CAD 中提供了如下几种用于编辑标注的命令。

1. 编辑标注（DIMEDIT 命令）

用于调整标注文字的位置、修改标注文字的内容、旋转文字及倾斜尺寸界线等。主要用于将尺寸界线倾斜。

激活命令 DIMEDIT 或 DED 后，命令行提示：

输入标注编辑类型［默认（H）/新建（N）/旋转（R）/倾斜（O）］<默认>：（输入 O）

选择对象：（单击尺寸标注 20）

选择对象：（右击，结束选择）

输入倾斜角度（按 ENTER 表示无）：（输入 30）

执行结果如图 8-2-33 所示。

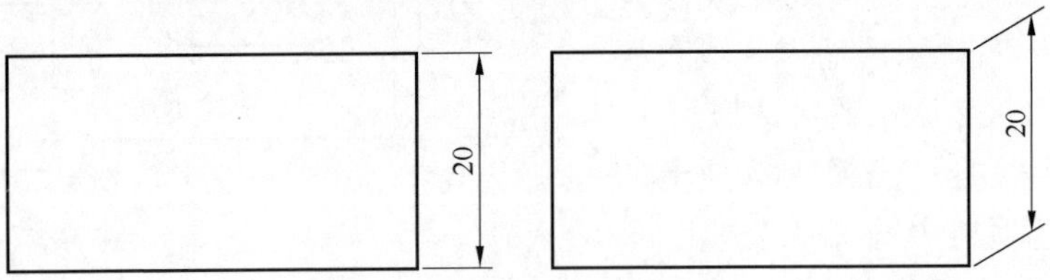

图 8-2-33　倾斜尺寸界线

2. 标注文字的编辑（DIMTEDIT 命令）

主要用于调整标注文字的位置，如图 8-2-34 所示。

激活 DIMTEDIT 命令后，命令行提示：

选择标注：

指定标注文字的新位置或［左（L）/右（R）/中心（C）/默认（H）/角度（A）］：用户可直接指定文字的新位置；

左（L）：沿尺寸线左对正标注文字。本选项只适用于线性、直径和半径标注。

右（R）：沿尺寸线右对正标注文字。本选项只适用于线性、直径和半径标注。

中心（C）：把标注文字放在尺寸线的中心。

默认（H）：将标注文字移回缺省位置。

角度（A）：指定标注文字的角度。输入零度角将使标注文字以缺省方向放置。

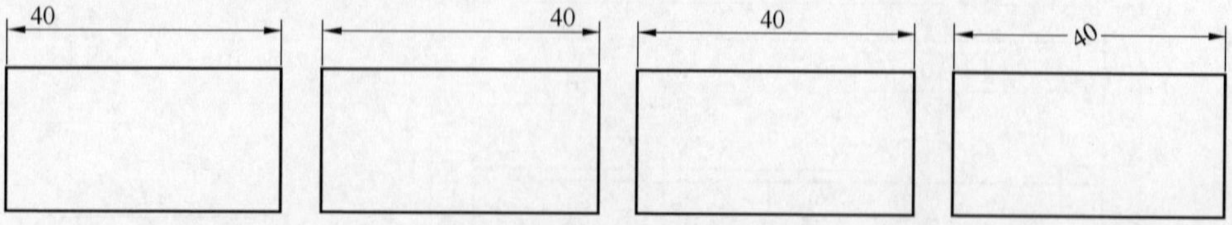

图 8-2-34　编辑标注文字

3. 标注更新（DIMSTYLE 命令）

用当前标注样式更新标注对象。

4. 重新关联标注（DIMREASSOCIATE 命令）

用于将非关联性标注转换为关联标注，或改变关联标注的定义点。

5. 尺寸特性的修改（PROPERTIES 命令）

特性窗口实际上就是对已标注尺寸的标注样式进行“替代”修改。

6. 尺寸变量替代（DTMOVERRIDE 命令）

尺寸变量替代可以在不影响当前尺寸类型的前提下，覆盖某一尺寸变量。要正确使用尺寸变量替代，应知道要修改的尺寸变量名。

任务实施单

实施步骤（请扫码看具体步骤）

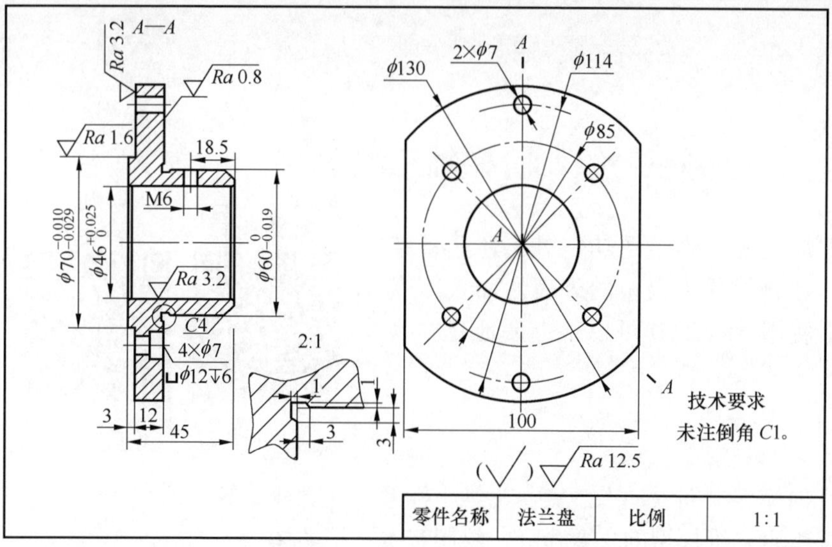

实施步骤

项目八任务二

实作练习

绘制图 8-2-35 所示的零件图。

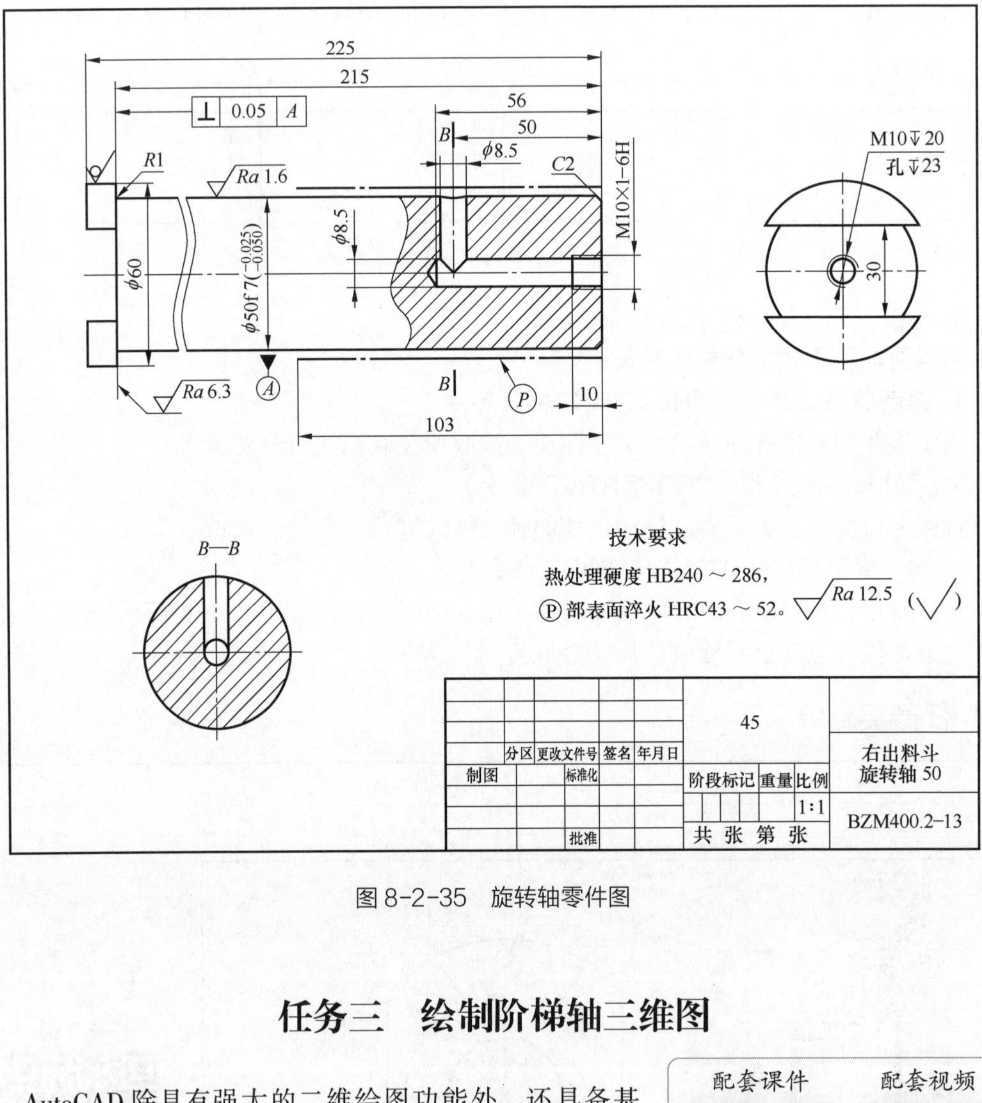

图 8-2-35　旋转轴零件图

任务三　绘制阶梯轴三维图

配套课件　配套视频

项目八任务三

AutoCAD 除具有强大的二维绘图功能外，还具备基本的三维造型能力。若物体并无复杂的外表曲面及多变的空间结构关系，则使用 AutoCAD 可以很方便地建立物体的三维模型。

学习目标

（1）了解三维几何模型空间、动态观察、三维坐标系、视觉样式等知识。

（2）掌握创建及编辑三维模型的主要命令，绘制基本三维实体。

（3）了解利用布尔运算构建复杂模型的方法。

学习任务单

<table>
<tr><td>任务名称</td><td>阶梯轴三维图绘制</td></tr>
<tr><td>任务描述
及要求</td><td>

按尺寸绘制如下阶梯轴三维图，图 8-3-1 为阶梯轴零件图，图 8-3-2 为阶梯轴三维图。

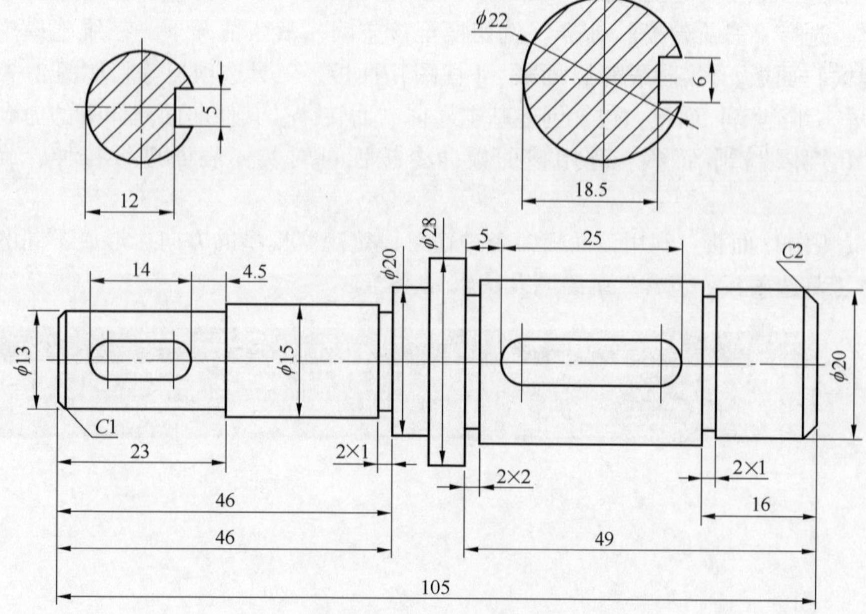

图 8-3-1　阶梯轴零件图

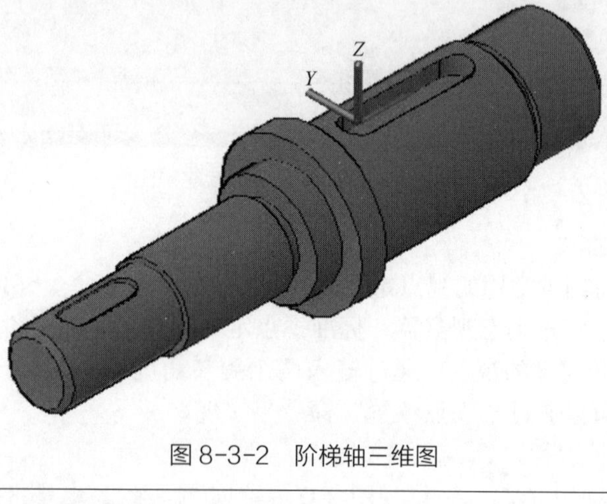

图 8-3-2　阶梯轴三维图

</td></tr>
<tr><td>任务分析</td><td>1. 分析零件图尺寸及零件结构
2. 建立三维绘图工作空间，先画平面图，再旋转形成三维主体，再切键槽等</td></tr>
<tr><td>任务评价</td><td>采用教师讲评与学生互评相结合。评价内容：图形绘制是否正确，活动是否积极，将讨论回答的问题评分，计入平时成绩</td></tr>
</table>

知识导航

一、三维空间相关知识

1. 三维建模空间

创建三维模型时要切换至 AutoCAD 三维工作空间。单击状态上的按钮，弹出快捷菜单，选择【三维建模】命令，就切换至该空间。默认情况下，三维建模空间包含【三维建模】面板、【实体编辑】面板、【视图】面板、工具选项板等，如图 8-3-3 所示。

【三维建模】面板：包含创建基本立体、回转体、其他曲面立体等的命令按钮。

【实体编辑】面板：利用该面板命令按钮可对实体表面进行拉伸、旋转、剖切等操作。

【视图】面板：利用该面板命令按钮可设定观察模型的方向，形成不同的模型视图。

工具选项板：包含二维绘图及编辑命令等。

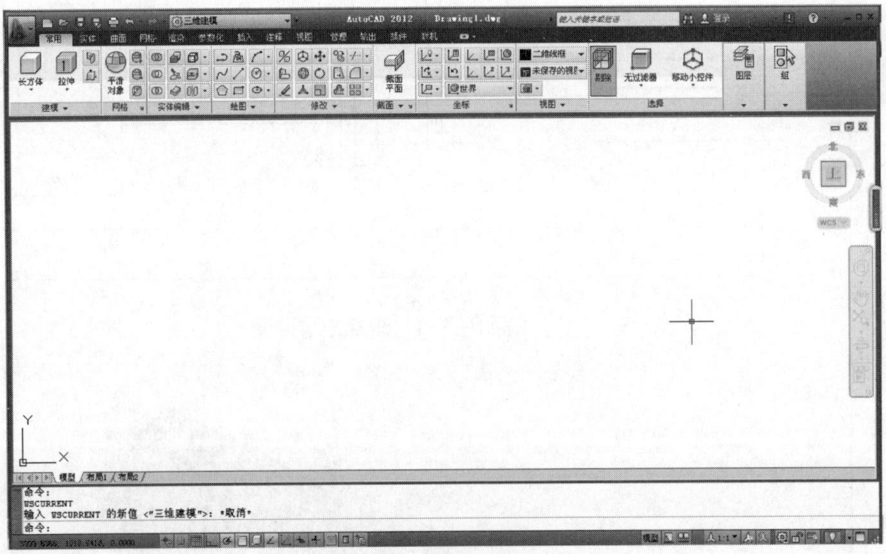

图 8-3-3　三维建模空间

2. 三维观察

三维观察有四种常用的视点定义方式：“视点预置”命令（DDVPOINT）、“视点”命令（VPOINT）、三维动态观察器、标准视点定义的常用标准视图。

（1）旋转角定义的视点。通过输入两个旋转角度定义三维模型的观察方向，这种视点的预置方式可以通过“视点预置”命令来实现。

访问方法：

① 菜单：视图（V）→三维视图（D）→视点预设（I）（图 8-3-4）。

② 命令条目：DDVPOINT 或 VP。

（2）坐标定义的视点。通过输入一个点的坐标值可以定义三维模型的观察方向，这种视点的预置方式可以通过“视点”命令来实现。“视点”命令将观察者置于空间中的一个指定点向原点（0，0，0）方向观察三维模型。

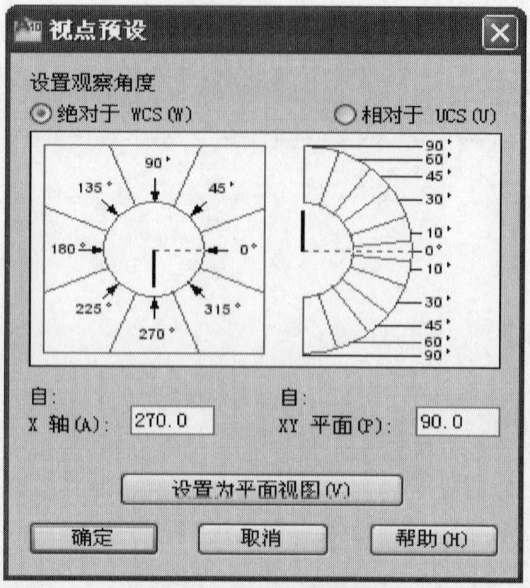

图 8-3-4　视点预置

访问方法：

① 菜单：视图（V)→三维视图（D)→视点（V)（图 8-3-5)。

② 命令条目：VPOINT 或-VP。

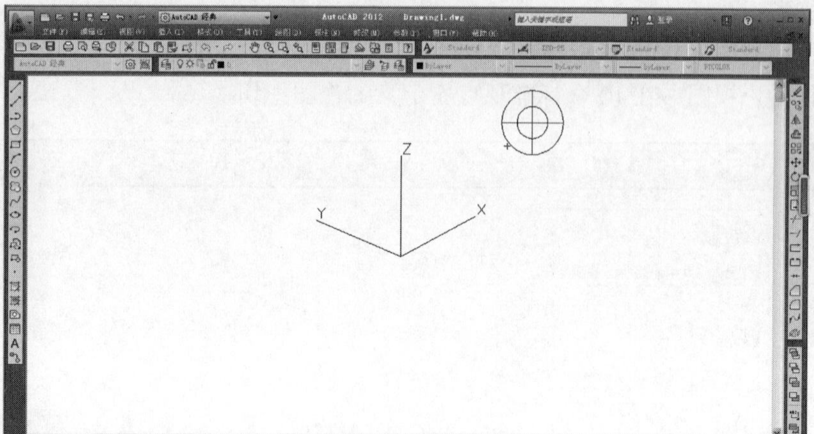

图 8-3-5　坐标视点

（3）动态观察。动态观察就是视点围绕目标移动，而目标保持静止。使用这一功能，用户可以从不同的角度查看对象，还可以让模型自动连续地旋转。

动态观察分为：受约束的动态观察、自由动态观察和连续动态观察，其中最常用的是受约束的动态观察。

访问方法：

① 菜单：视图（V)→动态观察（B)→自由动态观察（F)（图 8-3-6)。

② 工具栏：动态观察。

③ 命令条目：3DORBIT。

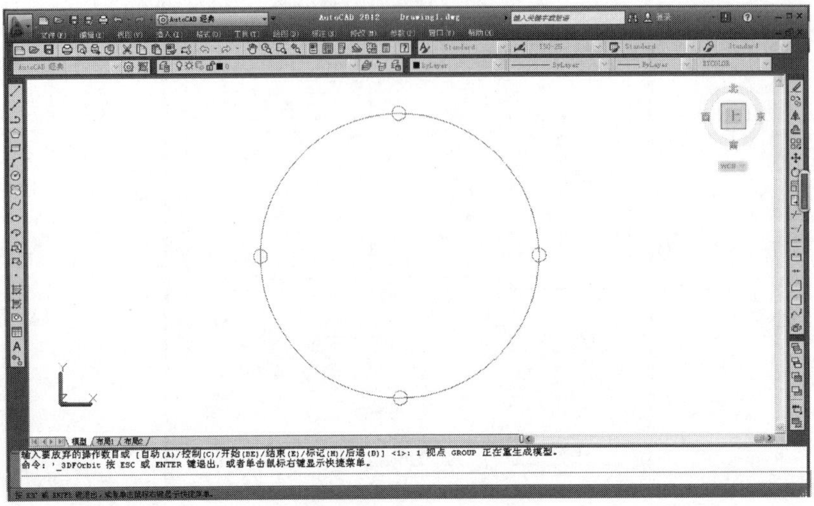

图 8-3-6　动态观察

（4）常用标准视图。快速设置观察方向的方法是选择预定义的标准正交视图和等轴测视图。这些视图为：俯视、仰视、主视、左视、右视、后视、SW（西南）等轴测、SE（东南）等轴测、NE（东北）等轴测和 NW（西北）等轴测。

访问方法：

① 菜单：视图（V）→三维视图（D）→俯视（T）（图 8-3-7）。

② 工具栏：视图→在 10 个标准视点所定义的视图中切换。

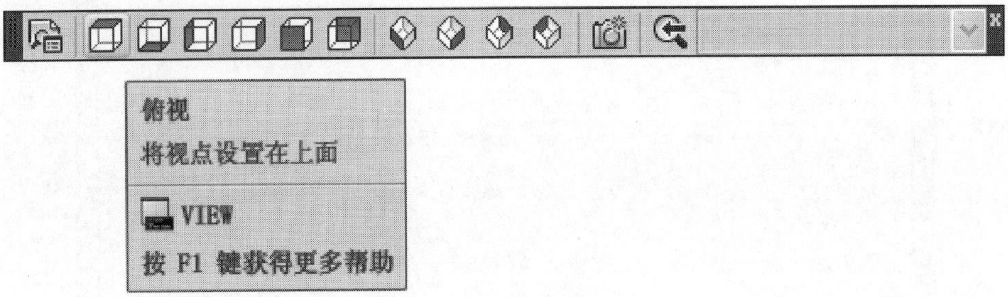

图 8-3-7　标准视图

3. 用户坐标系

用户坐标系（UCS）是用于坐标输入、平面操作和查看对象的一种可移动坐标系。移动后的坐标系相对于世界坐标系（WCS）而言，就是创建的用户坐标系（UCS）。大多数编辑命令取决于当前 UCS 的位置和方向，二维对象将绘制在当前 UCS 的 XY 平面上。

访问方法：

① 菜单：工具（T）→新建 UCS（W）。

② 工具栏：UCS→按不同方式建立用户坐标系。

③ 命令条目：UCS。

提示：［新建（N）/移动（M）/正交（G）/上一个（P）/恢复（R）/保存（S）/删除

(D)/应用（A)/世界（W)]<世界>：

如图 8-3-8 所示为使用方法③设置 UCS，图 8-3-9 为新的 UCS。

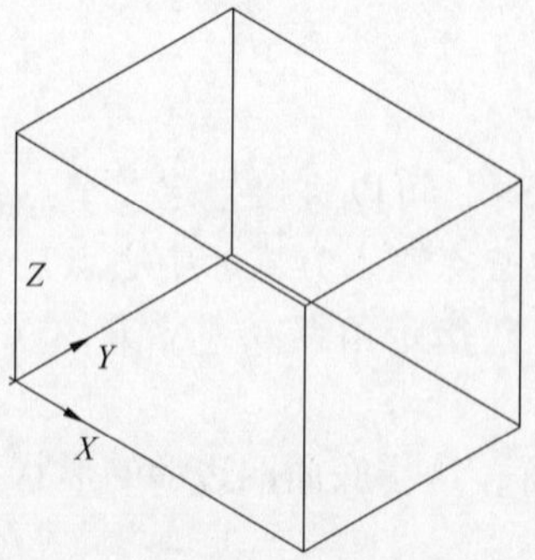

图 8-3-8　使用方法③设置 UCS

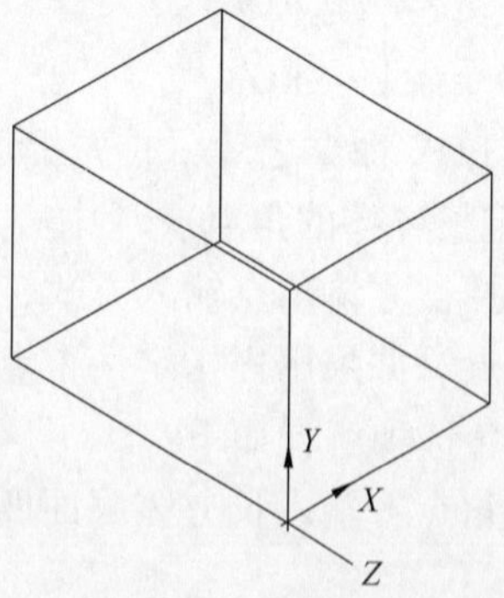

图 8-3-9　新的 UCS

4. 视觉样式

系统提供 5 种视觉样式（图 8-3-10），分别用来控制视口中模型的边和着色的显示效果。用户可根据需要自由选择。视图中的三维实体模型是以“二维线框”视觉样式显示的，选择菜单命令“视图/视觉样式”，在其子菜单中有 5 个视觉样式。

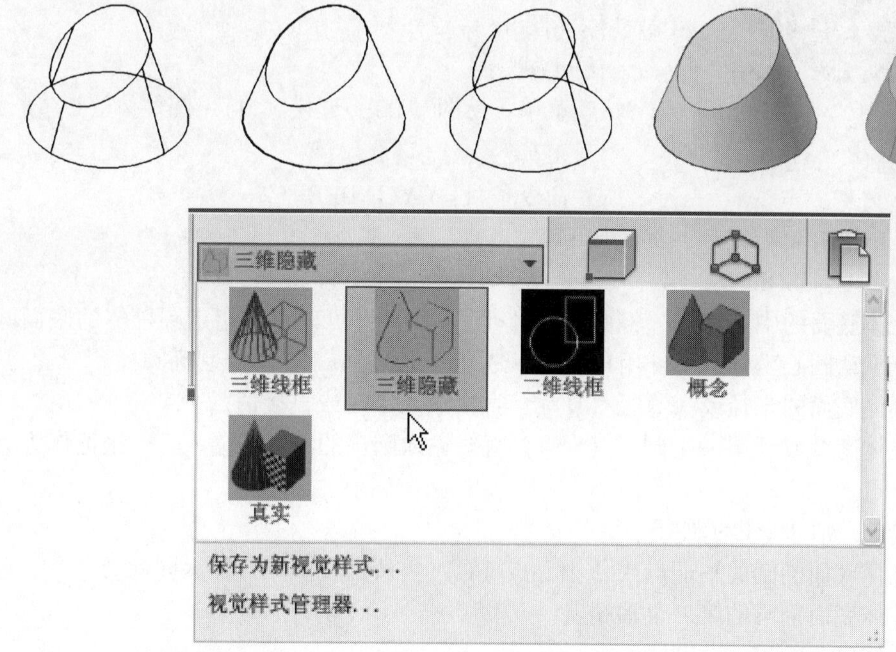

图 8-3-10　视觉样式

二、基本三维实体创建

1. 长方体

“长方体”命令可以创建实体长方体（图 8-3-11），且所创建的长方体的底面始终与当前 UCS 的 *XY* 平面（工作平面）平行。

访问方法：

① 菜单：绘图（D）→建模（M）→长方体（B）。

② 工具栏：建模。

③ 命令条目：BOX。

运行 BOX 命令之后，首先提示：

“指定长方体的角点或［中心点（CE）］<0，0，0>：”可以直接指定一个点，或者按回车键选择长方体角点输入方式，或者输入 CE 选择中心点输入方式，中心点是指长方体底面中心点。如果用户指定一个点后，命令行将提示：“指定角点或［立方体（C）/长度（L）］：”各选项解释如下：

指定角点：输入长方体底面四边形对角线顶点位置，这样底面四边形的形状和位置随之确定。

立方体：创建一个长、宽、高相同的长方体。

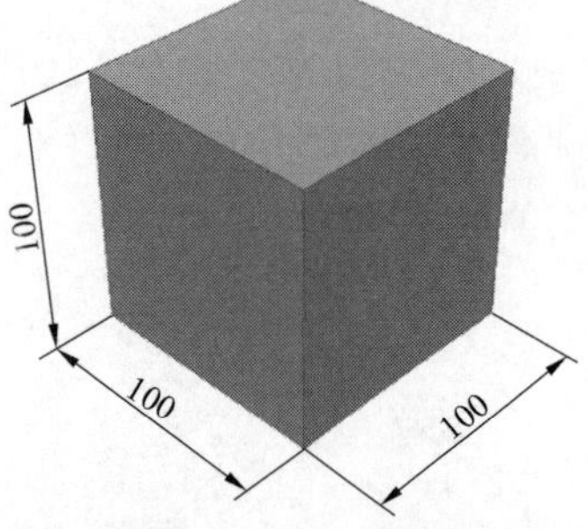

图 8-3-11 长方体

长度：分别指不定期长、宽、高来创建长方体。其中，长度对应的是 X 坐标轴，宽对应的是 Y 坐标轴，高对应的是 Z 坐标轴。

2. 圆柱体

“圆柱体”命令可以创建以圆或椭圆为底面的实体圆柱体（图 8-3-12）。

访问方法：

① 菜单：绘图（D）→建模（M）→圆柱体（C）。

② 工具栏：建模。

③ 命令条目：CYLINDER。

运行 CYLINDER 命令之后，提示如下：

当前线框密度：ISOLINES=4

指定圆柱体底面的中心点或［椭圆（E）］<0，0，0>：可以直接指定圆柱体的底面圆心或直接回车默认圆心坐标，另外用户也可以选择“椭圆（E）”项绘制椭圆柱。

指定圆柱体底面的半径或［直径（D）］：直接输入半径或直接值。

指定圆柱体高度或［另一个圆心（C）］：直接输入圆柱的高度或输入一个坐标作为另一个面的中心点。

如果选择 E，则命令提示如下：

指定圆柱体底面椭圆的轴端点或［中心点（C）］：从这往下三行提示同椭圆命令。

指定圆柱体底面椭圆的第二个轴端点：

指定圆柱体底面的另一个轴的长度：

指定圆柱体高度或［另一个圆心（C）］：同上。

3. 球体

“球体命令”可以指定球心及半径，创建实体球（图 8-3-13）。

访问方法：

① 菜单：绘图（D）→建模（M）→球体（S）。

② 工具栏：建模。

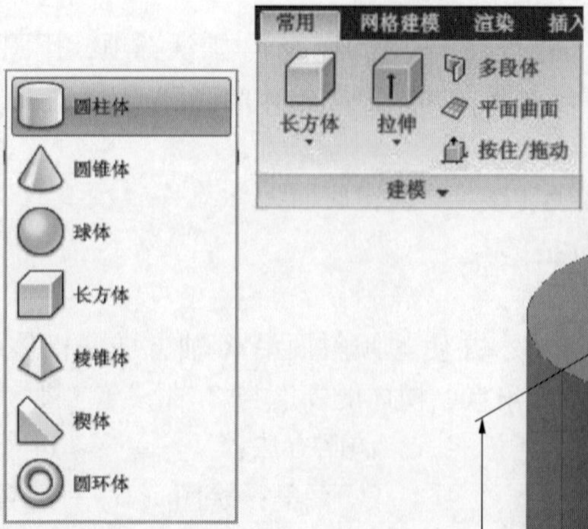

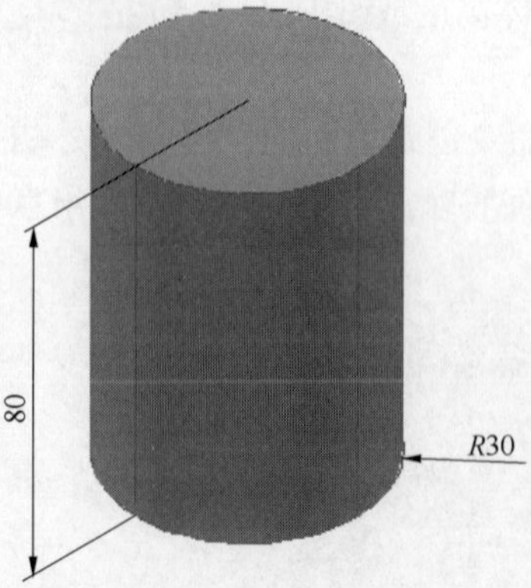

图 8-3-12　圆柱体

③ 命令条目：sphere。

运行 sphere 命令之后，提示如下：

当前线框密度：ISOLINES＝4

指定球体球心<0，0，0>：指定一点作为球心。

指定球体半径或［直径（D）］：指定球体的半径或直径。

4. 圆锥体

“圆锥体命令”可以圆或椭圆为底面，创建实体圆锥体或圆台（图 8-3-14）。

访问方法：

① 菜单：绘图（D）→建模（M）→圆锥体（O）。

② 工具栏：建模。

③ 命令条目：CONE。

运行 CONE 命令之后，提示如下：

图 8-3-13　球体

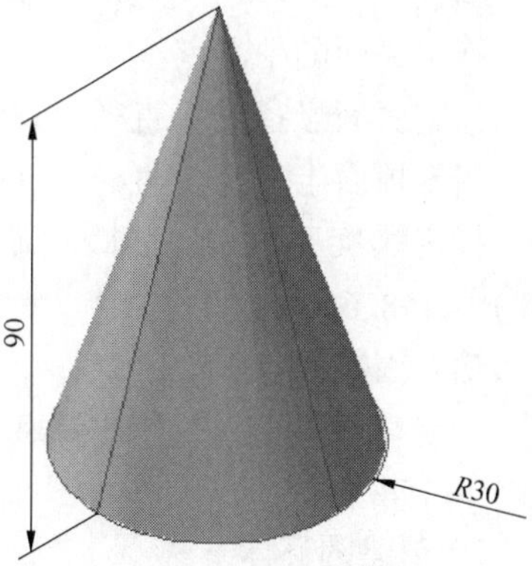

图 8-3-14　圆锥体

当前线框密度：ISOLINES＝4

指定圆锥体底面的中心点或［椭圆（E）］<0，0，0>：默认选项，用圆作为锥体的基面，选择该选项后，系统提示用户建立圆，并指定圆锥体的高度或顶点。“椭圆”选项用于建立底面为椭圆的锥体。

指定圆锥体底面的半径或［直径（D）］：确定底面大小。

指定圆锥体高度或［顶点（A）］：

5. 楔体

“楔体”命令创建五面的三维实体，并使其倾斜面沿 *X* 轴方向，楔体的底面与当前 UCS 的 *XY* 平面平行，斜面正对第一个角点，楔体的高度与 *Z* 轴平行（图 8-3-15）。

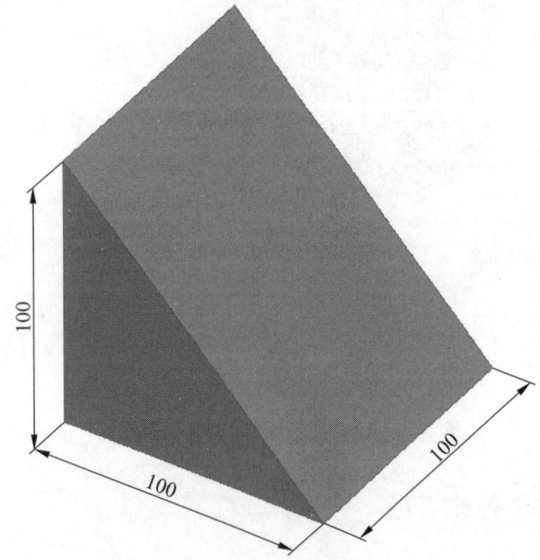

图 8-3-15　楔体

访问方法：

① 菜单：绘图（D）→建模（M）→楔体（W）。

② 工具栏：建模。

③ 命令条目：wedge。

运行 wedge 命令之后，提示如下：

指定楔体的第一个角点或［中心点（CE）］<0，0，0>：

指定角点或［立方体（C）/长度（L）］：

指定高度：

6. 螺旋

创建二维螺旋或三维螺旋线（图 8-3-16）。该螺旋线可作为扫掠的路径，用于创建弹簧。

访问方法：

① 菜单：绘图（D）→建模（M）→螺旋（I）。

② 工具栏：建模。

③ 命令条目：Helix。

运行 Helix 命令之后，提示如下：

圈数＝3.0000　　扭曲＝CCW

指定底面的中心点：

指定底面半径或［直径（D）］<37.2362>：40

指定顶面半径或［直径（D）］<40.0000>：

指定螺旋高度或［轴端点（A）/圈数（T）/圈高（H）/扭曲（W）］<158.6666>：T

输入圈数<3.0000>：20

指定螺旋高度或［轴端点（A）/圈数（T）/圈高（H）/扭曲（W）］<158.6666>：

图 8-3-16　螺旋

7. 创建圆环体

指定圆环中心点，圆环体半径及圆管半径，创建圆环体（图 8-3-17）。

访问方法：

① 菜单：绘图（D）→建模（M）→圆环（T）。

② 工具栏：建模。

③ 命令条目：torus。

运行 torus 命令之后，提示如下：

当前线框密度：ISOLINES=4

指定圆环体中心<0，0，0>：

指定圆环体半径或［直径（D）］：

指定圆管半径或［直径（D）］：

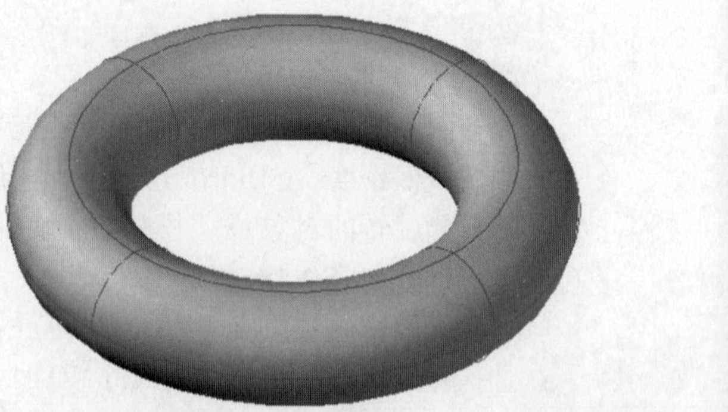

图 8-3-17　圆环体

三、创建拉伸实体

通过沿指定的方向将对象或平面拉伸出指定距离来创建三维实体或曲面（图 8-3-18）。

访问方法：

① 菜单：绘图（D）→建模（M）→拉伸（X）。

② 工具栏：建模。

③ 命令条目：EXTRUDE。

先按尺寸画出平面图，再定义面域，运行 EXTRUDE 命令之后，提示如下：

当前线框密度：ISOLINES=4，闭合轮廓创建模式=实体

选择要拉伸的对象或［模式（MO）］：_MO 闭合轮廓创建模式［实体（SO）/曲面（SU）］<实体>：_SO

选择要拉伸的对象或［模式（MO）］：找到 1 个

选择要拉伸的对象或［模式（MO）］：找到 1 个（1 个重复），总计 1 个

选择要拉伸的对象或［模式（MO）］：

指定拉伸的高度或［方向（D）/路径（P）/倾斜角（T）/表达式（E）］<10.0000>：30

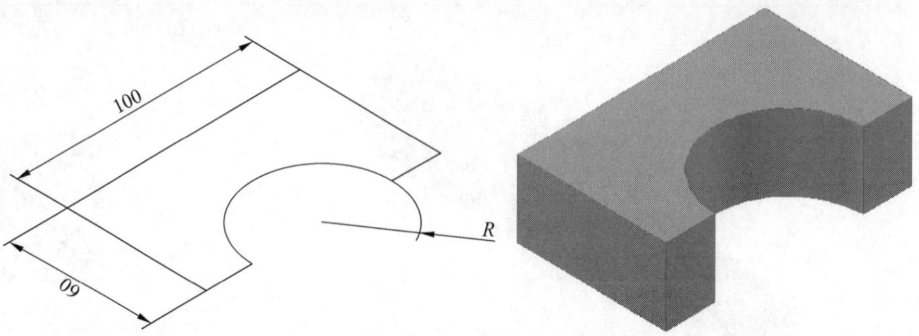

图 8-3-18　平面拉伸

四、创建旋转实体

通过绕轴旋转二维对象来创建三维实体或曲面（图 8-3-19）。

访问方法：

① 菜单：绘图（D）→建模（M）→旋转（R）。

② 工具栏：建模。

③ 命令条目：REVOLVE。

先按图画出平面图，再定义面域，运行 REVOLVEE 命令之后，提示如下：

当前线框密度：ISOLINES=4，闭合轮廓创建模式=实体

选择要旋转的对象或［模式（MO）］：_MO 闭合轮廓创建模式［实体（SO）/曲面（SU）］<实体>：_SO

选择要旋转的对象或［模式（MO）］：找到 1 个

选择要旋转的对象或［模式（MO）］：

指定轴起点或根据以下选项之一定义轴［对象（O）/X/Y/Z］<对象>：

指定轴端点：

指定旋转角度或［起点角度（ST）/反转（R）/表达式（EX）］<360>：

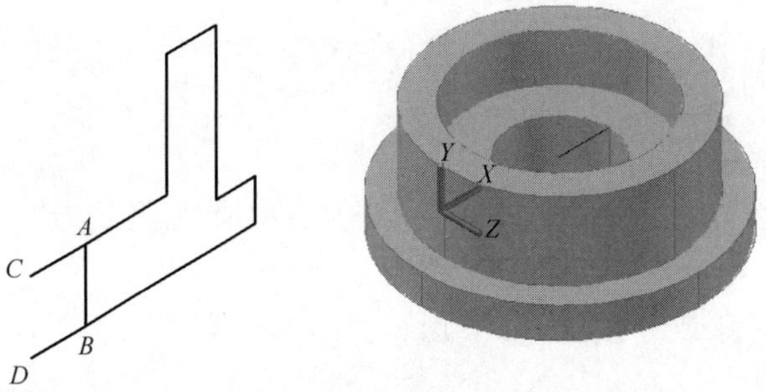

图 8-3-19　平面旋转

任务实施单

实施步骤（请扫码看具体步骤）

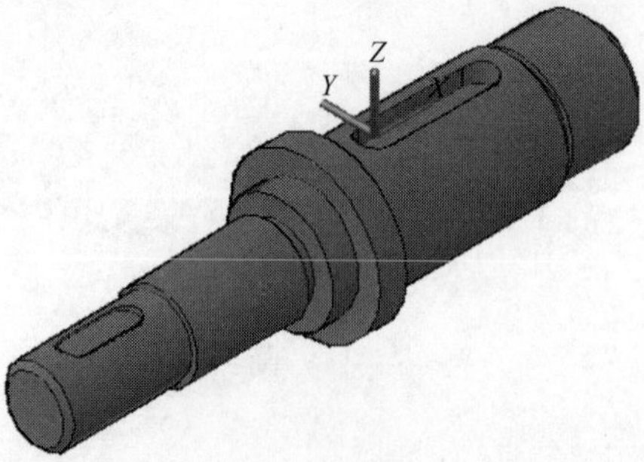

实施步骤

项目八任务三

实作练习

1. 如图 8-3-20 所示，根据支架三视图绘制支架三维模型。

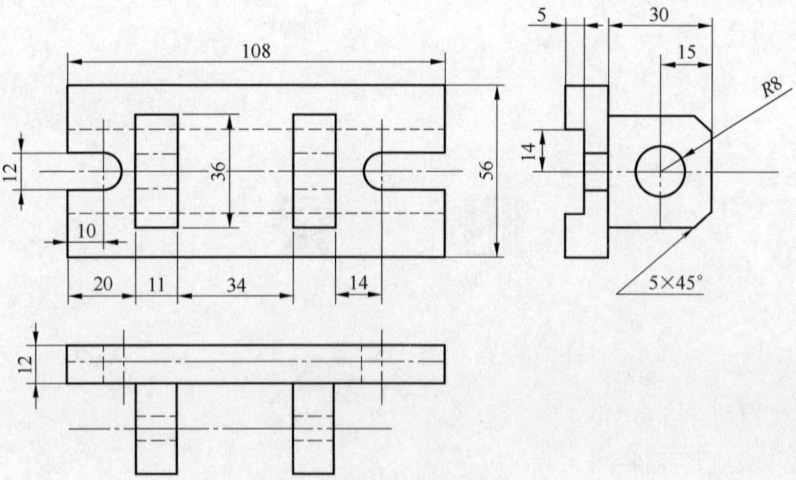

图 8-3-20　支架三视图

2. 如图 8-3-21 所示，根据组合体轴测图绘制三维图模型。

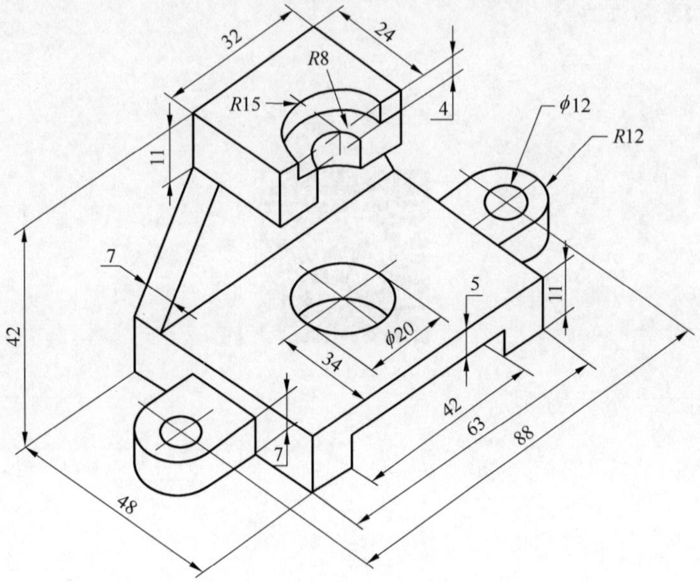

图 8-3-21　组合体轴测图

附　　录

附录一　螺纹

附录二　螺纹紧固件

附录三　键与销

附录四　滚动轴承

附录五　公差与配合

扫码查看

附录

参 考 文 献

[1] 郭友寒. 机械制图［M］. 北京：北京航空航天大学出版社，2016.

[2] 胡建生. 机械制图［M］. 北京：机械工业出版社，2019.

[3] 金大鹰. 机械制图［M］. 北京：机械工业出版社，2020.

[4] 刘小年. 机械制图［M］. 北京：机械工业出版社，2005.

[5] 朱向丽. AutoCAD2010 绘图技能实用教程［M］. 北京：机械工业出版社，2012.

[6] 温够萍. AutoCAD2010 实用教程［M］. 北京：北京理工大学出版社，2013.

[7] 李跃兵，钟震坤. 机械制图［M］. 长沙：中南大学出版社，2008.

[8] 技术产品文件标准汇编. 机械制图卷［M］. 北京：中国标准出版社，2009.

[9] 吕天玉，宫波. 公差配合与技术测量［M］. 大连：大连理工大学出版社，2005.

[10] 国家质量技术监督局. 中华人民共和国国家标准　机械制图［S］. 北京：中国标准出版社，2008.

[11] 唐永艳，王海珠，郭容. 机械制图与计算机绘图［M］. 北京：中国轻工业出版社，2021.

参考答案

实作练习题